中国建筑设计年鉴
2017

（下册）

CHINESE ARCHITECTURE YEARBOOK 2017

程泰宁／主编

辽宁科学技术出版社
·沈阳·

CONTENT 目录

WORKING 办公

006	虹口 SOHO
010	上海宝业中心
014	漕河泾科技绿洲 3.5 期办公园区
018	上海国际汽车城科技创新港 C 地块
022	嘉铭·东枫产业园
026	石景山点石国际
030	南京报业文创园
034	上海绿地创新产业中心
038	dave&bella 办公总部
042	深圳湾超级总部基地城市展厅
046	高雄育成研发大楼及云端数据中心
050	福州海峡银行办公大楼
054	中国地图出版社基地
058	皇包车总部
062	杭州安道新总部
066	蓝月影视办公设计
070	林西·弘宇建材制造有限公司
074	英德市预警信息发布中心
078	南顾浦泵闸管理用房
082	东庄 – 西域建筑馆
086	政能国际金融中心

COMMERCE 商业

090	杭州国际博览中心
094	连云港工业展览中心
098	南京生态科技岛新纬壹科技园
102	杭州来福士中心
106	南昌万达茂
110	上海 189 弄购物中心
114	万科旧宫
118	嘉兴岛
122	汇港商业中心
126	重庆金山意库
130	第十届贵州旅游产业发展大会主会场
134	桂林万达文旅展示中心
138	徐州万科未来城示范区
142	重庆中央公园生活体验馆
146	皖新 · 朗诗麓院售楼处
150	合肥壹号院销售展示中心
154	明日世界设计中心
158	尖叫实验室

TRANSPORTATION & INDUSTRY 交通、工业

162	滇海古渡大码头
166	敦煌机场扩建工程航站区新建 T3 航站楼
170	上饶三清山机场
174	武义北站
178	永康南站
182	沪宁高速公路新区互通收费大棚
186	长沙中国结步行桥
190	千岛湖进贤湾东部小镇索道站
194	实联生技盐化验中心
198	上海星地通通讯研发中心
202	贝斯特精密机械有限公司新厂区
206	北京南宫生活垃圾焚烧厂

RECREATION 休闲服务

210	西双版纳皇冠假日度假酒店
214	三亚海棠湾君悦度假酒店
218	朝花夕拾生活馆
222	恩施大峡谷女儿寨度假风情酒店
226	杭州径山精品酒店
230	隐居江南精品酒店
234	"薇"酒店，北京
238	浮点·禅隐客栈
242	卓尔小镇·桃花驿涧水阁
246	扭院儿

250	希堤微旅
254	北京定慧圆·禅空间
258	水岸佛堂
262	济南蓝石溪地农园会所
266	东原千浔社区中心
270	三峡北大特区全龄生活馆
274	清控人居科技示范楼
278	盛乐遗址公园游客中心
282	安龙国家公园游客服务中心
286	然乌湖国际自驾与房车营地
290	泰安儿童职业体验馆
294	梅溪湖城市岛双螺旋观景平台
298	波塞冬水世界

HEALTH & WELLNESS 医疗、健身

302	上海棋院
306	坚尼地城游泳池
310	树林国民运动中心
314	黑匣子运动馆
318	香港浸信会医院E座
322	江苏省人民医院门急诊病房综合楼

INDEX 设计者（公司）索引

中国，上海

虹口SOHO
Hongkou SOHO

隈研吾 / 主创建筑师　隈研吾建筑都市设计事务所 / 摄影

一座座摩天大楼构成上海的城市天际线，而这些大楼在日本建筑设计大师隈研吾的眼里则是"冰冷、生硬、毫无生气"的典型写字楼模式。如同在嗨皮快乐的酒吧间，簇拥着一群西装革履的上班族一般，令美好的心情顿然消失。由他设计的虹口SOHO办公楼，则以丰富的表面肌理为城市建筑增添精彩的视觉魅力。

SOHO办公楼，集办公、商业于一体，占地面积1.6万平方米，总建筑面积9.5万平方米，地上29层，地下3层，紧邻地铁10号线四川北路站以及地铁4号线海伦路站。项目周边商业氛围成熟，五星级酒店、商城、办公楼等商业配套完整，环境优美的四川北路公园近在咫尺。上海虹口与众不同之处在于它在楼下提供以办公用途为主的共享空间。这座建筑是开放的，与外面的城市相连。

玻璃建筑的表面覆以通透的白色铝网褶皱造型，"褶皱"采用铝网制成（宽18毫米），仿若蕾丝，仿佛为建筑披上一件柔软的外衣。随着一天不同时间的光照而产生不同的光影变化，时而锐利、时而柔和，轻盈灵动似在空中轻舞飞扬。隈研吾将建筑表皮比作服饰："女性的服饰往往能带给人们柔软而美好的想象，我们希望这座有着蕾丝网格般的建筑能给在这里工作的人们和途经此处的路人舒适的心理体验。"独特的设计理念，让虹口SOHO成为该区域的新地标式建筑。公共空间也像生物体的皮肤一般，材料使用石材和铝板，创造出一种与普通的"硬"建筑完全不同的氛围。

一楼大厅如同时尚的T台空间，清透灵动、柔美律动。轻薄的白色铝板蜿蜒起伏由顶面延伸至墙面；另一侧墙面则是浅灰色的大理石，以脉络状的设计呼应动感的顶面造型。大理石表面采用磨光而非抛光的技术，由此形成一个柔和的视觉空间效果。精心规划的广场景观设计与室内空间相映成趣。

设计单位
隈研吾建筑都市设计事务所
设计团队
长谷川伦之、林孜、陈威、林鹗
结构设计
江尻建筑结构设计事务所
照明设计
岩井达弥光景设计
委托方
SOHO中国
竣工时间
2016年

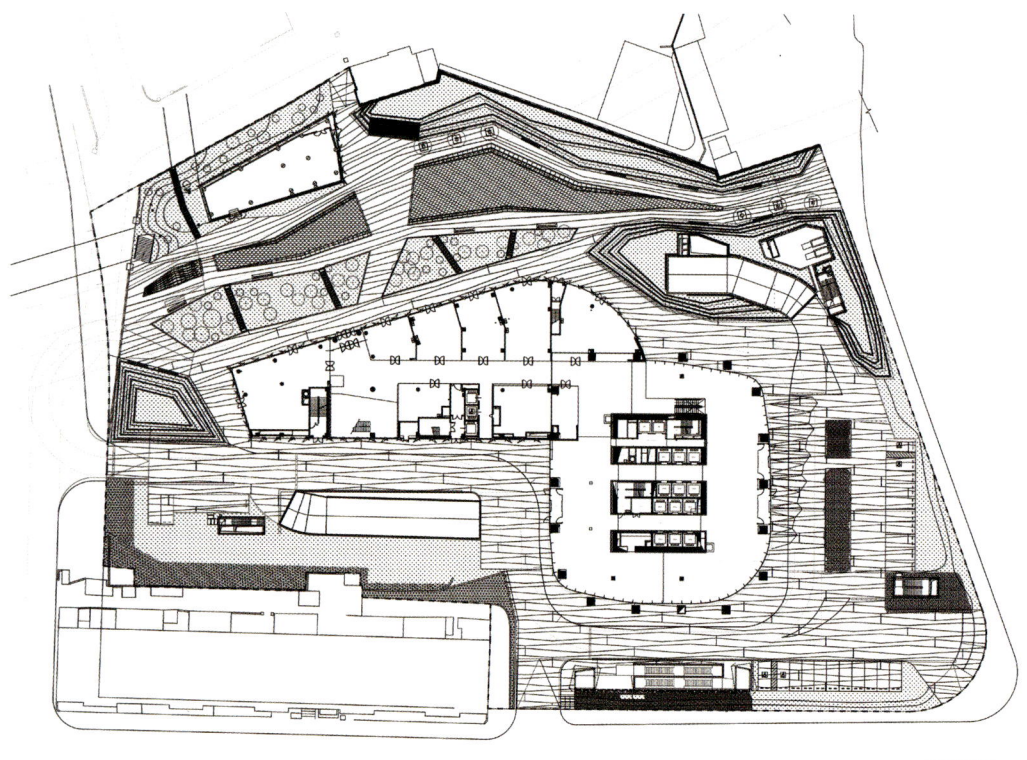

总平面图

WORKING ■ 办公

设计单位
零壹城市建筑事务所
设计团队
阮昊、詹远、李琰、童超超、金善亮
项目时间
（建筑+景观）2012年–2014年设计，
2014年–2017年完工；
（室内）2014年–2016年设计，
2016年–2017年施工
项目面积
27,394 平方米
合作单位
浙江宝业建筑设计研究院有限公司
（建筑、景观）
上海斯诺博金属构件发展有限公司（幕墙）

中国，上海

上海宝业中心
Shanghai Baoye Center

零壹城市建筑事务所／主创建筑师　苏圣亮、胡娴娟／摄影

上海宝业中心是上海虹桥新中心商务区二期开发的一部分，位于上海市西面高速发展区。场地位于公路、铁路和航运交通枢纽的交汇点，也是人们在高铁从南面进入虹桥火车站前能看到的最后一座建筑，赋予了项目作为重要的城市空间的地位。场地的挑战之处在于：场地形状由城市规划的两块绿地挤压成了L形；场地的东面、南面和西面要求60%的建筑红线贴线率；场地北面紧邻一条24米高的横跨而过的高架公路。同时建筑容积率不得超过1.60，建筑高度不超过24米。

应对这些条件，在设计过程中有非常多的尝试，试图在这些限制中寻找突破点，这些突破主要包括三个方面：1. 对场地限制条件下的突破；2.对办公楼"面积效率至上"法则的突破；3.对办公楼单一化立面设计的突破。

在最大化L形基地周界的情况下，拉伸起4层体积满足面积要求；根据西面入口、东南面公园和北面绿地对体量边界进行挤压，挤压一方面增长了功能使用面积，在负形形成三个各自独立又相互顶角的庭院。这三个庭院被塑造出不同的性格：中心庭院作为人流汇聚点最为开放，也是公众活动集中的场所；南面的庭院联系中心庭院和东侧的公园，是半开放的景观庭院；北侧的庭院是由建筑围合的水院，为办公提供静谧的场所。对体量的边界挤压同时形成了三个向外敞开的"开口"。几个被挤压的边碰撞在一起，发生了质的改变：内部流线与室外空间在中心庭院发生重叠，这也是在场地众多限制条件下功能与形态之间谈判的平衡。

形态在打开三个开口后，自然而然地形成环抱的姿态引入人流，在中央庭院汇聚后又分别进入三栋建筑。同时，三条抬高的空中连廊一方面满足流线组织的需要，人们可以通过连廊在不同庭院和建筑体量、在不同层高和室内外之间游走。空中连廊也起到压低空间的作用：当人流从室外通过三个敞开的开口经过连廊到达中心庭院，经历了一个由开敞-压低-再开敞的一个空间序列。通过这样的一种序列给了人们一直进入场地的心理暗示，同时先抑后扬的空间序列也在有限的空间中创造更丰富的体验。在此，形态、流线与空间序列是高度统一的，以形态几何激发流线、空间与功能使用之间动态的关系。

由这些操作带来的体量围合与空间序列，功能性使用和游走性体验的平衡，是对当代办公楼"面积效率至上"的法则的突破。自从Bloomberg纽约总部办公楼首次应用开敞办公，极大提高单间办公模式的效率后，办公楼的高面积效率以及高"出房率"一直是办公楼设计的重要法则。设计以"空间品质效率"，来对办公楼的面积效率提出质疑：在适当牺牲面积效率的同时，通过组织室外景观绿化与室内和谐共存，引入室内更多的采光、景观与通风，给予使用者更多层次的建筑体验与空间感，来创造一个充满启发性的办公环境。这种具有高"空间品质效率"的办公楼，将比仅有高"面积效率"的更有办公效率。

项目的立面设计也是对当代办公楼单一化立面的一个突破。当代办公楼往往在"面积效率"的法则统领下，以标准层平面和立面在垂直方向堆叠形成。而项目除了游走性平面外，立面设计以模块化的遮阳屏板组成，屏板的水平向的渐变赋予了立面流动性，和空中连廊一起形成桥与水的意向。这些不同斜度的屏板也改变了窗户的高度，控制室内空间的采光。

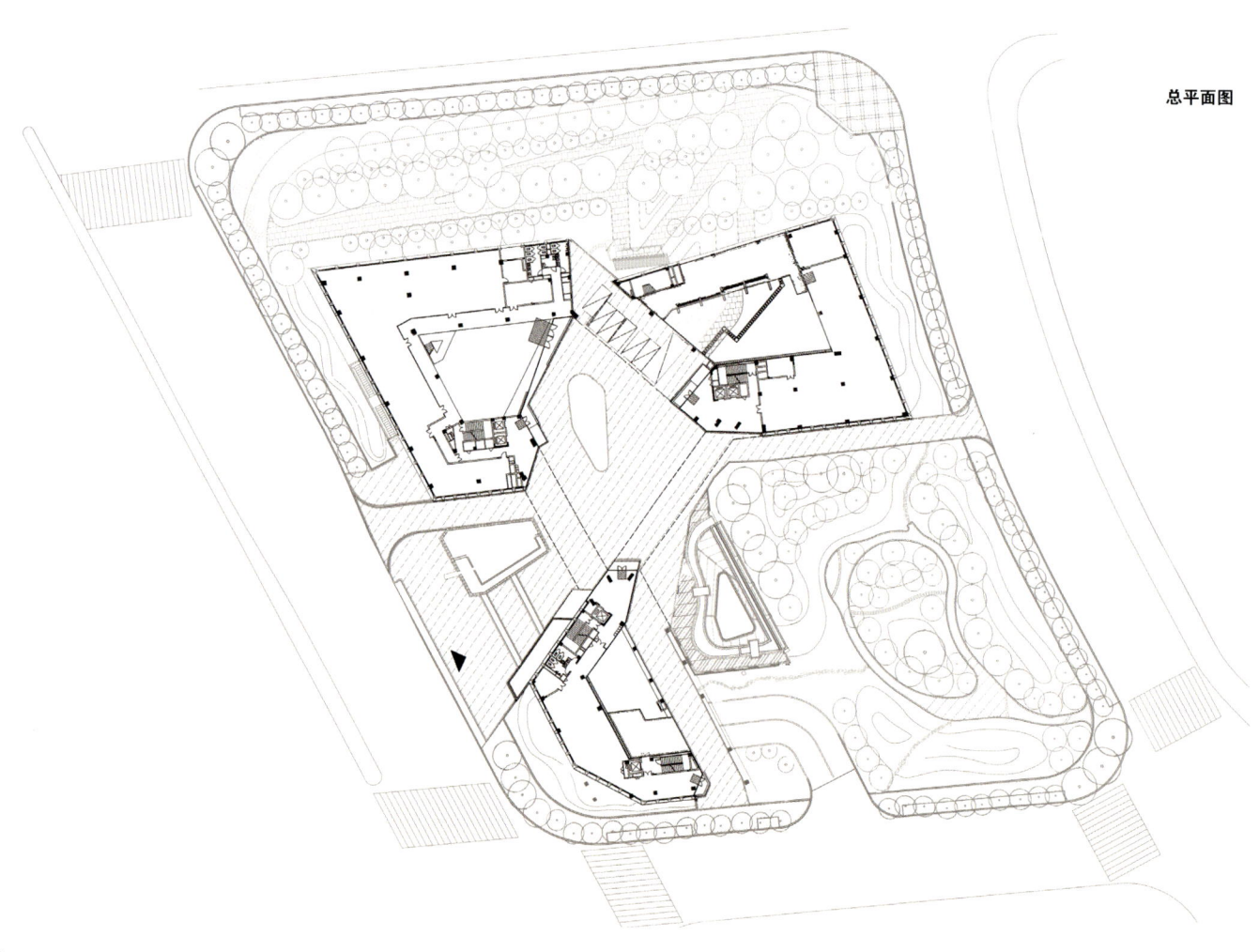

总平面图

WORKING ■ 办公

设计单位
HPP设计事务所
业主
漕河泾新兴技术开发区发展总公司
总建筑面积
33,773平方米
容积率
1.3
建筑密度
26.74%
绿化率
20%
停车位
234辆

上海，闵行区

漕河泾科技绿洲3.5期办公园区

Caohejing SBP Campus Phase 3.5

彦斯·库／主创建筑师　罗文／摄影

在上海漕河泾新兴开发区最西端，一片狭长形的地块上，由HPP设计的漕河泾3.5期办公园区刚刚落成。项目毗邻轨道交通9号线合川路站，具有得天独厚的地理优势。

它由平行的三栋建筑构成，与开发区边界公共绿地相邻，河流对面为住宅区，如此人性化的建筑尺度，营造出非常亲和的工作氛围。

设计师通过边界关系，将建筑与城市周边环境很好地融合。利用开放及封闭的界面，应对两种不同的周边环境。

大面积的通透表皮，传达空间开放的意向，严整简洁的立面网格肌理，表现了建筑硬朗深邃的效果。

相对封闭的另外一侧，则通过石墙与条窗的跳跃变化和局部下沉广场，与对岸和公共绿地产生良好互动。

景观设计也是整个项目中的亮点，充足的户外空间，开放式露台，给整个办公园区增添了活力。

在建筑内部，围绕三个核心筒进行了空间的灵活分割，设置开敞式办公区和单元式办公区，不同尺度的办公空间能满足多样的现代办公需求，同时所有的空间都可以拥有良好的通风和采光。

在未来，园区将继续向更大范围延伸，整个科技绿洲将处于积极向上、蓬勃发展的状态，这也是建筑师的设计初衷。

总平面图

WORKING ■ 办公

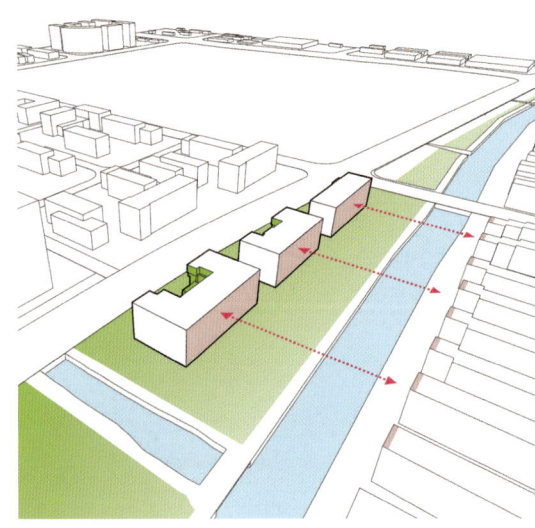
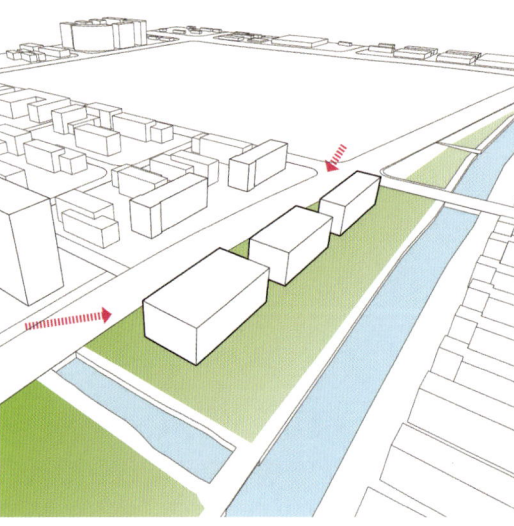
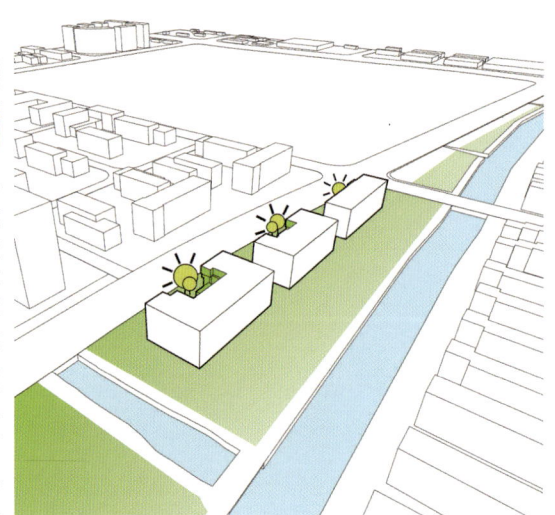

设计演化

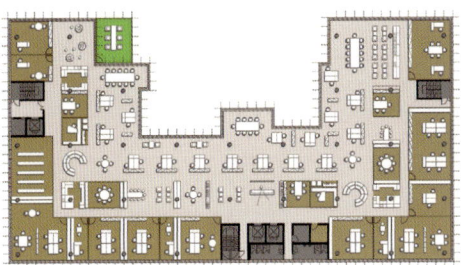  

平面图

WORKING ■ 办公

设计单位
致正建筑工作室
项目建筑师
金燕琳（方案设计、扩初设计、施工图设计）、苏炯（方案设计）、李沁（施工图设计）
设计团队
王佳琦、李佳、霍丽、杨敏、李姿娜、李晔、仇畅、夏彧、陆磊、黄伟立
合作设计
上海建筑设计研究院有限公司
建造时间
2013年7月–2016年6月
基地面积
24,941平方米
占地面积
10,772平方米
建筑面积
36,839平方米（地上）、
10,332平方米（地下）
主要用材
涂料、铝镁锰板、平板玻璃、铝型材、烤漆铝板、穿孔铝板、型钢、预涂装水泥纤维板、防腐木地板

上海，嘉定区

上海国际汽车城科技创新港C地块

Plot C, Auto Innovation Park, Shanghai International Automobile City, Jiading, Shanghai

周蔚、张斌／主创建筑师　陈颢、胡义杰／摄影

　　科技创新港位于上海西北郊的上海国际汽车城的核心区域，是一个定位于面向汽车产业未来智能化转型升级的研发集聚园区和产业示范基地。依据维思平事务所（WSP）的总体规划，整个园区呈现为由南北景观中轴串联、20个小街坊（约50米×50米）均布的低层高密度空间规划模式，并由国内五家建筑师事务所（维思平WSP、致正Atelier Z+、大舍Deshaus、标准营造Standard Architecture和刘宇扬ALYA）以集群设计的方式负责落地实施。整体方案几经演化，最后确定为由十字双轴（南北向的景观绿化轴和东西向的公共服务轴）串联四组研发组团，每组研发组团包含四个小街坊。

　　致正建筑工作室所承担设计的C地块位于整个园区的东北角，西临中央绿化带，南靠公共服务带，北倚城市道路，东濒河道，四个街坊的规划界面略有错动，限高四层。项目面临的难题是无法对将来的入驻研发机构的空间需求做出清晰的界定，而是希望不同的建筑师团队根据初步的设想通过对空间设计的探讨来形成多样而又富有弹性的空间模式。设计之初能够确定的设计要求是所有的研发楼分为小型和中型两种规格：小型研发楼为每套在300~500平方米之间的纯办公用房；而中型研发楼每套在800~1200平方米之间，底层为试制车间，上部为办公用房。C地块在规划上确定其中有一个街坊是12套小型研发单元的集合，另三个街坊都是8套中型研发单元的集合。

设计策略

　　面对新兴产业空间的适应性要求和规划确定的高密度开发模式，以及无特征性场地上的地域空间文化传承语境，我们希望创造出有空间归属感和文化认同感的积极的办公环境。规划的街坊格局确立了园区的公共/私密关系，我们的基本策略是引入不同的研发空间组合模式，并与多层次的立体庭院组织相耦合，为每一个作为研发集合体的街坊营造专属于它的半公共空间的独特性氛围，进而以多样的方式来促进未来使用中的交流与共享。

　　应对文化传承：从虚实相生、步移景异的江南传统宅园文化中获得启发，以庭院为核心组织空间，以提高空间的灵活性和积极性，并在高密度的咫尺天地中营造出江南园林文化所寄托的山水意趣，赋予产业创新空间以地域文化精神。

　　应对产业需求：中小型研发办公空间所需要的空间弹性和环境品质要求我们对福特主义的主流机构空间进行拆解与重构，首先是将大空间化整为零，提高小型化单元的可组织性，其次是曲折变化的空间界面促进对于景观资源的共享以及办公空间场景化体验的创造。

　　应对开发强度：在保证建筑容量的前提下，多层次立体庭院系统有利于景观最大化的塑造和环境品质的提高，在高密度环境中最大限度地将实体空间之外的余留空间转化为积极的空间资源。由此形成的四个具有空间原型特征的街坊分别是一个针对小型研发单元组合的"层峰隐阁"和三个针对中型研发单元组合的"空中连院"、"双联围院"和"错叠合院"。

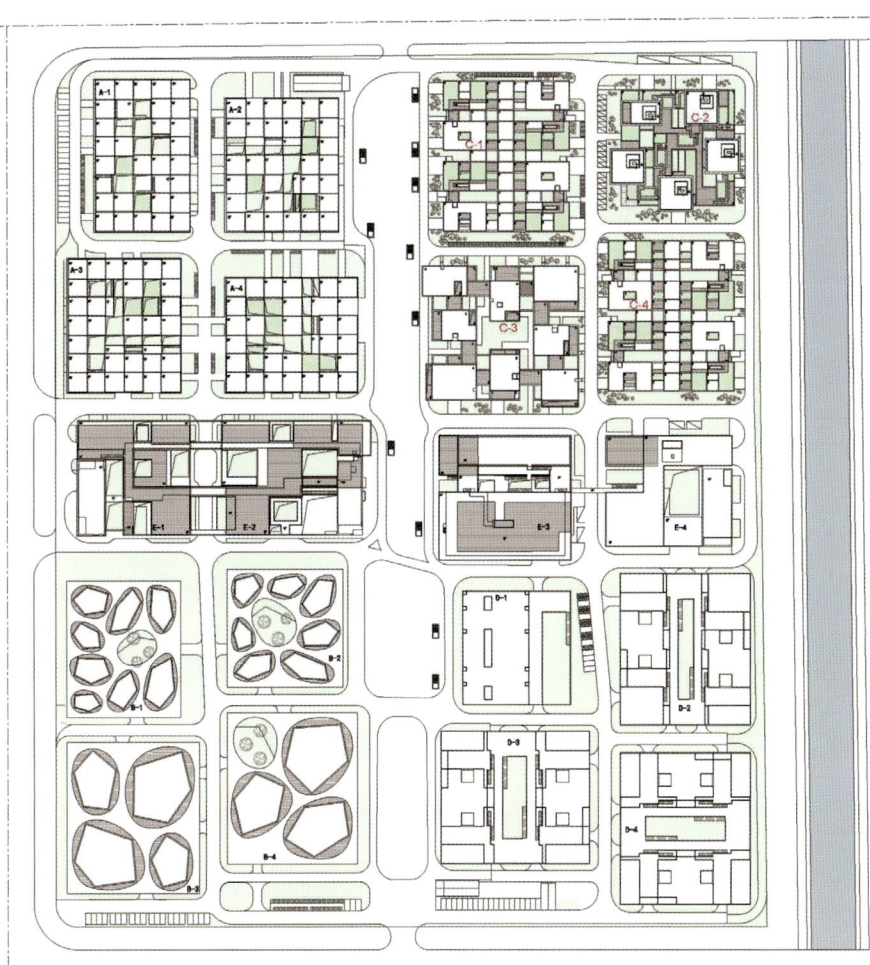

总平面图

WORKING ■ 办公

设计单位
冯·格康,玛格及合伙人
建筑师事务所
设计阶段负责人
帕特里克·弗莱德尔、陈澜
项目实施阶段负责人
帕特里克·弗莱德尔、赵琴昌、
贝尔里德·哥特哈尔特
业主
嘉铭投资有限公司
建筑面积
地上面积24,720平方米,
地下面积14,500平方米

北京,朝阳区

嘉铭·东枫产业园
Completion of Jiaming Maple Park in Beijing, China

曼哈德·冯·格康和施特凡·胥茨 / 主创建筑师　克里斯蒂安·加尔 / 摄影

　　本项目是中国国航集团总部大楼的建设工程——中国国航集团是中国规模最大的航空公司,这一工程为中国国航集团提供了在北京最繁华的一条街道上展示自身实力的机会。

　　工程所在位置位于北京城区和机场之间,三环的东北角。高耸的大楼从横跨市区的远处就可以望见。引人注目的白色外观,紧凑的弧线造型代表人类关于飞行的梦想,借此在飞速发展的北京城内巩固中国航空的先锋形象。

　　从西面看,建筑似一个巨大的熠熠生辉的白色翅膀(机翼),充满生气,仿佛朝天空飞去,与周围高楼的造型十分不同。从东面看,建筑有趣地呈现为一个轻盈光亮的竖轴,让人感受到平静、力量、轻盈和温柔。在一天之中的不同时间里,大楼或是反射太阳的光芒,或是映出城市的光辉。项目轮廓鲜明,寓意不言自明:机翼形状的高楼赫然耸立,由路堤和花园,大楼和基座组成,拥抱周围的城市景观。

　　从地面观察,大楼的简约造型象征着航空运输。比例较小的建筑元素分散排布,配合传统中国园林,呈现更为生动的形式,就像从空中观察地面的人类活动一样。

　　建筑的高使用效率一部分源于根据不同朝向采取不同的外墙处理手段。工程的朝向和造型设计不仅考虑到了周围居民楼对光照的需求,同时也对大楼室内办公区域能够获得的日光进行了最大化设计。这栋大楼将以温柔的力量融入北京的城市景观,优雅而微妙。与此同时,项目还将展示中国航空的核心价值观,连接天空与地面,拉近人与人之间的距离。

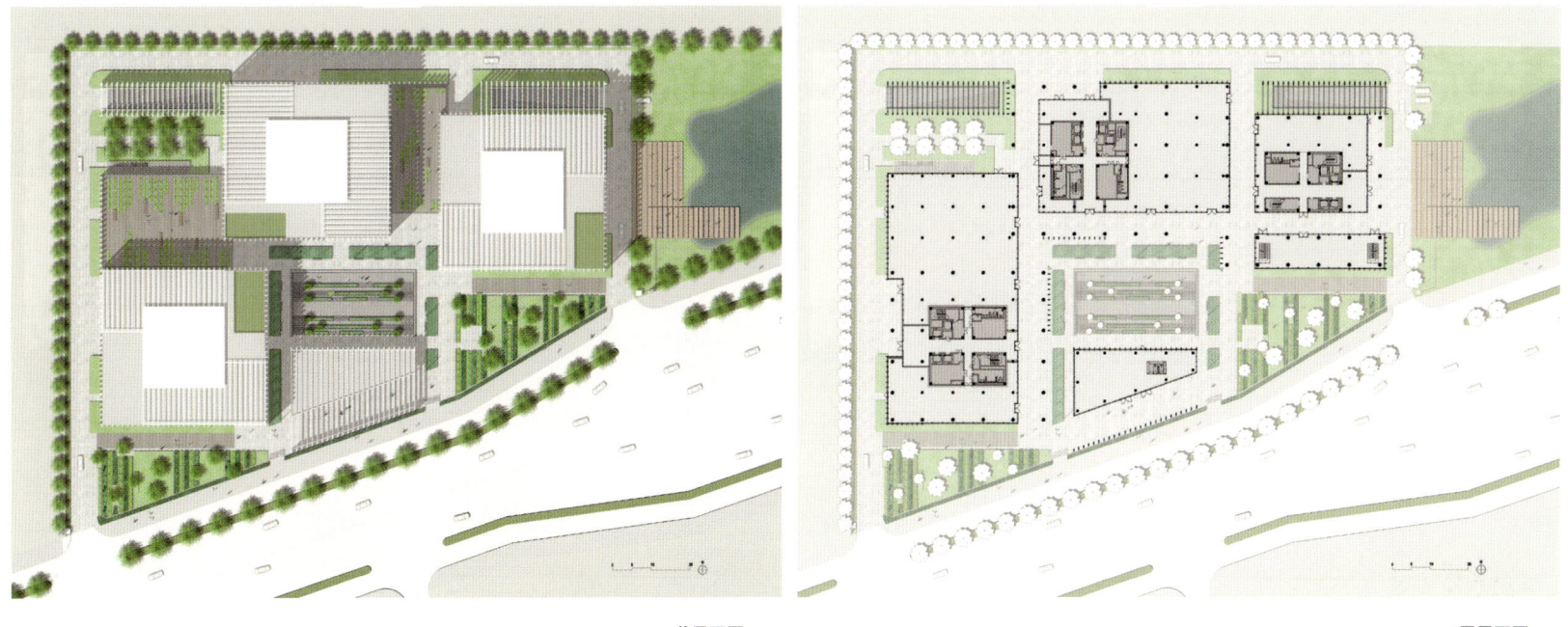

总平面图　　　　　　　　　　1层平面图

WORKING ■ 办公

设计单位
华诚博远工程技术集团有限公司
竣工时间
2016年
占地面积
3.5万平方米
建筑面积
16万平方米
主要材料
石材、铝板、玻璃幕墙

北京，石景山区

石景山点石国际
Dianshi Business Park, ShiJingshan

王泉、蔡善毅／主创建筑师　北京华清安平置业有限公司／摄影

项目概况

北京石景山区苹果园地块，东至八大处路，南至双园路北边界，西至北京海蓝科技开发有限公司东墙，北至首钢日电电子有限公司南墙，整个地块东西长约335米，南北宽约104米，占地面积35,436平方米。项目用地位于中关村科技园区石景山园北Ⅱ区东北角，紧邻八大处公路，距离西五环仅1千米。周边交通配套比较完善。项目东侧为石景山希望公园。附近公园景区众多，具有良好的生态景观环境。周边用地均为高新技术产业用地，区域未来发展为创新创意科技园为自身发展定位的石景山园区。

规划理念

1.人性化原则。创造人性化的办公环境，以人的需求为本，包括心理、生理、现实和发展的需求，注重办公环境的舒适性和宜居性。

2.绿色办公、可持续发展。规划力求合理利用土地及现有的生态资源、文化资源，使得区域范围的生态系统具有自我维持能力，创造良性发展机制。

3.文化特色原则。具有文化特色的景观环境和城市空间容易让受众产生感情上的认同和意念上的归属感。

规划结构及布局

项目用地呈东西向长方形，东西约335米，南北约104米。在用地东侧临八大处路布置写字楼和展厅，东侧写字楼拟建两座，呈弧线形斜向相对，高60米，设14层。裙房2层，全部为展厅，在八大处路设展厅主要入口。地块西侧拟建六座写字楼。其中南侧三座为塔楼，高60米，设15层，其中1层层高5.4米，2~15层为办公，层高3.8米。北侧三座为板楼，西边两座设11层，高60米，其中，1~10层层高5.48米，顶层层高3.8米，东边一座设15层，高58.6米，其中首层层高5.48米，2~12层层高3.2米，13~15层层高5.48米。东侧写字楼和展厅部分设两层地下室，局部设一夹层，层高为2.18米，为自行车库。其中地下一、二层为车库及设备用房。西侧办公部分设两层地下室，地下一层与首层之间设夹层，层高2.18米，做自行车库。地下一层均为车库及设备用房，车库顶板上覆土为1.7米。地下二层为车库及设备用房、局部做人防。

外立面设计

外立面采用现代手法的石材幕墙，铝板和玻璃为主要材料。外立面多运用硬朗的直线线条，使建筑外观呈现简洁大气的轮廓，较之周边稍显杂乱的建筑环境，本组建筑更体现了自身的优雅与卓尔不群。

大面积运用落地玻璃的裙房，集中体现这一组沿街面的展厅气氛，在对面主要道路的东侧、南侧，设置内嵌式LED广告灯箱，除去广告效应的同时，时刻变化的立面图像也使建筑本体与周边环境和广场人群产生互动，从而使建筑从一成不变的实体变成了可以随时间、环境变化的主动性个体。

西侧写字楼外立面采用哲理性的规则窗格划分，在满足内部使用功能的同时，使建筑外观呈现理性的开放状态，与园区的创意文化产业特色相呼应。

立面图

剖面图

WORKING ■办公

设计单位	张冰土木方建筑工作室
设计团队	王倩、潘俊宇、徐成、乔梁、崔旭峰、倪钰翔、苏凯强、陈保建、杨洋
业主	南京报业文化发展有限公司
施工时间	2014年6月 – 2016年12月
建筑面积	23,000平方米

江苏，南京

南京报业文创园
Nanjing Newspaper Culture Creative Park

张冰／主持建筑师　侯博文、张冰／摄影

项目特色

本案是对现代工业建筑南京日报原印刷车间（1990年建）的再利用。设计的核心是对原有的单一高大室内空间重新划分，以满足创意办公的需要。设计策略围绕着空间认知而展开。

空间组合。创意产业的精华在于差异性的凸显，这就要求各租户空间彼此相对的独立，又能够便捷地获取信息的交流。独立性与连续性约束着空间的生成，楼层内设计了回廊，回廊端部设置了休闲空间，楼层间植入了采光中庭，有效改善了原有建筑采光通风的不足，并进一步拓展了空间的水平流动与垂直连续。

空间界面。空间体验起始于其边界（界面），改造设计从建构传统与透明性理念入手，并依据材料的自然性与建造的清晰性，探索了空间界面的生成。自承重的清水砖墙与主承重的钢桁架并置，清晰地传达出了各自的传力方式，并因这些自然力的表达而衬托出结构对于空间的介入，结构感知与建造逻辑转换为空间认知的重要部分。漏空花砖与实体花砖交替层叠，诠释了不同的材料透明性（物理层面），并重塑了空间的内外关系（现象层面），一系列的空间感知呈现出模糊与清晰交替转换的戏剧效果。

X桥。因南京报业文创园南北楼取得便捷联系而生。为了重塑基地的场所体验，摒弃了桥梁先结构后装饰的传统设计方法，而是把空间叙事与结构传力巧妙结合，让一座最小的桥带给人们怦然心动的空间体验。结构体系非常创意地由对角线布置的主桁架与次桁架组成，在空间中呈X形，彼此相交，相互支撑，确保了桁架的整体强度和稳定。桥面布置在桁架的下弦以上，桁架还具有了围护栏杆的功能；桁架的杆件截面变化依据内力大小而确定，在空间认知中表达出了桁架的内力分布，这些自然力的真实表达隐喻结构对于空间的介入，结构感知与建造逻辑转换为空间认知的重要部分。X桥的设计体现了结构、空间、界面整合设计创造的无可替代的崭新空间特质。

使用者意见

成曦（业主）：张冰博士团队担纲的南京报业文化创意园改造设计方案给原厂房带来的变化主要体现在三个方面：首先，亮化了建筑内部。改造设计在最低面积浪费的前提下内部增设南北两大采光厅，极大改善了原有厂房的采光和通风，满足创意办公需求。其次，优化了空间配置。如增设的主门厅、半地下停车库、回廊式创意办公空间等，让原本单一作为生产厂房的空间，具备了丰富的功能配置，使园区初具作为产业园区的各项条件。第三，美化空间环境。外立面表现乐活、时尚，内部通过一系列的红砖灰墙、钢结构的搭配，充分增强了园区的文化和创意氛围。使建筑在区域内具有标志性，从而成为文化产业载体新地标。

总平面图

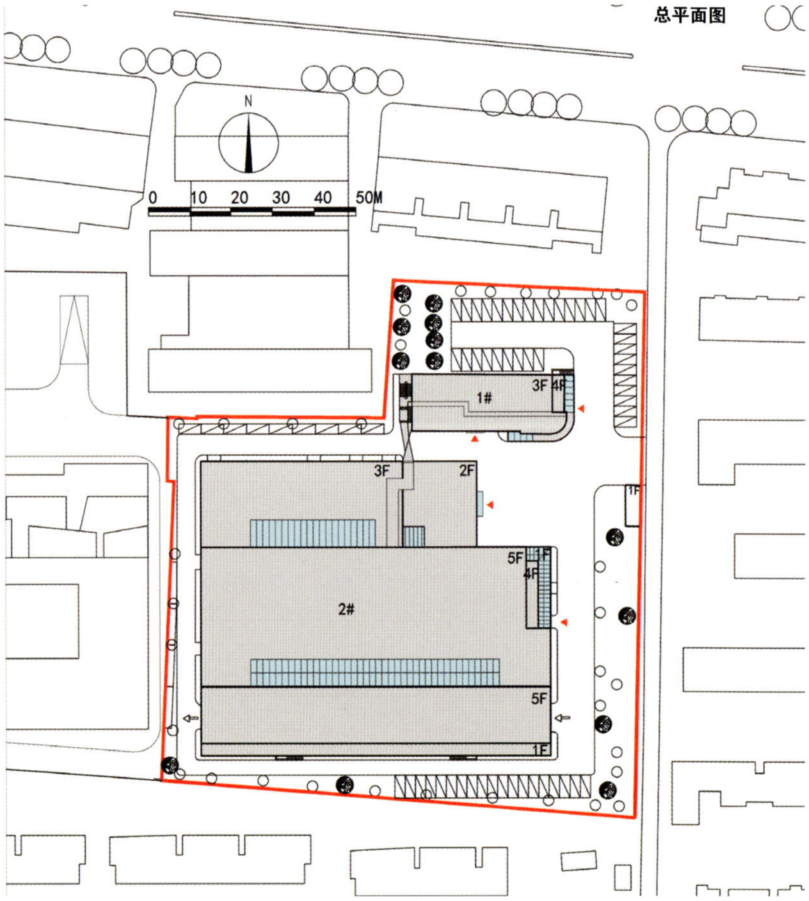

032 ■ 033

WORKING 办公

上海，宝山区

上海绿地创新产业中心
Innovation Industries Center

水石设计／主创建筑师

设计单位
水石设计
项目规模
63,600平方米
竣工时间
2016年

本项目位于宝山大场镇，中环与外环之间，基地内设有地铁7号线上大路站出入口。地块为商务办公用地，用地面积为27,966平方米，总建筑面积为62,162平方米，计容建筑面积41,950平方米。

设计初衷：营造微气候的花园办公

设计最大的初衷是：让人在办公环境里面很惬意地体会自然。花园式办公构成于三大部分：屋顶花园绿化，入户灰空间花园，多层次阳台。以此来创造一个生态型的，能跟自然有一定互动的园区，由生态性来创造部分的微气候。

在沿地铁上盖位置规划有LOFT办公，以及一个兼具售楼处功能，未来是一个大型总部组团的独栋办公。独栋产品通过有机组合形成四个组团，增强由公共空间、半公共空间到私密空间的体验感，强化办公私属性。各组团内独栋之间通过连廊连接，办公面积可相互连接生长，满足各企业的发展需求。

在临着市政公园这一块，规划的四个大型套型沿着此景观资源展开。景观设计融入"生长之树"的理念设计生态绿轴延伸至东侧城市公园，为市民提供公共活动场所。

建筑设计：现代气息的立面设计

建筑风格定位为现代风格，设计造型沉稳大气，力求营造出时尚稳重、精致高贵的高品质的花园式办公产业园。独栋办公部分的材料以石材、玻璃、磨砂玻璃以及百叶格栅等为主，通过材质赋予办公现代的商务气息，塑造宝山承前启后的一个花园式独栋办公园区新标杆。

总平面图

WORKING ■ 办公

设计单位
零壹城市建筑事务所
设计团队
阮昊、陈文彬、吴淼、沈斌、徐婧、罗晶中、于扬、傅立、展雁杰、俞洲
项目时间
2015年—2017年设计+施工，2017年完工
项目面积
7,500平方米

浙江，杭州

dave&bella办公总部
The New Headquarters of dave&bella

阮昊、陈文彬/主持建筑师 吴清山、胡娴娟/摄影

位于杭州滨江的dave&bella办公总部，是该服饰品牌完成转型升级后，为满足新增功能需求而创造出的具开放性的、多种功能混合的办公空间。项目设计需要针对其办公功能需求，利用废弃空间创造出突破原有局限的新型空间，打造出一个可以集聚综合性办公与配套辅助空间的多功能办公总部。这也是现阶段国内城市更新、空间再生的一个典型案例——旧厂房自用办公空间的改造设计。

该项目原有建筑是一个50米见方、曾用于绣花产品生产的厂房，建于2003年。传统的厂房空间、进深过大的平面形状、规则的柱网排布，导致室内采光不足，限制了空间的灵活利用。设计师通过挖掘原有建筑的使用潜力，打破原空间格局，重新规划分区，加入独特的新鲜元素，进而塑造出明亮、舒适、灵活多变的办公空间。

为解决采光不足的问题，设计师首先在室内空间中心区域置入了三个单柱跨的采光中庭，力图给原本硕大且密闭的空间带去相对充足的自然采光和新鲜空气，所有的核心开敞办公区域均沿中庭两侧的玻璃幕墙布置，间接进入的光线正好满足了办公所需要的光线照度。

三个中庭的出现，尤其是其两侧六个通高玻璃界面的置入，对整个建筑的改造产生了一些更重要的影响：形成了层层递进的空间秩序感。当人们按照设计的流线垂直于界面走动时，单层办公空间与通高庭院的循环出现，创造了一个近人尺度的层叠空间序列。

这个空间序列的进一步实现，是靠一个贯穿了整个厂房每一层空间的坡道、连廊与楼梯的体系来完成的，就像一个神经中枢穿越时空：它时而进入通高的中庭，时而进入狭小半私密的开敞空间，同时又连接着楼层之间的流线转换。这个建筑漫步式的体系不仅是交通的内核，更创造了一个丰富而富有身体节奏感的漫步秩序。与楼梯融为一体的连廊则弱化了固化的空间感，形成活跃的交通聚集空间，诱导人们通过这些路径在不同的空间内交流与互动，激发使用者的创造力和对空间探索的欲望。

建筑的外立面采用了旋转突出原有墙体的大型落地窗，不仅为建筑外围空间提供了充足的采光，也试图打破原建筑过于厚重的体量感，给予其更活泼的建筑形象。

1层平面图

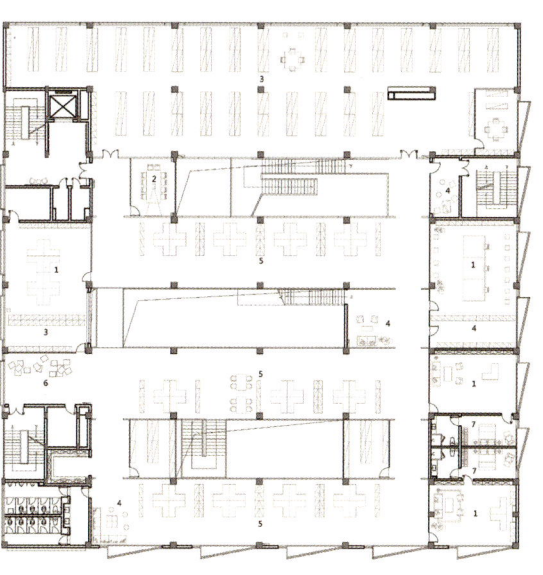
2层平面图

WORKING ■ 办公

设计单位
深圳华汇设计
景观设计
创翌善策
室内设计
空间易想
幕墙顾问
朋格
结构
钢结构
材料
超白U型玻璃、双层中空彩釉玻璃、古龙灰石材、镜面不锈钢、铝板
设计周期
2015年12月–2016年6月
建设周期
2016年6月–2016年10月

广东，深圳

深圳湾超级总部基地城市展厅

The Exhibition Center of Super Headquarters Base in Shenzhen Bay

肖诚、印实博、毛伟伟 / 主创建筑师　张超、肖诚 / 摄影

深圳湾超级总部基地建设规模总量达到450万~550万平方米。功能以总部办公、高端商务配套及部分文化设施为主，是深圳着力打造的世界级城市中心。展示中心选址于深湾一路与白石三道交叉口，总部基地的西边，有地铁2号线红树湾地铁站和公交首末站与城市公共交通接驳，周围有大型居住社区、学校、商场，南侧临近深圳湾公园。委托方希望以首开项目为契机，将该区域的发展动态向公众进行展示。

由于选址为临时性用地，在完成建筑的使命后将改造为城市公共绿地，并且，在承担公共展示的同时，还需要为首开项目的意向客户提供较为私密的洽谈的空间。这种现实反映出的二元特征也就成为我们设计中试图解释的两层关系：景观与建筑，公共和私密。与此同时，委托方也希望以一种表意于传统的方式，介入未来城市的图景，通过展示中心的空间意向重拾都市生活的人文精神，这也是在全球化的时代背景下的对日常生活空间建构的一次反思。

场地南北狭长，西邻城市道路，首先我们制定了一个基本框架，即将用地沿东西方向一分为二，将西侧约三分之二的区域设计为由浅水池、草地和碎石形成的城市景观，人们甚至可以在此嬉戏和小憩，东侧则是建筑主体和内部道路，建筑采用带形集中的方式，形成界面而非实体的外部感受，使得基地环境表现出一种介乎当前和未来的模糊状态，从心理层面为城市空间变化留出了合理的预期，建成的景观也为将来的改造形成一个可持续利用的基础。界面材料，我们选择了漫反射超白U形玻璃，在不同天气下和一天中不同的时间段能产生细微的变化，地面水景亦是如此，在不同的光环境中，对建筑、天空、树木形成不同的程度的反射、折射和透射效果，构成一种随自然变换的图景。 此外，在处理空间的私密性上，我们引入一条东西向的隐形边界，将建筑在南北方向上区分为公共部分和私密部分，门厅设置东西两个入口，东侧面向私密人群，西侧面向公众，分别导向两个不同的过厅，并在出口上再次分开，有效地保证了两部分的独立性。在公共区，除展厅之外我们还设计了艺术廊和咖啡厅，以丰富空间的体验性，艺术廊通过不定期无门类的艺术展（如家具、摄影、绘画等）与固定的城市规划展在空间上并置，从理性和感性层面，制造未来城市生活的多重想象，咖啡厅则是为参观的人群提供必要的交流和休息场所。 建筑本身由一个长约130米、宽8米的带形服务空间和两个作为被服务空间的展厅构成，服务空间内包含了门厅、艺术廊、茶室、洽谈区等，被服务空间包含了用于公共展示的城市规划展厅和针对私密客户的建筑展厅，展厅沿服务带的西侧布置，在体量上分开，中间留出水景庭院， 除此之外，我们对两个不同的空间系统采用了不同的材料表现，展厅被漫反射超白U形玻璃包裹，为室内带来柔和的光线和温润的触感，服务带则是深灰色条形彩釉玻璃，二者在肌理上达到了一定的相似和反差。展厅之间的水景庭院，植入一棵松树，并被建筑外墙进行适度围合，为进入营造出安静氛围，低于池顶的步道，使人能够在舒适的高度上触摸到水面，人从城市步入庭院进而进入建筑的空间序列和仪式感被再次唤起。室内空间中的低窗设计，有意回避了周遭纷繁的城市图像，素色的墙地面材料，强化了空间的消隐感，使人与即景产生对话。

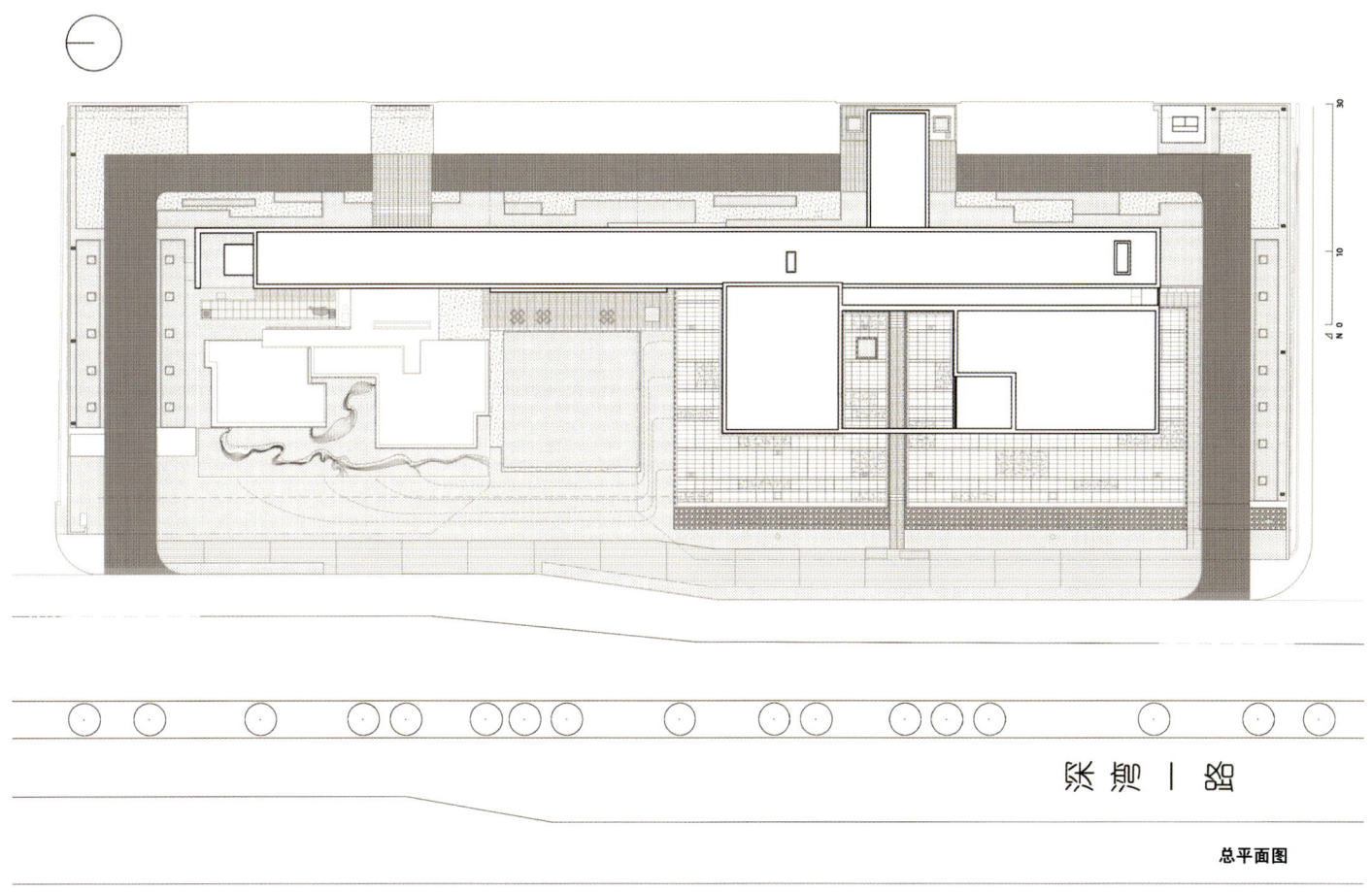

总平面图

WORKING ■办公

WORKING ■ 办公

设计单位
禾扬联合建筑师事务所,
禾扬建筑设计咨询上海)有限公司
设计团队
刘湘梅、赵文绅、彭信苍、黄建盛、廖雪杏、丁沛缇、欧宛松、黄兴宇、郑玉岚、姜劲维、徐秉延、吴楚华、许清评、杨国钦、郑纯华、颜金云
业主
鸿海/富士康集团
扬信科技股份有限公司
主要材料
RC+钢构、蜂巢板、金属铝版、金属扩张网、网点玻璃、节能玻璃
面积
基地面积: 18,500平方米
建筑面积: 4,997.66平方米
总楼地板面积: 67,893.56平方米
施工时间
2012年7月至2016年7月

台湾,高雄

高雄育成研发大楼及云端数据中心

Foxconn Incubation & Research Building and Cloud Information Centre, Kaohsiung Software Park

许铭阳、夏雯霖 / 主持建筑师

鸿海/富士康集团为打造科技服务之"产品化"与"市场化"概念,创造培养高科技人才的孵化基地,且持续提供联盟企业营运商机,积极建构各技术平台,在台湾高雄市投资兴建"研发育成中心"及"云端资料中心",以高雄软体园区为示范基地,可提供客户大量且高速存取资料,并以集团强大硬体制造能力为后盾,全面支援软体运用,带动高雄地区的高科技产业契机。

设计基地位处高雄市"多功能经贸园区特定区"之"加工出口区"范围内,紧邻高雄港区、高雄世贸展览馆、中钢总部大楼、新图书总馆、台铝园区、国际客旅码头、台电综合开发项目计划及环线轻轨、捷运黄线等新兴商贸、交通建设汇集地带,兼具交通便利、商办核心及海港视野之良好区位条件。

建筑配置采用分期分栋进行,"研发育成中心"提供集团及所属公司办公、展示、会议、餐饮、招待、休憩、停车等空间使用;"云端资料中心"则提供云端资料/大数据存取服务;整体规模展现注重科技及生态的平衡,并利用高雄港空间的独特性,表现对高雄本地的文化认同及对未来发展的企业承诺。

设计理念:以"云端"技术抽象发想及设计转化,结合"绿建筑"的生态意象。

• 科技数位之未来性:以理性矩阵及重复律动的立面表情,展现企业文化
• 绿建筑的节能运用:结合智慧建筑监控系统,落实节能永续课题
• 高雄港都意象元素,钢铁、船舶、工业的概念转化,表达在地连结的温度

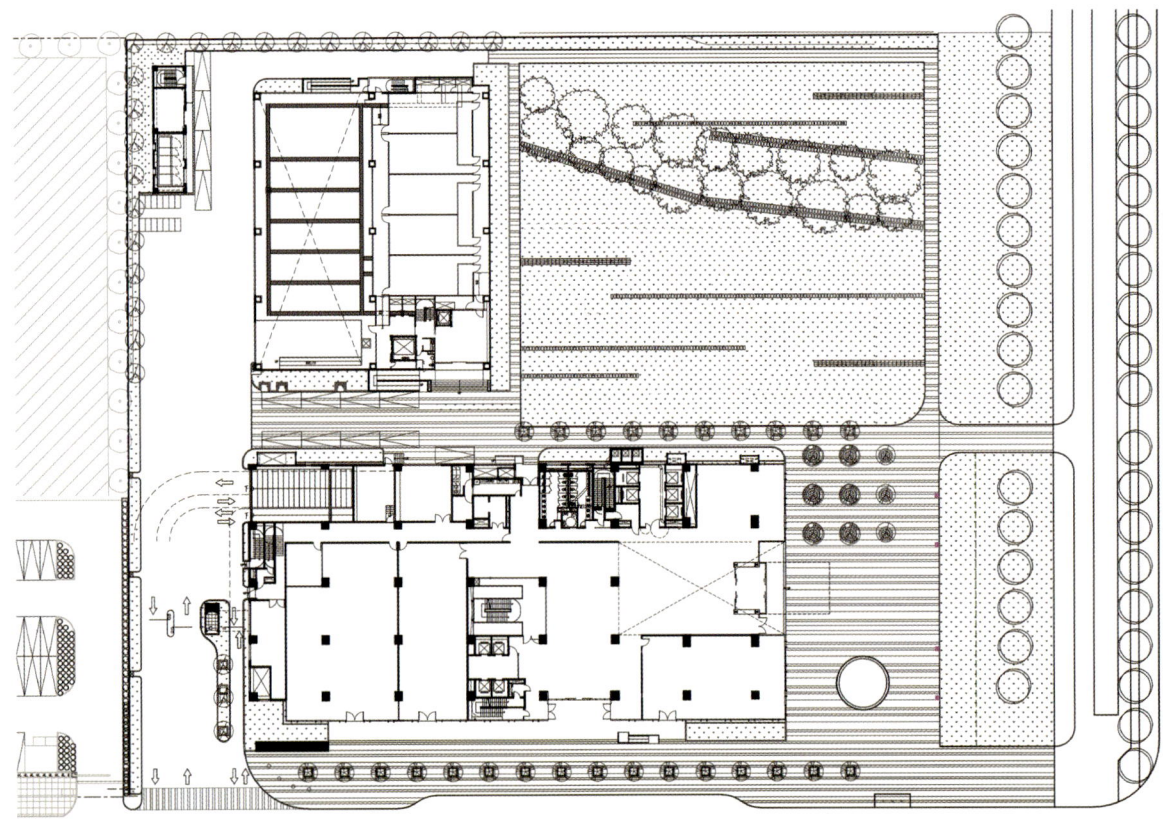

总平面图

WORKING ■ 办公

福建，福州

福州海峡银行办公大楼
Headquarters of Haixia Bank of Fuzhou

施旭东 / 主创建筑师　　高钰、刘理辉 / 摄影

福州海峡银行位于福州市台江区江滨大道北侧万达广场以西金融街，设计上力求打造成为福州北江滨金融区内的一座标志性建筑，同时对台江北岸的沿江城市景观产生积极的影响。

作为银行办公建筑，本次设计力求遵循大气稳重的基本原则，实现银行建筑对公众形象展示的要求。基于地块所处的位置，利用原有规划和用地条件，充分尊重轴线关系，让设计能够反映和周边环境的关系，建立最基本的城市空间对应关系。

通过对海峡银行自身历史和发展情况的分析，我们认为，由于海峡银行是以原福州商业银行为主体，兼并其他多家金融机构后建立的一家综合性银行，而且，从其名称也可以看出其立足于福建这个有着悠久两岸渊源的地区，快速发展，展现出积极进取，海纳百川，灵活通融的精神。所以，在总体构思时，我们希望能够从设计上折射出这种历史和现状，将多重因素整合概括为两种积极向上的态势，象征海峡两岸以及银行自身和投资公众、投资需求和收益回报等互相对应的关系，在建筑塔楼上展现，同时，这些相互倚靠、共同成长的要素又根植于银行本身的健康发展中，特别是和公众的良好关系上，因此，需要将这两种元素在合适的位置融合交汇。考虑到这些因素，我们在设计过程中，始终贯穿了这样的基本理念。

办公塔楼应由两个形体互相倚靠形成，这两个形体在裙房，也就是本建筑最具开放性的位置围合。

通过对这种基本理念的深化分析以及银行功能和内部工作流程的解读，我们逐渐将这一概念用建筑语言表达，四层通高的营业大厅作为裙房的主要功能空间，有着采光天窗，裙房的建筑元素在顶部围合，并平滑扭转成构成塔楼的两个体量开始向上延伸，并且形成相互倚靠，强烈向上的视觉形象。两个体量之间是主塔楼两侧通透的玻璃幕墙，为每隔数层的办公中庭空间和塔楼电梯厅提供了良好的视野和采光，也更加强调了塔楼的体块感，突出银行建筑所需要的坚实稳定的形象。

设计单位
澳大利亚柏涛设计咨询有限公司
设计团队
施旭东、王烨兵、孟亮、幸力、
黎万灶、吴菲娜
施工图设计
福州市建筑设计院
幕墙设计
深圳市中筑空间幕墙工程设计有限公司
用地规模
8,487平方米
建筑面积
65,974平方米
容积率
6.24

总平面图

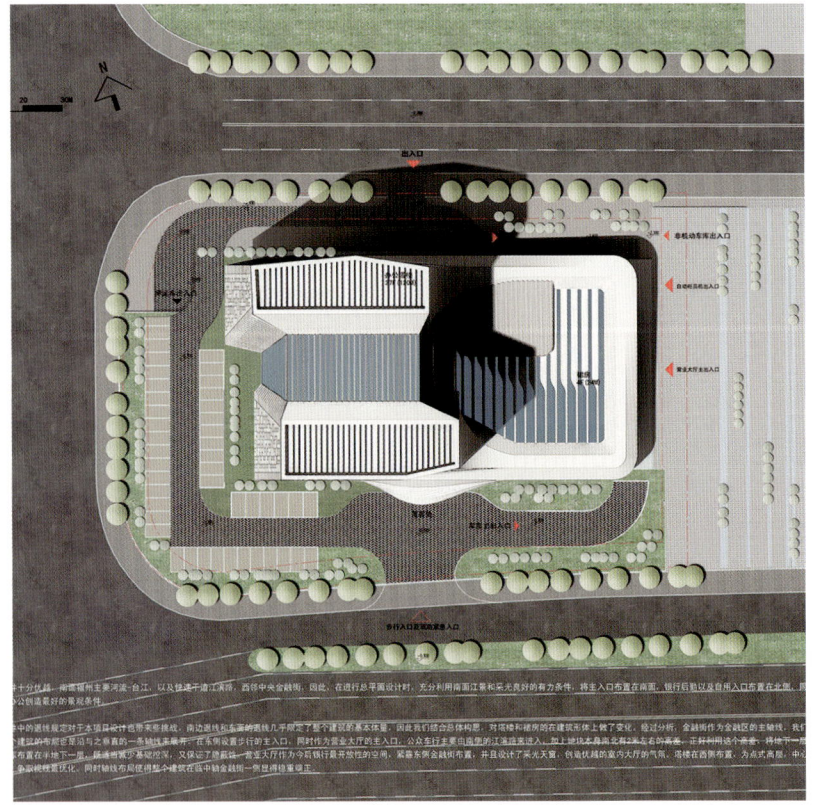

剖面图

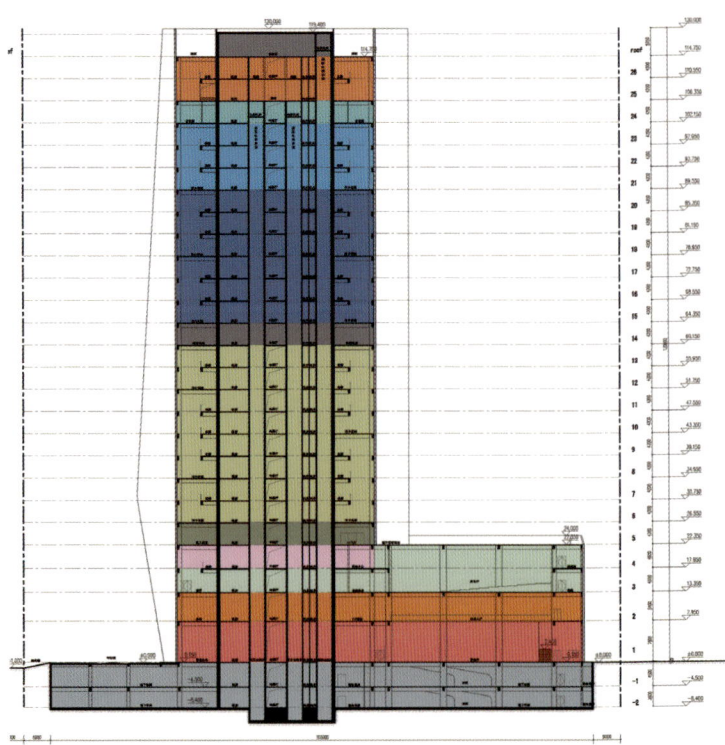

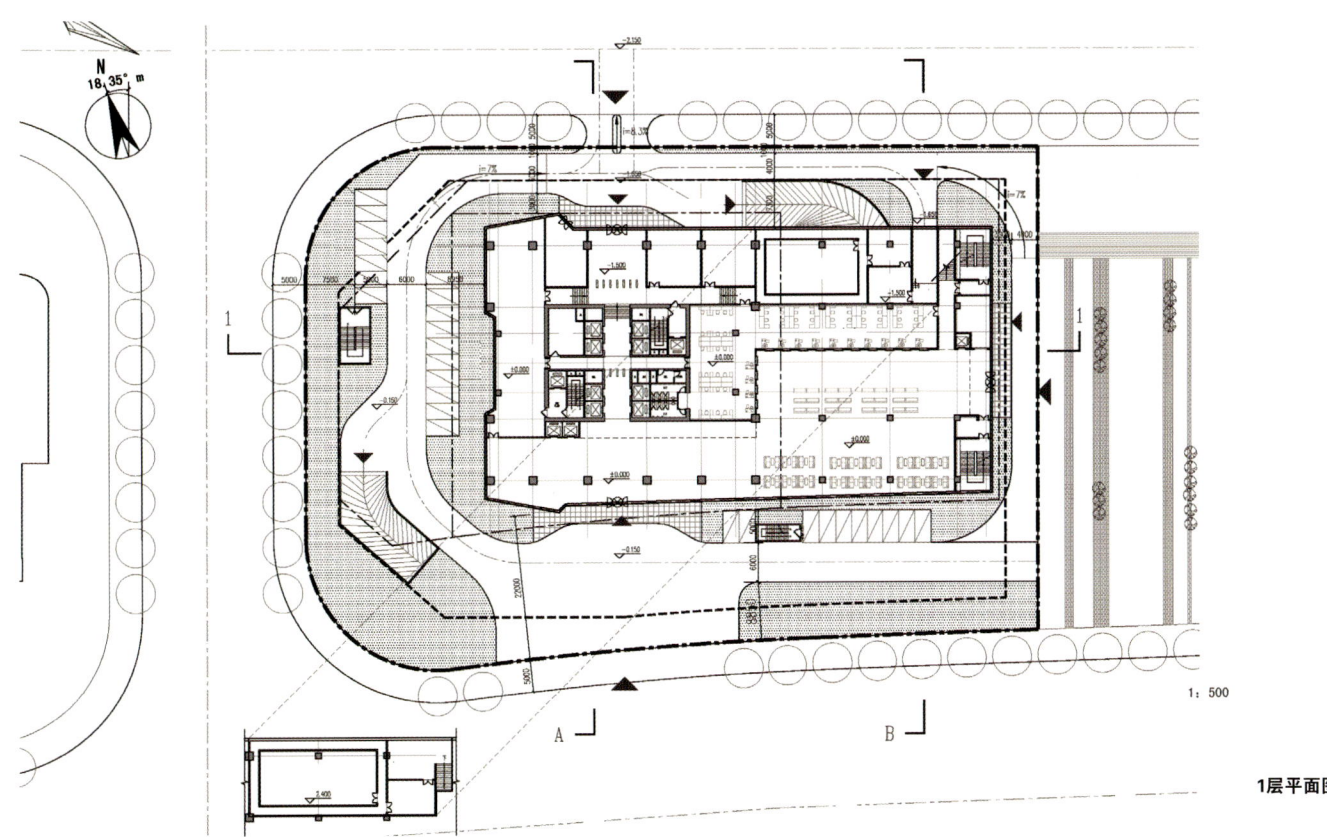

1层平面图

WORKING ■ 办公

设计单位	中国建筑标准设计研究院
竣工时间	2016年4月
占地面积	9,940平方米
建筑面积	40,000平方米
主要材料	钢筋混凝土、玻璃、金属、铝

北京，西城区

中国地图出版社基地
China Map Publishing Base

郁枫、甘彤 / 主创建筑师　境源摄影工作室 / 摄影

中国地图出版社基地位于北京西城区白纸坊西街和白广路交叉口旁，其周边环境平庸，缺乏可识别性。在这种背景下，设计关注于挖掘场所特征、并尝试通过多维度路径构建特定的场所精神。其具体路径包括：塑造街角标志性、强化街角公共空间属性，积极与周边环境对话，展现符号化的建筑性格。

平面与立面

建筑基地南侧与西侧临现状路，东侧临规划路。建筑总平面由于场地的约束，自然地形成了两个双"L形"的组合。建筑主要由18米高以下的裙房和两座36米高的塔楼组成，在靠近两个城市道路交叉口出处设置两座塔楼，便于展示建筑的标志性。建筑的各层平面之间，采用了错位、穿插的设计手法，并将其作为主要的设计手法。从局部来看，相邻的两层立面变化丰富，貌似毫无规律；但是从多层平面整体叠加来看，所有的立面出挑凹凸都控制在结构设计的合理范围之内。

建筑立面运用了简洁的设计语言，强化了水平线条的力度，使得建筑形体的丰富元素得以统一。建筑沿南侧道路和沿西南交叉口处的天际线变化丰富而充满动感，为城市环境做出了积极贡献。

体块组合

本项目运用了平面错位的设计手法来塑造丰富的空间体态。尽管明确了设计思路，但在设计深化的具体过程中，究竟如何错位？出挑多少距离？其实存在着很多种解决思路，在设计之初也就此进行了多方案的比较。该方案从城市尺度、从街道视角，确定其形体的凹凸变化与起承转合。设计摒弃了传统的从建筑自身的立面构图进行推敲的设计方法，最终确定了该建筑的体块组合方式。

材料与构造

鉴于建筑形体较为丰富，本项目在建筑材料选择上尽量单纯。项目主要采用了铝板幕墙系统，色彩采用统一的金属灰，以营造出一种冷峻的科研办公楼气氛。在构造上，由于体块的穿插，形体上所要求的融合与交接给幕墙设计带来一定的难度。建成之后，总体上保持了方案构思到施工图落地的较好的"完成度"。

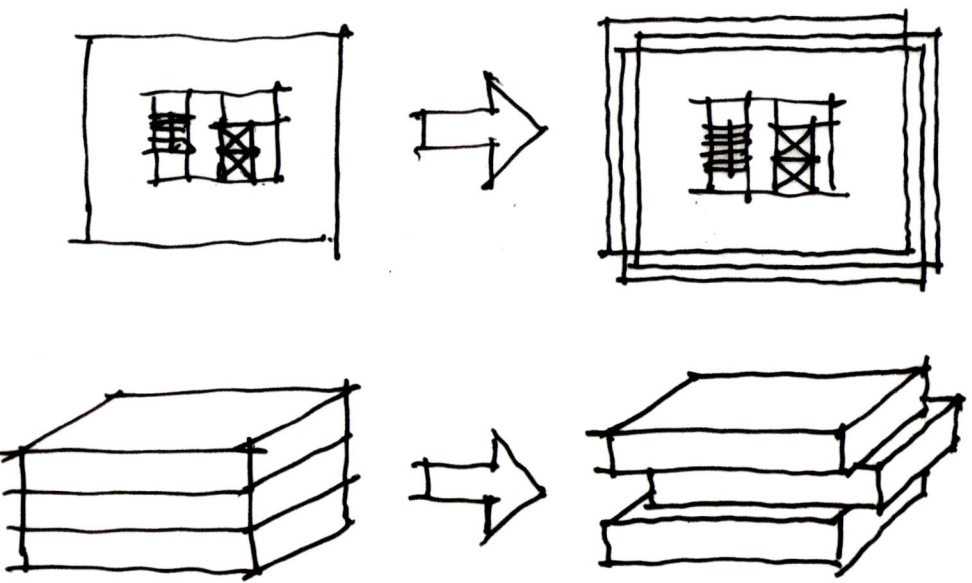

设计概念图

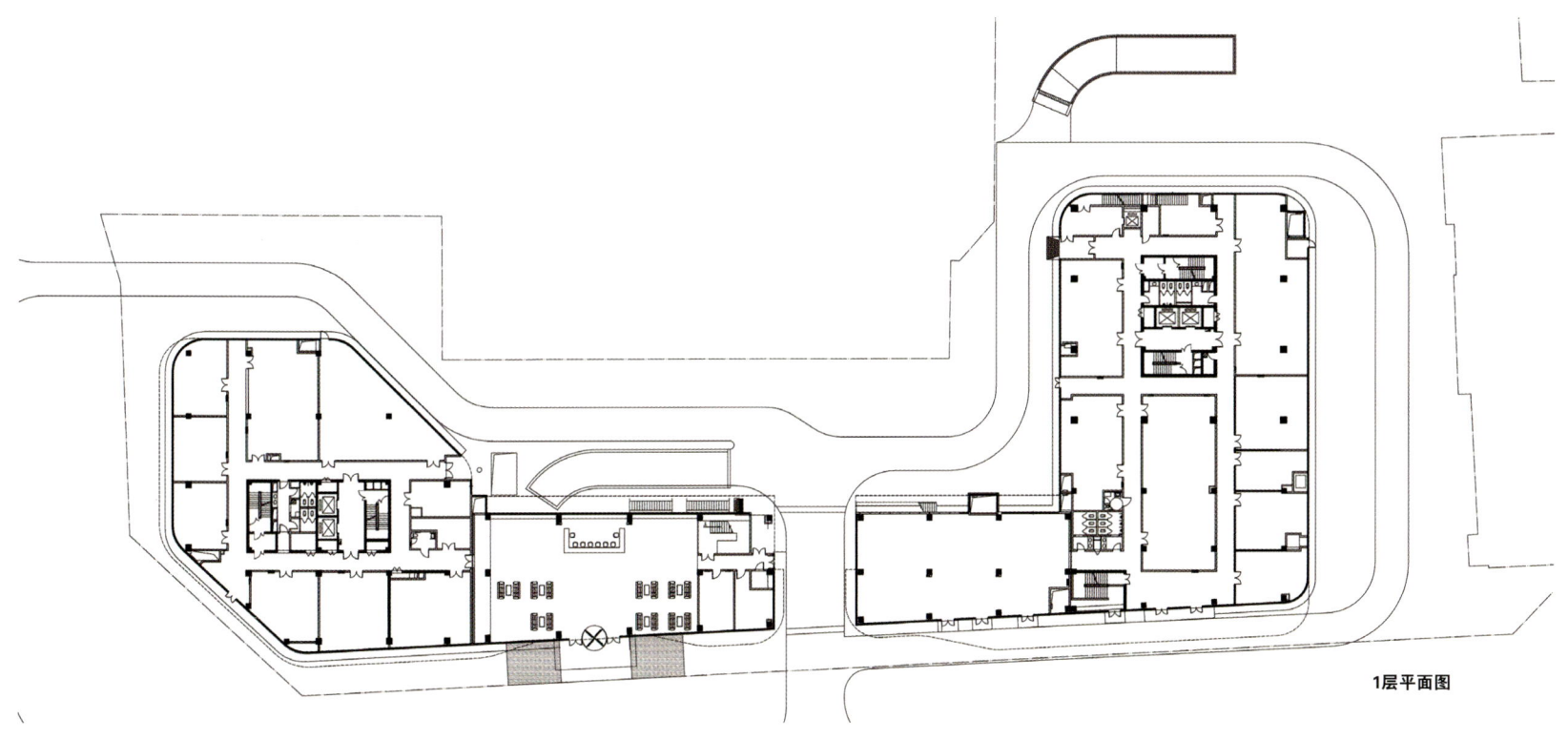

1层平面图

WORKING ■ 办公

北京，朝阳区

皇包车总部
Hi Guides Headquarters

李泷 / 主创建筑师　申强 / 摄影

不同的国度之间存在可见边界，皇包车的中文包车服务如不可见的交织线，串联维系着世界各地的华人司导和宾客。创意十足的"融合边界"理念，开启环球旅行全新体验的序幕。

坐落于北京国贸CBD中心区的皇包车总部，由三栋独立的钢结构组合而成。设计师运用穿插与交融的设计手法，结合"融合边界"的企业理念，以线和面重新规划与切割，在建筑的内外区域巧妙运用二维分界与层叠台阶，牵引出循序渐变的动线，三维铜管的伫立交叠与周围竹景相映成趣，在时光流动中暧昧空间边界，使相互独立的建筑版块间产生对话与关联。

"五大洲版块"的设计概念随着动线串联室内室外，层叠的台阶将空旷场地分隔为不同的功能空间，通过场域的交错重叠从而衍生迂回的动线与框景效果，形成版图空间的意向，天花板上方铜管线条错落叠搭，变化、交织、漫延、扩张，编织出一张覆盖五大洲版图的网络，以静态结构传达品牌全球化的动态进程，亦更密切的呼应地面层叠分隔的版块关系。企业标示的鲜亮黄色作为空间动线的引导色彩，在明亮鲜活的色彩语境下，通过对指示系统的创意设计，具体地强化品牌全球化辐射范围与蓝图愿景，缔造出脉络贯通又具有活力的有机空间体。

空间设计则强调简洁的轮廓线条与净化的视觉辞藻，突出建筑体量的造型结构，以素简的清水泥墙面搭配木质元素，呈现洗练又不失温暖的工作氛围。天窗的设置，等同于向室外借景，以便创造出丰富的光影相会情境，使人获得视觉上的纾解，从内外交替的景物感受中，开启观者对于时间、空间、平面、立体的联结与想像，带引观者进入诗意的视觉体验，使人游走其中能渐进领受自然环境与空间的共鸣。

通过简洁而丰富的空间语境，融合建筑与环境、人与自然、抽象与具象的多样表达，开启宾客对未来时空与企业愿景的宏观想像，在设计师铺陈的版图动线中游走于"融合的边界"，是设计团队在设计中运用企业理念与空间规划做概念交集的全新尝试。

设计团队
罗步荣、吴丹洁、陈志建、施豪文
基地面积
2,300平方米
主要材质
镀铜不锈钢、白海棠大理石、
金刚砂地坪、橡木
设计时间
2016年1月
竣工时间
2016年9月

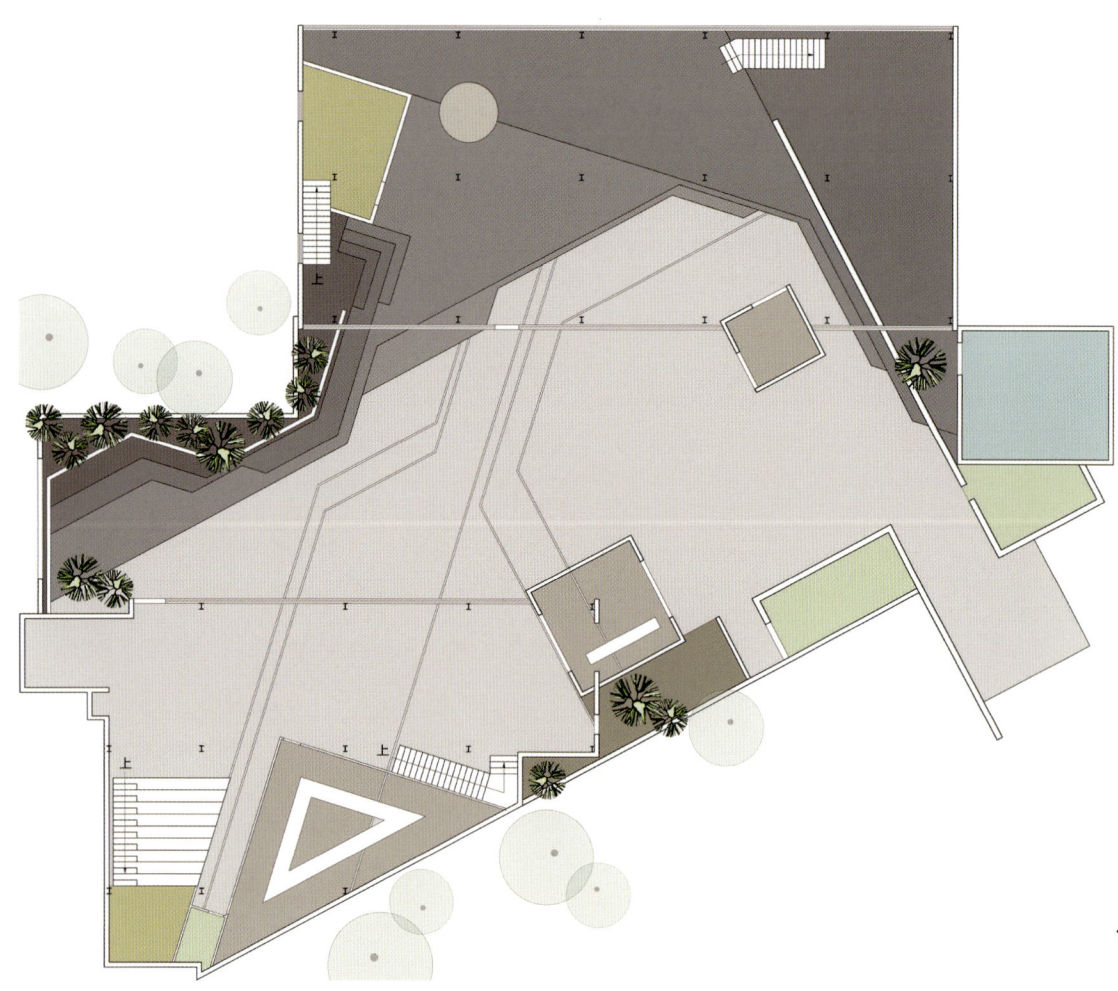

1层平面图

WORKING ■ 办公

设计单位
安道国际（ANTAO group）
建筑/结构/机电设计
安道设计
设计/竣工时间
2016年5月–2017年1月
设计团队
朱伟、占敏、叶豪、刘阳、陈清滢
占地面积
1,300平方米
建筑面积
3,000平方米
建筑高度
15米

浙江，杭州

杭州安道新总部
The Architectural Review of Antao New-Headquarters

曹宇英、赵涤峰 / 主持建筑师　安道国际 / 摄影

近几年来，建筑和景观设计行业面临着不小的市场低谷，诸多公司纷纷缩减员工数量和空间规模，但是总部位于杭州的安道设计却依然保持着强劲有力的增长，公司不仅将业务从传统的景观设计拓展到有关城市文创的多个新兴领域，更是将近200人的总部办公室搬到了全新的工作场所。

在新总部的选址上，安道设计展示出独到的眼光和抱负：既没有租用繁华地段的甲级写字楼，也没有选择隐于社区、小资情调的办公空间，而是将一处破旧不堪、废弃多年的厂房进行了整体改建，用他们自己的话说：这样行动的最能体现公司更新改善城市空间的决心。

空间的格局与格调

大部分时候，建筑师面临的困难是在局促有限的建筑面积内做出足够丰富的空间；而反过来的情况是，当建筑空间体量远远大于当下的使用需求时，同样存在巨大的挑战——尤其是在设计自己使用的场所时。在设计这座新总部的过程中，安道面临的最大挑战是：如何重新定义这处占地1,500平方米、建筑面积3,000多平方米的巨大空间，让公共空间和工作空间相互依存，满足200位员工当下使用需求的同时，为公司的长远转型和战略发展预留足够的空间格局，同时严格控制成本预算。

在尝试和比较了多个方案之后，安道的管理层做出了一个惊人的决定：将层高最高、交通最便利的一层空间全部开放，作为完整的公共区域；而员工的工作空间集中在二层和三层，通过钢结构搭建而成，围合出300平方米的中庭空间，通过厂房屋顶的天窗获得最大程度的自然采光。

场所体验与组织文化

在新总部落成的几个月里，不少安道员工表示，"自从搬到新公司每天都忙得要死，不仅要照料庭院花草，还要运动健身、下棋健脑、泡吧台、泡图书室……每天七点八点都不愿走"。不仅如此，这座总部有着更多的空间值得被探索：一层的西侧是唯一可容纳200人的报告厅（兼培训教室），可以承载大型的活动和事件，在平日则被公司电影协会长期征用为播放基地。有趣的是，从一层到三层，很多墙面是刻意留给员工"涂鸦"用的：果然不到一个月，从卫生间到咖啡厅，墙面被"失控"地涂满了各类艺术即兴创作，公司随即发出"告示"：涂鸦太多的员工将被"放逐"一楼的种植庭院完成相应工时的"义工"。

展望"十六号星球"

安道将他们的新家命名为"Planet 16th"（十六号星球），这个微妙的昵称饱含着对土地（Earth）的尊重：城市、建筑、景观，无不植根于大地，Earth既是我们工作的对象，也是我们保护的对象。在过去20多年急进的中国城市化进程中，难免存在对环境不同程度的破坏，而安道的新总部，试图通过设计去表达对人类赖以生存的大地环境的反思和敬意，也承载着对于未知事物的兴奋和想象。

鸟瞰图

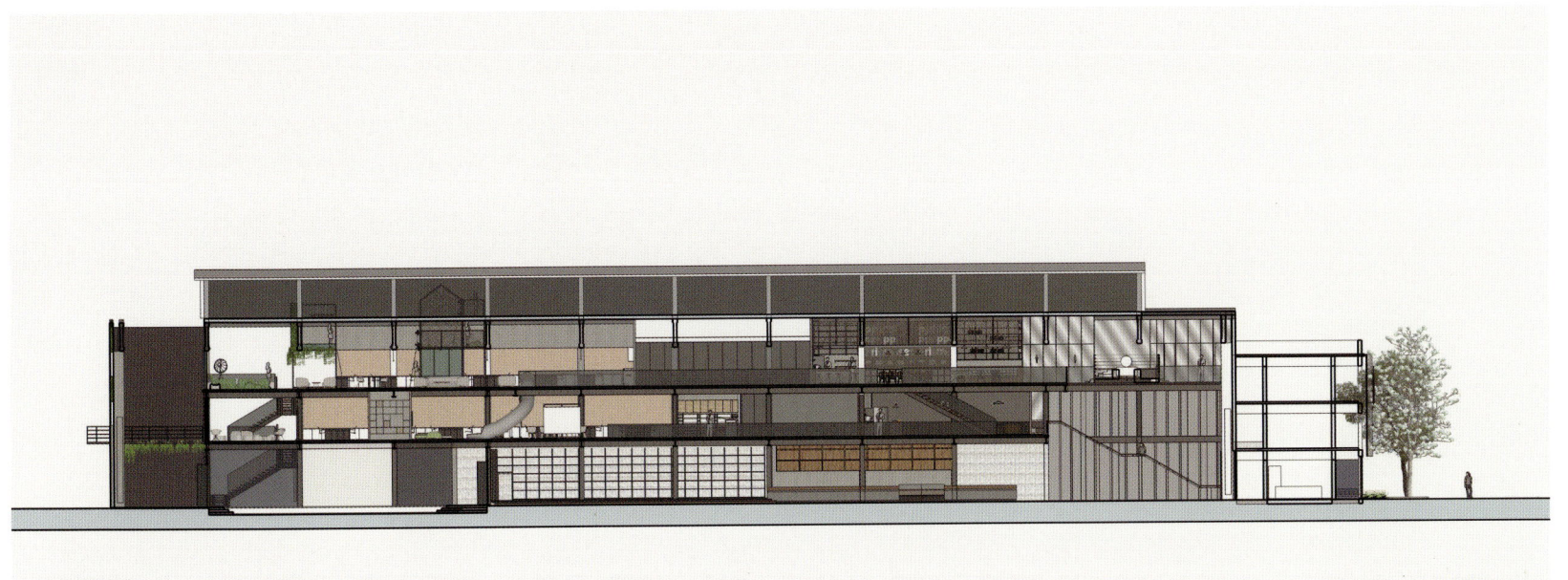

纵向剖面图

WORKING ■ 办公

北京，通州区

蓝月影视办公设计
Office design for Blue Moon Films

崔树 / 主创建筑师　王厅、王瑾 / 摄影

设计团队
寸DESIGN
设计时间
2015年
竣工时间
2016年
面积
500平方米

在中国城市化进程加速的背景下，许多标新立异的崭新建筑平地拔起，与之反差强烈的是，更多的老旧建筑却在无用的尴尬中寸步难行，直至生命衰竭。在目睹了粗放式的大拆大建后，我们是时候放慢脚步停下来，不再一味地追求"新"的建筑，而是用理性、环保以及长远发展的设计思维，去探求建筑的"新生"。

这个别墅区位于北京东面温榆河畔，说它是别墅其实都有些牵强，整个院子建于20世纪90年代末，是老旧和破落的老建筑，这里的老不单单是指建筑形式上，还包括建筑的构成、本身的结构、内部的使用功能。过去的建筑设计太偏重于形式化，一个住宅的房子一定设计了符合那个年代特色的功能布局，这些都是符合年代性却不具有时代性的设计。符合当时的生活方式却不带有时代发现的特点。因此当我们看到这个房子的时候第一个感觉是，和当下的人以及人的生活格格不入。所以我们在改造过程中保留着原始的建筑特征，在一条切割时间的线下构成新旧元素的对比反差，贯穿于整个建筑内，让它们之间形成不同年代的对话。在强调室内空间与开放庭院之间的关系的同时，充分利用切割细碎的单面联结，以求得空间利用的最大化，又完整保留了这栋老建筑物最初的架构。结合开放式庭院，利用植物、光影等，尽可能地做到内外合一，回到空间的本质，创造出一个较为亲切、容易被接受、不高调的空间。

当时我们面临的最大问题就是里面太陈旧了，当把墙面内保温拆除后，裸露出来的都是当时年代所建的红砖结构，而且每一个格局都很小。后来我们想到把它里面的房间串联起来，拆掉一切可以拆除的墙体，空间之间没有门的阻隔。将原有的窗下台全部拆除，改成出入口，这样所有的工作人员都从外廊通过进入室内。我们深信着一个"空"的空间并非空洞及欠缺性格；反过来，它可以让我们原原本本且更清晰地去细释这一个空间，防止受到不需要的设计元素的污染，懂得省略非必要的。在一条切开时间的线下，以左是保留了90年代的原始建筑，右边则全是重新设计的，让时代感之间拥有对话。镜面将柱子隐藏其中，反射的影像让整个空间的维度拉长。在距顶面我们保留着4厘米的缺口，将顶部的照明都隐藏其中。这样整个建筑里，顶面是不会有任何一根电线的，还原最纯真的原始质感。因为他们是一个影视公司，所以他们的导演都喜欢躲在一个小角落里，去创作一些自己的想法，所以我们做了些阳光板的小区域，在这个区域中别人不会看到你在做什么，但是有朦胧的光影影影绰绰映射进来，形成独立的思考的空间可以去创作无限的想象。卫生区域保留原有的粗犷表面，将洗手台墙体往里推了一个尺度，镜子内嵌其中，形成对称并有在窗洞里洗手的感觉。窗洞之外我们做了个框架将它包裹其中，一面是它的洗手台的同时也面对着他们以往做过的项目。在老建筑中有块橘红色的区域，当保留的原始建筑面积足够大时，会体现太多的破败感，所以我们将代表他们品牌的LOGO色加了进去。强烈的颜色冲击，折射的却是一个影视团队的蓬勃激情。将原有的楼梯区域拆除，改到建筑之外，原来的位置做了玻璃盒子的通廊，休息区与主卧室之间连接在一起，新旧之间的对比自然形成气质美。

让工作室成为人和空间密切相关的地方，创造生态的环境中，有传统的历史，有现代化的生活。如果说设计本来就是服务于需求的存在，那么它会自然形成气质美，并在未来一直美好的存在下去。换句话讲，其实好的空间设计师，是一个空间气质营造者，最优秀的作品应该是把自己的感受用方法传递给每一个来到空间的人，当空间和人产生美好的协同关系，设计自然也就是好的。技法永远服务于设计。设计不应该是去关注技法和表面。

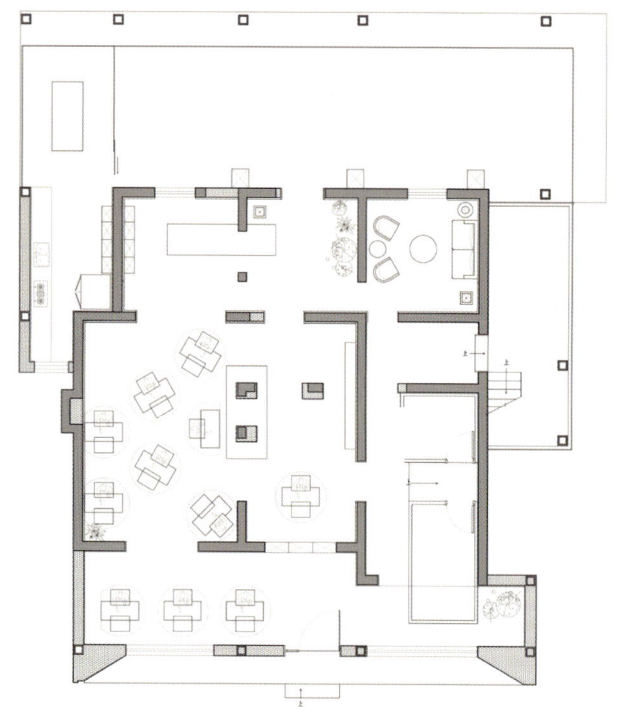
1层平面图

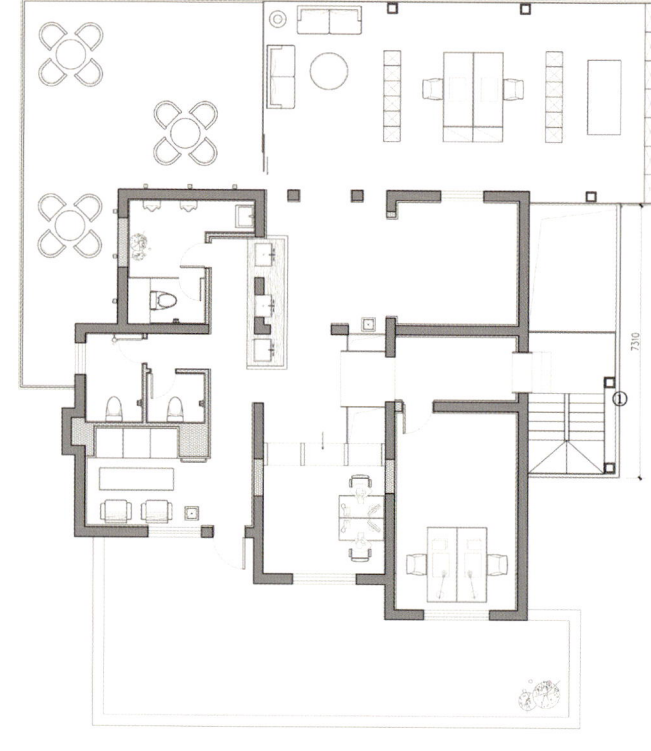
2层平面图

WORKING ■ 办公

设计单位
大连松岩建筑设计院有限公司
设计团队
曹灿、邹祥、王昕蕾、王颖、
李畅、李兴贺
施工图设计
徐林、国宏程
结构设计
孙嘉蔚
给排水设计
郝莹
机电设计
石娜
暖通
赵阳
建材幕墙设计
赤峰市弘宇建材制造有限公司
建筑面积
2,800平方米
设计时间
2014年–2015年
建成时间
2016年
建筑材料
混凝土、空心砖、白色涂料、玻璃幕墙

内蒙古，赤峰

林西·弘宇建材制造有限公司

Linxi Hongyu Manufacturing Co., Ltd

丁建／主持建筑师　丁建／摄影

　　本案位于内蒙古自治区赤峰市林西县境内的一座郊外工业园区内。初识林西是一个比较陌生的地名，位于赤峰北部一个安静的县城。周边地貌开阔，山岩硬朗。林西有着悠久的历史，四周被内蒙古其他盟旗包裹，当地由汉民族移民至此作为连接其他内蒙古盟旗的纽带，素有塞北重镇之称。虽说还没有摆脱贫困县的帽子，但是，这里上到政府下到平民及企业家，都保持着一种开拓进取的豪放移民精神，渴望吸纳外来的新鲜营养。我们想要使建筑在秩序的语素中获得变化并不破坏功能，形成一个立体的艺塑性建筑，既与周边的旧貌对望，又与特有的无垠山貌相互吸引，似一块切片岩体生成于广袤的大地之上。

　　项目的业主本身也是当地一名优秀的室内设计师兼房产企业家，有着很高的艺术品位及标准。项目任务实质上就是需要一栋为厂房服务的普通办公楼，初期的计划就是简单造个房子就可以了，既然要建造，想简单可以但新生的建筑精神与魂魄不能丢，相信这个想法每个业主都会真切认同，很快和业主达成共识，在尽量不增加造价的前提下，建造一栋经济的，具有特质的，具有功能延性，会主动吸纳外体的特色建筑，面对这样的挑战会想到"鱼和熊掌不可兼得"。好吧，美好的企盼与压力总是共存的，我赞同利用设计技术来转换价值，好的东西不一定全都要通过金钱来解决。那我们就展开了一场"鱼和熊掌都要兼得"的建造实践。

　　我们要解决好四个视觉立面的效果，我们首先要尊重功能，就把L体量做我们的母体，其从平面功能和视觉体块都比较丰满好用。我们需要在母体上做些手术来提升我们建筑的艺视效果，这些局部做的每一笔动作都要经济有效，能够更大提升建筑的品质。体块的确定我们还要找到一个秩序性元素作为我们的图底，在图底的秩序上来作画，那么切片元素，既每个个体的变化能做出硬朗的雕塑效果，也与周边层岩的山峦相应，作为我们的表皮容易建造发挥，在内部空间采光通透性上都比较实用。接下来我们在母体上做了四处手术，分别集中在：

　　1. 一层入口及平台外展。根据功能要求在一层形成外扩室内空间。同时其二层作为景观平台可眺望远处的山脉及民居。形成一个对比及吸纳的情趣感。

　　2. 三层在基地入口对视点转角部进行局部切角，赋予雕塑感。

　　3. 一层东沿街立面局部切削。

　　4. 女儿墙拔高做围合高低切削，并为以后提供拓展空间。

　　后三点变化在施工处理上需要采用混凝土造型浇筑，我们尽量进行局部控制降低造价，我们综合分析这几点的变化给建筑带来的溢价还是值得的。

　　项目建成后业主还有意与一个健身会所拓展其内部空间的可能性，通过这个案例我在思考在一个项目任务基本要求下设计要主动承担责任，在允许的框架规则内利用思维来开阔它的外延性不确定的扩展增值性，给业主一个"鱼和熊掌兼得"的可能，这是一种态度也是对设计价值的一种挖掘。最后也要感谢业主刘亚辉先生的信任与努力，期间项目走走停停，没有不懈的坚持及一丝不苟的管控一切希望永远是个泡沫。希望能以它的存在为初始的坐标来衍生无限的周边未来可能。

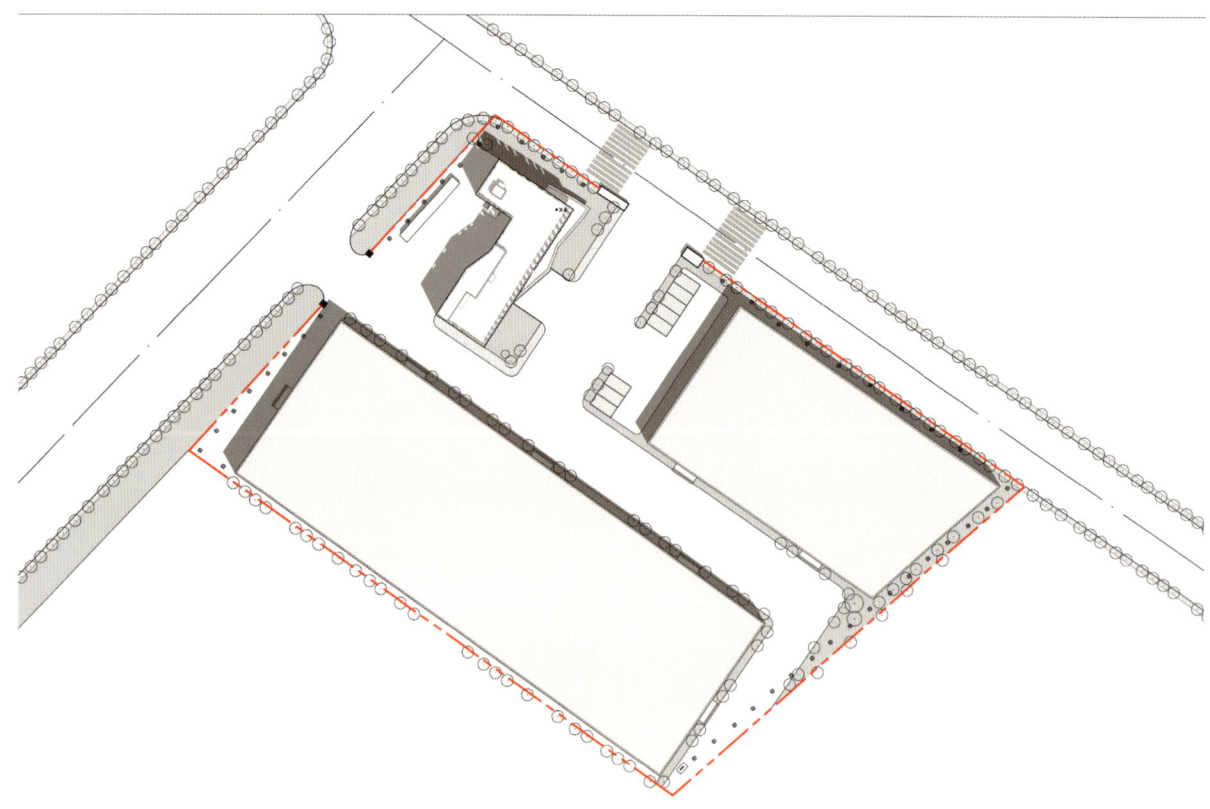

总平面图

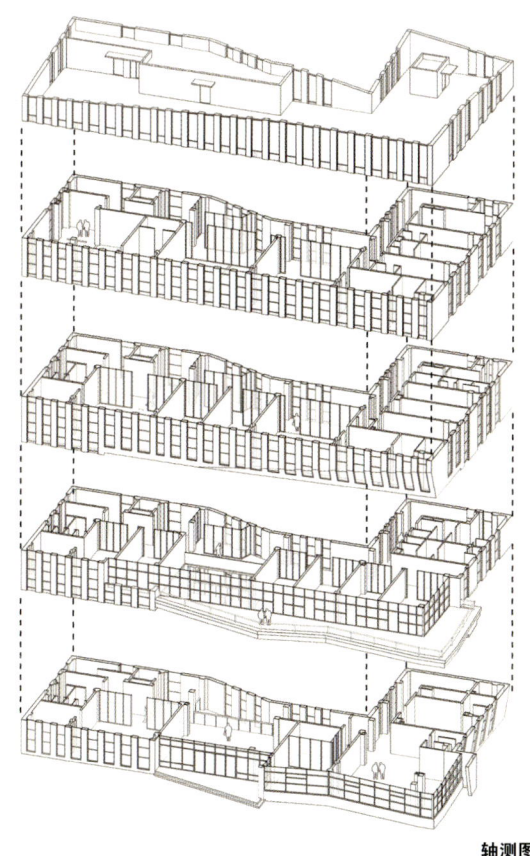

轴测图

WORKING ■办公

广东，英德

英德市预警信息发布中心
Yingde Meteorological Monitoring and Alert Information Release Center

陈杰、余彦睿、梁耀昌、陈诗颖 / 主创建筑师

英德市预警信息发布中心用地位于英德市气象局现址，用地面积为7,873.97平方米，拟保留现状的一栋四层办公楼及员工宿舍。

本项目总建筑面积为2,512.8平方米，共四层。主要设置预报制作、会商平台、影视制作室、档案室、突发事件预警信息发布中心、人工影响天气中心、防雷中心等综合业务平台。

设计理念借鉴传统岭南建筑应对地域环境、气候，体现文化意境的处理手法，运用敞厅、天井、冷巷以及庭院的设计手法，营造出静逸舒适，富于文化韵味的建筑环境，并以低技、乡土的建筑处理手法实现绿色建筑。保留用地西侧的树林，并在东侧新辟绿地形成林荫，东西两侧的绿地与建筑天井构成"哑铃"状，为建筑提供经过冷却的清洁空气。

项目用地狭小，周边被高层住宅环绕，在如此狭窄及缺少景观的前提下，设计采用多个相似体量叠加组合的方式形成类似传统建筑群落的形态。各体量之间相互错位、出挑，空间流动贯穿于平面和竖向上，自然形成内院、敞厅和通风冷巷，同时在不同的建筑标高上生长出空中庭院，使建筑内的绿化空间由平面往垂直方向延伸，在拥挤的城市空间中构建一个具有弹性的城市界面，同时提升建筑使用品质。

建筑立面设计简洁，形体清晰：南北面尽量开较大面积窗户，室内南北对流，东西向则尽量开条形窄窗，减少西晒对室内的影响，从而达到被动式节能的效果。窗户划分上也尽量减少分割线条，并与室内的栏杆或窗台形成一定的对话关系，使建筑形体由外及里都干净纯粹。

设计单位
广州珠江外资建筑设计院有限公司
参与设计
薛烨枞、黄国庆、童鸥
陈设设计
莫俊杰、赵嘉辉
景观设计
广州珠江外资建筑设计院有限公司
竣工时间
2016年6月
占地面积
7,873.97平方米
建筑面积
2,512.8平方米
主要材料
混凝土、面砖

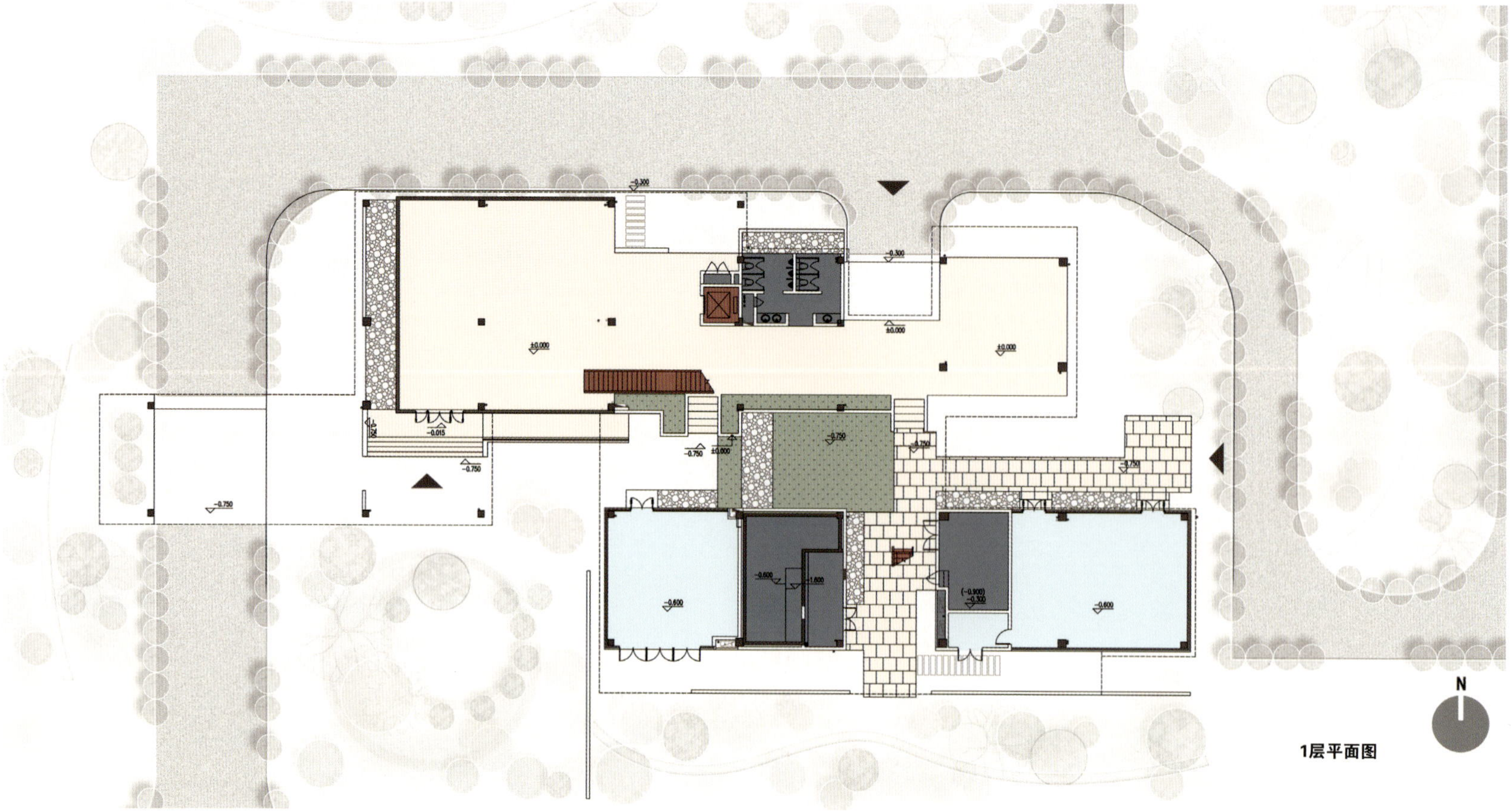

1层平面图

WORKING ■ 办公

建筑设计
周蔚+张斌/致正建筑工作室
项目建筑师
袁怡
设计团队
杨敏、李姿娜
合作设计
上海水利工程设计研究院
施工单位
上海嘉弘建设工程发展有限公司
基地面积
1,665平方米
占地面积
387平方米
建筑面积
981平方米
结构形式
钢筋混凝土剪力墙结构、局部钢框架结构
主要用材
透明水性专用氟碳涂料罩面、松木模清水混凝土、
铝镁锰波纹板、直立锁边铝镁锰板、烤漆铝板、
铝型材、型钢、镜面不锈钢板、平板玻璃、
防腐木地板、彩色耐磨混凝土、橡木指接板、
纸面石膏板

上海，嘉定区

南顾浦泵闸管理用房
Control House for the Pump Sluice Station on Nangupu River

周蔚、张斌/主持建筑师　陈颢/摄影

南顾浦泵闸位于内河沪苏交界处，是安亭地区防汛、除涝、水资源调度规划中城市圩区一项重要控制工程。泵闸管理用房由泵闸机电设备、设备控制以及办公管理和后勤四部分功能组成，场地位于泵闸主体西南侧河南岸的绿化带内，南侧和一个新建的幼儿园隔路相邻，用地狭长局促；且由于东侧跨河桥梁的预留，整个场地比基地东南角人行入口处外侧的城市道路低了1.6米。如何用建筑操作为这一平庸且受限的场地上的这个基础设施配套项目确立其自身的内在紧密性（Compactness），并进而为这条被巨大的混凝土泵闸设施所介入的河流及其周围水岸地带赋予积极的影响，成为我们设计之初就切入思考的重点。

我们先根据场地条件对建筑的四部分功能作出空间配置，它们被分为平行于河面的前后错动的两组双层体量；北侧沿河一翼底层安排高、低压配电室和液压房这些机电设备，上层是设备控制室和站长室、会议室；南侧背河另一翼底层是值班、食堂、机修和库房等后勤用房，上层安排接待和各种管理办公用房。这样的空间配置逻辑使机电和后勤这些人不常驻留的空间在底层，而设备控制和办公管理这些人驻留的空间在二层，这样的上下差异并置也同样成为空间的赋形逻辑。这种差异赋形的关键是我们对于结构、构造形式与空间氛围及场所特质之间的关系的探讨，我们用木模板现浇混凝土剪力墙结构和轻钢结构这两种重和轻、粗犷和精细差异巨大的结构、构造系统来对应上下不同的空间使用状态：底层的机电和后勤空间是相对封闭的混凝土盒子，内外墙面和平顶布满粗犷的30厘米宽松木模板的清晰木纹，只留出必要的门窗洞口；二层由从底层基座上出挑的两条混凝土U形槽体结构所限定，其上部用钢梁拉结，各种房间被组织成六个大小不同、外表为波纹铝板的轻钢结构盒体分别放置在两条U形槽内，两两之间都有天井相隔，加上部分盒体与U槽侧墙的空隙，以及U槽两端的平台，使二层成为一个多孔的轻松宜人的空间。

在结构、构造与空间关系的探讨中，我们也充分结合了场地、流线两方面来强化空间体验。体量的错动在东南角的道路交叉口和西北角的沿河处分别形成了入口前区和一个面河的二层悬挑观景平台。所有的上下楼梯都以直跑形式布置在南北两翼体量之间的缝隙里，这样人们在建筑中上下穿行时始终会体验到在两翼内部和之间的缝隙里内外交织的感觉。控制与管理部分的入口在二层，可以从入口前区的室外楼梯拾级而上至缝隙中的二层平台进入南翼东端的门厅。由于底层机电部分的层高远大于后勤部分，所以在二层南北两翼之间自然形成了3米的错层格局，由南翼门厅经走廊再折回一个直跑楼梯，可以到达北翼二层一个居中横贯北翼体量并跨过南北两翼间的缝隙的玻璃顶空间，由其联系东西两端的站长室和控制室，并可俯视局部挑高的门厅。

材料的运用延续了结构和构造上的逻辑，用对比但紧密的方式来参与空间赋形。30厘米超宽的40毫米厚碳化松木模板的使用是本项目清水混凝土工艺的关键，它使混凝土表面获得了颇具浮雕感的清晰木纹，并使清水混凝土具有了自然、粗犷的表情，二层两翼U形槽分别朝外侧的侧墙上的不规则洞口更强化了这种氛围。而南翼底层面向入口前区的东山墙以及中段食堂和机修房之间通道侧墙的整面镜面不锈钢又在一定程度上和二层U槽内的银灰色波纹铝板轻盈盒子一起平衡着混凝土的厚重感。

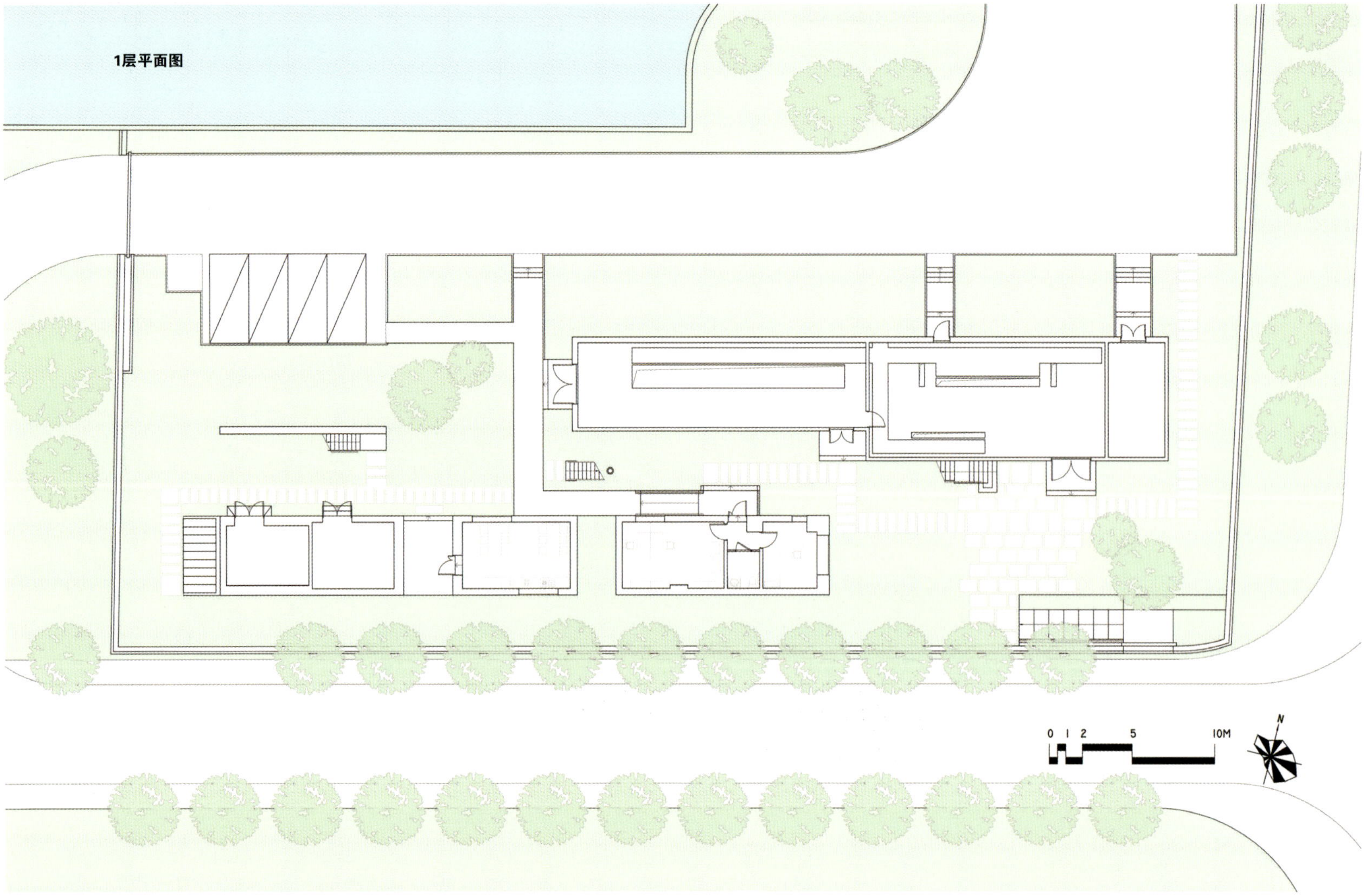

1层平面图

WORKING ■ 办公

设计单位
新疆玉点建筑设计研究院有限公司
参与设计
张忠、张健、张青
竣工时间
2016年7月
建设占地面积
1,990平方米
建筑面积
7,700平方米
主要材料
钢筋混凝土

新疆，乌鲁木齐

东庄–西域建筑馆
DongZhuang-Building Museum of The Western Regions

刘谓、张海洋、刘尔东／主创建筑师　姚力／摄影

东庄–西域建筑馆位于距乌鲁木齐市30多千米南山的托里乡，之前是60多年前盖的荒芜粮店。为了保护草木不再损害，建筑在原有基地上搭建，坐北望城、朝南近山。远远望去像是山上滚下来一块灰白石头，既不碍眼也不张狂，安妥而立于蓝天烈日、沙漠戈壁、亚欧腹地的旷瀚地域，全然没有城市建筑的炫丽与秩序、教化。亘古以来天地山水为底图的设计建筑，是一件很永恒的刺激。厚墙、小窗抵抗着烈日辐射和冬季保暖，水泥、沙子，不得不用的钢筋和尽可能少用的玻璃，构成了整个空间，既是生态的保护也是对资源的尊重。用传统技术空心墙、干打垒、土坯、石块砌筑的原理和方法来构筑牢靠、简单、实用的建筑。关注材料本身的肌理来展现表皮、非既定的空间形成具有整体"自然信息"的完成度，尊重数据框架生态循环体系的设计，体现出当地生活的多样性、随意性、模糊性，并赋予其自由、自在、自生的动力。东庄是个"透明体"，内部含糊楼层概念，具有不确定的多种与多重适用的可能性，空间组织上下左右互通互联，并与自然环境形成顺风雪、挡风雪的形体流线以及采光、通风的有机利用，与外部空间"凹凸"镶嵌的契合，按需凿琢挖出来原有的和"创造"的空间并被劳作者使用，一个"和"与"器"的理念成为环境的建筑。

设计信条的遵守

1.结实，足以防御暴风骤雨、抗沙尘，遮挡紫外线和耐久；

2.建筑不是财富和技巧试验的场所，贫困地区更是如此，取用当地材料、民间工艺、适用技术；

3.漂亮不是美，即便是美也与时尚常常擦肩而过。顺眼顺心、适应性强、一能多用就是好建筑，耐久性就是历史性、就是标志性、就是乡土；

4.沙漠腹地的房子归顺自然、自生自灭便是安好；

5.灯不是光，靠投入产出的东西依赖太多，太阳和月亮才是真正的灿烂和可靠；

6.空间内外同质性，流动与凝滞互为因果，空间本来就存在着。

墙与地的砖花是23位阿图什乡下小伙子们和设计师一起砌筑完成的，并将自己的名字刻在屋顶与蓝天白云相接的那"五星"红砖上。西北角先前有许多燕窝，故利用楼梯、水箱间之上，特意为燕儿回归种下花草，做了南向敞开的"鸟巢"。施工前将老粮店院内二三十棵苹果、沙枣、榆树腾挪到村小学广场的东南角，主体完成后"哪来哪去"算是落叶归根的乡愁。

非既定的思维与设计是几十年来西域建筑设计悟出来的道理，仅有执守工匠精神，还远远不够，应该加上灵魂深处的自觉和尊让自然空间的品质。非既定试图给空间一个"空间"，让空间充满空气、阳光、气流、水分、冷热、雪雨以及衍生有关的无数因果，有了它们的存在便有了关乎生命和繁衍生息的话题。可靠性、连续性、非利用主义、天地的自然观、围护开放的环境观、空间多重使用的宽容、从材料、工艺、造价开始的简约，表达最原始、最本质、最朴实的"空白"，这些的全部是东庄–西域建筑馆设计的本质思想与行动准则。在中国大多数人把这里叫做"西域"，在欧洲则将其称谓"东方"，因而它是"不东不西的建筑"。

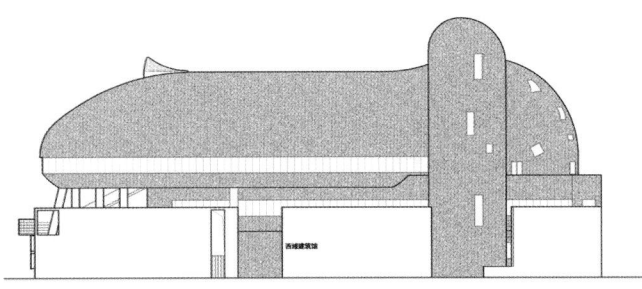
北立面图

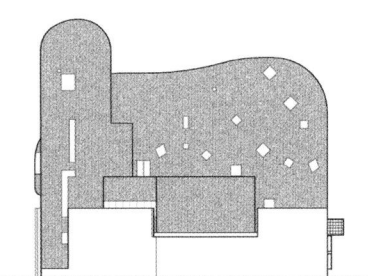
西立面图

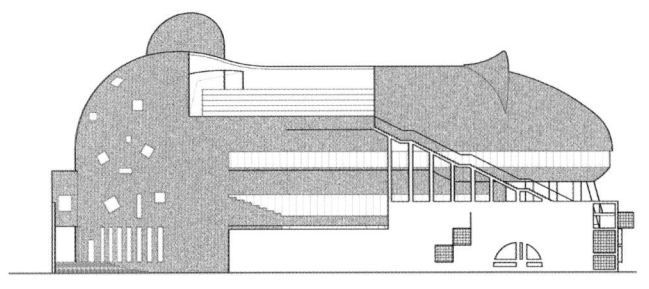
南立面图

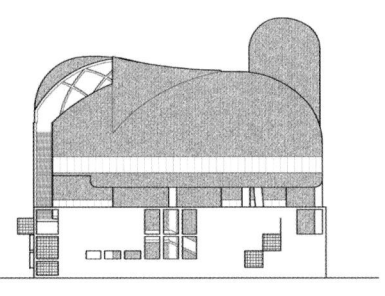
东立面图

WORKING ■ 办公

业主
政能集团
建筑设计
出品建筑事务所（上海）
设计团队
曹耀耀、张文欣、邱斌烨、唐家佳、
马与、杨烁、陈镇亮、张晗
建筑面积
57,457平方米
施工单位
上海林治建筑装饰工程有限公司
幕墙设计顾问
赵宝玉

山东，临沂

政能国际金融中心
Zheng Neng International financial centre

丁鹏华 / 主创建筑师
苏圣亮、顾振强、杨浪舟、陈铃、薛双喜（是然建筑摄影）/ 摄影

流动立面

现代摩天楼把人的活动从重力中解放，这种以垂直性为特征的摩天楼使在其中的我们脱离了熟悉的场地以及对存在的感知。我们提出"流动立面"这一概念，即有意识的通过立面导向变化来诱导建筑内外关联性的自发产生，并以此带来场所体验的相关性和视觉感知的连续性，使得人、空间、运动与事件能和更大的环境产生关联，以避免无意识的透明化。

基地语境

沂蒙山系横亘华东平原，其间沂水发源于鲁中南山地，蜿蜒至东部。流经临沂，临沂因临沂水而得名。基地位于临沂兰山片区，东临沂河，拥有良好的景观视野；南面为客货运双轨道的兖石铁路；北侧有陶然路跨河大桥连通沂河两岸的机场与火车站。大厦地理位置显著，坐落于水、陆、铁三路的交汇处。

细节：对话环境

基地四周视野参差不齐。南北两侧，平面的直线边界朝东侧沂河方向折起，将原本平直的边缘围合成亲人尺度的角落空间；长边玻璃通透、短边铝板掩蔽的虚实设计，引导人的视线朝向沂河景观。丰富空间界面的同时也放大风景对建筑内部的渗透。每折角单元长度为2.1米，可容两三人观景小憩。

东西方向上分别正对河道与城市垂直折起，东侧实体铝板构件折角尖锐，留出1.8米宽的玻璃面引导视线向滨水远眺；西侧折起平缓，且因西晒、视野等因素把玻璃面宽度缩减至1.2米。至此形成东南疏透西北密实，四周虚实渐变的流动立面。

垂直方向上，铝板构件从顶部至底部贯穿，塔楼上下两端做由线到面的规律转换，裙房、腰部及顶部的立面收分处理塑造了大厦的整体性，化解百米高层普遍的形体比劣势。物理上，建筑立面呈绝对静态，但在环境中，时间与空间方位的变化赋予其动静的相关性。

在裙房近人的尺度上辅以幻彩铝板作几何面转折的处理，变幻的铝板与玻璃交替折射着自然光线和周边场景，将外部环境融合成立面的一部分。

当行人环建筑而行，大厦表面仿佛在谱写着一首明暗交替呈现、虚实渐变融合、光影流动跳跃的变奏曲。人、建筑、环境不再各自孤立而形成彼此关联的生动场景。内与外的相互渗透；动与静的相互依存；形成了事物间模糊的状态，这是我们对立面的动态关联性的探索与呈现。

外墙细部

幕墙系统为框架式半隐框的玻璃铝板组合幕墙，竖向明框、横向隐框的设计凸显了立面的垂直感；塔楼的东西南北采用不同的玻璃与铝板组合方式既应对了不同方向的景观和日照特点，也满足了窗墙比的规范要求。南北立面为折线型幕墙，东西立面为三角形玻璃+铝板组合。部分楼层的玻璃与铝板的组合尺寸也有变化，如同百褶裙一样对塔楼的腰间及顶部做了收分处理。在每个楼层的各个柱跨空间的外墙上均设置了一个上悬窗，让每个房间都可以自然通风，个别楼层的异型开启扇的推拉铰链由我们针对研发的撑杆予以代替。

立面图

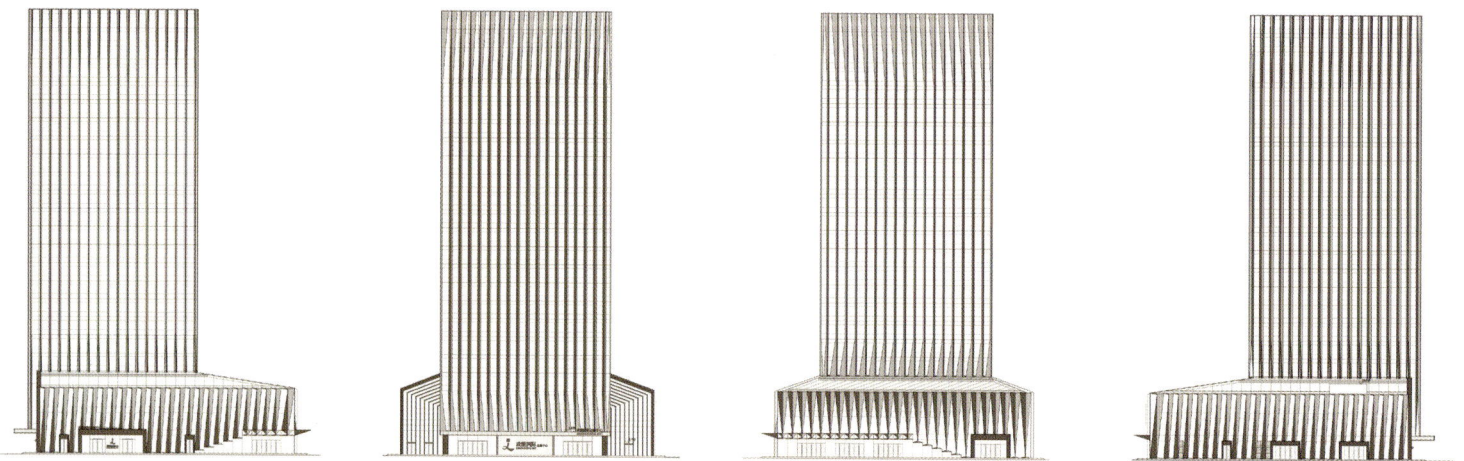

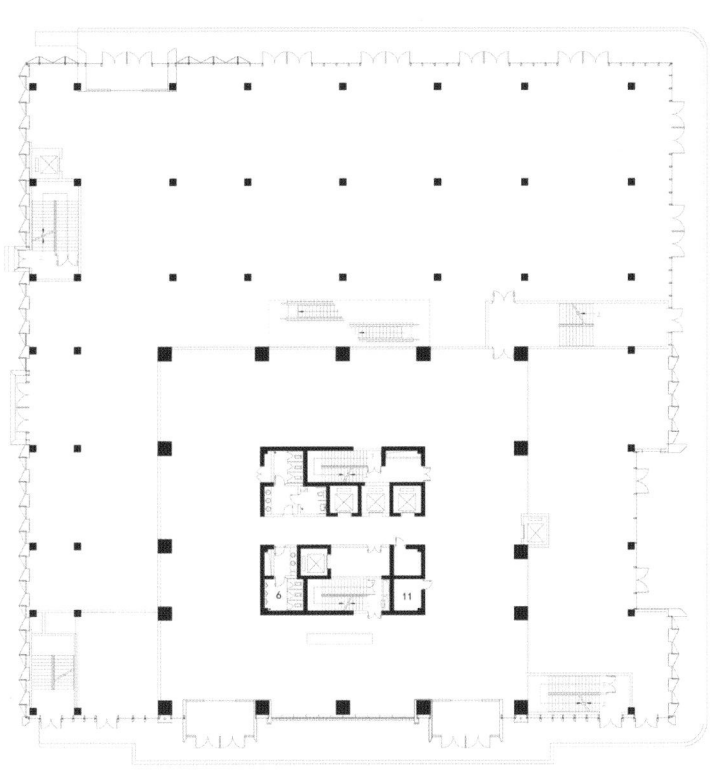

一层平面图

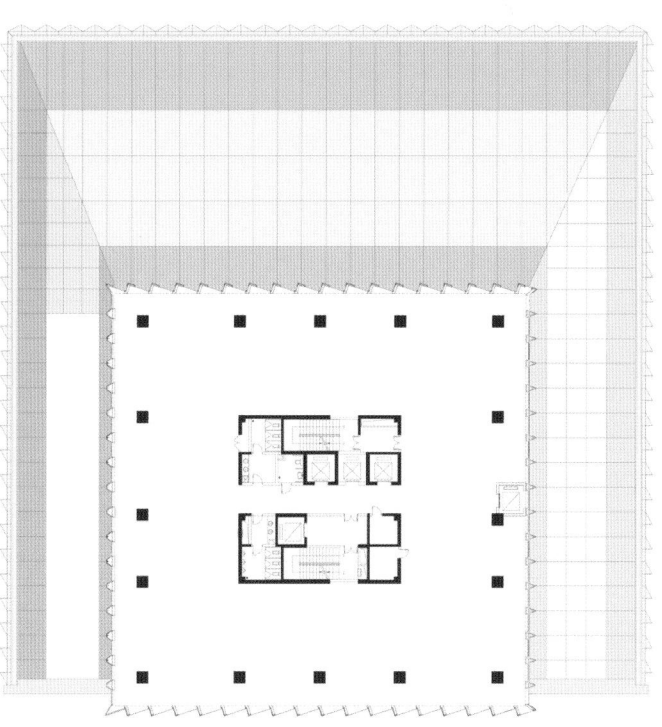

五层平面图

WORKING ■ 办公

| 设计单位 |
| 北京市建筑设计研究院有限公司 |
| 竣工时间 |
| 2015年 |
| 占地面积 |
| 19.7公顷 |
| 建筑面积 |
| 841,584平方米 |
| 主要材料 |
| 双层中空Low-E玻璃幕墙、浅灰色陶土板和陶土百叶、不同造型的曲线金属铝单板、铝镁金属板(屋面防水)、线条流畅的波纹板等 |

浙江，杭州

杭州国际博览中心
Hangzhou International Expo Center

刘明骏、邰方晴、王建海、沈莉、薛沙舟、申伟、蒋夏涛／主创建筑师
陆旭、李炤楠／摄影

地理位置及周围环境

杭州国际博览中心是杭州实现从"西湖时代"迈向"钱塘江时代"的战略举措。用地西侧距钱塘江堤约800米，距西兴大桥约3千米，东北临青年路，东南临滨江二路，西北侧与博览中心规划体育馆、游泳馆地块及地铁上盖物业用地毗邻。西南侧衔接七甲河景观带。南侧与博览中心规划的城市之门用地相接。用地总面积19.0246公顷。钱江二路从博览中心地下穿过，并与用地西侧毗邻，规划轨道交通6号线在博览城内穿过并设置两站点，其中博览站位于用地外西北角，并在地下与用地衔接。周边地块全面完成后，将在钱塘江南岸形成以体育、会展功能为主，集商务、旅游、休闲、文化、居住功能于一体，体现"精致和谐、开放大气"的城市新区。

主要功能

杭州国际博览中心总占地面积19.7公顷，总建筑面积近85万平方米，主体建筑由地上5层和地下2层组成，是集会议、展览、餐饮、旅游、酒店、商业、写字楼等多元化业态为一体的综合体。杭州国际博览中心共分为五大功能区：会展中心（包含展览、会议及城市客厅）、上盖物业（A、B、C三栋塔楼）、地下商业（地下一层）、地下车库及机房、屋顶花园（会展中心顶部）。另有辅助功能设施：平台体系，屋顶造型及绿坡。

设计理念/灵感

杭州国际博览中心堪称建筑的"航母"，内容包罗万象。开业以来，已举办多场国际盛会，特别是去年在杭州举行的G20峰会，这个设计中所包含的科技、传统文化元素、绿色建筑技术以及完善的多种功能体系，得到了实际验证以及各方人士的充分认可。

设计难点及解决方式

前所未有的超大建筑尺度，多个专业的高难度配合，国家级重要建筑物的高标准严要求，这一项项重大调整摆在设计师面前。他们是如何一一化解，并将自己的设计意图贯彻如一的呢？BIAD 3A7工作室总建筑师刘明骏告诉我们，面对一座未来建筑的综合体，必须提前预估好它各个功能模块的规模和合理性，比如会展、办公和酒店等它们分别占地多大是合理的？还有与甲方之间也得做好事先的沟通。此外还要系统化地安排各种空间——交通系统、消防系统、安防系统以及客户系统和内部管理系统等。

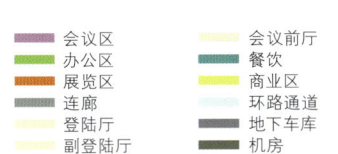

■ 会议区	■ 会议前厅
■ 办公区	■ 餐饮
■ 展览区	■ 商业区
■ 连廊	■ 环路通道
■ 登陆厅	■ 地下车库
■ 副登陆厅	■ 机房

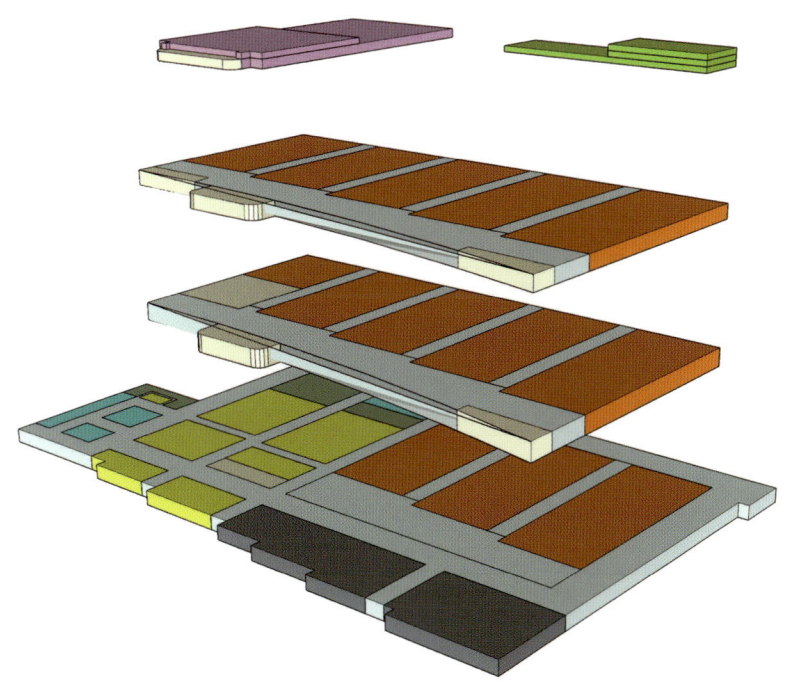

COMMERCE ■ 商业

江苏，连云港

连云港工业展览中心
The Industry Exhibition Center of Lianyungang

曼哈德·冯·格康和施特凡·胥茨以及施特凡·瑞沃勒／主创建筑师
克里斯蒂安·加尔／摄影

gmp·冯·格康，玛格及合伙人建筑师事务所设计新建连云港工业展览中心于日前竣工。gmp设计方案在2013年举行的国际设计竞赛中脱颖而出。展览中心位于连云港市开发区内，依山临海，四座大型博览大厅围合一座位于中央的会议中心。幕墙上的竖向条纹肌理令人联想到商品识别条码，寓意着工业生产和贸易物流。

连云港市是中国黄海岸边一座负有盛名的海港旅游城市，也是新欧亚大陆桥东端起点，因其地理位置是中国沿海重要的工业和商贸海港。gmp·冯·格康，玛格及合伙人建筑师事务所设计建成的新展览中心正是城市蓬勃发展蒸蒸日上的见证。展览中心的设计方案注重清晰的功能布局，四座面积为200米×320米的大型展览大厅构成建筑的主体。展览大厅围合了东西朝向的入口大厅，入口大厅因此以最为便捷的方式将展览空间连接起来，同时也成为整个展览中心的方向定位参照物。会展中心的两座入口均通过向内退阶的檐口设计呈现出开放迎接的姿态，同时在造型上模拟演绎了中国传统建筑中的"斗拱"形式。这一元素在建筑南北立面供货驶入口的设计中又以稍小的尺度得到了重现。

会议中心层面位于入口大厅的正上方，通过建筑核心区域的两座宽大的入口阶梯到达。楼梯之间的水景为展会期间人流密集、相遇交流的空间营造良好愉悦的氛围。四座展览大厅以9米×12米的网为基本单位。屋面天窗可以为室内提供自然光线，为空间的灵活分隔布局提供了先决条件，可以举行例如博览会、音乐会、体育赛事以及庆典等活动。

展览中心外立面采用了浅色花岗岩石材镶板，封闭部分幕墙表面肌理通过竖向接缝进行刻画。幕墙的形象纹理令人联想到条纹识别码，寓意着场地容纳的工业生产和贸易交流功能。无论是白天还是夜晚，建筑均呈现出令人难忘的形象，成为连云港市的城市地标。

设计单位
冯·格康，玛格及合伙人
建筑师事务所
竞赛阶段负责人
帕特里克·弗莱德尔、
克里斯塔·希勒布兰德
实施阶段负责人
克里斯塔·希勒布兰德、王妍
业主
连云港瑞豪投资发展有限公司
建筑面积
地上面积 77,418平方米，
地下面积11,179平方米

总平面图

COMMERCE ■ 商业

江苏，南京

南京生态科技岛新纬壹科技园
Nanjing Eco-Tech Island Exhibition Centre

杰伊·西本莫根 / 主创建筑师　保罗·丁曼、泰伦斯·张 / 摄影

设计单位
美国NBBJ建筑设计公司、
江苏省建筑设计研究院
竣工时间
2016年
建筑面积
2.4万平方米

项目背景

南京生态科技岛新纬壹科技园是南京未来发展蓝图的具体表达。园区鼓励合作与创新，致力于成为拥有前瞻思路的科技和环保公司的"孵化器"。这里将会是一个创意中心，提供便利的生活，吸引并留住人才，具有高度的未来发展潜力。

总体设计

设计参考了周边自然与建筑的形式脉络，并结合能够彰显中国文化当前状态的元素，平衡了对立而又互补的力量。园区包含一座展览馆、若干研发办公楼以及将在稍晚阶段建造的住宅楼。新园区将成为科技和环保公司的"孵化器"。

展览馆

展览馆有着戏剧化效果的屋面线条，这也是游客从市中心来到岛屿的第一印象。建筑面积总计2.4万平方米，屋面8座"山峰"象征着附近的中山陵。每座"山峰"设有采光井，将自然光引入各个楼层。采光井以建筑造型的方式，在8座五角形办公大楼的设计中得到凸显。大型室内庭院是这些办公大楼的特色。

展览馆是岛上第一座建成的建筑。作为设计的一部分，挑檐以一条水平线将天地分开。同时，这条具有象征意义的挑檐也起到为整栋建筑遮阴的作用，避免了阳光直射。采光井把自然光线引入到建筑深处，让游客与租户能够在每一层体验自然光照。办公室布置在最上面的两层，山峰造型结构内部即是。设计师经过光学研究，制定了最佳的采光和遮阳策略，针对一天中的不同时段和一年中的不同时间。剖面分析图演示了采光井和挑檐的运作机制（见技术图）：(A) 需要被动遮阳；(B) 光线通过锥形的几何结构进行散射；(C) 挑檐是一种有效的被动遮阳装置。采光井直接影响了建筑造型。展览馆的设计理念也体现出对美好未来的乐观期待，水平线象征着充满希望的地平线，定义了建筑与景观之间互动的一种新方式，突出人与自然的和谐关系。

可持续园区和建筑策略包括：优化用地建筑密度、平衡场地覆盖、屋顶绿化，整合的水源保存与分配设计、自然通风、互动式立面设计、室内自然采光以及全部建筑物采用地热供暖。展览馆屋顶具有双重功能：既可以限制立面上过多的阳光热度，还能在需要时提供必要的日光渗透，光线可以通过屋顶上8个锥形采光井进入到建筑深处。

该项目是亚洲国际房地产大奖（MIPIM）中国最佳未来建筑奖铜奖获得者。该设计正在申报美国绿色建筑协会LEED认证。

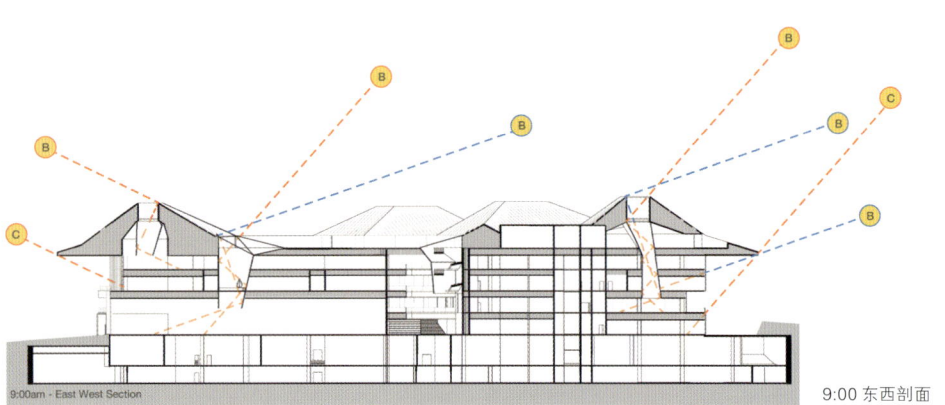

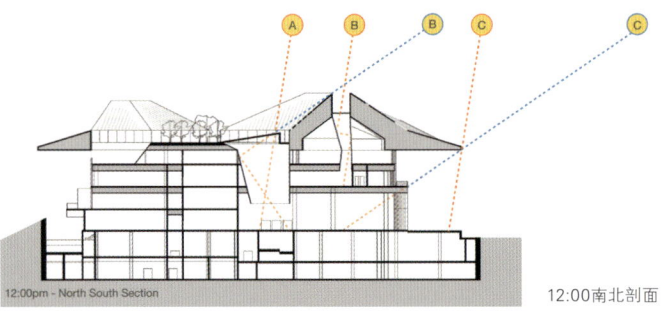

9:00 东西剖面

12:00 南北剖面

日光分析图

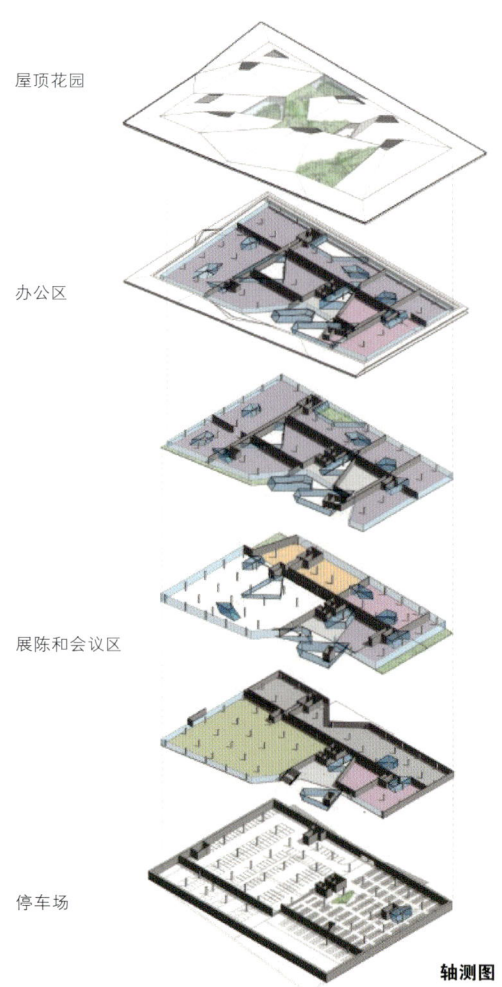

屋顶花园

办公区

展陈和会议区

停车场

轴测图

COMMERCE ■ 商业

设计团队
UNStudio
面积
400,000平方米

浙江，杭州

杭州来福士中心
Raffles City Hangzhou

UnStudio / 主创建筑师　©Hufton+Crow，©Seth Powers，©Jin Xing / 摄影

景观
在传承"来福士"品牌"城中之城"概念的同时，以杭州著名的自然景观为基础，打造具有地方特色的来福士中心。大厦水波潋潋的外形，仿若钱塘江中川流不息的江水。这些平静的同心圆水波从底部开始，沿着纵轴线一层层盘旋而上，愈来愈富有动感。采用这些表现手法，将整个建筑物中的各部分流畅地结合在了一起，也增强了这座绿色城市的景观特色。双子塔位于市中心斜对面一角，周围高楼林立；附近有三座绿轴/城市公园，连接着西湖和钱塘江。双子塔的建筑风格完美地融合了这两种环境，城市面对着美景，同时美景也回应着城市。这两座塔的设计相似而却不同，它们互为补充，彼此呼应。

双子塔的设计为两个对角线和相交的八字形。双子塔相对而立，每座塔都由一个"建筑立面"（主要是由于中心坐落于城市一角）和一个水平的"景观立面"（落入裙楼的内庭中）所构成。中心大门朝南，是通往城市公园和市中心的重要通道。双子塔呈东西走向，以最大限度地减少遮蔽物，确保住宅和办公室日照充足。阶梯式广场将建筑物与绿意盎然的环境融合在一起。在这里，不同景色的庭院从四个方向通向内庭，形成了裙楼的主要通道和外庭。南北入口引导着游客前往内庭。东西侧可通过螺旋式楼梯进入露天下沉式广场，这也是地铁站的入口。

多功能
通过精心设计，来福士中心集多种功能于一体，是城市中不可多得之处。除了工作和生活外，来福士中心还为您提供住宿、购物、用餐、健身、观影、举办婚礼等一站式服务。因此，无论是居住在这座综合大楼中的业主，还是在此办公或住宿的人们，来福士中心都能提供全天候服务，是您享受便利快捷生活的不二之选。此外，该建筑为多孔结构，室内空气可与公共区域以及自然界进行自由交换。如此多样化的需求，需要精心的规划才能提高效率，并在满足个体需求的同时寻求协同效应。例如，双子塔在中庭中有独立的入口，裙楼的屋顶温泉与双子塔中的相关设施是相通的，交错设计的商场和酒店可提供全天候的娱乐休闲活动。

健康的未来城市
该项目进一步推动了对未来生活的持续研究，以制定（整体）战略，打造能提供高品质生活的、可持续发展的健康城市，同时满足未来城市化的快速扩张和房地产高速发展所带来的对更高效率和更高密度的需求。项目可满足新城市居民的交通、生活便利性等各种需求。租房者和当地居民可以在家附近工作、休息和娱乐，省去上下班的时间。作为一个活跃的交通枢纽，来福士中心根据城市的环保目标，大力推动公共交通工具的使用，以遏制拥堵和环境污染。与江锦路站可通过地下通道直接连接，缩短了与两条不同线路的两个地铁站之间的距离，且两边具有公交车停靠点，确保了居民和游客的出行便利。地下室可停放 650 辆自行车。

内部
宏伟的中庭坐落在商场轴线的中心，形成了裙楼内部的结构和视觉焦点。中庭设计为重叠螺旋状，不仅各楼层能够无缝连接，还具有延伸视线的效果。从两个斜对的孔洞，通过商场轴线相对的两个侧翼，一层层盘旋而上直到七楼。每个侧翼长近150 米。作为一个直观的入口，孔洞在各个方向上引导着游客。充足的阳光穿过中庭和孔洞直抵最底层，将清新的室外空气引入裙楼内部。此外，由于周边建筑物的位置以及外窗设计，大楼中主要

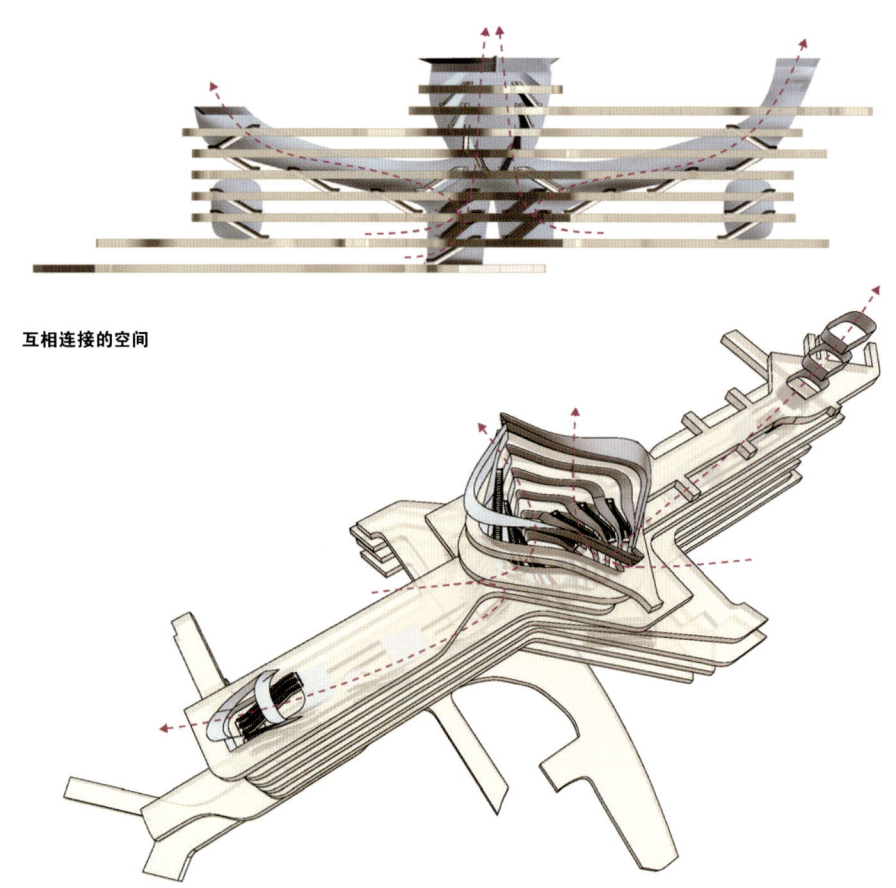

互相连接的空间

等距离的中心空间

位置均可享受自然光。裙楼楼顶有一个户外花园，花园中有一个小瀑布。在凉爽的月份里，这里可以进行户外用餐。通过天窗，总能从主中庭中看到双子塔，站的角度不同，双子塔外观也会不同。细节方面，竹制扶手与建筑物的流线型曲线完美呼应。它围绕着裙楼，仿佛一条飘逸的丝带，增强了触觉元素和未来派内饰的自然对比。流线型的造型从建筑物本身拓展到内饰和扶手，形成了紧密结合的空间，好像内外融合在了一起。

立面接合和结构创新

双子塔和裙楼立面的设计形成鲜明的对比。裙楼立面穿着银光闪闪的鳞片状铝砖外衣，活力无限，呈现出滤镜般的景观。双子塔的外层安装有可旋转的垂直太阳能遮阳板，放置在幕墙的顶部。它们一方面突出了双子塔的扭曲特点，另一方面也形成了内部视图。建筑物和外立面的方向决定了面板的深度、宽度和旋转度，越到顶部越窄。这使得最佳窗壁比增至最大限度。由于面板的线条整天都可以吸收光线，因此增加了立面的发光质感。夜幕降临时，建筑物的轮廓就会亮起来，一方面使建筑更加醒目，另一方面也最大限度地减少了光污染，因为照亮的只有轮廓。

COMMERCE ■ 商业

江西，南昌

南昌万达茂
Nanchang Wanda Mall

马克·费尔舍 / 主创建筑师　大连万达集团 / 摄影

南昌万达茂拥有16万平方米的豪华零售和娱乐空间，分布在三个楼层。其中包括IMAX影院、两层高的零售街、食品和饮料区、1万平方米的超市空间和"太平洋之珠"——3.4万平方米的水族馆和海底体验馆。该广场是江西省省会南昌"万达文化旅游城"开发项目的一部分。英国Stufish设计有限公司在设计竞赛中中标，负责南昌万达茂外立面的设计。

"瓷器"的设计理念灵感来自于江西景德镇出产的闻名世界的青花瓷。广场上大体量的建筑封闭在巨型的弧线形造型中，在入口和角落处尤其凸显中国传统瓷器的造型，将建筑的体积分解成更小的、人性化的体量。建筑具有强烈的三维立体感，外立面采用大尺度的明亮白色瓷砖，每一排的每一块瓷砖都是相同的形状，有助于降低这4万平方米的弧形立面的成本。瓷砖上有吉祥的动物、鸟类、植物和景色的图像，体现了中国传统文化遗产。首层外立面上的开窗用于开设临街商铺，两个入口内的大厅有三层高度。

陶瓷的设计概念也延续到中央购物街和公共空间，包括直径50米的中央公共大厅。入口处的遮篷设计呼应了主楼外立面的弧线造型。夜晚，外立面的釉色在照明效果的烘托下营造出一种通透的感觉，呼应了江西瓷器出名的"薄如纸片"的特点。

设计单位
英国Stufish设计有限公司
开发商
大连万达集团
竣工时间
2016年

总平面图

COMMERCE ■ 商业

金属绝缘

镀锌钢护板/片

主体钢柱（张力）

辅助钢角支撑

陶瓷板/瓷砖

细部图

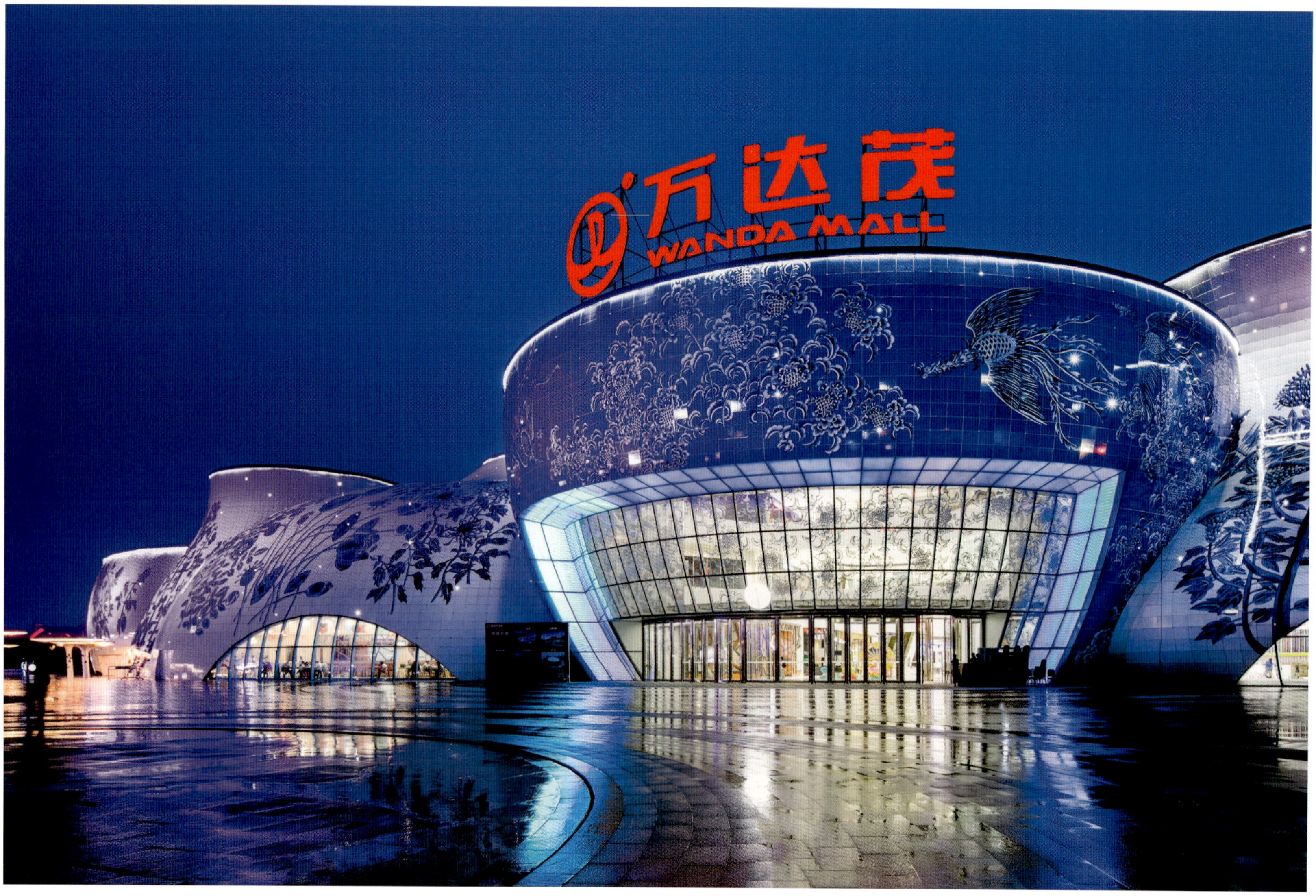

COMMERCE ■ 商业

设计单位
UNStudio建筑事务所
施工时间
2015年-2016年
竣工时间
2017年
占地面积
6,157平方米
建筑面积
38,800平方米
建筑容积
84,572立方米
主要材料
底部结构：铝、钢、不锈钢
上层结构：钢筋混凝土
外层结构：1. 网格外立面（西南、西北）：PVDF镀层铝板、不锈钢组件
2. 玻璃外立面：三层玻璃幕墙（尺寸：3毫米×6毫米）
3. 背面外立面（东北、东南）：油漆

上海，普陀区

上海189弄购物中心
Lane 189

UnStudio建筑事务所 / 主创建筑师
©Hufton+Crow建筑摄影、©Eric Jap建筑摄影 / 摄影

189弄购物中心位于上海市中心的普陀区，对面是长寿公园，毗邻玉佛寺，其设计旨在为上海年轻人士提供一种新的生活方式和休闲娱乐场所。189弄将零售、餐饮和办公空间整合在一个环境中，将购物中心打造成一种"垂直城市"，提供购物、散步、用餐、聚会和休闲的场所。

几何形式的立面外观，将旧上海的元素抽象、物化后融入设计中，并结合现代的城市体验，形成了具有上海文化感受的环境形象。

上海街头的元素，包括小餐馆、精品店以及各种能够体现城市品质的空间，都重新排布在建筑的垂直结构中。从街道层面就能一眼定位这处集合了上海元素的购物中心。

空间内部集合了街头生活元素，并混合了各种零售功能。内部空间的组织鼓励人们在建筑中自由探索，在建筑的不同层次中漫步。零售区采用开放式空间布局，其间由小型的零售亭划分出内部不同的区域。

程序化外观

建筑外表皮的设计使用了程序化、模块化的组织方式，为建筑立面创造了更丰富的层次。通过多层次的组件可以实现变换的视觉效果，同时实现了特定空间功能的透明性。以六边形网格为基础，外立面的模块化组件遵循几何的排布方式不断变化。

下部的立面，六边形网格中的菱形面板固定在铰接点上，形成了实体的外表面。从下部空间开始，里面所用的模块从单层逐渐变化到三层，深度逐渐达到400毫米。这些模块的材质也在变化，并由三色LED灯点亮，产生不同的视觉效果：透明或不透明、彩色或单色、反光或亚光。

城市之眼

建筑立面中部大型的开放式区域，向整个城市呈现了购物中心的室内景观。同时，这个"城市之眼"为建筑中的商品创造了一个大型展示平台，为游人提供了享受周边环境的观景空间。

室内空间

189弄购物中心的室内风格由超高的中庭发展而来，中庭从底部到顶部贯穿整个结构，一系列不规则的流线型平台在空间中创造了更多的变化。从下方仰视，可以看到中庭形成一系列有机的、连续的结构。

中庭中小型的平台带来更强烈的节奏感，形成一系列休息的空间，在形态上与立面中的"城市之眼"相呼应。

UNStudio建筑师本·凡·伯克尔（Ben van Berkel）表示："189弄的设计概念是基于今天我们对上海文化的理解和所有市民在这里遇到的美妙事物。我们试图建立一个垂直城市，在建筑内部打造公共广场。为延续我们的设计理念，连接室内外的空间是极其重要的，我们的概念都反映在了建筑外观给人的印象中。"

中庭同时组织了垂直交通，让游客清晰地定位目前所在的楼层，并制造了良好的视线关系：整栋建筑，从地下室到上层，都可以清晰地看到玻璃天花板上的艺术装置。

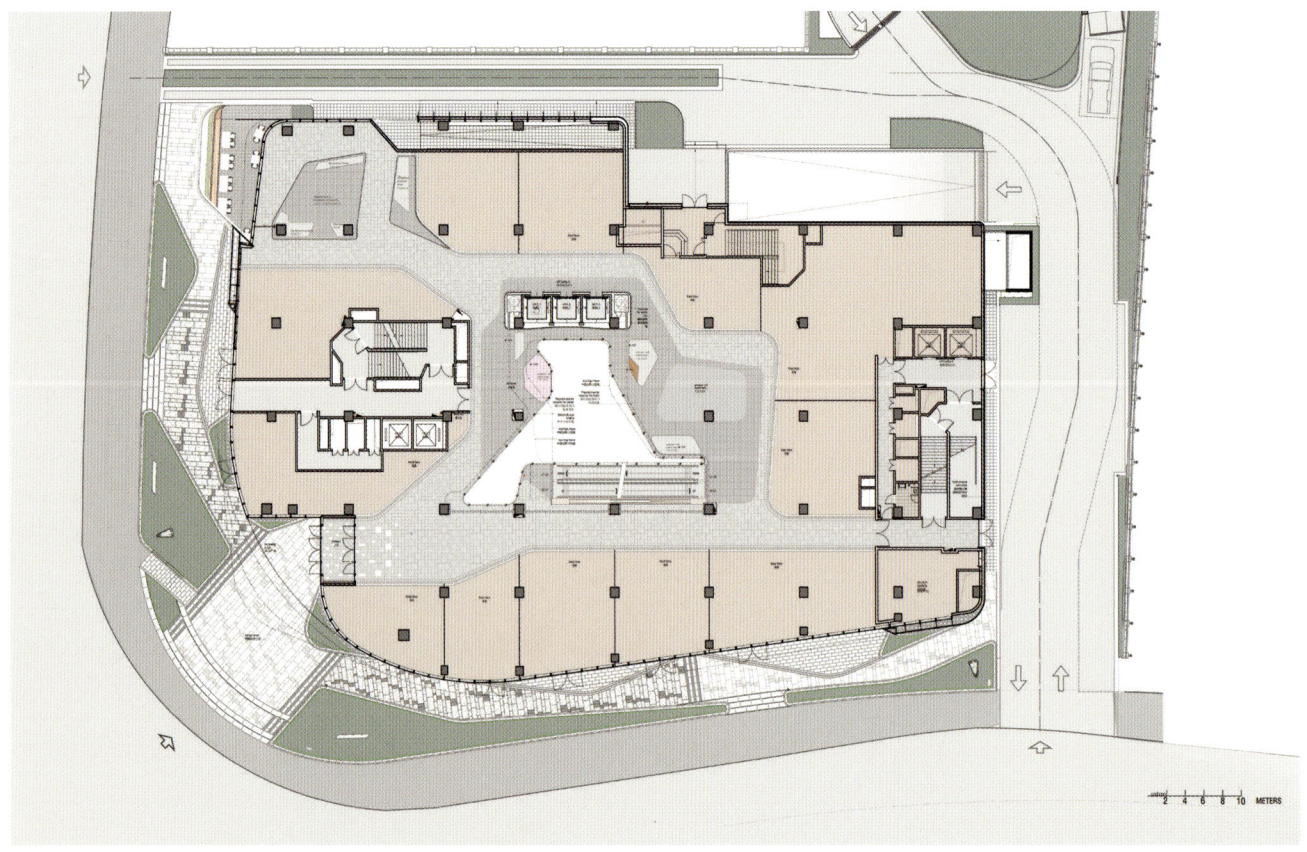

1层平面图

COMMERCE ■ 商业

北京，大兴区

万科旧宫
Vanke Jiugong

詹恩·费力克斯·克洛斯特曼／主创建筑师　CLOU建筑师事务所／摄影

万科旧宫位于快速发展的北京南郊，是一个建筑面积127,000平方米，集居住／办公塔楼、购物中心、休闲娱乐设施于一体的城市综合体项目，其穿插交错的形体不仅丰富了建筑形式上的趣味，而且拓展了公众体验的多样性。

由于人们普遍习惯在建筑地面层展开公共活动或者商业行为，但通常情况下地面层往往空间有限，因而该项目的一个重要设计举措就在于在优化利用传统首层平面之余，在竖向层面创造了更多额外的"地平面"。

第一个附加"地平面"出现在四、五层上，这里分布着按正交柱网布置的餐厅。再上层的"地平面"则分布了一系列小型办公空间，居住/办公塔楼，以及一个面向公众开放的花园。

室外自动扶梯清晰地呈现了建筑的流线逻辑，以及如何通过巧妙的流线规划，使两种运营模式在一个建筑并存成为可能。这两种模式包括一方面满足一到三层集中商业日间12小时的运行需求；同时为三层以上的餐厅、酒吧、电影院等需超时营业的业态提供一种独立开放的运营可能，支持并满足现代都市生活24小时不夜城的需求。

建筑的剖面很好地展示了该项目在功能上和商业上的内在合理性。在这里，超越常规的思维方式刺激了传统城市形态的多样化演变，也为城市生活发展提供真正有意义的契机。

设计单位
CLOU建筑师事务所
项目负责人
伊迪恩·希普
甲方
万科北京
总建筑面积
127,000平方米

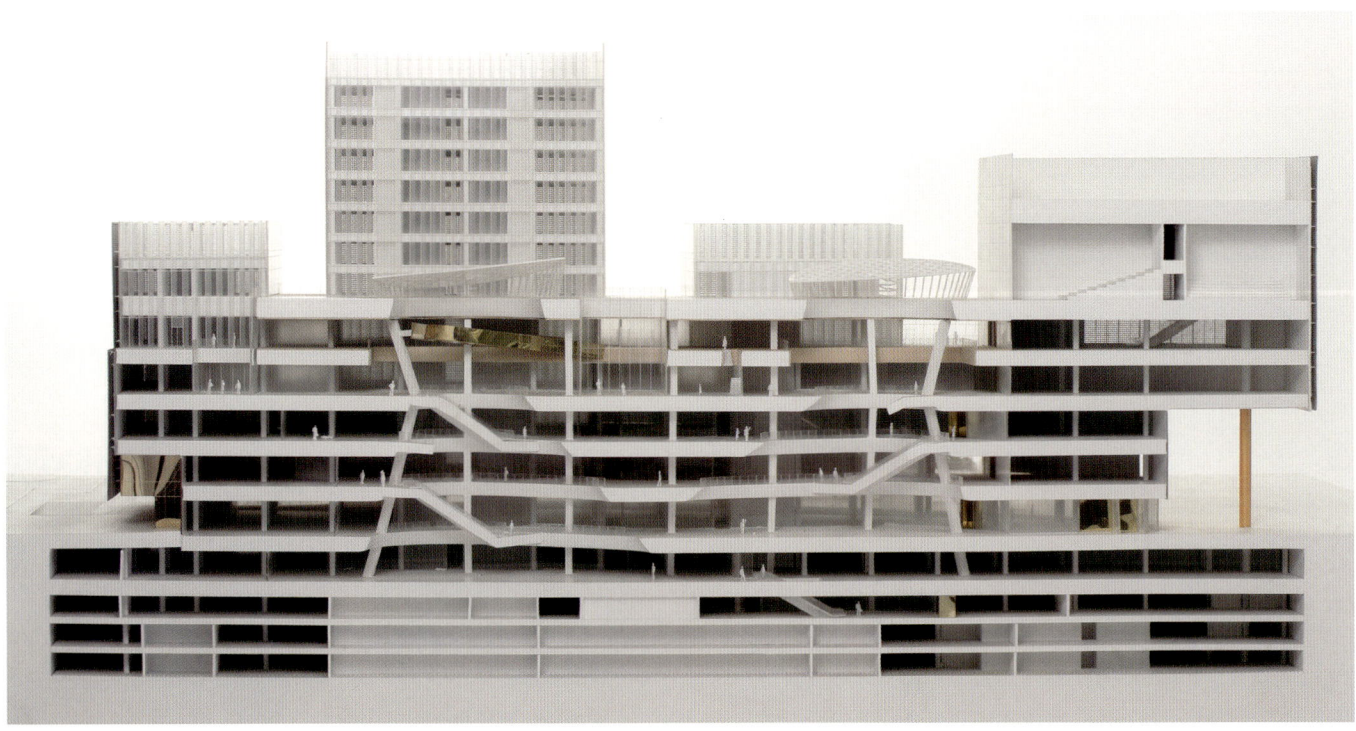

剖面图

COMMERCE ■ 商业

浙江，嘉兴

嘉兴岛
Jiaxing Island

设计单位
超越工作室、恺慕建筑事务所
承包商
浙江省建工集团
立面工程师
湖南建工集团装饰工程有限公司
客户
嘉兴华章置业有限公司

大安·罗赫芬、文森特·德·格拉夫／主创建筑师　德克韦·伯伦／摄影

通过城市综合体嘉兴岛的设计，位于上海的超越建筑工作室和恺慕建筑工作室挑战了中国城市化的常规模式。他们将设计会所的任务诠释成一个小村落的设计，建筑师们将符合人体尺度的环境结合公共空间布置在了建筑的中心，创造出了一个真正以人为本的建筑。

嘉兴坐落在上海和杭州之间，拥有100万人口。作为一个处在快速城市化边缘的城市，嘉兴在强烈变动的格局中试图找寻着自己的位置——农村已经被高密度城市所取代。这种激进的城市化进程对嘉兴的影响是巨大的，城市的规模与结构在十年之内从S变成了XL。嘉兴岛挑战了几个中国传统的城市概念：例如巨型尺度，南北朝向，机动车为主的道路，以及广场作为权利象征的存在。这个方案为人们提供了一个无车辆通行的，着眼于公共空间的具有功能层次感的都市村落。

八个独立的体量合并组成了一栋建筑，为人们提供了丰富的功能与体验。多样化的功能——办公、展览、餐厅、幼儿园、健身房、泳池——被排列在建筑的不同区域并向中庭敞开。建筑单体在二层被连接起来，人们路过的时候便可以途径各类功能与活动。

在设计上嘉兴岛是多样与多层架构的。立面采用西班牙砂岩制作，在通往广场的小巷方向完全封闭，又变化着在广场四周及周边逐渐敞开。每个体量中的空隙与中庭都为人们创造了视觉与空间上的变化。中庭的巨型台阶连接了广场和地下会议中心。台阶本身可以用来席坐，也可以被当作露天礼堂使用。中庭广场是孩子们玩耍和人们休闲娱乐的好去处。嘉兴岛集功能、使用与体验为一体。通过将公共空间布置在建筑的核心，嘉兴岛终会把人们汇聚在一起⋯⋯

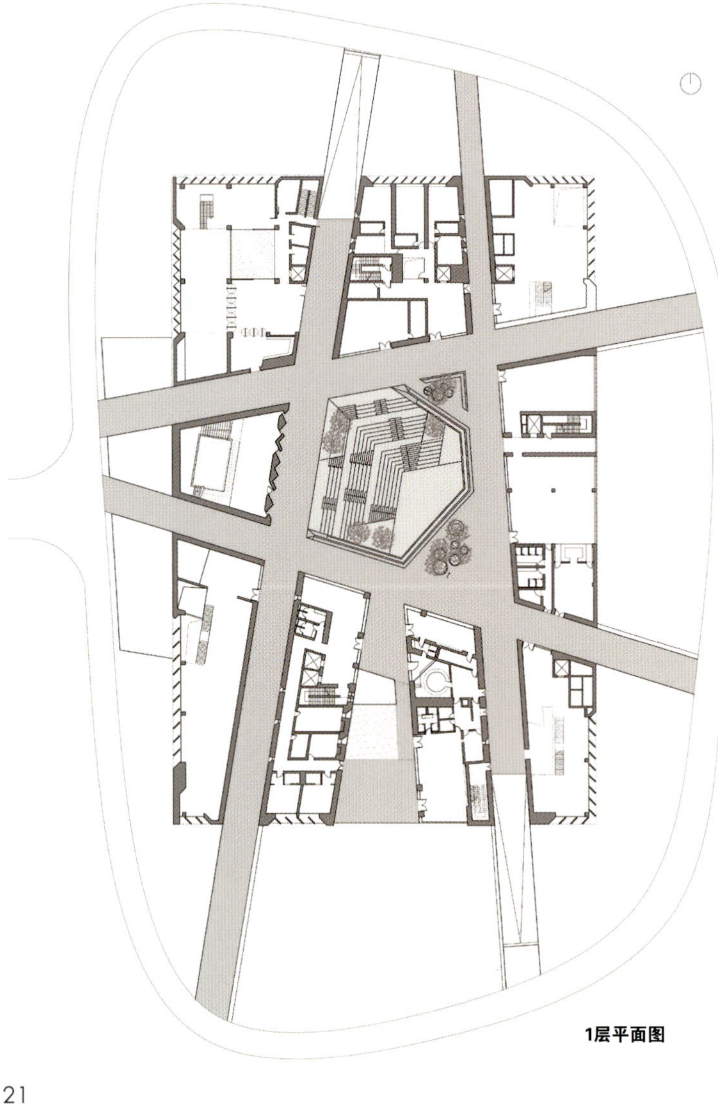

1层平面图

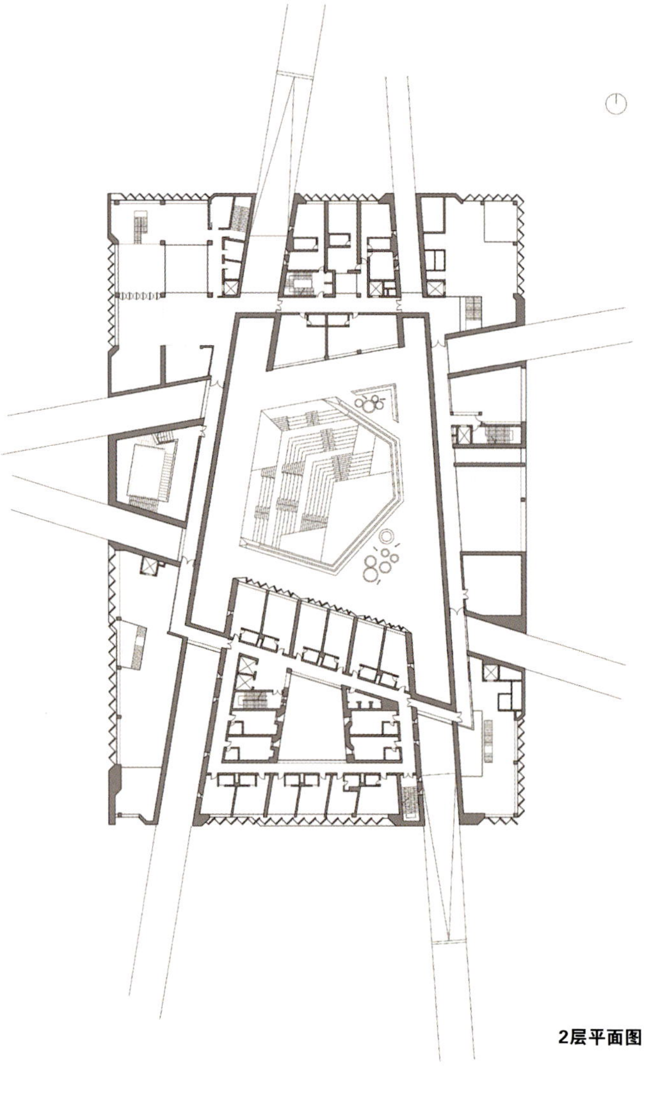

2层平面图

COMMERCE 商业

广东，深圳

汇港商业中心
Shekou Gateway One

史蒂芬·平博里、林雯慧 / 主创建筑师

设计单位
SPARK思邦建筑事务所
客户
招商地产
幕墙顾问
ARUP
设计院 / 机电 / 结构设计
广东省建筑设计研究院深圳分院
总建筑面积
71,600平方米
（其中办公：47,200平方米，
商业：20,400平方米，
公交场站：4,000平方米）

SPARK 思邦负责设计了由中国招商地产开发的一个占地71,600平方米的商业综合体和交通枢纽项目——汇港。它坐落于中国南方城市深圳，该项目由一个110米高的地标性办公塔楼和5个被葱郁廊道和露台相互连接的商业亭空间相互组合，创造出一个自然通风的购物商场和饮食休闲的目的性场所。该综合开发项目建在公交场站和"海上世界"地铁站口之上，是蛇口区新的交通枢纽。

汇港位于深圳南头半岛的最南端，是一个周围环绕自然美景的场所。三面环水，城市与两座绿意盎然的看似直接从海平面的湿润雾气上飘升的大南山和小南山相互交融。正是这种壮观的亚热带滨海景色和丰富的人文活动之间的关系启发了SPARK思邦的设计。 汇港综合体项目的建筑，景观和室内设计和谐一致，形成独特的城市花园的特征。SPARK思邦的设计是在项目基本布局和功能排布的初始设计之上展开的。

汇港首层的主要入口特意设计成可渗透的，促进了相邻城市街道到项目中心的人流连接。此设计灵感来源于罗马文艺复兴时期的诺里地图，结合并扩展了公共空间和私人空间之间的边界，为人们创造出更多的空间。

SPARK思邦董事林雯慧说道："景观路段从城市延伸到项目入口内的下沉式花园，较高层的露台和活动广场，增进了城市体验的价值。 地铁站、巴士总站、办公楼及相邻的蛇口海上世界项目之间的人流连接依照可渗透的入口平面进行规划。入口内部的实际联系和视觉联系协调一致，为参观者提供了轻松的导视和愉快的体验。"

从较广的城市规模上看，汇港是这个项目最显著的组成部分。位于太子路和工业三路的交界口，坐落于公共景观广场之上的27层的汇港，让这个位置成为蛇口区最重要商业休闲区。大厦标准层为1,100平方米，并为21世纪新用户提供一个高科技、无柱、灵活的工作空间。每个标准层都设有通高幕墙，面向深圳湾的辽阔海景以及北面起伏的山景。

为了提升大厦优雅的形象，大厦上层幕墙的透明玻璃设计纤细的竖向铝质百叶，遮挡阳光的同时为大厦的外立面增添层次变化体现品质感。塔楼底部与商业裙楼在三层通过流线和立面材料转换和连接。在这里，商业水平排布的石材与塔楼的表皮纹理相融合，石材也随着塔楼的上升有层次变化。设计突出了塔楼的主导地位，同时为整个项目带来了视觉上的延续性。汇港的办公用户可在3层直接通往商业上方露台，而不用担心天气影响。

建筑、景观与室内同步设计，将汇港与商业配套携手打造成一个有丰富层次并充满地域独特性的项目。汇港不仅是商业办公场所，它也是整个蛇口办公和生活品质的前沿。

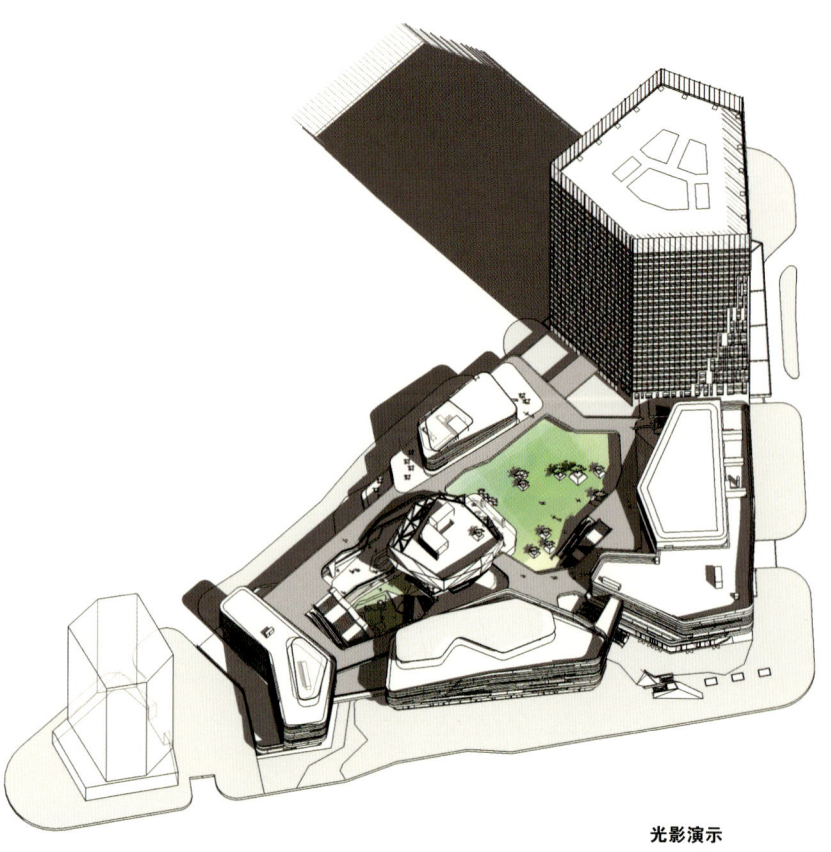

光影演示

COMMERCE ■ 商业

重庆,金山产业区

重庆金山意库
Chongqing E-Cool

水石设计 / 主创建筑师

项目简介

项目位于重庆金山产业区,对一批20世纪90年代多层厂房进行建筑和环境改造,以打造全新的主题产业园区。招商地产出资改造,红坊文化负责招商和运营。打造招商地产新一代城市更新类文创园区,成为重庆市乃至中国具有影响力的文化创意产业标杆之作。

定位及功能业态

以文化艺术为引擎,以"创意办公+文化休闲"为主体,具有鲜明文化特征的开放式、多功能、生态化的文化创意产业集聚区,包含文化、商业、办公三大功能板块。全园区建筑面积130,000平方米,尽量减少面积损失前提下,打造丰富的功能空间,提升文化、商业和办公的空间品质。

规划策略及要点

基于项目总体的运营思路,将围绕文化艺术核心以及文化时尚休闲空间,吸纳与组织以设计为主体的创意办公业态,诱发创意空间的二次创造,形成具有创意互动,以及品质与活力的综合创意社区。

设计原则:1.基于项目运营的设计;2.基于成本控制的设计;3.基于产品创新的设计。

设计重点:1.基于园区公共空间规划的系统性、功能化、情景感设计;2.基于标准产品分析的功能规划布局;3.基于核心业态定位的单体设计。

设计概念:"文化商业休闲公园 + 飘浮的创意盒子",打破原有建筑环境格局,实施规划、建筑、景观、室内一体化,打造全覆盖、立体化、互通互融的文化创意休闲环境。

建筑设计策略及特色

重点改造底层文化商业休闲空间和形象,适度改造上部办公立面和空间。吸收福州红坊园区和招商南海意库的优点,结合当地材料和工艺,形成自己的特征形象。

设计单位
水石设计
项目规模
130,000平方米
业主
招商地产、红坊文化发展有限公司
项目类型
改造、商业、文化、创意办公
主要材料
涂料、铝板、玻璃

N
倒班房
11F
综合楼
13F
2F
A
4F
4F
B
1号楼
1.1
4F
1.2
1.3
4F
2号楼
2.1
4F
2.2
4F
C
4F
D
1.4
1.5
4F
2.3
4F
1.6
2.4
1.7
4F
2.5
4F
4F
3号楼
4号楼

总平面图

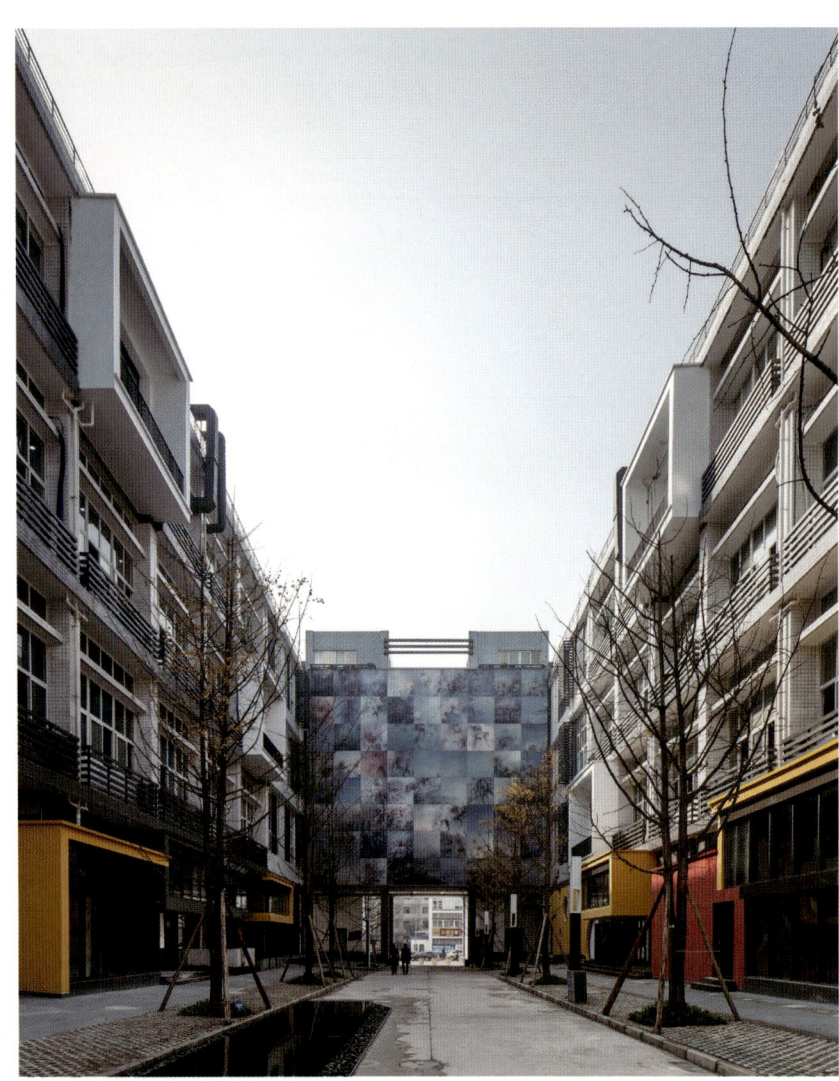

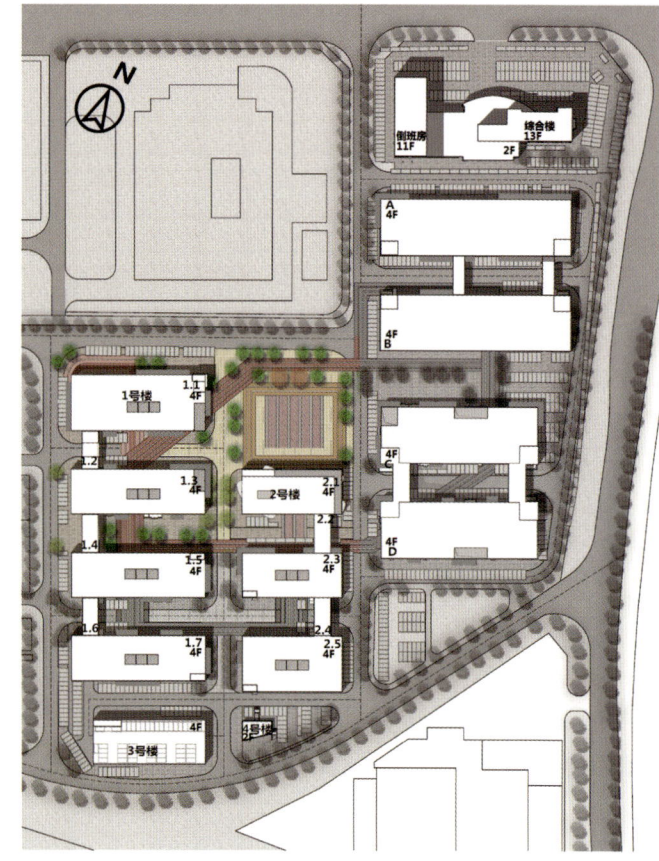

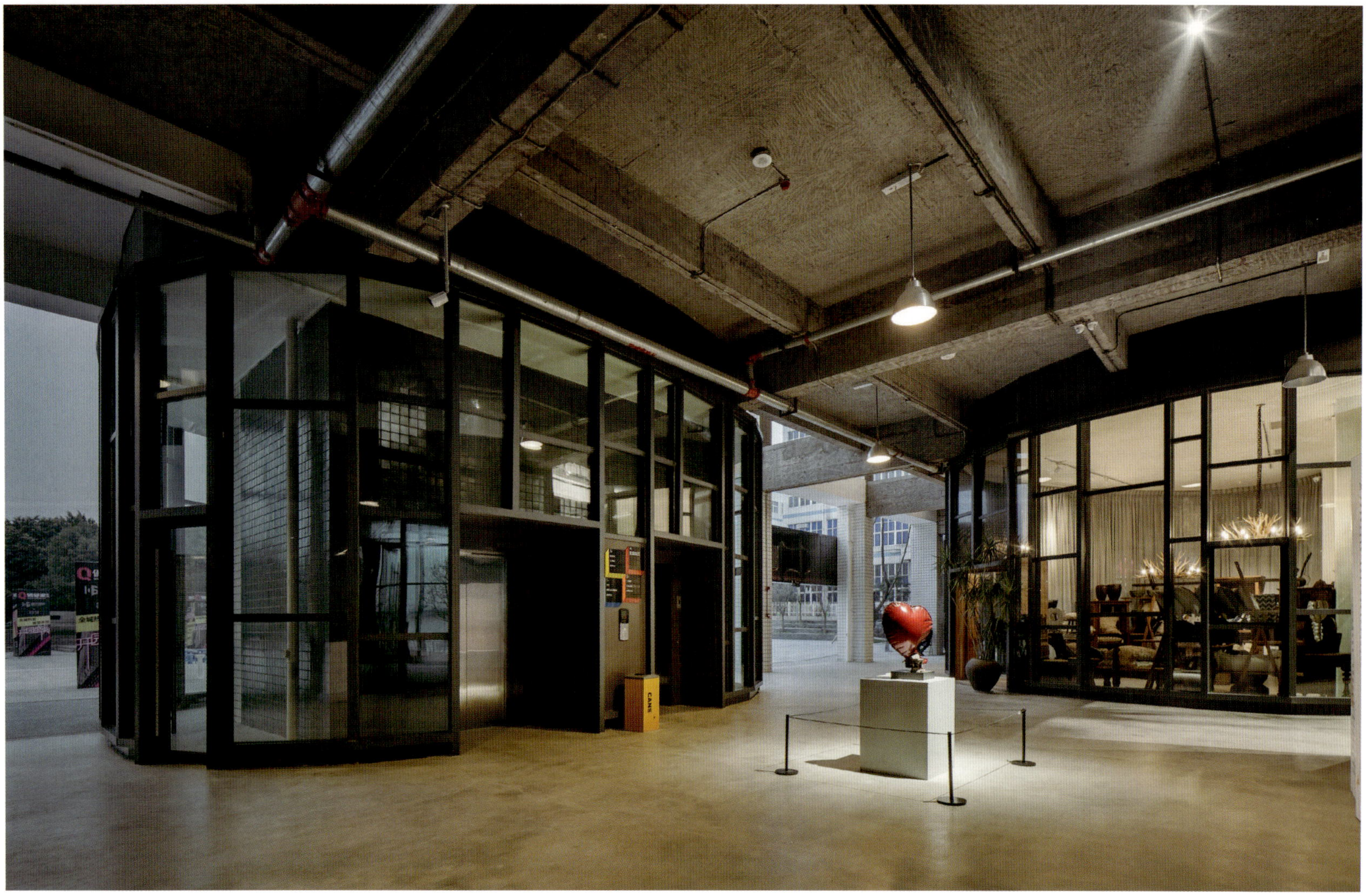

COMMERCE ■ 商业

设计单位
贵州省建筑设计研究院有限责任公司
竣工时间
2015年
占地面积
2,018.3平方米
建筑面积
6,380平方米
主要材料
石材、涂料

贵州，安顺

第十届贵州旅游产业发展大会主会场

The Main Venue of the 10th Conference On Tourism Development in Guizhou

董明、皮慧、金礼／主创建筑师　金礼／摄影

第十届贵州旅游产业发展大会主会场位于安顺境内西秀区七眼桥镇，与世界闻名的大明屯堡相邻，屯堡始建于1381年，其屯村大量的历史建筑，是明代军屯、民屯保存的实例和屯堡文化的典型代表。主会场用地环境具有良好的生态特质和人文环境，用地周边山峰叠起，地面平坦，绿色幽幽，一股清泉自北云鹫山方向而来，与东西流向的溪流汇集于此，山水相映。大有"闲上山来看野水，忽于水底见青山"的意境。用地规模面积约为357,536平方米（约510亩），南北长轴约501米，东西长轴约935米。

第十届贵州省旅游产业大会主会场由两中心、一馆、一露天会场组成，总建筑面积6380平方米。其中两中心包括游客服务中心与民间文化艺术展示中心，一馆为屯堡文化博物馆，露天会场位于它的西侧，能容纳1,500人活动。

通过对场地分析，以古老屯堡建筑群为底蕴，在山、田、溪的场所空间中，大会会场以场所制高点云鹫山为远景，近山为屏，溪水为幕，绿田为场，村落为托，历史为线，按中国传统的"物间"哲学关系。即人文景观与自然景观交汇融合，第十届贵州旅游产业发展大会主会场规划设计构思脉络清晰，主题明确。主题建筑依山而建，分散建筑体量为"两中心（游客服务中心、民间文化艺术展示中心）一馆（屯堡文化博物馆）"。基地南面临水临田，北面依山，三面临路，交通便捷。建筑风格延续场地现有的屯堡古巷、碉楼以及线性坡屋顶形态。两中心相邻布置，其间内界面平行自然形成商业步行街，利用此步行街向西延伸形成空中走道直通碉楼，建筑外装饰材料是当地石材，地域、历史、现代高度结合。

"插标为界，跑马圈地"屯堡源于大明朝的文化，屯堡文化博物馆的建筑形式由此生成，契合地势。建筑外墙拼贴当地石材，形成不同肌理。通过室外廊道进入建筑主体，通过框景、留白等手法拉开空间的层次，走道的"墙壁"采用镂空手法，抹去环境与主体的对立，最高的"碉楼"傲然伫立于建筑中央上空。利用本案场地高差变化，或遮挡视线，或放开空间，或不断互化近景远景，以创造出不同景致的空间。

景观设计重点在于理水，以自然为造化主，顺势而为，依据水体的走势，用扩大水体面积的手法，获取绵长的溪水空间而成为景观主轴的脉络。水体由山涧水自然而下，分左右两支汇入主会场主席台前方。形成生态湿地的景观，同时引一股清泉在主席台的前方回环弯曲的水渠内，作流觞曲水之戏。同时，用地本为田地，景观最大化地保留它原有的肌理，稍试调整，设田埂道于其间，留出观山的自然空间和聚散的人流广场，规划人流路线，通过广场与小径交织，形成多条人行网络，分隔出多重宜人的小空间，引人入胜。与此同时合理规划人行车行，村寨村民、外地游客、旅游嘉宾可便捷到达主会场，第十届贵州旅游产业发展大会主会场的设计赢得了社会的高度认可。

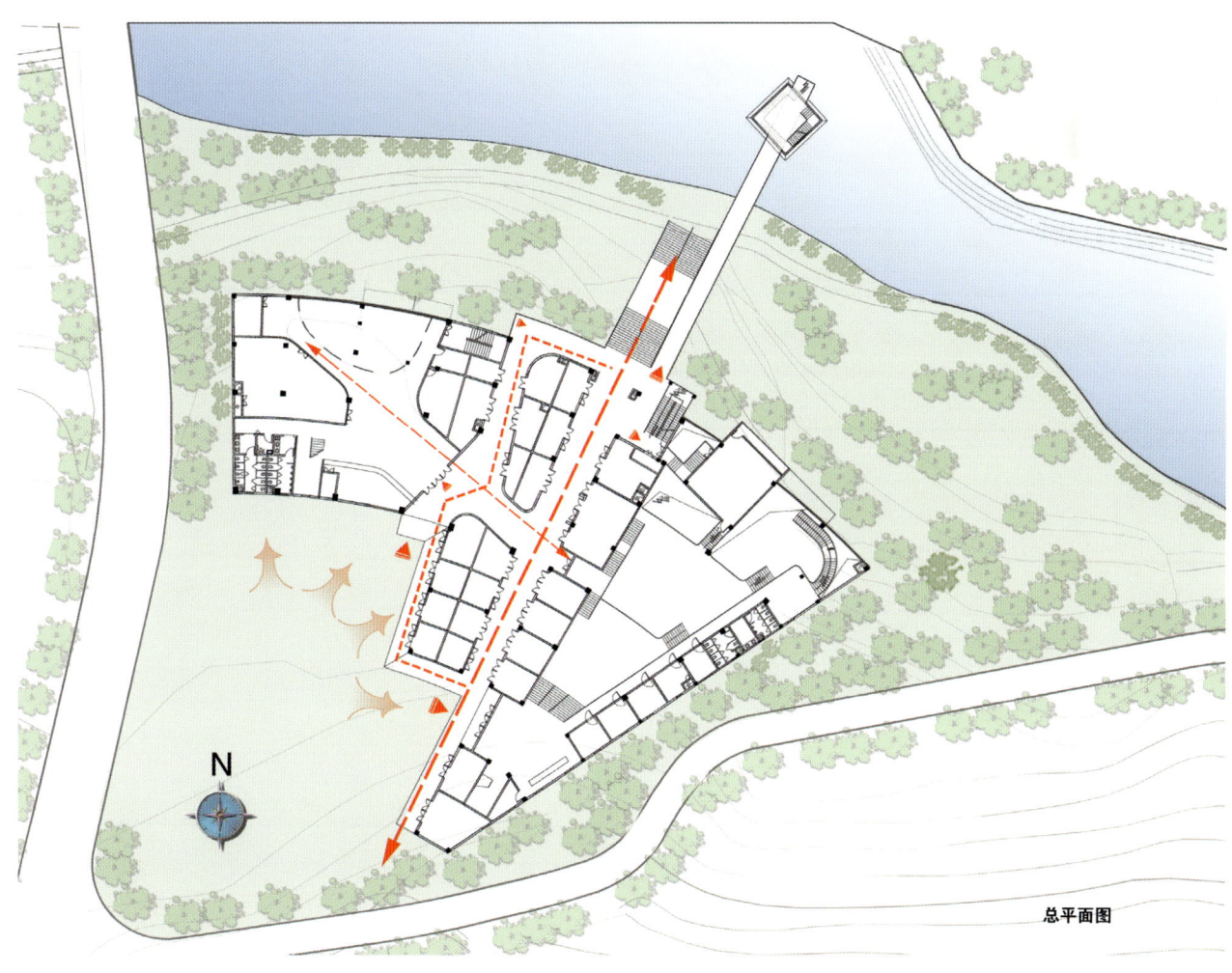

总平面图

COMMERCE ■ 商业

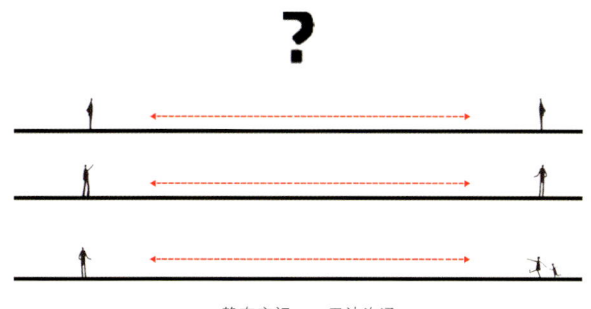

静态空间——无法沟通

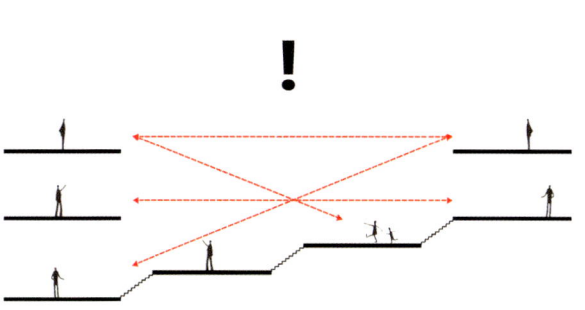

立体平台 VS 三维交通

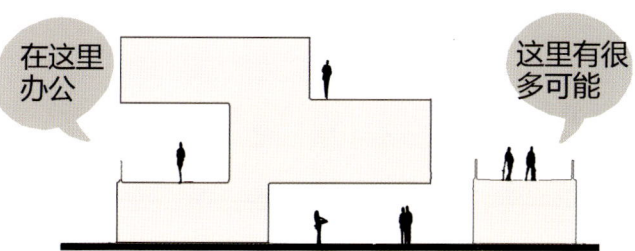

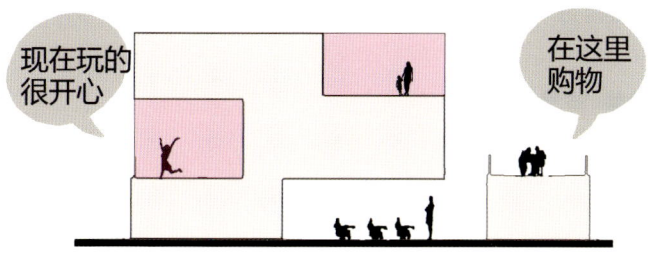

构思来源：立体平台

设计构思

COMMERCE ■ 商业

广西，桂林
桂林万达文旅展示中心
Guilin WandaCultural Tourism Exhibition Center

魏鹏 / 主创建筑师　苏圣亮 / 摄影

结构设计
刘涛
机电设计
颜兆军
设计/完成时间
2013年-2015年
总建筑面积
3,700平方米

建筑与自然、建筑与文化的指向关系一直是建筑师重点关注的话题。在这个项目中，设计师希望以一种简单、质朴的方式，建立起建筑与自然、建筑与文化的关联。从山水到建筑，设计师希望这个房子能含蓄地表达出自然的景色与吐息：复杂而有节制，自由而有韵律，并通过它连接人与自然、建筑和风景。

设计师说

在主创设计师魏鹏看来，利用玻璃材料之间的折射、透射和反射，再加上建筑前水面的倒影，才更有漓江山水的味道。

理念缘起：由景入境，山水情怀

山水："山水"在中国传统文化中有着特殊的意义，国画中的风景画叫作山水画，而中国古典诗词中一个重要的华彩部分则是山水诗。中国文人寄情山水，以山咏志，以水抒怀，山水诗画表现的不只是自然风景，里面有景致、有思绪、有情怀，表达的是人与自然心灵相照、气息相通的共生关系。

桂林：桂林山水甲天下，"山青、水秀、洞奇、石美"堪称"桂林四绝"。

在山水甲天下的桂林，建一座展示中心，营造山水主题也是一个自然的选择。关于这一主题的呈现，设计师希望是一种抽象和写意的表达：尝试将山水景观进行一定程度的"去图案化"，通过一种抽象的线构方式来进行再现。

方案呈现的是一个极简的立方体，只是通过玻璃幕墙的处理，来塑造一个"山水立方"，巧借人工，抽象自然。希望这个项目的设计能够源于景、表以形、达于意，由景入境，通过一个纯净的玻璃盒子唤起人们内心的自然意趣、山水情怀。

从建构到文脉：因物成器，工巧其中

相比那些体量巨大、功能复杂的项目，这个展示中心是一个规模较小的建筑小品。创作的初衷是想做的简单一些，放松一些，更注重表达理念的纯粹性和实施的可操作性。

桂林的山远近有致，加上水面倒影，层次更为丰富。为此，我们找到来自广东的一家数码彩釉艺术玻璃厂家——广东南亮玻璃有限公司。为此，我们找了国内在数码彩釉艺术玻璃细分领域最知名的企业——广东南亮艺术玻璃科技股份有限公司。经过建筑师和厂方设计技术人员几个月的沟通、配合，对艺术玻璃及结构进行二次创作设计，终于开发出比较好的表现手段：建筑通过竖向玻璃肋的高度起伏，表现桂林独有的喀斯特地貌的山影，通过玻璃肋疏密程度和出挑尺度的不同，将立面勾勒出"近景""中景""远景"三个山影层次。不同玻璃之间经过透射、反射和折射效果的层次叠加，在阴晴雨雾等不同的光照条件下，会形成微妙变幻的戏剧性效果。在光影流转中，"边界"也变得模糊流动。近观建筑，仿佛置身于氤氲水汽飘过的山峦之中，而建筑也敏感的映射出周边自然环境的变化。观者、建筑及桂林山水相互感应，以微见著，会心不远。

景观与建筑：归林竹语，心系山水

展示中心景观设计延续了山水主题，利用层叠的水面、小路、竹廊，实现空间的联结与缩放，与建筑相映成趣，使人游在其中，步移景异，由景入境。

总平面图

COMMERCE ■ 商业

| 设计单位 |
| 久舍营造工作室 |
| 参与设计 |
| 余凯、沈逢佳、董润进 |
| 竣工时间 |
| 2017年3月 |
| 占地面积 |
| 约9,000平方米 |
| 建筑面积 |
| 600平方米 |
| 主要材料 |
| 钢、胶合木、玻璃 |

江苏，徐州

徐州万科未来城示范区
Demonstration Area of Vanke Future City in Xuzhou

范久江、翟文婷／主创建筑师　SHIROMIO工作室／摄影

徐州万科未来城，是万科在徐州云龙湖畔已经启动的超百万方山水文化大城。而未来城的示范区，作为未来城地块上第一个亮相的建筑群，某种意义上将为整座"未来城"的性格定下基调。

鉴于未来城巨大的建设体量，我们认为，展示区的主体建筑——销售展示中心（未来的社区活动中心）必须回应大的城市山水地理结构关系。

在建筑功能布置上，我们将入口门厅、放映室、独立洽谈及后勤等所有需要小尺度空间的功能压缩到主体建筑东侧的附楼中，从而在主体建筑内部形成单一的大尺度展示空间。这样的平面功能分布，不仅使主体建筑获得最大的平面自由度，以适应前期销售展示和未来业主社区中心的多功能要求；而且通过全立面玻璃幕墙的设置，使得主体建筑的体积感被消解，内部活动得以最大限度的向城市展现，建筑的公共属性得到强化。而与这样纯粹的建筑外部形态相匹配的，是一个极其繁复的内部构造。

2009年，建筑师曾经探访过温州泰顺及周边山水之间的几座木拱廊桥（北涧桥、溪东桥、薛宅桥和三条桥等），站在廊桥下，仰望桥底那由短木构巧妙搭接组构而成的大跨，一种工匠智力与结构尺度产生的绝美令人惊叹。之后的七八年间，又专程进行了多次重访。2016年，其中的薛宅桥在我们最后一次到访不到一个月后不幸毁于台洪。

出于对廊桥这种中国传统工匠技艺与短构大跨木结构之美的敬意，工作室在接触徐州万科未来城项目之前，就已经将这种结构体系制作成手工模型学习，并且希望有机会能在合适的项目里再现这种木构之美。

因此，在这个既具备单一大空间的展示性，又需要通过建筑语言对万科的价值观和技术实力进行展示的项目中，廊桥下仰视的构件表现力就成了我们的首选。而大空间前设置的水院将会把仰视的图像在水中二次呈现。

我们用不同长度的600mm×200mm长方形截面的现代集成木材（胶合木）为基本构件，将原本廊桥体系中上下木构件之间的横向支点构件（大牛头／小牛头），用前后木构件重叠处横向贯穿木构件的小截面钢管代替。通过这个方式，突破了传统廊桥结构体系受压的单向起拱特性，使得正反连续三角体系得以成立，也获得与传统廊桥结构坡度相比较为平缓的起伏，以适应建筑形体舒缓的屋面线性，木构架整体单向涌动的动势也更为直接与流畅。

最终，当四面通透的玻璃幕墙将木构架作为这个殿堂的永久展品展示出来的时刻，一种隐匿的过去仿佛如幽灵般被呼唤召回。

总平面图

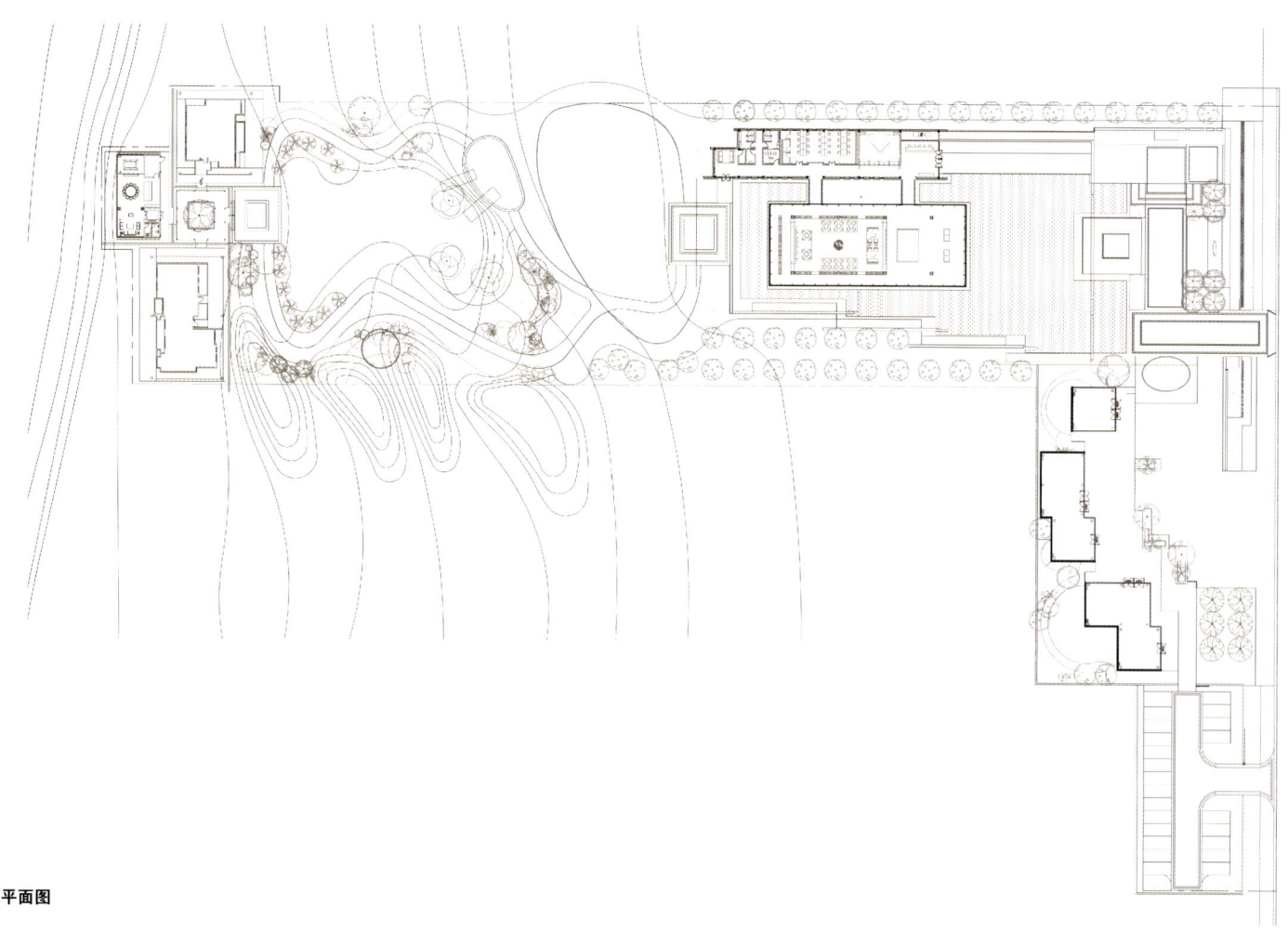

1层总平面图

COMMERCE ■ 商业

中国，重庆

重庆中央公园生活体验馆
Chongqing Central Park Life Experience Center

gad建筑设计 / 主创建筑师　范翌 / 摄影

设计单位
gad建筑设计
室内设计
重庆尚壹扬（SYY）装饰设计有限公司
景观设计
佳联景观
室内摄影
感光映画传媒（MConcept）
建筑面积
2,956.7平方米
设计时间
2016年
建成时间
2017年

　　方案立意"山水·诗意重庆"，力图通过抽象和写意的手法体现大山大水的重庆地景特征和人文情怀。虽然是个销售中心，但在设计上更多地体现艺术感、纯粹性。

场地与策略

　　山城以北，中央公园以南，以"浮游之境"为题，寻觅城市一隅的空灵之境。设计以悬殊的建筑与用地面积比为切入，将建筑整体沿一层铺开，呼应中央公园的巨大尺度。主入口沿城市界面略向后退，引入大片水景和多层次绿植，形成公共开放的景观广场，共享城市。借城市道路的交角关系确定基本形体，再将基地整体抬高2米，表明建筑的在场，引入景观，对话自然。

空间与造型

　　六个功能不一的建筑体量围合内向型的院落空间，环绕式的动线布局，强调内场与访客的互动体验。屋顶加盖一横跨27米，厚仅350mm的极薄金属屋檐，统摄形体要素，强化轻盈的建筑特质。一气呵成的形体关系，舒展有力，简洁明确的叙事动线，在巨大的场地尺度上切割出多重场景体验，静谧内敛的中庭空间，成为园区视觉和精神的向心所在。通透不一的玻璃体块，契合不同功能的场所体验。现代的材料和工艺做法，在光影下显现丰富的场景效果。在这方天地之间，尽享光影间的浮游之境。

室内空间

　　因原有空间较高，所以室内设计希望令空间更贴合人的尺度，所以采用了"在建筑里又做建筑"的方式来处理空间，这种方式又把重庆复杂而有趣的城市天际线和立体的交通状况做了抽象的体现。

　　"山"的意向主要体现在多边形的体块的运用，入口处的实体体块，项目展示区的天花是倒挂的镂空的体块，洽谈区的隔断则是更为轻巧灵动的"虚"的体块，体块的穿插运用贯穿整个销售中心，使得原有大开大合的建筑空间多了很多变化。

　　"水"的意向，地面的灰色纹理的石材做不规则的拼贴变化，做出来"水"的感觉，项目展示区的沙盘犹如水中的岛礁，不锈钢材质的装置更像鹅卵石，整个组成一幅静态的流动画面。

　　洽谈区在室内做了架空的两层，用实体和木隔断形式把空间做了很多有趣的分隔和变化，同时，组成了"桥"的意向，桥是重庆重要而美丽的城市元素，这样的"桥"，不但分隔了空间，更使得原建筑空间过大的尺度得到了消减，让人在空间中可以更安定。整个空间处理，轻盈、流畅，充满诗意。

情境之间

　　公共开敞，却又内敛聚合，轻盈舒展，却又变换丰富，高冷空灵，却又温润有度。对于这样一个融于山城生活的城市建筑小品，我们希望在时间与空间的变换里，重塑内敛、高冷、丰富的文化空间；在传统与地域的碰撞中，交织出山城生活中的前瞻和想象。

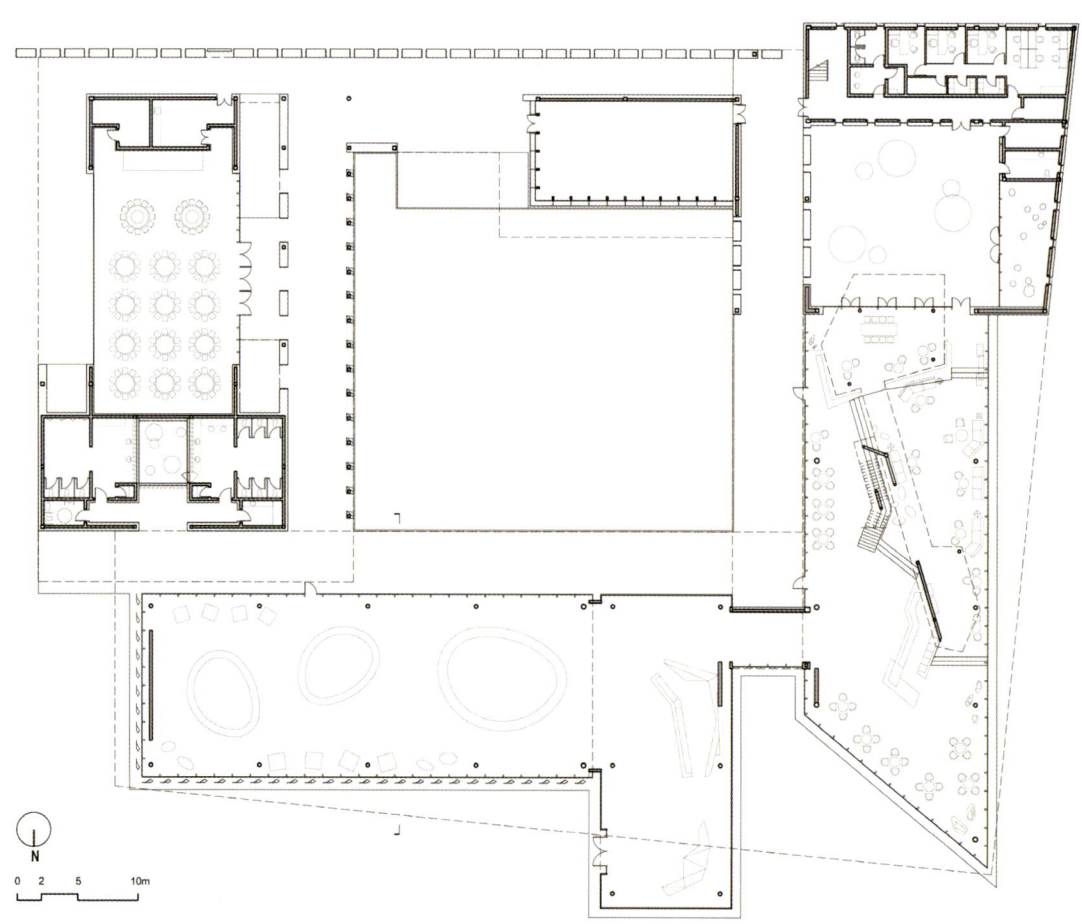

1层平面图

COMMERCE ■ 商业

安徽，合肥

皖新·朗诗麓院售楼处
The Sales Center of Anhui Investment Group & Landsea Mountain Park

金鑫 / 主创建筑师　ingallery / 摄影

设计单位
反几建筑&同道设计
项目团队
金鑫、陈天朋、陶帅、葛佳佳、张轩瑞、王丽婕、高璐、刘晓黎
设计指导
肖伟平
建筑面积
1,200平方米
设计周期
2016年9月–10月
施工周期
2017年1月–3月

生活，是一本书，而不是一次交易。

项目位于安徽省合肥市高新区中心地块，业主是朗诗地产与皖新集团。建筑设计为南京同道建筑设计有限公司。

售楼中心多数为"临时建筑"，在完成销售任务后拆除或者重新改造为其他功能，短暂且昂贵。设计将"书房"概念融入其中，提出将售楼处与未来社区图书馆功能整合，力图在其使用完毕后，仍有较高的使用率。

设计元素以木色为主，创造"静"的材质环境。强调竖向线条，拉伸空间，给人以超出平常的尺度感，创造平静、舒适的阅读空间。空间安排上，将平面从左至右划分为五个区域，由公共到私密，由开敞到封闭。

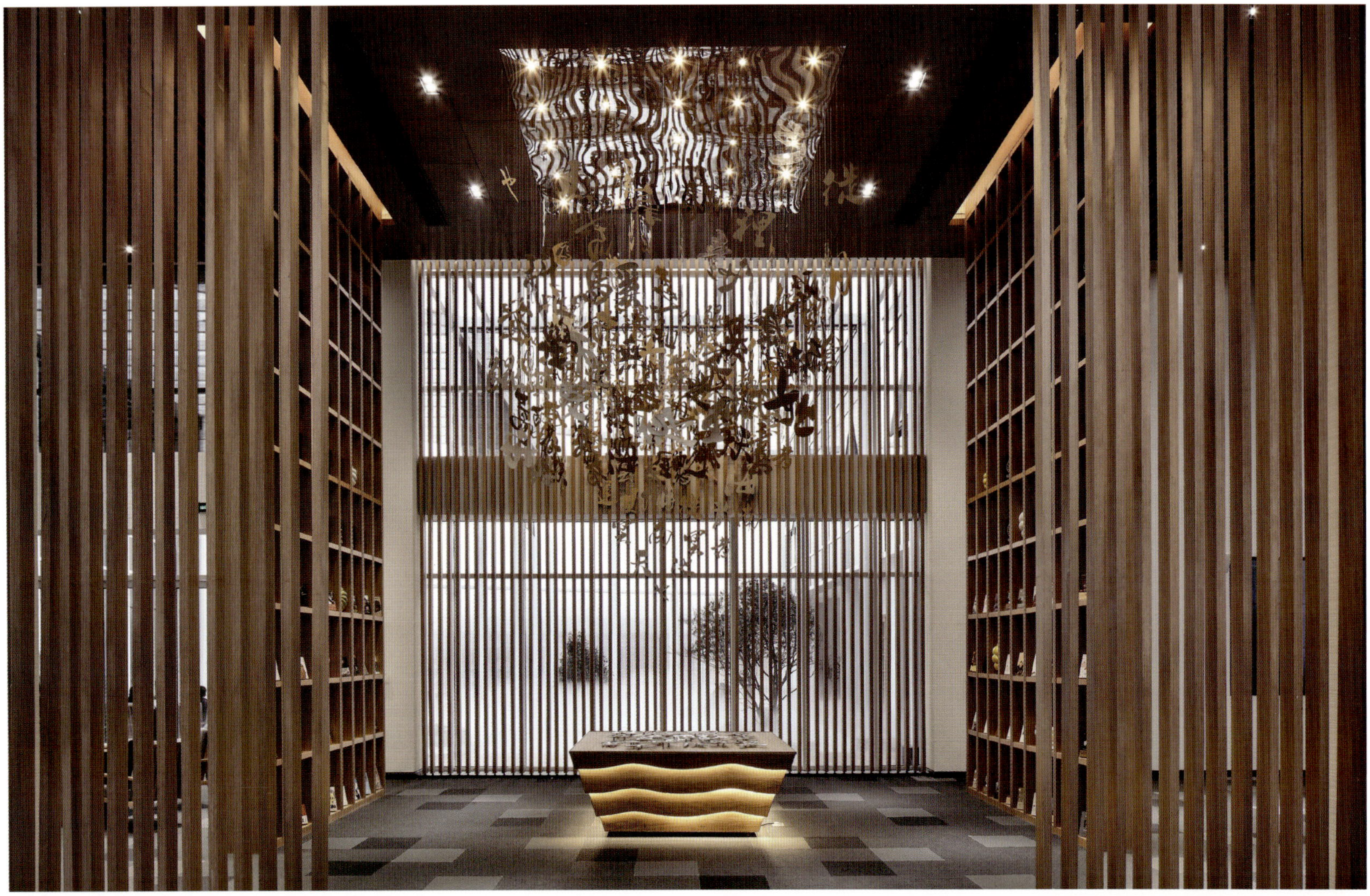

COMMERCE ■ 商业

安徽，合肥

合肥壹号院销售展示中心
The Sales Centre of One Central Residential Community

吴轩 / 主创建筑师　黄金荣 / 摄影

　　住区地处合肥天鹅湖中央商务区核心区，属城市高端住宅。售楼处作为该园区未来北向主入口，延续了住区整体新古典的建筑风格，是园区品牌效应的重要体现。建筑主体为东西两栋独立小楼，未来将做商铺使用。平面布置为空间分隔的可变性预留了条件，未来商铺业主可根据实际需求灵活变动。

　　设计以大体量的外挑雨棚连接东西两栋单体，从水平横向拓展了整体建筑的延展性，又与住区中央的超高层住宅，在尺度上形成一定的呼应关系。前期作为售楼处使用时，在两体块间增设临时玻璃大厅，用作访客接待和沙盘展示的空间主体。未来作为住区主入口使用时，玻璃大厅将被拆除，雨棚作为进入园区的空间引导和回车门廊，串联起园区内外两种截然不同的氛围，完成进入园区的心理渲染。

　　十米有余的悬挑雨棚是对建筑轻盈体量的巨大挑战。我们在受力允许的范围内尽可能将铝板外包，雨棚外檐口型材和上表面铝板采用香槟色喷涂处理，呼应随州黄的石材颜色，实现园区新古典风格的一体化效果。

　　外檐斜切和收口的精细化处理实现更轻薄的视觉感受。南北向出挑金属格栅结合透光玻璃顶面，营造节奏和秩序感并存的空间体验。

　　铝板挂接节点的做法，保证立面的精细和纯粹感。釉点以标准图形进行排列叠加，使建筑外立面得到含蓄表达，从内部又可清晰地看到玻璃纹样。彩釉玻璃和其他差异化材质的组合，突出并丰富了外立面的层次感。

　　从设计到施工，每一处考量都是新的挑战，大到体块的推敲、材料的选用、色彩的搭配，小到纹样的设计、构件的衔接、收口的处理，对匠心工艺的极致追求并非空口而谈，将每一寸细节落到实处，才能收获更大的惊喜。

设计单位
gad建筑设计
建筑面积
2,985.32平方米
设计时间
2016年
建成时间
2016年

1层平面图

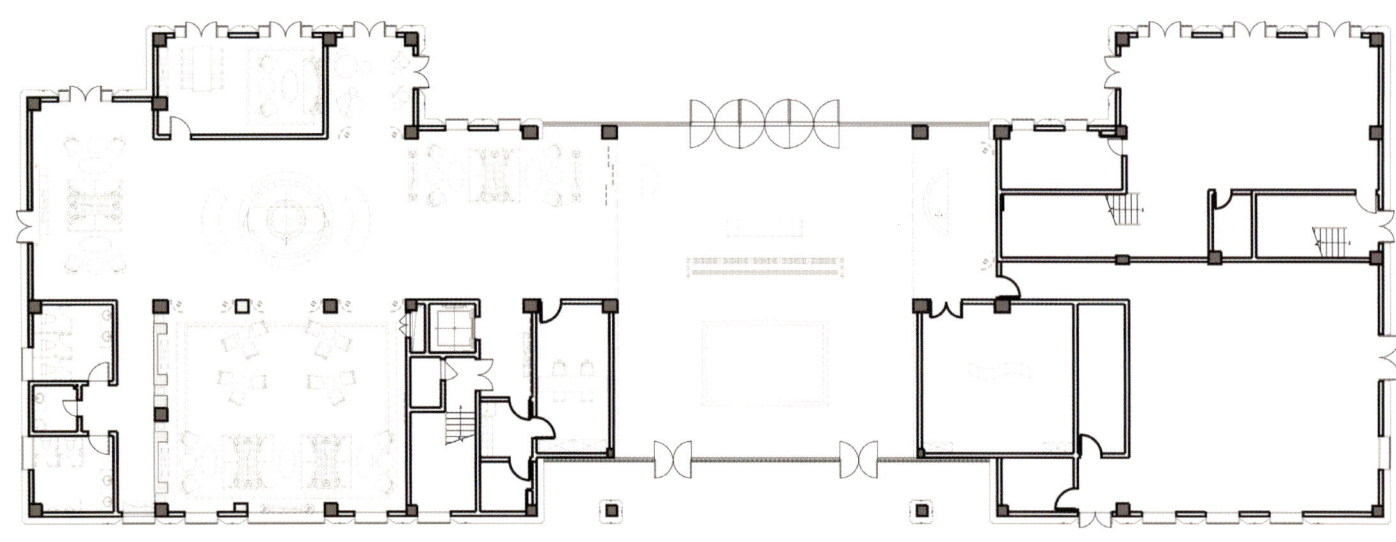

COMMERCE ■ 商业

中国，上海

明日世界设计中心
Tomorrow World Design Center

赵睿 / 主创建筑师　张恒、伍启雕 / 摄影

| 设计单位 |
| 纬图设计有限公司 |
| 设计团队 |
| 黄志彬、刘军、刘方圆、罗琼、伍启雕、袁乐、何静韵、吴再熙 |
| 建成时间 |
| 2016年6月 |
| 开放时间 |
| 2016年10月 |
| 文案记录 |
| 张爱玲 |
| 项目面积 |
| 4,200平方米 |
| 主要材料 |
| 灯膜、钢材、玻璃、乳胶漆、俄罗斯松木 |

　　明日世界设计中心，是上海世博会时留下来的临时建筑，这些年里，也换了好几个业主，他们对建筑物的室内都进行过不同程度的改造，所以最终留下来的内部结构相对比较复杂。甲方希望做一个公益性的项目，免费提供给设计师办公以及进行家具的展示等。

　　在接受设计任务之前，结构改造已经开始在施工了，到了工地现场，被现场的内部球形网架及错综复杂的裸露钢结构震撼。在多次结构改造过程后，原有的结构框架已变得十分混乱，但没想到，这无意的混乱，却天然地透着一种能瞬间打动人的力度和美感。所以，保留并将原有球形网架的钢结构暴露出来，延伸原有钢结构的穿插痕迹，就成了我们整体设计的基本方向和手法要求。为了将这种裸露凌乱美的感觉表现出来，设计中特意没有避开墙体与原结构硬撞的痕迹，而是让其像雕塑一样存在于墙体上，形成一幅立体的画面。另外，原有的建筑是单层膜结构，整个室内的能源损耗会很大，为了节省能源，同时，又能将现场球形网架的气势和裸露结构的美感保留下来，我们跟材料公司协商后，在室内加了一层透明膜。

　　通过膜结构，自然光会照进整个室内，那么在主色调上，我们就选用了比较浅的灰白色和原木色组合，这样第一感觉很轻松，也很符合空间的多变性，例如，在举办活动或者展示家具时会经常改变平面布置，干净柔和的浅色调就可以让它变得更容易实现。在这个公益性的项目里，应该有一个很大的公共活动区域，提供给大家举办活动、交流、酒会、发布会、演讲会等，所以，功能分区设置了办公室、公共区、产品展示区、会议室、咖啡厅等，这样，空间的活跃度很好，空间与空间之间也能对上话。为了打破常规办公楼局促感和紧张的气氛，室内还种植了很多植物，设置了多重楼梯，人在空间里可以自由走动。

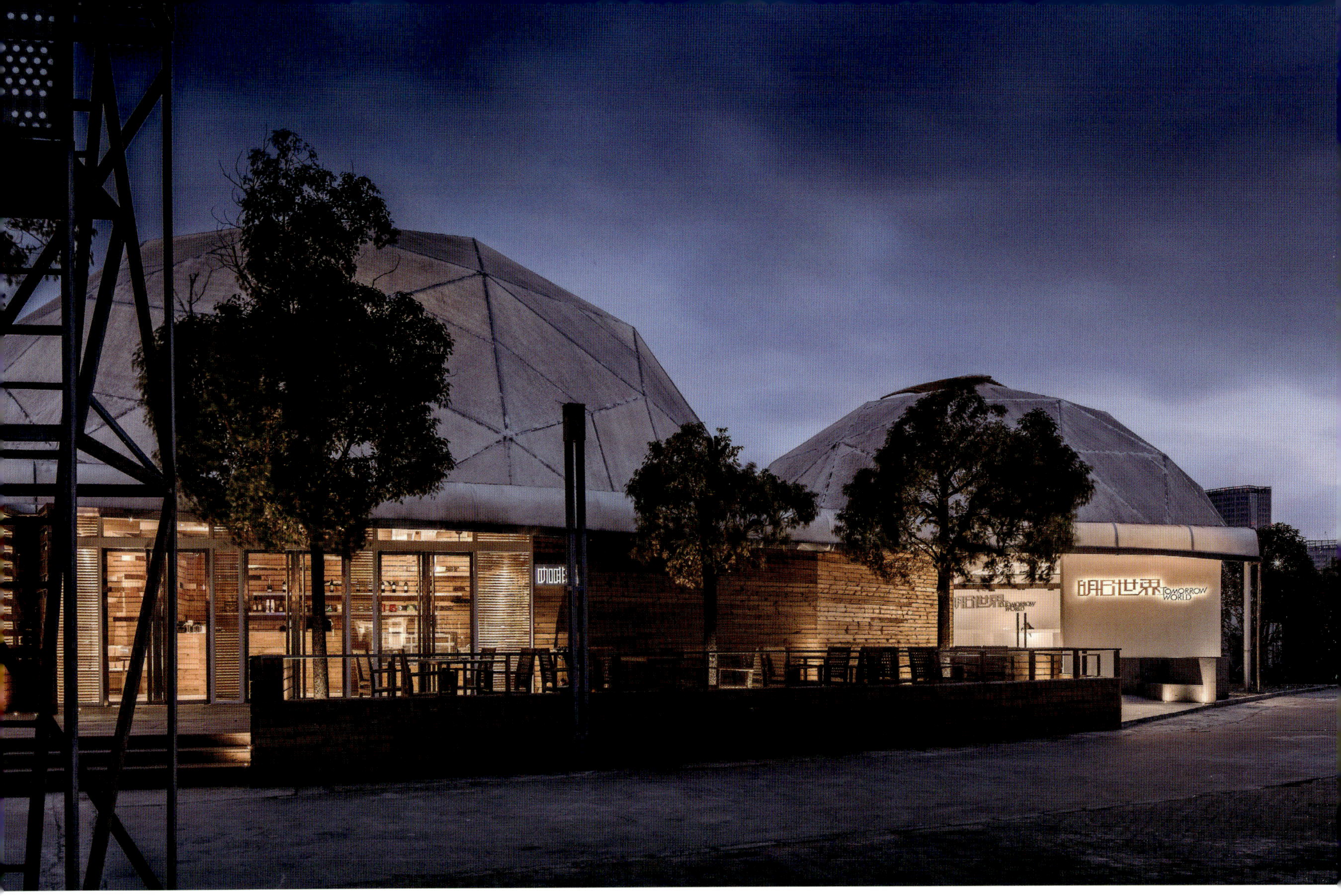
明日世界 TOMORROW WORLD

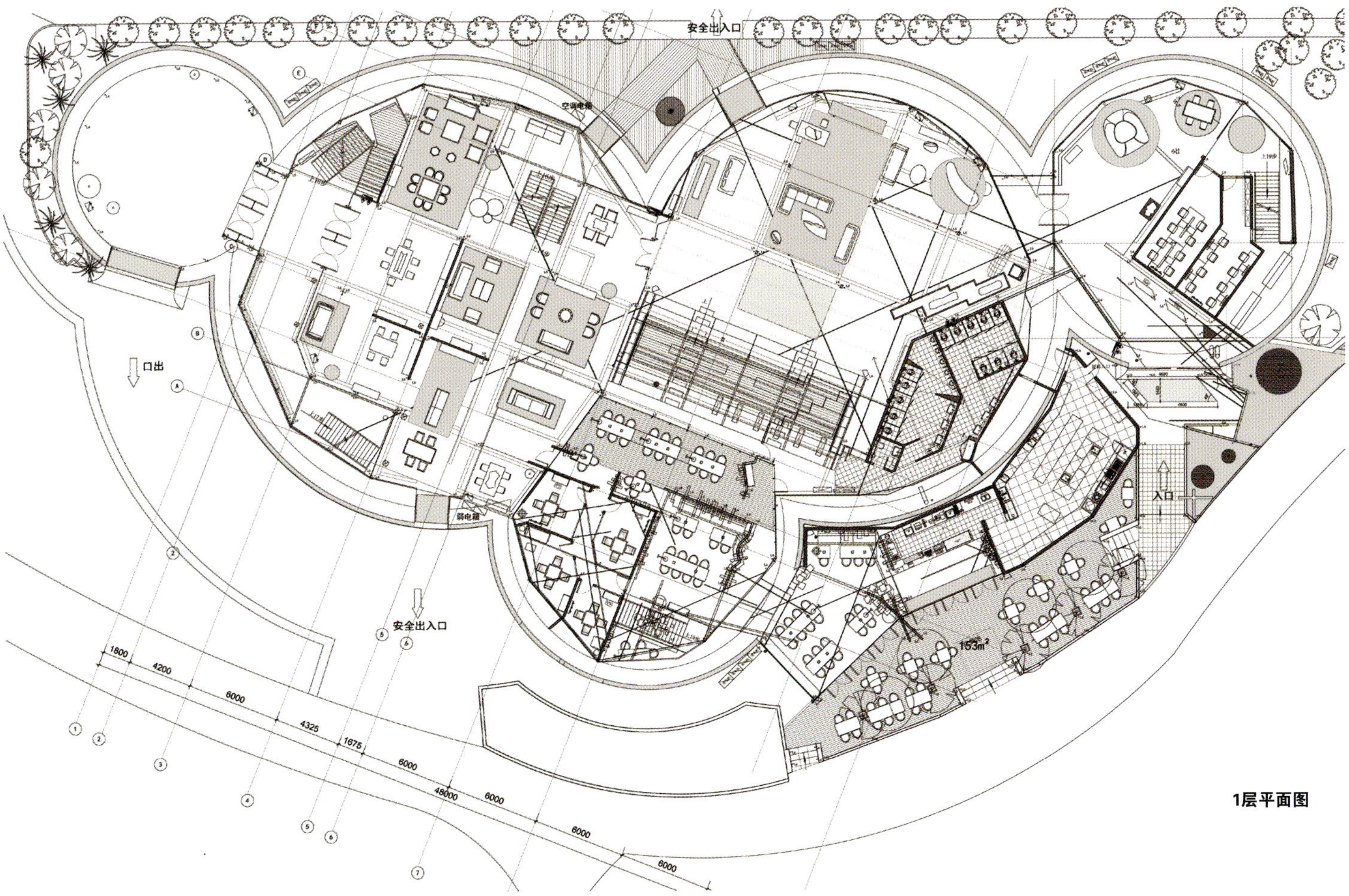
安全出入口
口出
入口
153m²
安全出入口
1800
4200
6000
4325
1675
6000
48000
6000
6000
6000

1层平面图

156 ■ 157

COMMERCE ■ 商业

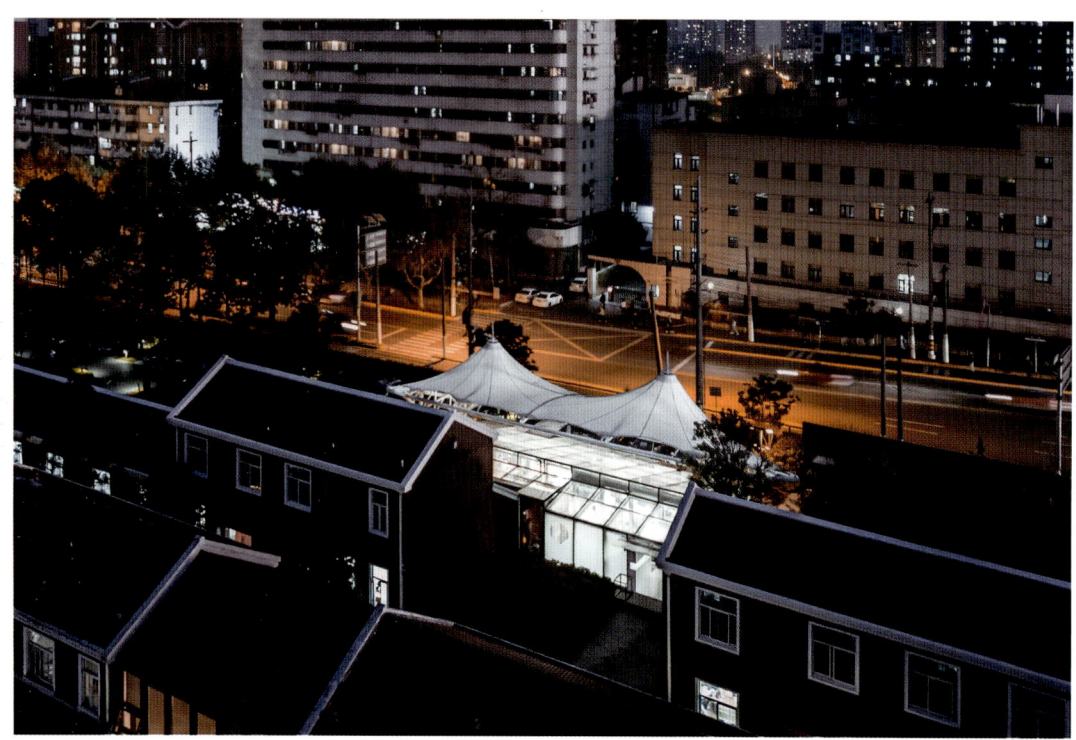

设计单位	Wutopia Lab建筑事务所
项目建筑师	鲍勃胡
建造面积	180平方米
时间	2016年11月–2017年4月
材料	欧松板、亚克力、硅酸钙板、碳化木地板

上海，杨浦区

尖叫实验室
Screaming Laboratory

俞挺 / 主创建筑师　　清筑影像（艾清、史凯程）/ 摄影

建筑师找建筑师设计

著名建筑设计公司联创的老板薄曦希望我把UDV联创上海设计谷里的一个前身是健身房的场所改建成尖叫实验室，尖叫是薄曦创立的家居电商，这个实验室就是尖叫的线下体验店。为什么一个有着成百上千建筑师雇员的建筑师去找一个非典型建筑师来设计他精心培育的跨界新品牌？按照薄院长的讲法，被称为上海地主的我——俞挺，本身具有公共性和生活性，这是尖叫实验室这个生活品牌所需要的。

任何室内设计都要去刺激城市公共空间

健身房现状就是一个玻璃盒子。透明玻璃制造了一个开放的幻觉，但其实是牢笼，我决定去打破它。我把尖叫实验室看成一个可以成长的复杂系统，它需要突破自己边界。我首先在南侧设置了一个标志性的入口，直接将南侧主路人流截留进入实验室，其次保留北侧的入口，再次在利用固定家具分隔开展厅和办公区后保留两者之间的联系过道。在东侧我用一个悬挑的透明玻璃空间打破建筑界面去接近东侧树林。最后我审视了建筑的屋顶，决定设计一个微型的中庭，在里面安放一个升降梯，就可以突破天花占据屋顶，俯瞰控江路。

一个室内可以是一个微型城市

尖叫实验室究其本质首先就是个家具展厅，建筑师决定用家具去创造一个微型城市。这个城市由广场、商业街、露台、电梯、大台阶、街道立面、天际线以及一些边缘空间组成。

表现主义的幽灵

在我的绘画学习中，中国元代山水的笔墨和德国表现主义情绪化的色彩是两个重要的范本。长期的现代主义建筑学教育，让我慢慢将色彩隔离在建筑设计之外。我尝试将建筑里外全部刷上黑色，并点缀高饱和度的蓝色，让建筑有了一种节制的性感。于是在之后"一个人美术馆"的黑房子以及"古北一号"，我都大面积地使用了黑色，白色能把所有不好的东西反射而创造一种纯洁，黑色则是吸收所有的不好而创造一种诱惑，这点令人着迷。尖叫实验室LOGO的基色是黑和明黄，于是我就这两种颜色去塑造室内的基本背景。最后在房子的背面有个多余的小角落，呼应室外鲜艳的绿色，我决定用红色一刷了之，实话说，我真对性冷淡的室内厌倦了。

半透明

建筑师设计了三组固定家具，第一组是用半透明亚克力作为背板的柜子来表达街道连续立面和城市天际线。建筑师在最近一系列作品中持续在界面试验半透明上，他注意到借助光线可以使得界面可以封闭，也可以因为影子消解质感而半开放，这样的界面具有多义性，建筑师其实希望城市界面也能如此。

家具可以重新定义场所

我们把亚克力柜子设计成一个有三角形顶部的单元，这些单元通过组合可以按需分隔成不同的区域，就如传统中国空间里的屏风，这就是家具重新定义场所。第二组固定家具是展厅和办公的隔墙，家具的翻板和暗柜收拢时，它就是常见的兼做隔墙的壁柜，当暗柜移出，翻板打开，就是一个展示区。第三组家具和第一组、第二组家具限定后形成的所谓商业街的尽端，是个展架，也是个休息座，更是立面。然而这是不够的。薄曦在全透明的悬空玻璃房上放了一把阿尔瓦阿尔托送给木匠的原型椅，这把被木匠自作主张刷上红漆的椅子就把玻璃房重新定义成和室外绿树几乎伸手可得的一个人发呆和思考的场所。让这个空间可以脱离主体空间而完整独立地存在。

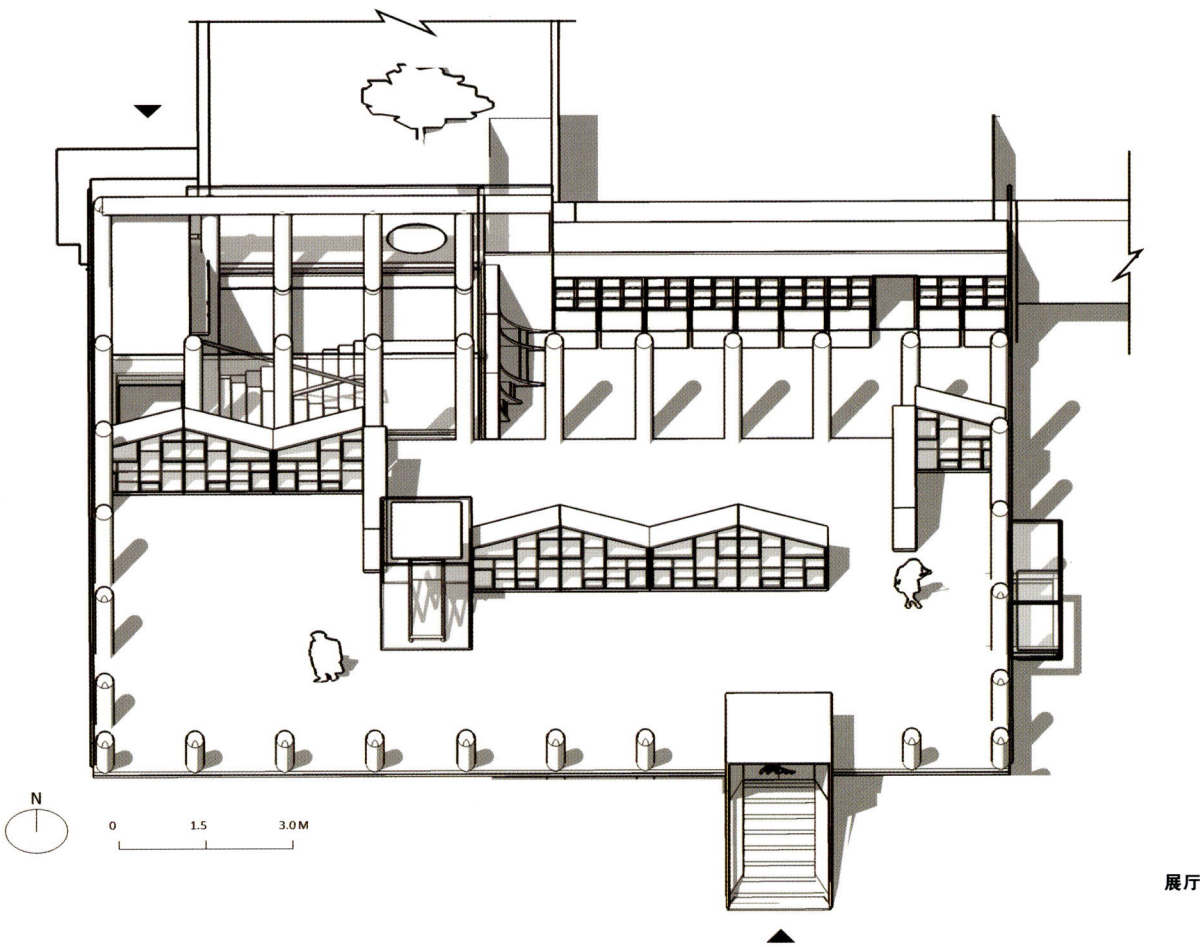

展厅平面图

COMMERCE ■ 商业

设计单位
同济大学建筑设计研究院（集团）有限公司
参与设计
董建宁、宋黎欣、虞终军、刘魁、鄢兴祥、秦立为、顾勇、沈雪峰、季汪艇、孙峰、俞亮鑫、张深
竣工时间
2016年3月
占地面积
5,638.04平方米
建筑面积
5,641.94平方米
主要材料
钢材、铝合金、竹材

云南，古滇王国文化旅游名城

滇海古渡大码头
Archaic wharf of Dian Sea

任力之／主创建筑师　章鱼建筑摄影工作室／摄影

"唯此桃花源，四塞无他虞"，滇海古渡大码头位于七彩云南·古滇王国文化旅游名城A-04-01地块，北临滇池，其余三面被生态湿地公园环绕。虽地处文化旅游名城一隅，却因古滇国悠久的历史文化、滇池绝美的湿地风光，具有本土特色的竹材运用，形成了大码头独有的建筑魅力和场所特质，同时也成就了中国目前最大的单体原竹景观建筑。

项目概况

滇海古渡大码头布局在地块东北部。建筑主体南侧布置广场，方便游人由此进入码头的主入口。北面环廊连接码头主体和登船浮桥，可停靠游船画舫、工作船、海事执法船等。大码头由候船大厅和码头环廊两部分组成。候船大厅为单层双坡屋面建筑，设有候船厅、售票、办公等。中间进深大两端进深浅的梭形平面，隐含着对古滇"渔"文化的继承。候船大厅北侧与其相连的三条弧形码头环廊为单斜屋面，环廊连接候船大厅和浮动式栈桥，为即将登船的游客提供等候休憩场所，同时成为环湖道路的观景廊。弧度饱满的外形放大了视野角度，创造出开阔的观景休闲平台，将滇池美景尽收眼底。大码头以五百里滇池为底景，与传统的地域建筑相比更像一个植入环境的巨大的艺术装置，其营造意义也是多维度的：场所特质的塑造与意向表达、材料建构与文化传承、码头功能与休闲体验的结合、景观系统的关联与重塑等。

总体设计

总体设计以"云南印象——彩云之南"为创作原点，利用环廊勾勒出"滇海浮云"的总体形态意向。以"根植于环境，融合于自然"为创作理念，将自然界的生长逻辑——"斐波那契数列"作为平面弧线生成的内在数理关系。

建构表达

作为昆明古滇文化旅游名城内一处颇有意义的文化地标，大码头主体建筑设计对传统古滇长脊短檐的建筑语言进行了提炼概括，利用拱券式的结构屋架整体搭接而成，在内部形成完整开阔的拱形大厅，在外部挑檐形成连续的灰空间。整体结构外包仿木铝板，诠释了地域文化语境下木构建筑的建构特征。设计强调了建构理念：结构构造完成的同时，空间与造型表现随即完成。每一榀结构屋架形成了完整的拱形空间，在外部挑檐形成连续的灰空间。横向檩条与屋架纵横搭接完成屋顶结构，同时塑造出"长脊短檐"的古滇传统建筑意向。

材料运用

码头环廊作为滇海游客游憩登船寄情山水的场所空间，建筑的饰面材料大量采用了竹材，竹材作为一种具有本土特色自然生长的材料在感知上也更加怡人。环廊立柱应用了原竹大幅面弯曲和无缝拼接技术，呈现出"多重V形"的独特造型，原竹立柱在环廊居中使长达500米的环廊两侧没有任何遮挡，创造出震撼的视觉效果。吊顶的原竹经弯曲处理配合顶面芦苇席的应用，与湖光山色相映成趣，营构出融情融境融景的人与建筑、建筑与自然、人与自然的和谐关系。

纵向设立结构主体屋架　　横向搭接檩条　　生成围合表皮　　覆盖屋面板　　叠合屋面板

TRANSPORTATION & INDUSTRY ■ 交通、工业

| 设计单位 |
| 同济大学建筑设计研究院（集团）有限公司 |
| 设计团队 |
| 许笑冰、张少森、戚广平、刘传平、魏崴、蔡珊瑜、张东见、许云飞、张峥、马静涛、潘维怡、周航、刘恺 |
| 竣工时间 |
| 2016年8月 |
| 建筑面积 |
| 12,198.3平方米 |

甘肃，敦煌

敦煌机场扩建工程航站区新建T3航站楼

Dunhuang Airport T3 Terminal

张少森 / 主创建筑师　邵峰 / 摄影

建设意义

敦煌机场是国内重要的支线机场，同时也是民航局指定的航路备降机场。机场扩建以后，飞行区等级将提高为4D，使机场具备起降更大机型的条件，为满足机场业务量快速增长的需求奠定基础。同时，更加完善了敦煌市交通运输网络，为扩大对外开放，促进旅游业发展等提供硬件支持。其建设意义在于：1.是辐射丝路经济，推进丝绸之路经济带交通互联互通的需要；2.是机场加强航线资源布局，推进地区融入国家及全球发展格局的需要；3.是机场加强空中联结，助力西北地区可持续发展的需要；4.是城市结构发展的需要，促进城市经济发展升级与影响力提升的需要。

总体布局

航站区总体布局本着功能性与观赏性相结合的设计理念，在新建航站楼陆侧前广场中轴线上设置中央大道，两侧为社会车辆停车场；同时将靠近进场二路的部分区域进行集中绿化，作为候机楼前大气的景观绿地。航站区交通设计以方便各类旅客使用为原则，合理布置广场、社会车停车场、计程车停车场、大巴停车场、出租车上下客区以及大巴上下客区等。同时考虑适当的绿化面积，创造较舒适的小气候环境。交通组织是通过分设进、出港车道，形成整体单向流线，避免平面交叉。保证旅客出入港流程便捷、通畅的同时，提升表达敦煌机场的形象。

环境设计

航站区环境设计包括主广场、大台阶以及玉带桥景观三部分内容。主广场主要以铺装为主，四周以模纹绿篱和景观柱形成边界，以满足交通功能和视觉观赏功能。台阶在解决高差的同时，作为主建筑的一个台基，增加建筑气势。玉带桥及其下的五色土景观带，模拟河流景观，形成既开阔又规整的空间氛围。站前广场以"锦绣中华，璀璨敦煌"为设计主题，空间上采用中轴对称的形式，与建筑形成呼应。同时引入"五色土"概念，设计采用青、红、白、黑、黄五种颜色的土进行造景，象征着我们广博的大中华。青土代表着东边的大海；白土代表西部白色的沙；红土预示南方的红土地；黑土象征北部的黑土地；黄土就是黄土高原的寓意。五种颜色的土壤寓含了全中国的疆土，而璀璨敦煌正是展示博大精深的中华文化的窗口。

设计立意与造型处理

设计立意：汉风唐韵•丝路飞天。T3航站楼的设计概念取材于汉唐恢宏大气的宫殿建筑，设计中采用了中国古典建筑中的特有斗拱构型，朱红色斗拱层叠而上，秩序井然，承载着屋顶深远的出挑，寓意力鼎万钧，和衷共济的敦煌精神。考虑到敦煌的气候条件，玻璃幕墙面积较少，以米白色石材为主。墙身与屋顶之间用朱红色的斗拱相接，屋顶部分则采用了现代的金属屋顶，一气呵成。屋顶开条状玻璃采光带，延伸到屋檐部分，屋檐四角起翘，如丝带飘扬，强力回应了丝路飞天的主题。

DUNHUANG AIRPORT

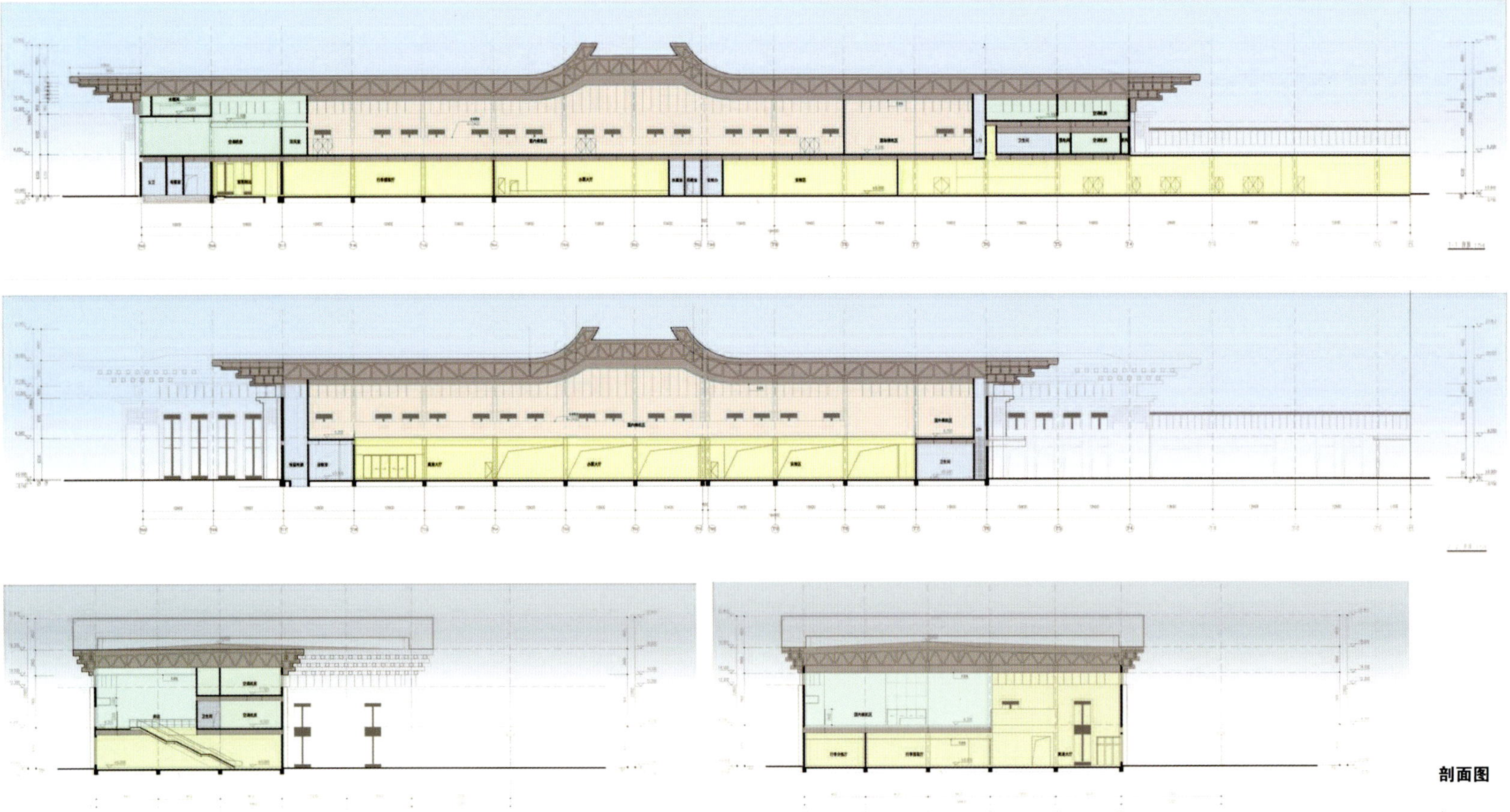

剖面图

TRANSPORTATION & INDUSTRY ■ 交通、工业

设计单位
CCDI 智室内设计
总建筑面积
10,457平方米
设计时间
2013年5月—2014年7月
竣工时间
2016年12月
建筑设计
王影、何轶林
室内主要材料
金属网、铝方通、阳极氧化铝板、花岗岩

江西，上饶

上饶三清山机场
Interior Design of Shangrao Sanqingshan Airport

李秩宇、浦玉珍、李小菲、杨彦铃 / 主创设计师　鲁飞 / 摄影

上饶三清山机场位于江西省上饶市境内，距市中心直线距离8千米，为4C级支线机场，是江西省第7个民用机场，机场已于2016年底实现通航，建筑和室内设计均由CCDI悉地国际打造。

基于城市飞速发展的需求，也出于对旅游城市形象的现代化诠释，上饶三清山机场设立在赣东山脉之间，当地山地气候特征显著，雨水丰沛，水文资源优厚。周边环境地处山脉，使得建筑形体的屋面肌理、蜿蜒的屋脊线、与挑檐起伏跌宕恰似山丘，整体与自然环境形成呼应。建筑语言充分诠释了地方的自然及人文特色，使之成为展现国际化及地域性的窗口，诠释了上饶三清山的独特魅力。

远观屋脊中轴对称，近看分轴纵深，建筑语汇将视觉从室外引入室内。室内空间根据当地道教文化、演绎出黑白灰的淡雅色调，力求放大周围环境，探索建筑及室内空间与周边环境的高度连接。

依势而起的三个自然采光天井作为建筑空间的特色，也为室内空间绑定了元素存留的依据。一年四季的风景变幻都可以从这里对望，它们是人与自然连接的载体。

室内天花如同雨滴落入天井，涟漪荡开，环环相扣，用抽象的手法将室内天井相连。通透的金属网和铝格栅为公共交通枢纽站打造整洁美观的天花界面，打破了交通空间惯有的严峻，用诗意的圆形符号打造出属于三清山机场的"空山新雨"。

一层为出发和到达的集散厅，以机场为窗口第一时间展示了上饶三清山的城市印象。与大面的幕墙玻璃相对，是深灰色阳极氧化铝板主墙面，虚实与收放相对，室内设计师试图设计一座浸润在风景中的空间让人们看到建筑、空间与自然环境和谐交融的可能。二层为候机厅，玻璃天井连接蓝色天空，这里是人工与自然的连接口，更是公共视野的中心点，旅人们在这里观望休憩。大片玻璃幕墙外的全景山脉是城市最好的名片。

上饶三清山机场整体设计清新简洁，规模与等级并不影响它独特的地域美感，通过与当地文化及自然景观形成对话，创造一个充满自然情怀的建筑及室内空间，尤其是作为一座旅游胜地的城市连桥，它显然已达成使命。

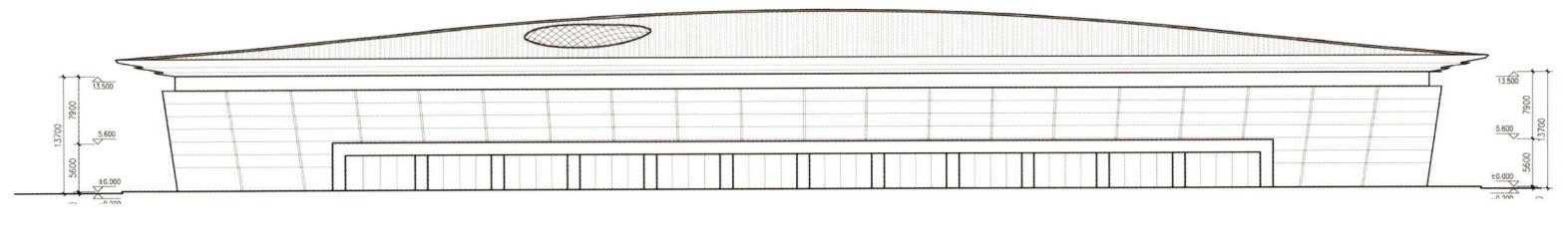

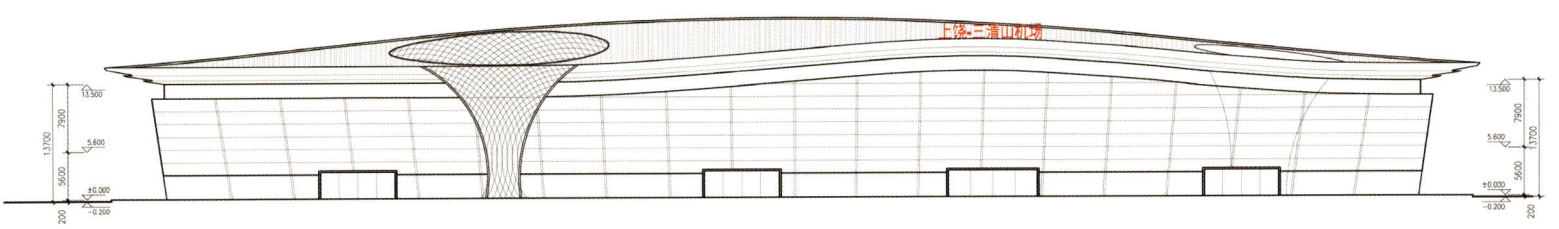

立面图

TRANSPORTATION & INDUSTRY ■ 交通、工业

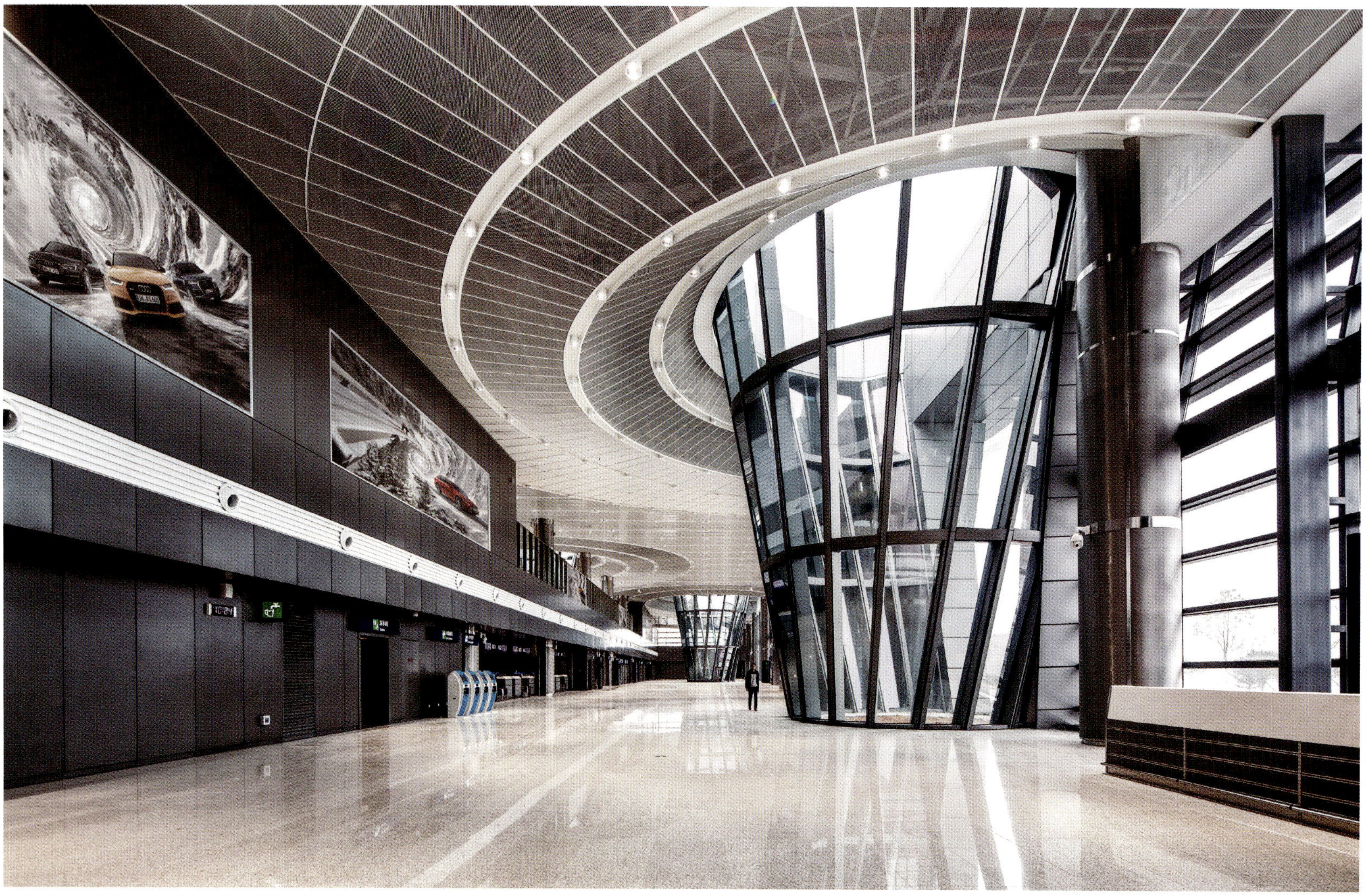

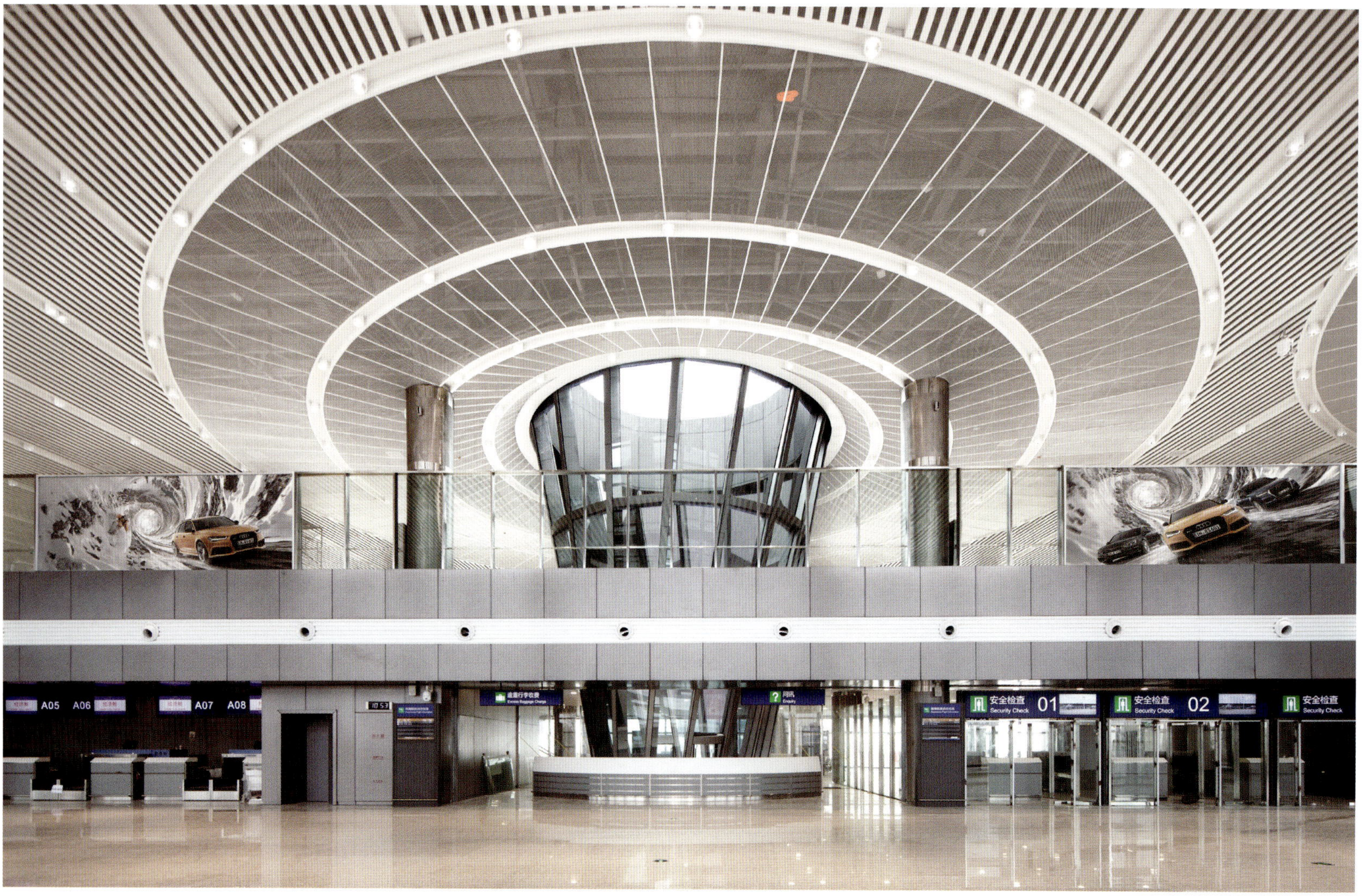
A05
A06
A07
A08
逾重行李收费
问讯
安全检查
Security Check
01
安全检查
Security Check
02
安全检查
Security Check

TRANSPORTATION & INDUSTRY ■ 交通、工业

浙江，金华

武义北站
Wuyi North Railway Station

王幼芬 / 主创建筑师　陈畅 / 摄影

设计单位
杭州中联筑境建筑设计有限公司
主要设计人员
严彦舟、骆晓怡、江丽华、孙铭、曾德鑫
竣工时间
2015年10月
占地面积
6,837平方米
建筑面积
4,969平方米
主要材料
建筑外立面实体部分深色涂料，内部墙面与柱子采用浅色涂料，吊顶为垂片吊顶

武义北站是金华至温州铁路扩能改造工程项目中的五站之一，总面积约5,000平方米，车站最高聚集人数600人，属小型铁路旅客站。"山村古韵，泉流奔涌"的武义，山环如郭，古韵悠悠，境内古民居众多，是一座典型的江南古镇。设计通过对民居屋面形态意象的表达，经由飘逸优美的屋面曲线，勾勒出一个富有当地特点的优雅驿站，以此向武义这块千年历史、物竞风流的土地敬礼。设计结合地形环境，使正立面开畅，将站房前方山景最大程度引入室内。同时，站房形态本身也是对山体的呼应，实现建筑与环境的对话。武义北站生发于山峦之间，融合于浙中南山峦绵延、山水相间的大自然基调，并突出了武义的地方特色。它所表征的是在交通高效发展的今天，人们对这一地区独特的自然与文化最贴切的诠释和最崇高的敬意；成了位于浙中南山峦林海之中独具特色的亮丽风景。

设计理念

1. 结合环境进行总体布局，满足站房的功能要求及流线组织。站房设计在保证整体形象完整的前提下，对各功能用房进行合理分区。在场地设计上统筹安排，发挥地形优势，同时化解不利因素，合理组织各种交通流线。

2. 充分尊重浙中南地区独特的自然环境及历史文化，创造既具有当今时代特征又富有鲜明地域特色的站房建筑。

设计构思

"江作青罗带，山如碧玉簪"，浙中南地区绵延的山峦给我们提供了无限的灵感。我们的构思将体现建筑与山水的对话，与自然的融合；将吸纳山水之灵气，透露着沉静与优雅。设计结合地形环境，使正立面开畅，将站房前方山景最大程度引入室内。同时，站房形态本身也是对山体的呼应，实现建筑与环境的对话。设计将候车区居中布置，以候车厅为中对称展开功能布局，客运管理生活用房、售票用房等居于一侧，出站厅与设备用房等居于另一侧，功能分区明确。武义站采用线侧下的形式，利用基本站台和地道组织人群进出，整个流线顺畅有序。

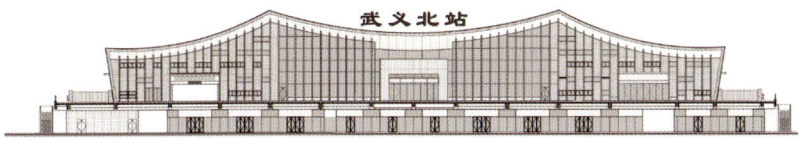

立面图

TRANSPORTATION & INDUSTRY ■ 交通、工业

浙江，金华

永康南站
Yongkang South Station

王幼芬／主持建筑师　陈畅／摄影

设计单位
杭州中联筑境建筑设计有限公司
主要设计人员
严彦舟、骆晓怡、孙铭、曾德馨、江丽华
竣工时间
2015年10月
占地面积
9,342平方米
建筑面积
16,000平方米
主要材料
铝板、玻璃幕墙

新建永康南站是金华至温州铁路扩能改造工程项目中的五站之一，位于县城南方大约5千米，在金丽温高速公路北侧，位于永康市江南街道西周村和大塘沿村附近。车站呈西北斜向东南侧布置。永康站房设于线路北侧，即靠近城市一侧。

车站建筑工程由站房、站台有柱雨棚、站台铺面、旅客地道装修等组成。新建永康南站房规模为16,000平方米，车站最高聚集人数1,000人，属中型铁路旅客站；站台设550米×9米×1.25米基本站台一座和550米×10.5米×1.25米中间站台一座。

永康山川俊美，资源丰富，有"五金之都"的美誉。历史悠久的锻造技艺和峻峭挺拔的方岩山代表了永康坚韧浑厚的气质和性格。永康站依然延续以"山峦之韵"为母题的设计手法，通过苍劲有力的形象和稳重大气的形体隐喻了永康扎实、雄浑的性格特征。通过屋面不同角度的转折和富有力度的拼接，隐喻了永康锻造工艺的精湛，昭示一种力量之美。

站房采用线侧下的方式，有序组织出入站流线。站屋檐口出挑深远，形成灰空间，作为室内外空间的柔和过渡。同时，站房沉稳舒展的立面形象所呈现出的平衡与稳健的意象，正是永康地名"永葆安康"的恰切诠释。

TRANSPORTATION & INDUSTRY ■ 交通、工业

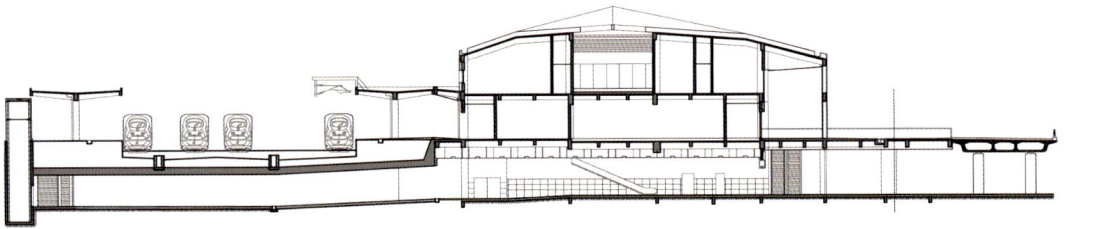
剖面图

TRANSPORTATION & INDUSTRY ■ 交通、工业

设计单位
苏州九城都市建筑设计有限公司
建设单位
苏州市一级公路建设指挥部
建筑面积
1,225.15平方米
设计/竣工时间
2014年7月–2016年9月

沪宁高速公路新区出口

沪宁高速公路新区互通收费大棚

SND Interchange Toll Station of Shanghai-Nanjing Expressway

黄印武/主创建筑师　姚力/摄影

沪宁高速公路新区互通收费大棚位于沪宁高速公路苏州高新区出入口，原有收费大棚为钢结构工程体系，本次改造在不封闭沪宁高速公路新区出入口的情况下，对原有沪宁高速公路新区收费大棚进行分段拆除、分段重新建设。

一、设计理念

1. 形体：建筑形体依据苏州代表性园林建筑剖面，形成内外两层屋面。通过不同类型的屋面组合，屋面交错呼应，形成丰富的形体。

2. 色彩：建筑色彩表达苏州的素雅特点，屋面为苏州民居瓦面常见的深灰色，侧墙面沿袭苏州传统墙体白色，内屋面采用木质色彩。

3. 细节：侧墙面选取苏州最具代表性的立面元素白墙和冰格纹，凸现苏州特点。内屋面模拟轩蓬形式，丰富近距离的视觉效果。

二、整体布局

满足双向20车道通行要求，畅通安全，视线流畅。其中入口设置6车道通行，其中西侧1车道为超宽车道，东侧1车道为ETC收费通道；出口设置14车道通行，其中西侧2车道为ETC收费通道，东侧1车道为超宽车道。

三、建筑设计

1. 设计概况。本次改造建设内容包括原有大棚拆除工程、新建大棚基础工程、钢立柱工程、屋面钢结构工程、屋面工程、幕墙工程、吊顶工程、照明工程及地面设施恢复工程等。基础工程主要由混凝土灌注桩，钢筋混凝土承台构成；钢立柱工程由钢管柱内浇筑混凝土的钢管混凝土柱构成；钢结构工程主要由钢管、方管、H型钢等材料制作的屋面钢桁架系统；屋面工程主要是由C型钢檩条、玻璃棉保温层、铝镁锰屋面板构成的系统；幕墙工程主要由铝板、蜂窝板、镀锌方管构成的金属幕墙工程，吊顶工程主要由镀锌方管龙骨、木色铝板假梁及椽子制作的暗格棚吊顶；照明工程主要是大棚照明灯具及大小显示屏构成；地面设施恢复工程主要是收费站岛面砖的恢复工程。

2. 立面设计。沪宁高速公路新区收费大棚立面以现代的建筑设计语言对传统的设计元素进行表达。屋顶及檐口采用铝镁锰板的屋面组合，形成丰富的形体。两个主立面选取苏州最具代表性的立面元素白墙和冰格纹，同时在局部做镂空冰格纹设计，丰富立面设计层次。内屋面通过木色椽子模拟轩蓬形式，丰富近距离的视觉效果。立柱设计成深灰色，使屋面形成飘浮感。柱础采用整石切割，表现出稳重端庄的设计外观。

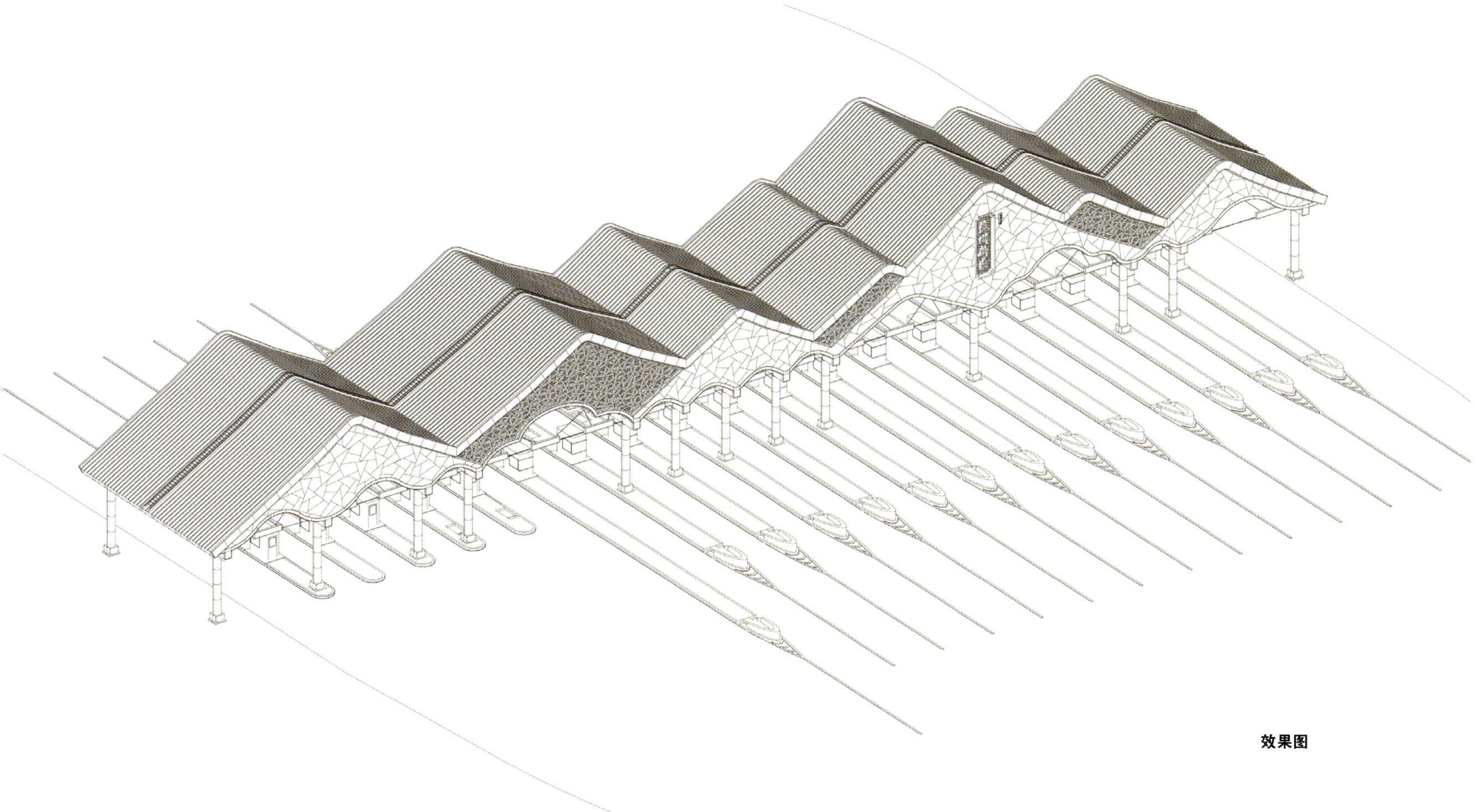

效果图

TRANSPORTATION & INDUSTRY ■ 交通、工业

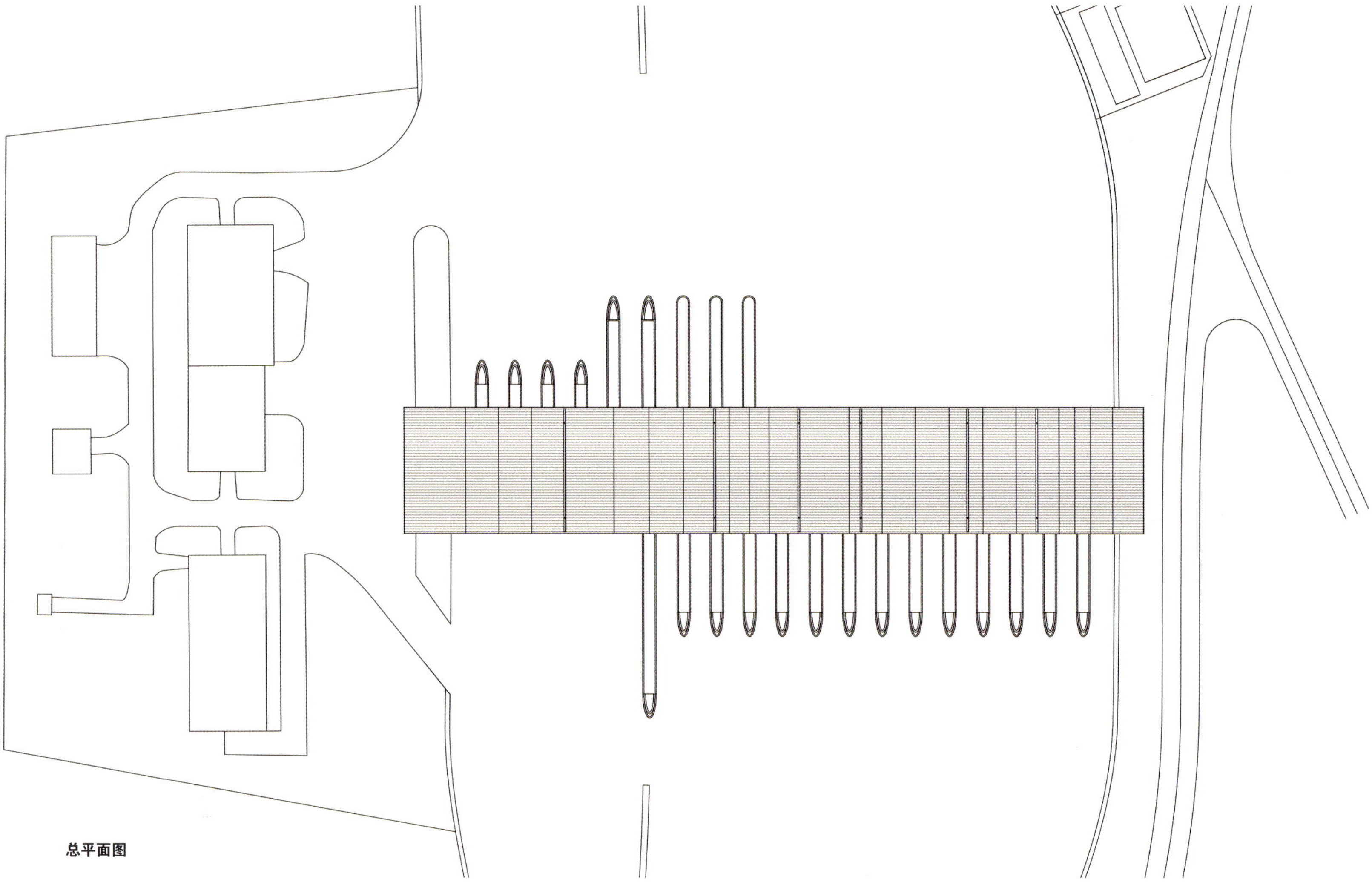

总平面图

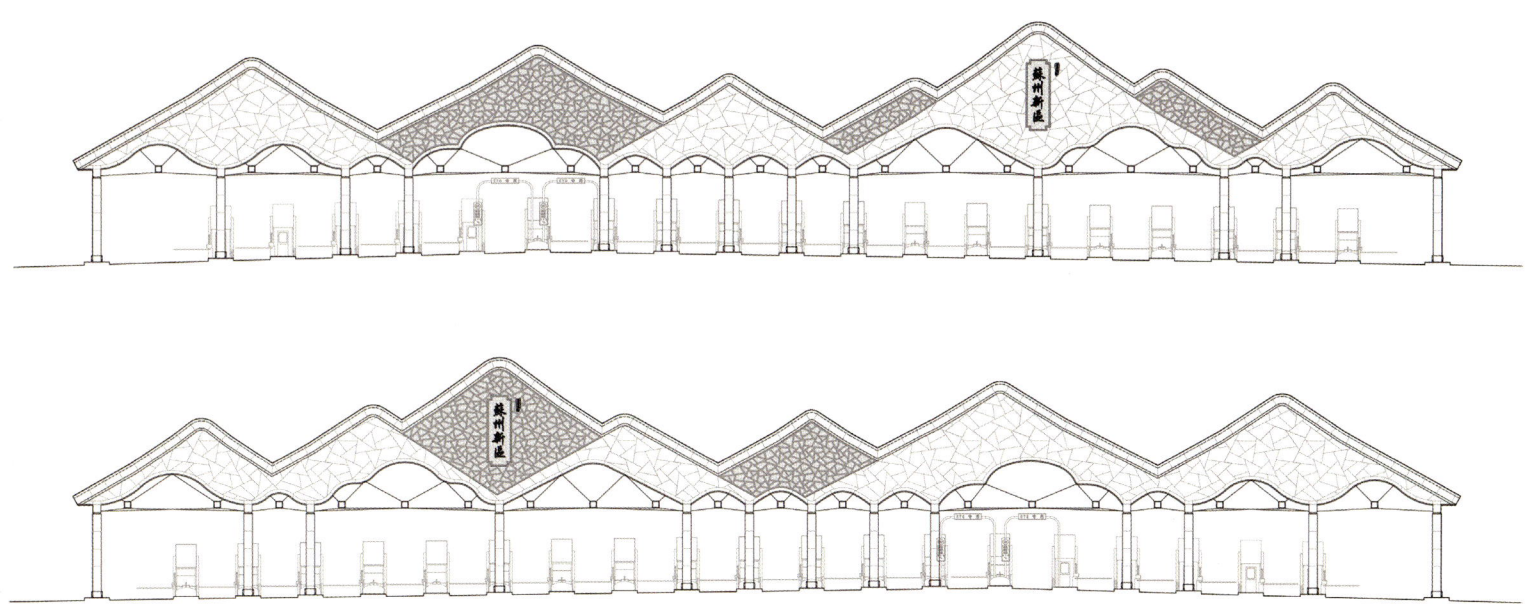

立面图

湖南，长沙

长沙中国结步行桥
Changsha Lucky Knot Bridge

蒋晓飞、约翰·范德沃特（John van de Water）/ 主创建筑师
朱力安·拉努（Julian Lanoo）/ 摄影

长沙中国结步行桥，是由NEXT建筑事务所蒋晓飞和约翰·范德沃特（John van de Water）主创设计，2013年被美国CNN评选为十大"世界最性感建筑"之一。

该步行桥共设有3条步行道、5个交汇点，从梅岭公园横跨踏雪路、龙王港河、梅溪湖路至梅溪湖篮球公园，全长183.95米，由直线形"散步道"和拱形"登山道"交叉组成，三条相互交错的路径实现踏雪路、龙王港河、梅溪湖路、梅溪湖篮球公园的交通联系，也是由枫林路至梅溪湖路可供行人通过的南北向主干道之重要节点。

相互交织、蜿蜒盘旋的设计灵感源于西方经典的莫比乌斯环和中国传统的中国结。设计由多段桥身组成，连绵起伏的桥体与紧邻的山体形成呼应。在桥的交通连接部分，我们设计了"月亮门"，对中国古代园林做一个隐喻。中国古代园林讲究的是步移景异，中国结桥也有相似的观赏体验，站在桥的不同位置会有不同的视野、不同的色彩、不同的感受。

莫比乌斯环的设计概念使得步行桥本身就是一条循环的路线。在桥上行走，既可以登高望远，也可以下行观水。不同的行进路线，不同的观赏心境，你可能几分钟穿过大桥，也可能在桥上停留许久。"中国结"的设计概念赋予了步行桥一种诗意美，也让步行桥成为恋人相约会面之地，或是经历一次擦身而过的奇妙邂逅。"你站在桥上看风景，看风景人在楼上看你"，我们希望用设计为桥梁呈现出一种意境美。到了夜晚，桥身内嵌的灯带投射出温润的光晕，将这座桥与周围的山水巧妙地融合在一起，美得不可方物。

长沙中国结步行桥已成为长沙标志性建筑。设计取"莫比乌斯环"无限发展之意，取"中国结"幸福吉祥之喻，希望人们可以寄情于桥。桥梁的外装饰，也是对中国龙的一个隐喻，祝愿梅溪湖片区在未来腾飞发展。

设计单位
NEXT建筑事务所
设计团队
蒋晓飞、约翰·范德沃特（John van de Water）、巴特·瑞优思（Bart Reuser）、马瑞金·申克（Marijn Schenk）、米歇尔·施赖纳曼琪（Michel Schreinemachers）、王吉飞、周童、姜来、吕克·桑肯（Luuc Sonke）、米歇尔·范德·费尔登（Michel van de Velden）
完成时间
2016年4月
建筑面积
桥长183.95米，总宽11.5米，最小通行宽度2.5米，相对高度20.425米
获奖
2017世界建筑奖提名
2017十大世界上与自然结合最完美建筑之一

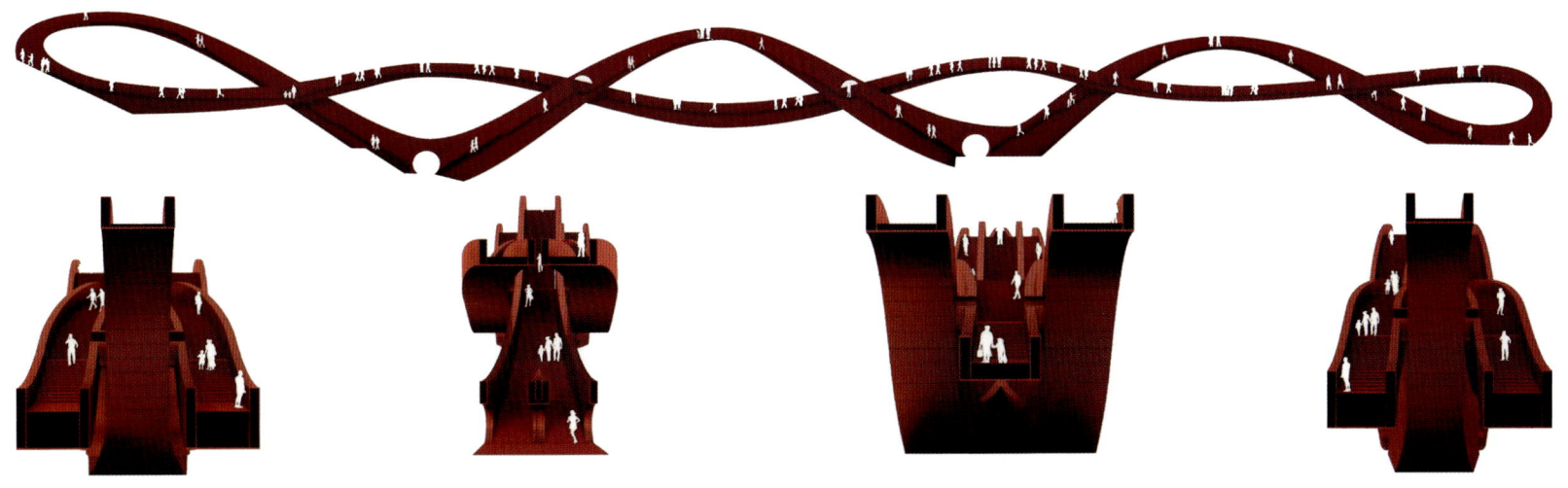

设计细节图

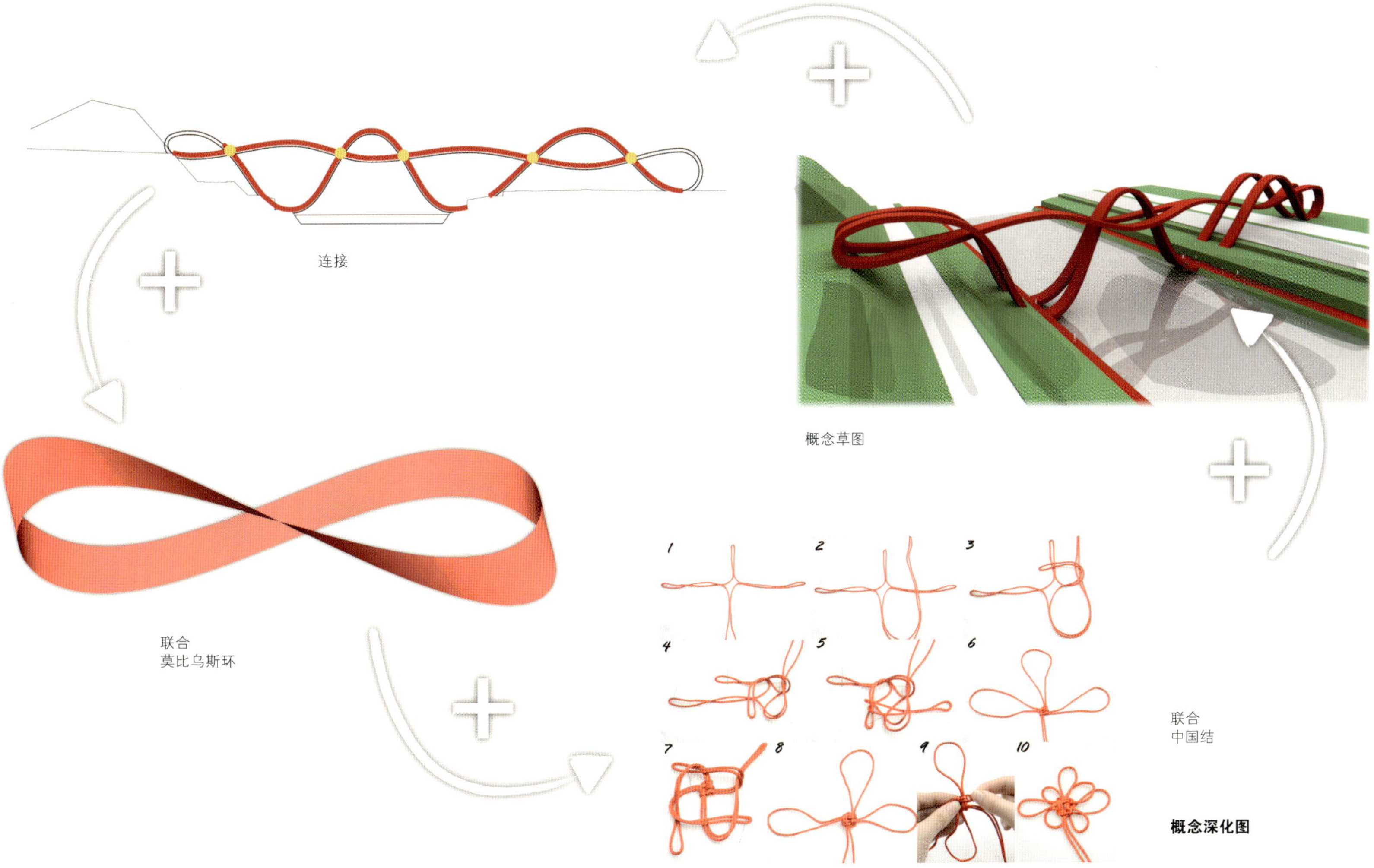

连接

概念草图

联合
莫比乌斯环

联合
中国结

概念深化图

TRANSPORTATION & INDUSTRY ■ 交通、工业

设计单位
上海创盟国际建筑设计有限公司
合作设计
汉嘉设计集团股份有限公司
设计时间
2013年5月—2014年5月
建造时间
2015年4月—2016年4月
设计团队：
建筑：韩力、闫超、孔祥平
结构：沈骏超、林勇
机电设备：彭迎云、姚胜勇、郭莉丽
建筑面积
3,600平方米

浙江，杭州

千岛湖进贤湾东部小镇索道站
Qiandao Lake Cable Car Station

袁烽／主持建筑师　苏圣亮、林边／摄影

千岛湖进贤湾东部小镇索道站项目是华联集团在千岛湖开发的进贤湾项目东部小镇片区规划与建筑设计中的一环。规划将滨水空间规划成若干方形的群落。

我们抽到的地块位置位于小镇码头和上山索道之间，正好结合索道站成为整个旅游小镇的启动项目。作为今后东部小镇重要的交通基础设施，将会成为未来整个区域的门户以及肩负部分基础服务功能。

场地近似方形，然而基地正好处在山脚处不规则的怪石嶙峋的陡坡地形上，临水顺山，西高东低。基地小镇中段，与周边其他功能区域遥相呼应，成为整个小镇地理方位的核心。同时南侧又与码头一起成为广袤湖景空间中界定小镇方位的主要地标建筑。

设计从GIS入手来阅读场地的地理信息，将"平行四边形体"定义成为一个最能反映地形的基础原型单元。接下来通过遗传算法模拟现有山体的几何逻辑，归纳这种基于几何生长逻辑的语法。接下来，我们通过建立这种原型与语法的关联性，来筛选和预测未来形体。

整个生形的过程并没有顺势层台退进，而是反其道向外悬挑。水平出挑的平行四边形几何，立体化地组织了全新的空间几何关系，也对结构的锚接与悬挑提出了空前的挑战。立体的不同标高的交通动线为设计提供了特殊的视角。

我们在前序几何生成过程中，移除了动线占用的公共空间，自然形成了借天不借地的悬挑空间格局。由高到低，整个体量都被绿植表皮和自然的竹木材料加以覆盖，从顶到底，形成整个山体景观的延伸与出挑，这也为整个体量提供了一个具有结构几何意义的、抽象化的自然。

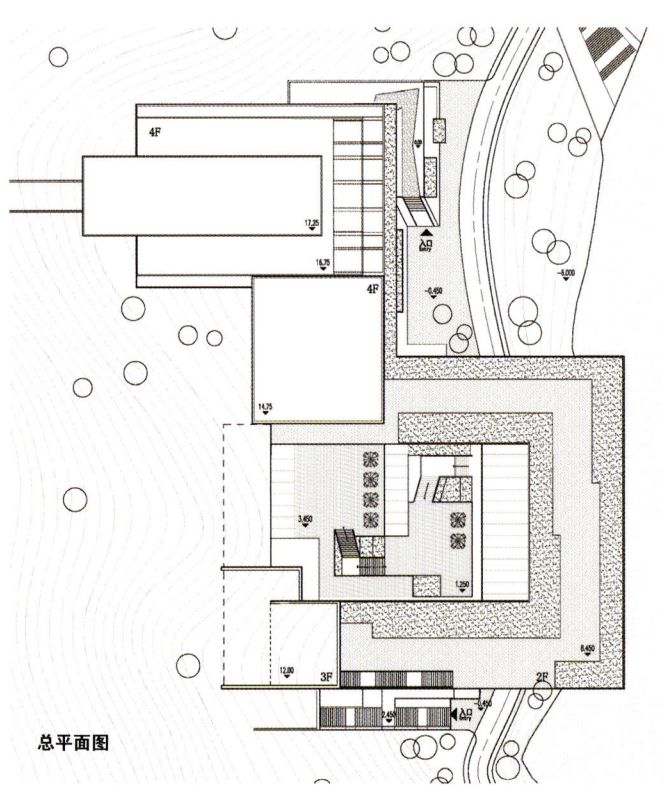

总平面图

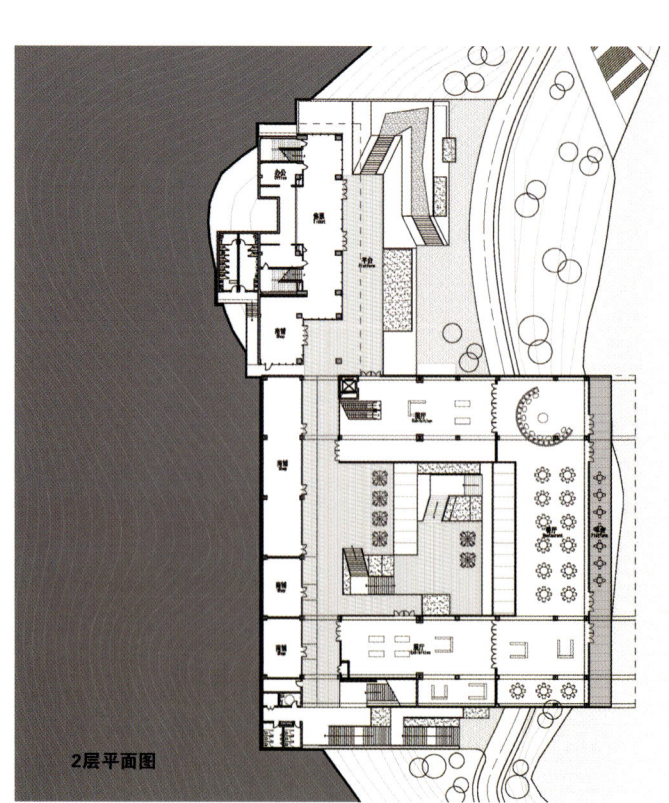

2层平面图

TRANSPORTATION & INDUSTRY ■ 交通、工业

江苏，淮安
实联生技盐化验中心
Laboratory for Shihlien Biotech Salt Plant

王惟新、王惟泽、林秋辉 / 主创建筑师　刘煜仕 / 摄影

坐落于江苏省淮安市盐化工区的"实联生技盐厂"年产30万吨的医药等级高端盐产品，广泛应用在美容、医疗、食品以及饮料等产业。

本座建筑物为厂区内的主要化验中心，作业空间包含化验室、微生物室、烘箱室、水平仪室、超洁净区、行政办公区以及样品取存间。全栋设计符合国家药用盐标准以及国际多个国家的医药标准。

反映全厂区的高端工艺标准，建筑设计以"纯化""净化"作为指导思想，以白色量体勾勒成型。块状形体仿佛天然氯化钠的化学结晶体。方格有序的平面容纳着不同大小的内部化验作业空间，也反映化验作业的标准化程序。

建筑所在地区富有全国质量最佳，纯度最高的地下盐矿。地下盐矿存在于地表下1,800米的深度。需用高压水注入地底，以卤水的形式抽取回厂内钛金属管道系统，经过多次净化以及蒸发处理后，加工为各类产品。

水作为生产过程中的重要元素在景观上重点呈现。一座大型景观池沿着建筑南侧全面展开，令建筑物仿佛漂浮于水边。底部铺设细河沙。建筑在水面上的镜像效果隐喻着氯化钠结晶与水之间的交融关系。一条石材步道跨过水面，引导人员通往主入口。

建筑室内空间延续着外部建筑一贯的简洁流畅的空间感。白墙，清水混凝土墙体以及浅灰地面营造着纯净朴实的氛围。内部主要空间富有落地节能玻璃确保良好的室内采光/对外景色。在重要的工作空间木材以及木纹清水混凝土的搭配营造出较为温暖的工作环境。前厅以及各个主要出入口则展现不同的柔和曲线造型——展开或者内缩，有如展开书本引导访客进入内部空间。

设计单位
泽新建筑顾问有限公司
项目团队
叶乃翠、程建飞、张建、曹梦林
业主
实联化工(江苏)有限公司
董事长林伯实
施工单位
深圳文华清水建筑工程有限公司
（负责人赵文戈、李伊凡）

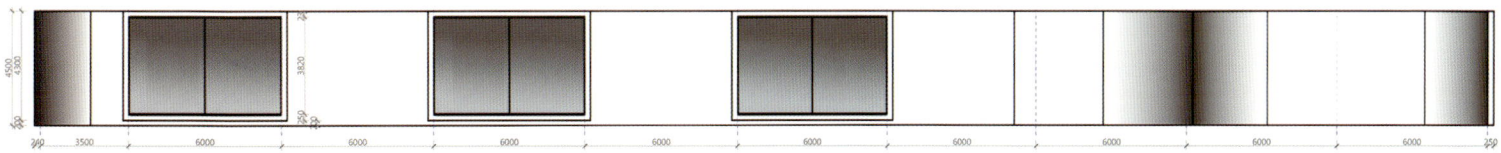
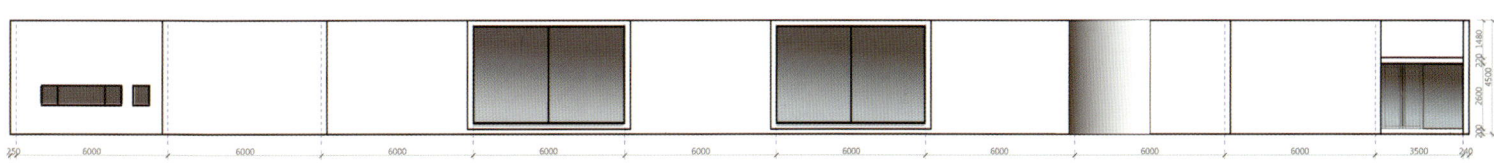
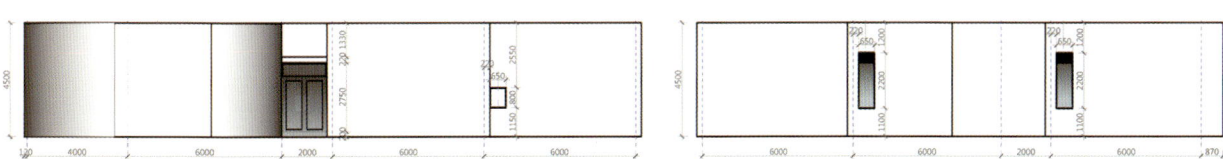

立面图

TRANSPORTATION & INDUSTRY ■ 交通、工业

1
2
3
4
5
6
7
8
9
10
11
12
13
14
15
16
17
18
19
20
21
22
23
24
25
26
27
28
29
30
31
32
33

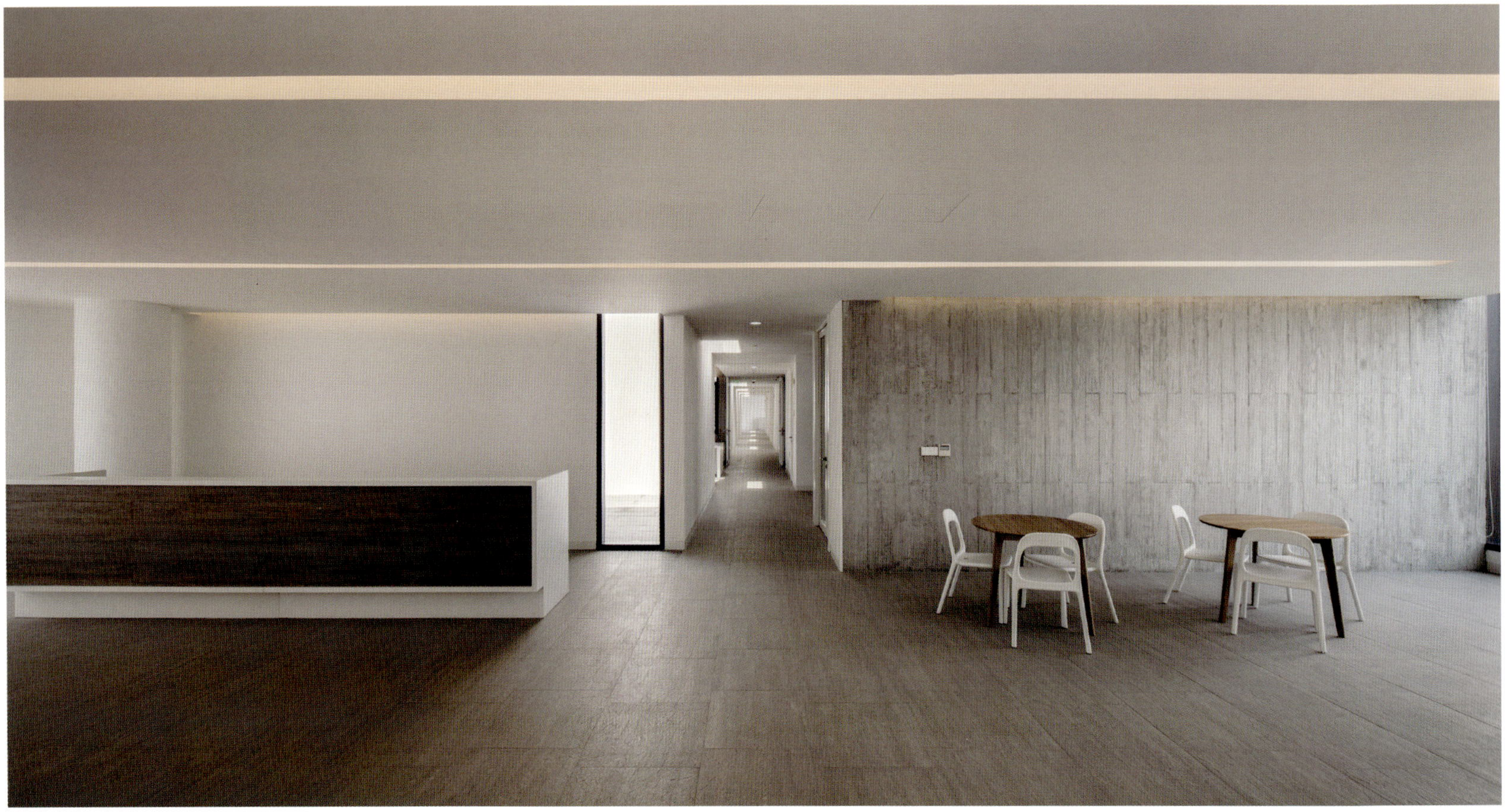

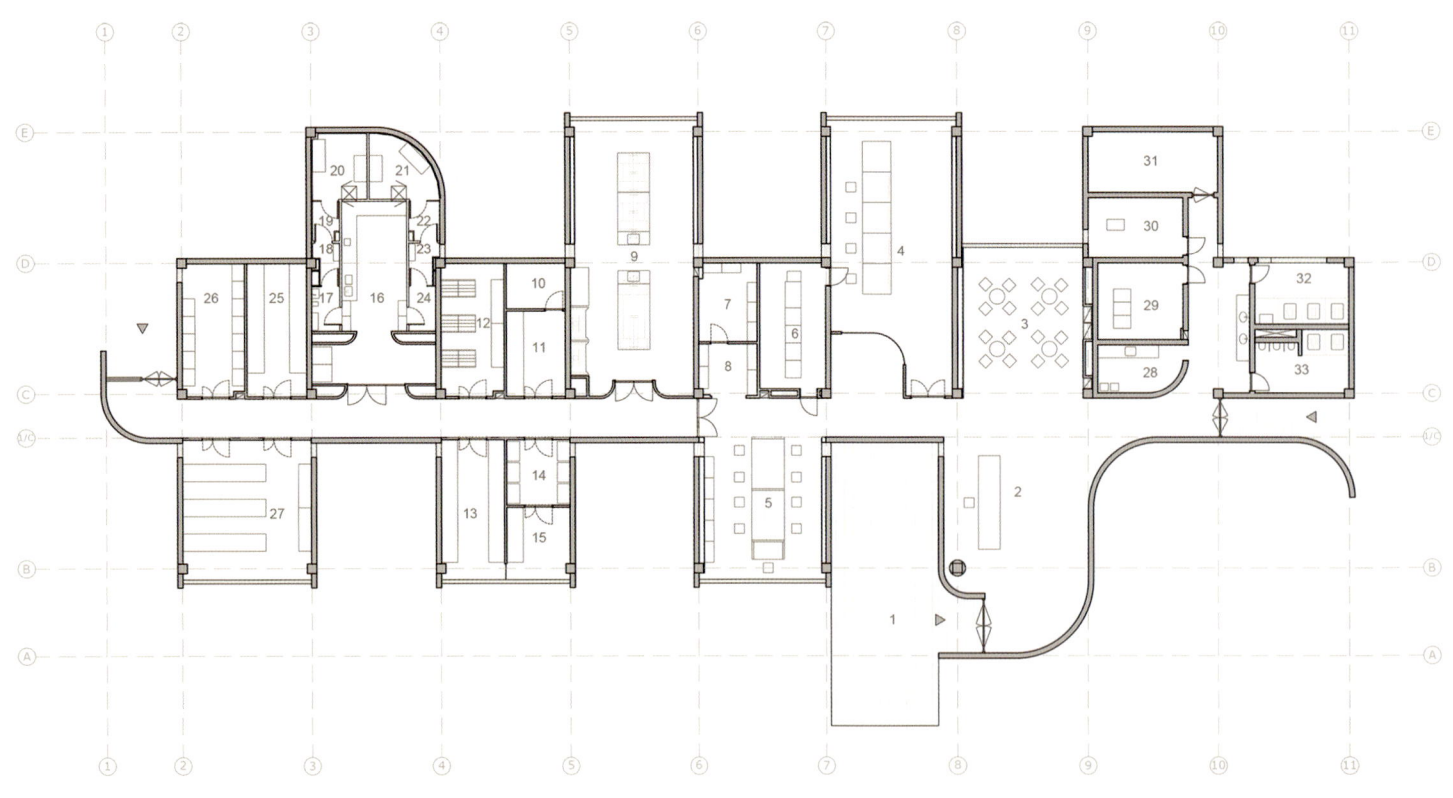

平面图

TRANSPORTATION & INDUSTRY ■ 交通、工业

设计单位
出品建筑事务所（上海）
设计团队
李文佳、苏圣亮、林荣星、丁鹏华
设计施工时间
2011年–2016年
建筑面积
16,387平方米
技术配合
上海东方建筑设计院
幕墙顾问
安雷幕墙

上海，嘉定区

上海星地通通讯研发中心
Shanghai Xingditong Communication Research and Development Centre

丁鹏华／主创建筑师　苏圣亮／摄影

　　嘉定古城北郊，原为平坦开阔的乡村田野。随着城市化扩张，这里被规划为工业园区。原先的田园景象被规划路网切割成不同属性的地块。被切割的不只是地貌，人的生活也被这高效的路网和功能地块切成了不同的片断。

　　基地便位于其中的一个方形地块，我们不愿在地块内再将人们的生活切割成为办公研发、餐饮住宿及休闲娱乐等功能片段，而是希望在整个基地里让紧张高效和轻松舒适并置交融。凭借对景观园林的拾取掇叠来模糊功能的边界，构筑起一个互融互通的空间环境；为工业园区呈现出一道层峦叠嶂的立体风景。

　　设计的开始是在做"空"，寄希于"空"来衍生庭院；各庭院尺度方位各异、高低开合不同，成为可观、可游的"景"。对应于"景"，各功能空间借由需要径自拾取，或敞或蔽；共同构成层次丰富、边界模糊、内外关照的生活场景。

　　做"空"之后，用墙构"架"；墙已不只是分隔房间的隔断或围护建筑的表皮，已经演变成一种自由的空间语言；墙如走笔，可卧可转、可穿可贯，犹如立体的书法，勾勒出空间的骨架。游走其中，在场景的起承转合之间洞察时空的瞬息变幻。 建筑犹如一个风景架，远观时结构清晰明了，进入后场景步移景异；正对底层架空入口的跌水景墙，水声潺潺；映衬其后的三两错落平台掩映在乔木之下，形成一个层层退台的垂直庭院；拾级而上，步阶平台绕树盘旋上升，庭内树干枝丫触手可及，人与树共舞于闲庭信步之中。空中各庭院层层掇叠，与功能空间交错布置，并有路径迂回串联；当建筑在场地中屹立，所留"空"者才是精彩之处，此处任光影作画，由禾木增色；假以时日，待小树长成参天，届时楼台高下，花木掩映，彼此相映成趣；在动态的内外观游中，其高下、疏密、虚实、开合变化交相辉映，描绘出一幅幅生动的景象。东北角露台面向十字路口展开，上下庭院呈递进抬升之势；西北角空中庭院内向围合包裹，以御寒风侵袭。东南角上下庭院交错掇叠，互为映衬。

　　当人们溯游交会于其中，彼此动静相宜，或驻足张望，或小憩清谈。远眺而出，收纳着八方风景；静观而立，流转着四时变幻。这个暂时的呈现描绘着我们的期待，让苗木在此静静生长，与建筑一起相融共生，我们等候着它来充实丰盈这一片立体风景。

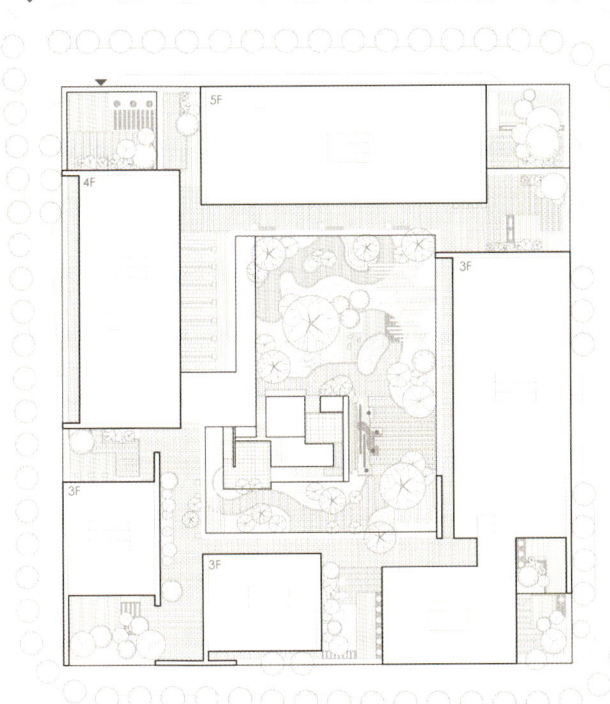

总平面图

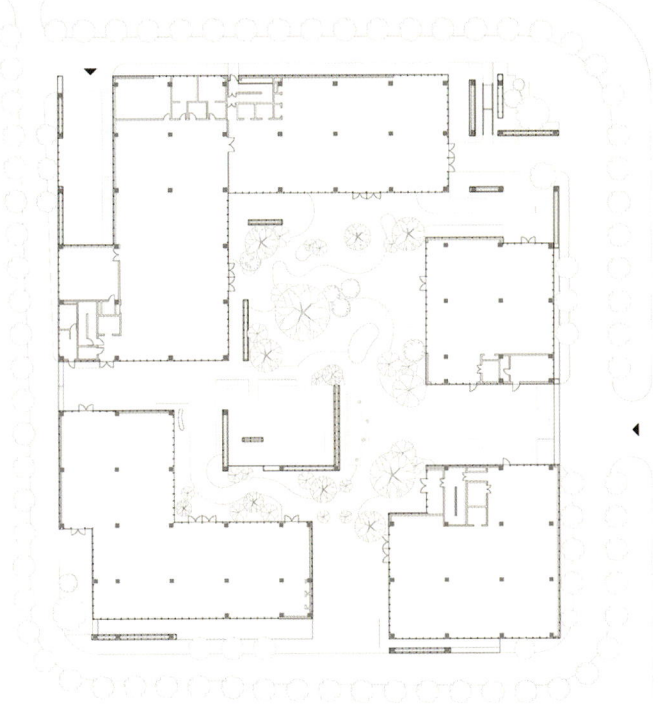

1层平面图

TRANSPORTATION & INDUSTRY ■ 交通、工业

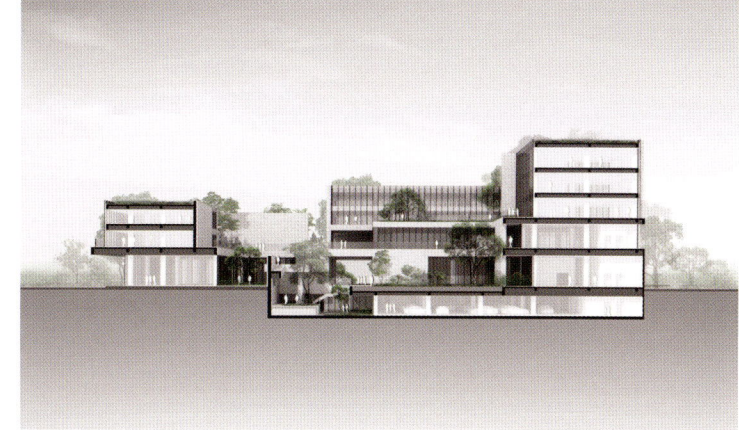

剖面图

TRANSPORTATION & INDUSTRY ■ 交通、工业

设计单位
无锡澳中艾迪艾斯建筑设计有限公司
设计团队
李羿、张艾舒、朱军伟、周健
项目时间
2016年

浙江，舟山

贝斯特精密机械有限公司新厂区

Zhoushan Stadium Transformed For National League Games

吴立东 / 主创建筑师　　张艾舒 / 摄影

"风车"——引导风

无锡市贝斯特精密机械有限公司位于无锡国家工业设计园，主营业务为研发、生产及销售各类精密零部件及工装夹具产品。此次厂区设计的内容包括研发楼、厂房、宿舍以及景观。整个厂区功能布局分成三部分，最北侧为宿舍楼，西南角为研发楼，余下的部分为厂房。厂房部分被分成四份，呈风车状布局。这样的布局既保证了厂房的采光通风，又避免形成贯穿的风通道，限制了风速。"风车"中心设有植树休闲区，聚集交流的同时进一步达到调节风速的作用。

灵感——零件

项目设计灵感来源于贝斯特加工生产的飞机零部件。提取了零件自身的曲线作为设计的元素应用于整个厂区设计的各个方面。可回收利用的穿孔铝板作为建筑的第二层立面，既有利于建筑的节能，也体现了科技感。建筑节能方面的设计还包括建筑一侧大面积的水池。水对环境温度具有一定的调控作用，能够在一定程度上减少建筑能耗。

花园——与人同行

爬坡式连续的屋顶绿化形成了一个呈之字形的花园，覆盖了整个研发楼，行走在任何一层的员工都能观赏或步入花园，并能通过它到达不同的楼层。沿台阶和花坛设计的凹入式空间，增加了研发人员相遇交流的机会，激发创意。

交流——内外空间结合

室外台阶式小型广场位于研发楼顶部，结合屋顶花园，可作为露天集会的场所，为员工室外的交流聚集创造空间。建筑内部多处设有小型交流节点，方便员工随时停留和交流。

"弹性"——多方面的适应性

研发楼与北侧厂房之间设有半包围庭院，可随季节变化需要调节厂区环境。冬季为厂区遮挡西北季风，夏季打开东侧建筑窗户，将风引进建筑与园区。厂区内道路与硬质铺地在形态上呼应建筑的立面形态，力求精密创新的同时，均采用透水材质，具有可持续性，促进了海绵城市的建设。

为加工精密零件，车间要求恒温恒湿以保证产品数据的精准。光控铝合金遮阳板会随阳光角度而调节，保证了室内光线的适宜，它的应用不仅达到车间要求而且减少了额外的建筑能耗。不同车间对采光通风的不同要求，导致建筑立面开窗形式的多样。设计师将曲线元素应用于立面，通过控制立面曲折形线条的间距使立面具有完整性和条理性。新建的废品中转站的位置原本是一块露天的废品堆砌的空地，每到雨天废品碎屑便会跟着雨水流至厂区各处。新建的中转站通过冲孔铝板的应用，利用铝板上翘起的圆片，满足了透光、通风、挡雨的三重功能。整体效果既整洁又具科技感。

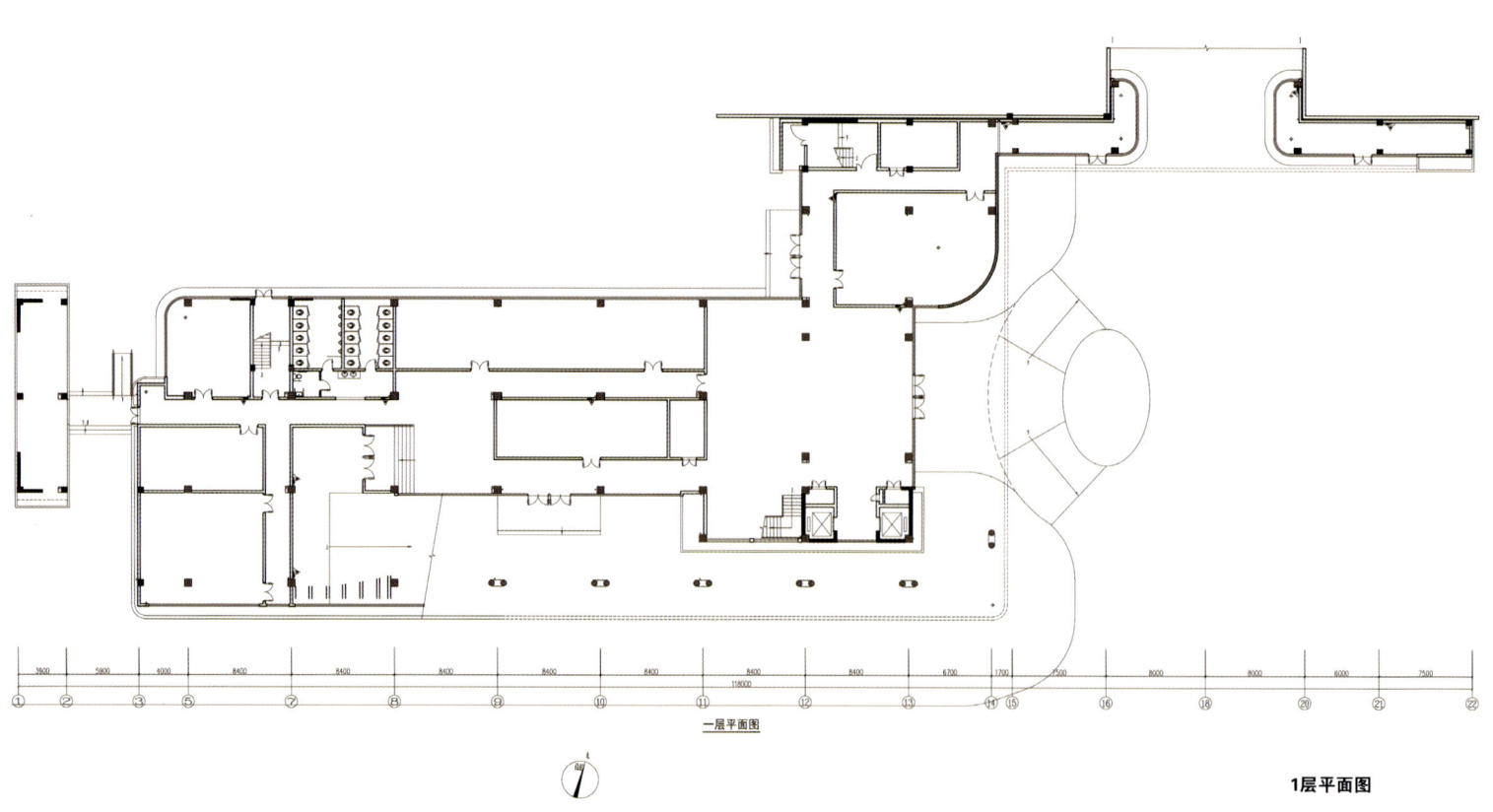

1层平面图

TRANSPORTATION & INDUSTRY ■ 交通、工业

中国，北京

北京南宫生活垃圾焚烧厂
Nangong Solid Waste Incineration Plant

陈晓峰 / 项目总监　　楼洪忆 / 摄影

代建单位
中国航空规划设计研究总院有限公司
设计单位
北京市市政工程设计研究总院有限公司
项目管理团队
龙跃、金鹏、张伟、冯巍等
竣工时间
2017年6月
占地面积
82,133平方米
建筑面积
35,320平方米
主要材料
金属幕墙、玻璃幕墙、外墙面砖
项目咨询
北京市市政工程设计研究总院有限公司
获奖
2015年度北京市结构长城杯金质奖

北京南宫生活垃圾焚烧厂位于北京市大兴区青云店镇南大红门村，距市中心30千米，厂址西侧400米为104国道，南侧距南六环1千米，交通便利。

本项目日处理生活垃圾1,000吨，年处理量约31万吨，占地面积82,133平方米（123.2亩），总投资约8.13亿元人民币，安装2台500吨/天机械炉排式生活垃圾焚烧炉，配置1套25兆瓦发电机组。

本项目由中国航空规划设计研究总院有限公司受北京市城市管理委员会（原北京市市政市容管理委员会）委托，作为代建人负责整个项目的建设工作，项目于2017年6月顺利投产并网发电。

建筑造型设计注重适用性、经济性，主体建筑体型紧凑，要素简约，无大量装饰性构件，外墙保温板幕墙和屋面自然通风等措施体现了生态节能的设计理念。外部造型设计突破市政环境类工业项目的传统套路，虚实对比强烈。在展现建筑与周围环境有机融合的同时，自身形象特点突出，表现出低碳、经济、生态的建筑审美取向，是展示科技北京、绿色北京的重要窗口。

作为北京市重点工程，北京南宫生活垃圾焚烧厂项目是垃圾无害化处理及利用可再生能源发电工程。项目建成后将弥补北京南部城区生活垃圾处理过程中转运站、堆肥厂和垃圾填埋场之间缺失的环节，同时也将大大增加北京南城现有的垃圾处理能力，实现日处理生活垃圾能力1,000吨，年处理生活垃圾31万吨。

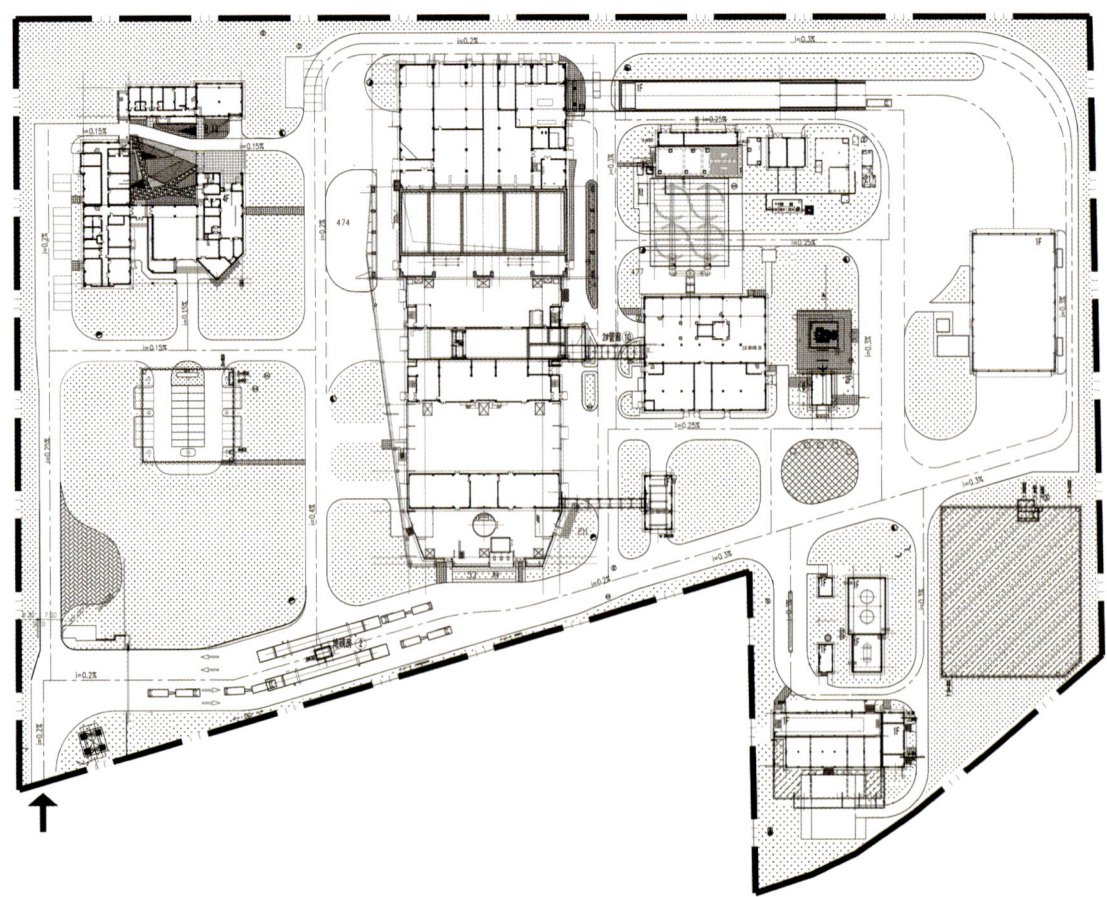

总平面图

TRANSPORTATION & INDUSTRY ■ 交通、工业

规划/立面
欧安地建筑设计事务所（OAD）、
万达商业规划研究院
开发商
大连万达集团
设计团队
陈江、陈英男
室内设计
万达酒店设计研究院
景观设计
深圳市致道景观有限公司、
万达商业规划研究院
建筑面积
46,000平方米
完工时间
2016年

云南，西双版纳

西双版纳皇冠假日度假酒店
Nanjing Newspaper Culture Creative Park

李颖悟，赫尔德·桑托斯 / 主创建筑师　陈鹤 / 摄影

西双版纳皇冠假日酒店是欧安地携手大连万达集团继西双版纳万达文华度假酒店、西双版纳希尔顿逸林度假酒店之后又一力作，酒店建筑采用围合式布局，吸纳了傣族地区传统的庙宇建筑符号语言，将傣族庙宇古建筑的轮廓印象保留，并将傣族特有元素用现代设计语言演义出来，是在建造一座神椎凿石而心灵清修的度假胜地。

西双版纳以信仰小乘佛教的傣族为主体民族，傣族的历史非常悠久，至今傣历纪元已有1300多年，其生产生活方式也非常适合版纳以至东南亚地区的气候环境。西双版纳与老挝、缅甸山水相连，邻近泰国和越南，民族文化较为浓厚的区域，使它成为傣族风情度假胜地的不二之选。

酒店内向型设计的原型源自当地的庙宇和封闭的围墙，一个庄严并与世隔绝之所，让游人专注于院落内的景致和享受当下，远离尘世喧嚣。

设计师的初心是在创造一个延续古代傣族记忆的庙宇建筑。一旦游人置身院落之中，扑面而来的"傣族风情"便使其忘却这是酒店，仿佛我们来到的是版纳古老文化的殿堂，仿佛置身一部古傣族的浪漫电影之中。

落客区的空间由石砌柱和传统风格的木屋顶围合，给游客带来的不仅仅是简单的引导、遮蔽空间，更是通往傣族文化的神圣地的邀请提示。

从抵达酒店穿过大堂直到进入花园，都是一系列的傣族生活模拟设计，设计师希望创造一种完整的浪漫傣族风情的感受，所以在建筑功能布置上，公共空间主要集中于中心主屋顶下方，这样可以使前台接待、大堂、酒吧和全日餐厅在风格上统一。另外公共空间的设计还特别强调了室内室外空间的联系和互动，采用了开放的形式。

暖色调的酒店大堂，原木风格的茶艺区，从大象雕塑的茶垫，到每个房间背景墙上白色橡木画作，原始的傣族意味呼之欲出。

酒店的围合式布局，给景观创造了丰富的内部空间，又自然的带动起轴线对称感。中心花园坐落于中轴线上，又成为酒店的中心。围绕在中央水池旁的是许多小的倒影池，丰富了竖向空间。景观根植于傣族宗教元素，又承接着隐修冥想的景观功能。

就好像我们移去了圣殿的主殿，并把它的基地作为一个水体。中央水池的不远处，坐落着游泳池和SPA中心。建筑和景观的融合恰到好处又合二为一。

度假村用它独特的方式，传递版纳傣族地域文化和风土人情，一切融于建筑与景观场地，为游客提供了一个隐于世、傣韵盎然的度假私享地。

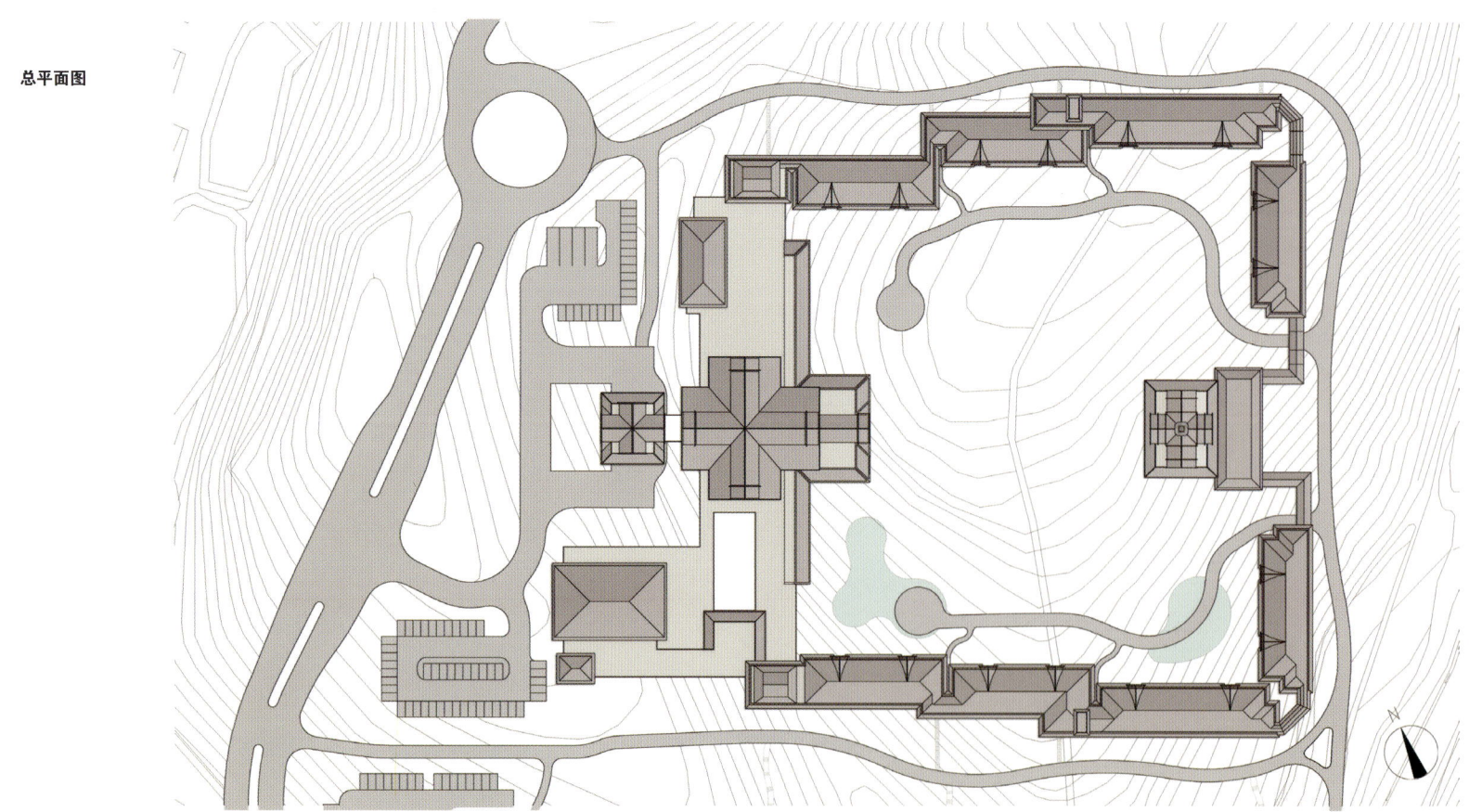

总平面图

立面图

RECREATION ■ 休闲服务

设计单位
捷得国际建筑师事务所
总体规划
115,000 平方米
总建筑面积
70,000 平方米

海南，三亚

三亚海棠湾君悦度假酒店
Grand Hyatt Sanya Haitang Bay Resort & Spa

爱德华多·洛佩兹 / 主创建筑师　捷得国际建筑师事务所 / 摄影

三亚海棠湾君悦酒店坐落于中国最南端的省份，著名旅游城市海南岛三亚市，面向中国南海，是中国和亚太地区海滨旅游目的地首选胜地之一。捷得，一所国际品牌建筑及城市规划事务所，担任此项目的总体规划和建筑设计。始创于1977年，这家创意精品公司已引领场所和体验设计近40年了。该项目是综合度假酒店设计和开发的里程碑，为捷得在全球广受欢迎的综合场所又添新的一笔。

基地位于得天独厚的滨海位置，总占地约19万平方米（19公顷或约47亩），总体规划时土地利用策略进行全盘考量，不同建筑位置采用不同的景观空间来标识，从而创造出生态环保的场所空间。主要的业态和设施包括：440间客房的君悦酒店、宴会及会议厅、餐饮设施、火山口岛儿童俱乐部、三个游泳池和海滩俱乐部、活动馆、50栋高档住宅别墅、私人水疗中心、多层零售和生活社区，同时加入茂盛的植被公园并最大化海景。

"虽然海滨区域位置非常理想，但其又窄又深的地形，对规划这种综合度假目的地也带来很多挑战，比如说既要满足场地覆盖率，又要保证开发的业态的空间质量。"捷得资深副总裁兼资深设计主创耶里·奥卡指出。"规划这种综合度假目的地的时候，我们从公共开放空间入手，以酒店、泳池、水疗和配套设施为人们主要休憩场所，同时引入独特的蜿蜒小径和软景观，以鼓励人们漫步并提供社交场所。"

三亚海棠湾君悦酒店同时引进了热带地区现代风格中独特的垂直发展模式。项目主体是440间客房的酒店塔楼，其中室内空间进行精心雕琢，从而使室内和室外环境无缝连接。同时辅以退台水景、花园和纯熟的景观设计，客人到达后即刻可感受到酒店的特有氛围，随后在体验花园式布置业态后更是全身心浸染其中。酒店状似灯笼，灵感来自中国南部本土的民俗建筑，不仅勾勒出酒店的天际线，且使其成为该地区最高建筑物之一。材料主要采用天然木材和石材，给人以温馨静而又优雅奢华的感觉。整个地块花园景观遍布，多栋建筑立于其上，远远望向那玻璃外墙和支架，就好似林中一盏盏发光的灯笼，让人不禁想一探究竟。

"我们希望设计出来的外观和感觉能够反映当地的人文景观，但不是在中国盛行的从建筑形态入手。整体审美现代而不失当地韵味，感觉深处当地又绿色有机，给人以多层次的独特体验。"捷得资深副总裁兼资深设计主创爱多华多·洛佩兹说。正当许多酒店管理公司和开发商都在为业界前景一筹莫展，以及度假酒店、酒店、零售、休闲和住宅产品纷纷以做到连通良好、健康养生和休闲生活概念为目标，三亚海棠湾君悦酒店率先打造一种全新的具有竞争力的综合度假场所模板，一举达成多个梦寐以求的目标。

立面图

RECREATION ■ 休闲服务

北京，金山岭长城
朝花夕拾生活馆
Zhao Hua Xi Shi Living Museum – The Container

彭勃 / 主创建筑师　曾喆 / 摄影

设计单位
澳大利亚IAPA设计顾问有限公司
主要设计人员
规划设计：余定、张靖姗
建筑设计：杨洋、胡彦
室内设计：胡彦、黄穗强、吴沈梅
软装设计：胡彦、杨洋、黄穗强
景观设计：余定、叶嘉威、陈永伦、王伟阳、李清
结构设计：魏世兵
竣工时间
2016年7月
占地面积
2,500平方米
荣誉
入围2017WAF世界建筑节大奖

长城脚下饮马川——拾得大地幸福实践区/朝花夕拾生活馆，是IAPA设计公司2014年开始为拾得大地幸福产业集团在长城脚下设计打造的首个集生态、环保与艺术于一体的旅游度假区。IAPA承担本项目的规划设计、建筑设计、景观设计、室内设计、软装设计、施工图设计。目前朝花夕拾生活馆已投入使用。

有朋自远方来，长城初雪，潮河风月，自然是最好的美酒，上品的茶。所以，观景几乎成了这个集展览、餐饮、休闲、办公于一体的建筑的主题。其功能除了接待来客，赏景品茗外，也是展示朴门永续理念（Permaculture）和整个"拾得大地幸福实践区"建设的博物馆。设计旨在通过建筑与外景的相融，使室内所有行为都与景随行。

简单的模数化单元箱体重复拼凑看似工业，它格式化的呆板样貌、功能至上的框架、不经修饰的外表，难以想象可与长城脚下的风月山水相融。然而，正是这些格式化的单元，使其能拼合出具有传统意象的园林建筑空间。

朝花夕拾生活馆的建设，不仅仅是要营建一个雅致的山水居所，更是要营建对工业时代反思，对传统文化空间传承的场所。模数化的尺寸通过精巧细致的组合，形成内外交错的大小不同的院落。设计将人们平日生活所需的功能空间打散，希望人们通过廊道、廊桥、平台穿梭于庭院之中，给予人们脱离室内的保护，聆听自然、接触自然的机会。这是贯穿整个生活馆设计、建造、使用的，设计者所希望呈现的生活态度、生活方式。

墙垣门洞的开合，不仅只是步移景异与传统园林的借景对景，更是视觉体验上，空间的虚实相生。粗麻芦苇、温润的木料、粗犷的石材，与腥锈的钢板相映；煮茶的铜炉明火、赏景饮酒的蒲团案几，悉数安放。

建筑内各空间单元独立并相互衬托，即便在最酷热的盛夏，最寒冷的严冬，甚至是刮风下雨都希望人们有机会脱离绝对理智的室内保护，聆听自然的声音，接受其洗礼，进一步接触大自然；这并非不够人性化的表现，恰恰相反，这是让人们寻找回真正质朴的生活，拾得最初那份幸福的过程。

轴测鸟瞰图

RECREATION ■ 休闲服务

| 设计单位 |
| 华中科技大学建筑与城市规划设计研究院 |
| 规划师 |
| 丁建民 |
| 景观设计师 |
| 徐昌顺 |
| 主要设计人员 |
| 阮晓红、申安付、黄磊、王君益、叶天威、卢南迪、陈秋榆、张垚 |
| 竣工时间 |
| 2015年6月 |
| 占地面积 |
| 4.5公顷 |
| 建筑面积 |
| 23,000平方米 |
| 主要材料 |
| 钢筋混凝土、钢、户外竹、当地毛石 |
| 荣誉 |
| 2016年湖北省优秀设计一等奖 |

湖北，恩施土家族苗族自治州

恩施大峡谷女儿寨度假风情酒店

The Daughter Stockaded Village style hotel in Enshi Grand Canyon

李保峰／主创建筑师 冯慰、李逸／摄影

目前恩施大峡谷已获批5A景区，终年游客如织，接待设施严重不足，本项目为1,600床位的山地度假酒店群，集餐饮、住宿、会议、娱乐及休闲于一体，目前第一期旅游宾馆的400床位客房及配套设施已经竣工。本项目的难点不在技术层面，主要在于思想及创意层面。具体表现在以下几个方面。

但凡山区，必然土地紧张，居住农业难以兼得。早年先民便已晓常年性生产和一次性建房之异，农田需浇灌，居住需防洪涝，明智的做法是，选择有限的平地或缓坡用作生产，而在坡度较大的山脚建房。在九山半水半分田的恩施州，农业仍是当下主要生存方式，本度假酒店的选址向先民学习，选择平均坡度约为30%的荒山坡地，有节制地改造自然。

张良皋先生将传统民居特色之源泉总结为"环境教人建筑"：沼泽教干栏、黄土教窑洞、草原教帐篷、山地教吊脚。山地地形复杂，坡度和坡向变化多端，故建筑的基面具有不确定性，由于鄂西武陵地区长年阴雨绵绵，环境潮湿，雨水径流快，故"减少接地"为土家建筑"以不变应万变"的接地处理原则，而符合木结构建造逻辑的"吊脚"则为土家人"向坡地要效益"的必然选择，这个道理由民间谚语"借天不借地、天平地不平"而予以形象化的总结。地势变化的逻辑经建筑传导至屋面，土家族建筑的屋面也呈现出自由多变的形象。

大峡谷地区的大地剖面由西至东分别为：延绵108千米的大峡谷、经亿万年河水切割的地缝及层层叠叠的西向自然缓坡。随地形起伏而层层升高的建筑，使得几乎所有客房及公共空间都可以面对大峡谷，不仅实现了景观特色最大化，还大大节省了工程造价。

在植物配置上我们使用大量恩施常见植物，乔木，如水杉、桂花、紫薇、龙爪槐、紫玉兰、湖北海棠、元宝枫及茶条槭等；常见花灌木，如山茶、海棠、杜鹃、紫薇、木绣球、含笑、五色梅及红继木；常见色叶灌木，如金叶女贞、红叶小檗、红背桂、红枫、金叶女贞；针对大量硬质挡土墙布置了垂直绿化树种，如爬山虎、蔷薇、金银花、紫藤、凌霄及三叶木通，这些植物不仅价格便宜，而且生长快，成活率高。

从社会公正角度，新建度假酒店不应与当地原住民争利。本项目建成后不仅没影响当地农民的生活，还增加了当地农民就业渠道，酒店开业后，当地部分年轻村民成了正式雇员，土家族员工为度假小镇增光添色。我们按照希腊剧场的地形利用原则，设计了4,000座的户外剧场，每当夜幕降临，从游线上归来的房客们齐聚剧场，欣赏由200多名群众演员同台演出的"龙船调"大型山水实景大戏，夜色中的大峡谷成为舞台的自然背景，奇幻的数字技术在夜晚发挥着巨大作用。

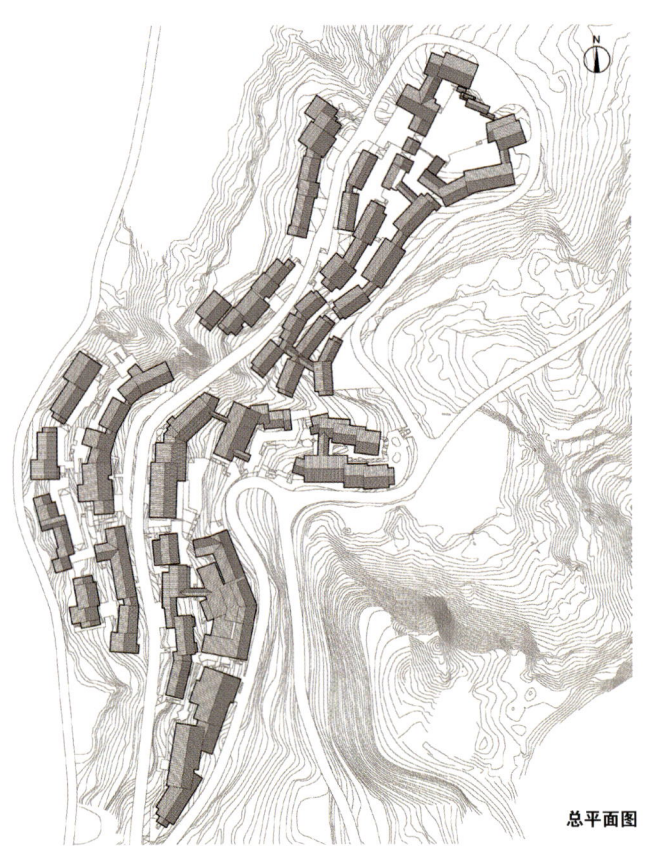

总平面图

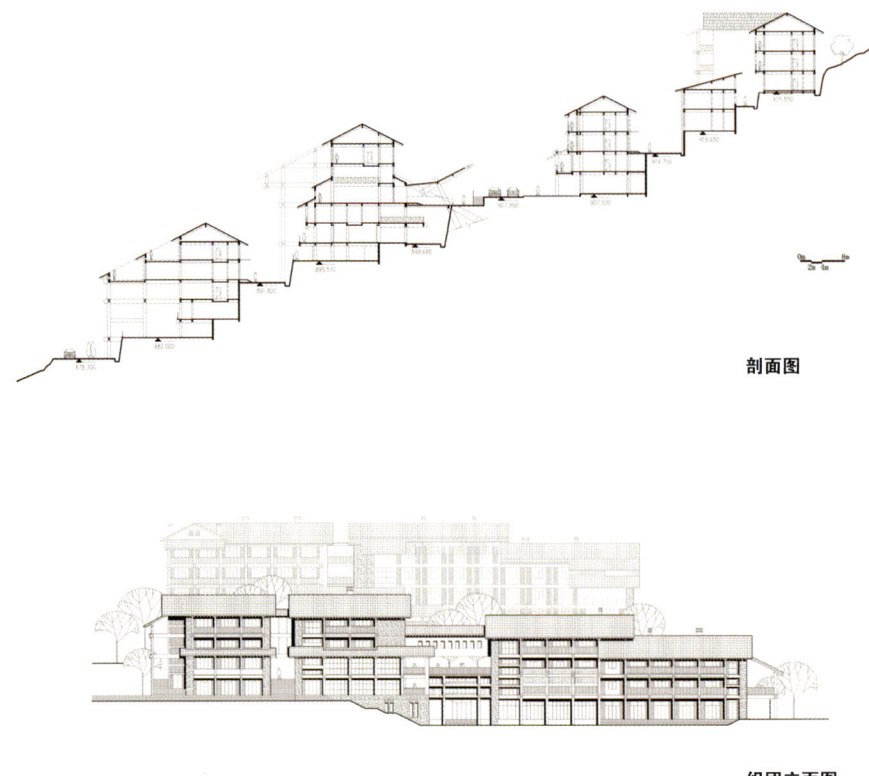

剖面图

组团立面图

RECREATION ■ 休闲服务

浙江，杭州

杭州径山精品酒店
Jingshan Boutique Hotel, Hangzhou

范久江、翟文婷 / 主创建筑师　SHIROMIO工作室 / 摄影

这是一个从场地经营开始的设计。场地约一亩地大小，坐落于水库大坝一侧的山脊转折处。绿树环绕的基地内原有一幢两层高的20世纪80年代的三合院宿舍楼，围合的院中有一棵姿态优雅的高耸松树，树冠笼罩着部分建筑与半个院落，成为院子中最强烈的控制力。而项目所在地——禅茶道的发源地径山，又使这块场地天然具备了深厚的历史文化氛围。因此，保留院落结构与松树并塑造出潜在的场所精神，成为设计开始就确立的目标。

通过对周边景观资源的研判，西侧建筑的高度被降低为一层，西侧层层远山的轮廓成了院中及客房阳台的重要景观，金色的夕阳也可以以接近水平的角度照进院中，朝西主立面在夕阳和水面的多维度强化下显现出强烈仪式感，塑造出"禅院"的意象。南侧以160厘米高的院墙把山林与院子隔开。沿着山风吹来的路径，U形建筑北侧两个角部被打开：西北角的主入口设置了对角交错的两个门洞，从门外便可恰好看到院内保留的松树；而东北角增加了交通院，通透的直跑钢楼梯以黑色金属格栅与绿林相隔，引入山风的同时一并接纳了清晨的阳光。这两处斜向的对角院落"门厅"设置，也拉长了视线的距离，使原本140平方米左右的院落被无限延伸。

为了强化"禅院"的体验，"山"的意象也在体验中被一再提示，不仅进入酒店前需要真实的爬山，一条"游山"的路径也被设计进了酒店内部：入口及院落被分解在多个标高，爬升行为被有意识地与场所光线的暧昧差别联系起来。光线被挑檐、水面、柱廊、格栅、天窗等要素仔细控制后，由下至上形成由暗（晦涩）及明（现代）的氛围转换，最终在只能看见天与树冠的屋顶露台达到明的极致，建筑（人工）从视线中消失。

在观景体验的营造上，设计着重表达了与自然"对坐"的观念。充满仪式感的框景角度与院落轴线，无不提醒使用者思考"人——天（自然）"这一组对象的对话关系。而自然、在地的材料使用：木、石、铁、白色涂料及玻璃，也暗示着一种自然建造的乡野现实。

设计单位
久舍营造工作室
参与设计
吕爽尔、高琦、黄銮铎
占地面积
约800平方米
建筑面积
1,100平方米
主要材料
混凝土、钢、毛石、木、铁、白色涂料、玻璃
获奖
都市快报首届民宿设计传媒大奖赛金奖

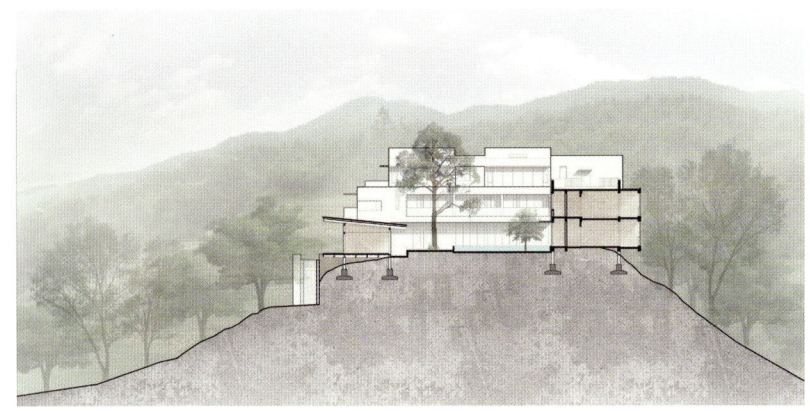

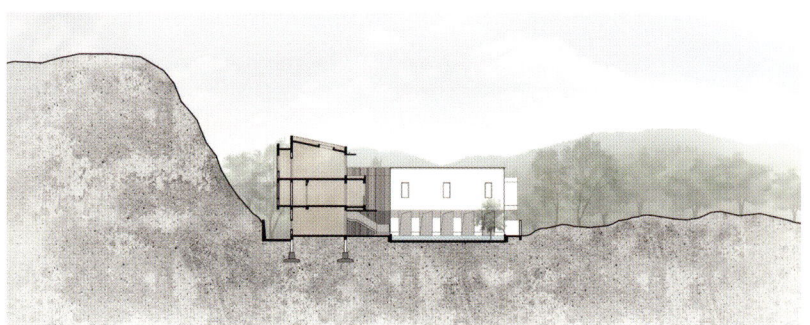

剖面图

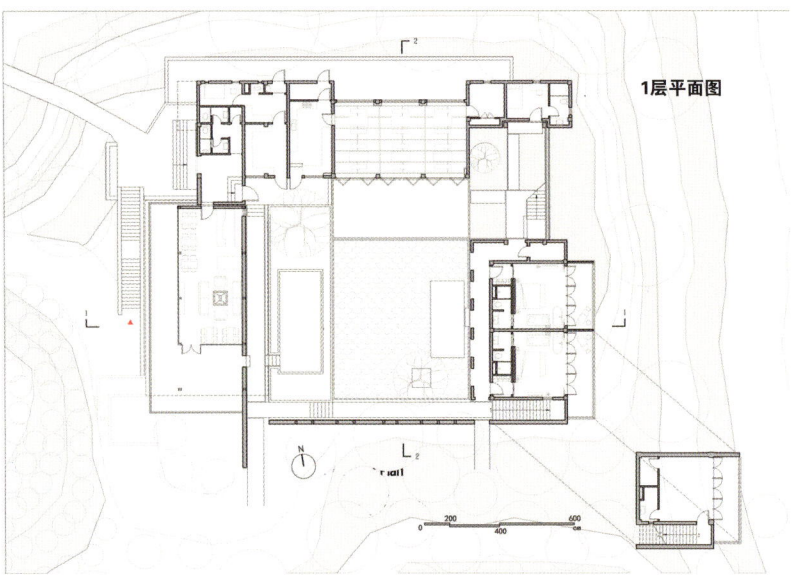

1层平面图

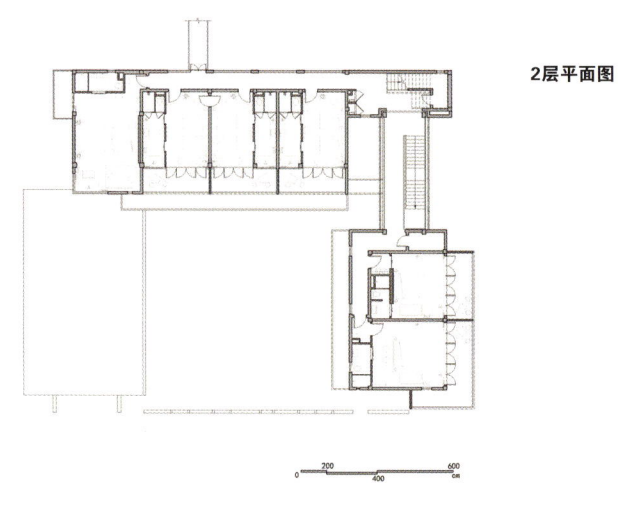

2层平面图

RECREATION ■ 休闲服务

浙江，杭州

隐居江南精品酒店
Seclusive Jiangnan Boutique Hotel

孟凡浩 / 主创建筑师　范翌 / 摄影

设计单位
gad建筑设计
设计团队
李昕光、朱骁铖
结构设计
汪小娣、任光勇
设备顾问
崔大梁、吴文坚、陆柏庆
建筑面积
2,816平方米
竣工时间
2016年11月
室内设计
广飞室内设计

　　隐居江南位于杭州大兜路历史文化街区，紧邻京杭大运河，项目改造前为两幢现已破败的四层安置房建筑。gad建筑设计作为改造设计总包单位，在不到一年的时间里，平衡"保留"与"拆除"、"延续"与"创新"这两对看似相悖的矛盾体，通过设计让历史街区中的空间进行再生。

　　本项目旨在无形中向人们传递"空间才是居住体验的灵魂"的理念。设计保留原有建筑的基本形态，重新梳理建筑的空间、体量、流线。188号建筑呈"I"形，直面运河，190号建筑呈"L"形，安静雅致。在两单体间置入玻璃盒子作酒店大堂，连接底层空间，对外为主入口。酒店外部增加围墙，三面围合，界定空间，自然而成的中庭内向收敛。形体设计从"加、减"两个角度切入。先做"减法"，拆除多余建筑体量，再做"加法"，填平立面。

　　在立面设计上，面向历史街区的一侧相对内敛，用青砖修补传统肌理，用模数化的飘窗增加使用面积，用金属网隐藏设备，新旧材质的拼接，完成现代与传统街巷语言的同构，最大程度地减少对传统街巷的干预。沿运河二、三两层，立面设计用整片的花格砖墙，修补原始肌理，整合建筑体量，落地窗上下两层交错，建筑整体呈现硬朗与柔软的双重特质。

　　设计师重拾一层与地下车库间早已废弃的中空夹层，并局部降低，将其重新布置为图书馆、雅活馆等公共空间，有效实现了空间与功能的再生，赋予建筑新的生命和能量。设计打通局部二层楼板，置一大台阶，串联入口大堂，创造流动的空间体验。顶层拆除跌落的屋顶空间，设为LOFT客房，再结合露台，设置多功能厅等公共活动场所。

　　木质的格栅，暖黄的灯光，当温馨与人情味满屋，酒店被赋予了"家"的味道。以大台阶为连接，以书架为局部限定，联通一二层公共区域，形成流动的公共活动空间。在这个集餐饮、咖啡、图书为一体的慢生活空间，享一份悠悠的运河时光。客房延续木质暖色的整体基调，悠然惬意，暖人心扉。窗外运河桥边，是最纯粹的老杭州生活。

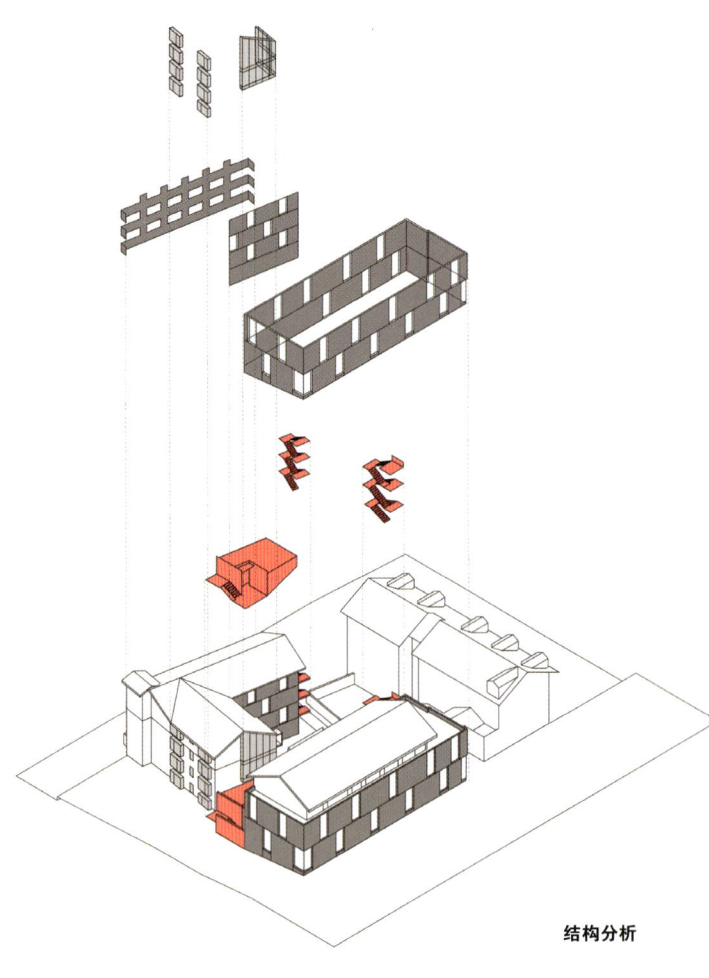

结构分析

RECREATION ■ 休闲服务

设计单位
Ministry of Design设计工作室
项目经理
方文、何汀
承建方
常州金坛建设有限公司
机电设备
北京中帝恒成建筑设计有限公司
竣工时间
2017年
占地面积
7,500平方米
建筑面积
5,420平方米

中国，北京

"薇"酒店，北京
VUE Hotel

Colin Seah / 主创建筑师
CI&A摄影公司、爱德华·亨德里克斯 / 摄影

"薇"酒店的旗舰店位于北京后海的胡同区。酒店坐落在风景如画的后海湖边，毗邻后海公园以及历史悠久的老北京胡同，胡同里一直有当地居民居住，保持着当年的风貌。酒店不远处则是著名的北京后海酒吧街。作为一个改造项目，酒店整个园区是由一系列20世纪50年代的历史建筑组成，设计师对这些建筑进行艺术处理和改造，成就了具有"多面性"的园区环境。

酒店院内的几栋建筑风格手法各不相同。尽管这几栋楼的主基调是中国传统建筑，但不同建筑却有各自不同的装饰特点。设计解决方案是通过色彩与景观来对这些不同特色进行整合和处理。设计师将所有的建筑都刷成炭黑色，同时用非常现代的金漆将具有传统特色的建筑细节/雕塑强调出来。这些金漆的细节在深灰的背景中凸显闪耀，以一种特别的方式对传统的建筑细节进行"编目"。当客人进入到酒店园区中，这些细节"条目"便会逐渐引起注意，从而使人注意到传统建筑形式和现代的差别：这种微妙的并置强调了任何改造设计都会带来的巨大矛盾。从概念上讲，设计充分利用所有建筑之间的空间，并依此把整个酒店园区联系起来，打造出一个整体的环境体验。园区的景观和地面在构图上采用一种"冰裂纹"的图案，这种图案最初来源于中式屏风。图案延伸并实现立体化，在建筑附近延续并上升，从而包裹打造出客房专属阳台或者客房内庭院空间。

抵达酒店并前往接待大厅，客人第一个遇到的是"薇"酒店的共享社交空间：FAB 咖啡面包房。这是一个充满活力的休闲空间，它正面喧嚣的老北京胡同，见证了当地的日常生活及文化氛围。FAB拥有室内及室外就餐位，是享用早餐、下午茶以及品尝咖啡的理想场所。室内的设计借鉴了它所处环境的道路铺装、材料选用及色调。接待大厅对于住宿的客人来说是第一个重要的体验。设计师致力于打造新鲜且私密、休闲又舒适的入住登记空间。客人先要经过礼宾区，在那里体验到"薇"酒店的第一个特色装置艺术品，然后进入到接待厅。接待厅有酒店的彩色线路图以及夸张的、戏剧性的多主题空间设计。

"薇"酒店的招牌餐厅和屋顶酒吧坐落在酒店园区临后海的高空建筑中，为客人提供种类繁多的小吃、鸡尾酒等其他酒品选择。从周边经过，最吸引客人的是安装在屋顶上的两个奇趣的线框型粉红色兔子雕塑。随着粉兔雕塑进入到粉兔餐厅内，这里的室内设计氛围随意而又精致。

在最初客房概念构思阶段，"薇"酒店的品牌策划决定引入创新的空间设计，同时又要保证酒店的舒适度可以和市场上最优秀的酒店竞争。设计师也希望能从现代设计手法与当地传统文化印象中获得平衡，最终完成的空间令人感到惊奇有趣却又似曾相识。在客房中，设计师通过颜色、色调以及材质将空间进行分割，而每间客房的艺术品又作为重复出现的元素，延续了酒店的总体概念。客房内夸张的洗浴空间和宁静的睡眠空间相得益彰。标准客房之外，还提供有套房及花园房，通过宽敞的起居与茶歇空间、超大的卫生间及室外休闲区，进一步延伸了客人的入住体验。

| 公共区域 |
| 客房 |
| 客房设施 |
| 操作间 |

公共区动线
① 入口
② 接待区

客人动线
① 入口
② 门卫
③ 接待处
④ 客房
⑤ 通往后海公园的私人通道

乘降区

总平面图

RECREATION ■ 休闲服务

RECREATION ■ 休闲服务

江苏，苏州

浮点·禅隐客栈
Nanjing Newspaper Culture Creative Park

万浮尘 / 主创建筑师　潘宇峰 / 摄影

| 设计单位 |
| FCD浮尘设计 |
| 项目面积 |
| 650平方米 |
| 竣工时间 |
| 2016年4月 |
| 甲方业主 |
| 殷璟苑 |
| 主要材料 |
| 青砖、老瓦片、H型钢、竹子、白水泥、老木头、通电雾化玻璃等 |

"浮点·禅隐客栈"是由一栋老宅改建而成，改造前的"浮点·禅隐客栈"是锦溪古镇南大街上两幢毫不起眼的破房子，老屋门前荒草重生。曾经的白墙也在雨水的冲刷中变得斑驳，破败感中带有年代的气息。在拆建的过程中，设计师在保留老房子灵魂和神韵的基础上进行内部的设计与改造，希望走进来的每个人都可以感受到人文与设计相结合的意境以及当地浓浓的风情。建筑主材选用：青砖及瓦片、H型钢、竹子、白水泥、老木头、通电雾化玻璃等。还有些是就地取材，保证资源的循环再利用。

"浮点·禅隐客栈"整个建筑都经过精巧的设计，圆形拱门、青砖墙、老瓦片等都是古朴原生的元素，竹枝、竹桠营造出乡野的意境，而水泥、设计师家具又为这个空间注入了鲜明的现代气息。此外，日月的意象以及飘带形状的走道都是借鉴神话故事而来的巧思。客栈整体空间被我们定位为灰色调，这种稳重的灰色调所体现的文化性的气质与木质所表达的淡定豁达的空间特征不谋而合，这也正是我们所追求的境界。孰重孰轻并不重要，空间的意境、空间的文化感才是中心。在建筑外观屋顶选用青瓦，利用拼接工艺将瓦片延伸到了墙面，让我们的建筑更简约但又保留了江南水乡的建筑特点。在此项目中室内外运用到了大量的竹枝、竹桠作为装饰，从而将禅境中表达乡野、荒蛮的意境完全的体现了出来。设计中选用竹子的原因是，竹子造价低，又很容易让人感受到禅的韵味、意境。

内部空间布局。客栈分为3层，9间客房，每间客房都有独有的特点。通过精心布置，有美有意境。开放式的空间布局，现代与复古的交融碰撞，白色墙面与浅色地板的辉映，精挑细选的简约设计家具，还有那唯美的纱幔垂于各处，每一处线条和灯光都十分考究。客房和公共区域随处可见的席地座榻，可看茶，可冥想，独守一份禅静。以树屋为原型的客房由钢化玻璃打造，屋顶选用草编壁纸，与墙边的树木相呼应。树木散发出来的自然香气，演绎出置身于树林的感觉。过道连接阳台，拼接的青瓦片竖向排列，看得出繁复与凌乱应该与这里无缘。门上的蒲扇更透露着久违的年代感。在"浮点·禅隐客栈"，每一处线条和灯光都十分考究。地面铺设的石子，是设计师颇为用心的所在。通过石子调整地面的疏密度，进而调节阳台和大厅的光线。此外，竹子编制的围栏，既是隔断又于一定程度上美化了空间。屋顶选用青瓦为主要材料，并利用拼接工艺将瓦片延伸到了墙面，赋予整个建筑简约的同时，又保留了江南水乡的建筑特点。在青砖青瓦之间，设计师又适时地加入了大量枯竹枝做点缀，减缓了高墙带来的压迫感；而清水混凝土浇筑的小径，则别有一番苏州园林独有的曲径通幽。窗外斑驳的青砖老墙古韵犹存，与室内行成强烈的对比，"日月同辉"的寓意，被它巧妙的穿插在每个细节里。

而与建筑外观形成明显反差的室内，除了创造性的还原传统外，显然增加了更多。长长的水泥浇筑的走道贯穿至圆形拱门，形似飘带，不禁让人联想到云雾缭绕，腾云奔月的错觉。通往二楼的转角玻璃顶，屋外景色映入其中，偏冷色调的光线与墙面佛像四周的暖光，巧妙形成一组冷暖对比。

透视图

RECREATION ■ 休闲服务

RECREATION ■ 休闲服务

湖北，孝感

卓尔小镇·桃花驿涧水阁
J Pavilion in Zhuoer Town

尚懿、刘云／主创建筑师　陈锐景／摄影

1.背景
农庄位于湖北孝感杨店镇，是卓尔集团打造的卓尔小镇·桃花驿的第一个建成项目。依托孝感万亩桃林的丰厚自然资源和卓尔集团力图打造一个集农旅度假、亲养乐园、乡村创客为一体的综合田园小镇，为武汉及周边提供一个展示当地文化和田园生活的旅游目的地。

2.规划
涧水阁作为整个景区的示范建筑，不仅是个展示桃花驿小镇的窗口，同时也承担了大量的接待任务。建筑坐落在项目靠北的区域，南面是一个小水塘和一望无际的桃林，北面地势略高。因此整体建筑布局为三层，从北侧进入景区时只看到两层的高度，而站在三层的露台上又有南侧广阔的视野景观。建筑的体量与周边村庄协调一致，营造出整体和谐的氛围。

3.建筑
三层建筑每层相互错动，形成了面积不同的阳台、露台和半室外的灰空间。一层以普通客房为主，立面石材形成一个厚重的大平台；三层是一个独立的小木屋，功能是两个主卧室；中间的二层集成了入口门厅、餐厅、会议、书房等公共功能，四面都是大面积的玻璃，为三层的木屋营造出悬浮的感觉。建筑整体既现代又不失传统的田园风貌。

4.室内及软装
农庄的室内设计和家具饰品选择提取自然的元素以期融合室外桃林，在家具的选材上以原木为主，在布艺选料上以棉麻为主，在饰品的选择上则以土陶、旧物等有生命的物质为主。在满足室内功能的前提下，以期突破陈设场景化的概念，让空间的陈设无痕存在，多一些空白，留给每一个进空间的人，让他们自身的情绪和感受做空间的最后一笔点题。使空间在不同人心中幻化出不同的桃花源。

设计单位
全壹建筑设计
项目时间
2016年8月–2017年2月
建筑面积
831平方米
室内设计
尚懿、白云祥
软装设计
玲和步尧陈设

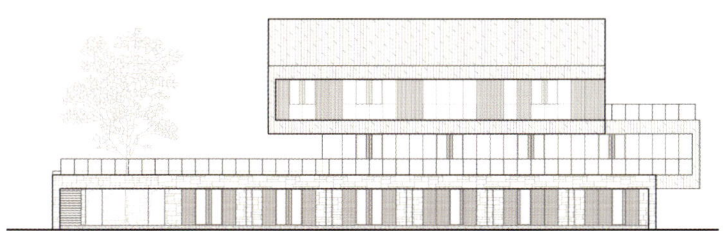

立面图

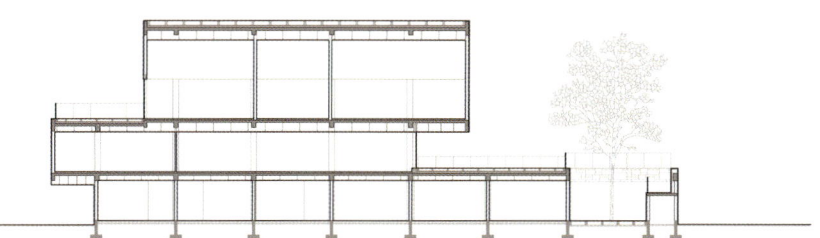

剖面图

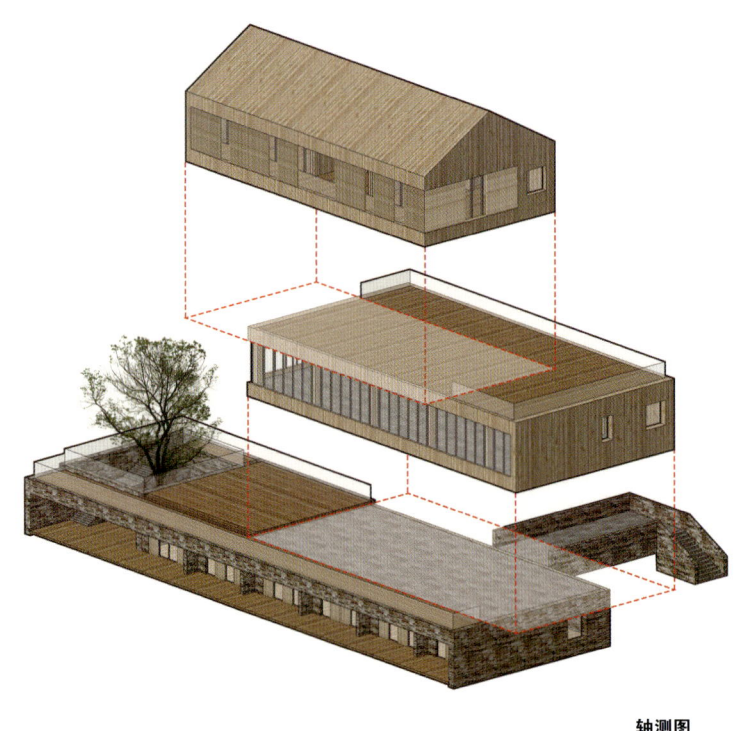

轴测图

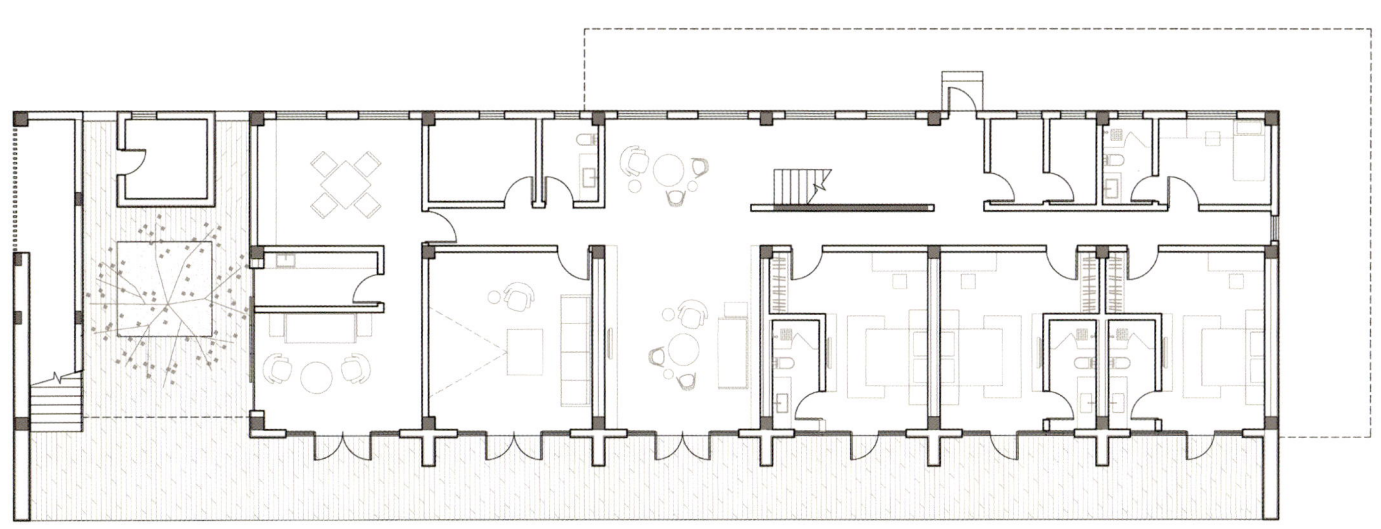

1层平面图

| 设计公司 |
| 建筑营设计工作室 |
| 家具配饰 |
| 宋国超 |
| 撰文 |
| 韩文强 |
| 用地面积 |
| 225.4平方米 |
| 建筑面积 |
| 161.5平方米 |
| 主要材料 |
| 灰砖、橡木板 |
| 设计时间 |
| 2016年6月–2016年9月 |
| 施工时间 |
| 2016年10月–2017年5月 |

北京,排子胡同

扭院儿
Twisting Courtyard, Beijing

韩文强、黄涛/主创建筑师　王宁、金伟琦/摄影

这是一处位于北京大栅栏地区的排子胡同的改造项目,发起者是一家名为"Hutel|隐世胡同酒店"的机构。Hutel是胡同与酒店的结合。隐世,同时代表了隐于市井和隐于世俗。设计师韩文强先生作为主案设计,主持了这个项目的设计。

项目位于北京大栅栏地区的排子胡同,原本是一座单进四合院。改造的目的是升级现代生活所需的必要基础设施,将这处曾经以居住功能为主的传统小院儿转变为北京内城一处有吸引力的公共活动场所。

1. 规整格局之下的扭动。

改变原本四合院的庄重、刻板的印象,营造开放、活跃的院落生活氛围。基于已有院落格局,利用起伏的地面连接室内外高差并延伸至房屋内部扭曲成为墙和顶,让内外空间产生新的动态关联。隐于曲墙之内的是厨房、卫生间、库房等必要的服务性空间;显于曲墙之外的会客、餐饮空间与庭院连接成一个整体。室内外地面均采用灰砖铺就,院中原有的一棵山楂树也被保留在扭动的景观之中。

2. 使用模式之间的扭转。

小院儿的使用主要作为城市公共活动空间,同时也保留了居住的可能性。四间房屋可被随时租用来进行休闲、会谈、聚会等公共活动;同时也可以做为带有三间卧室的家庭旅馆。整合式家具用来满足空间场景的这种弹性切换。东西厢房在原有木框架下嵌入了家具盒子。木质地台暗藏升降桌面,既可作为茶室空间,也可以作为卧室来使用。北侧正房设有翻床家具墙体和分隔软帘,同样可以满足这种多用需求。

院子是"四合院"这种建筑类型生活乐趣的核心所在。而"扭院儿"就是在维持已有房屋结构不变的条件下,通过局部关系的微调改变院落空间的气质并满足多样的使用,让传统小院儿能够与时俱进的融入当代城市生活之中。

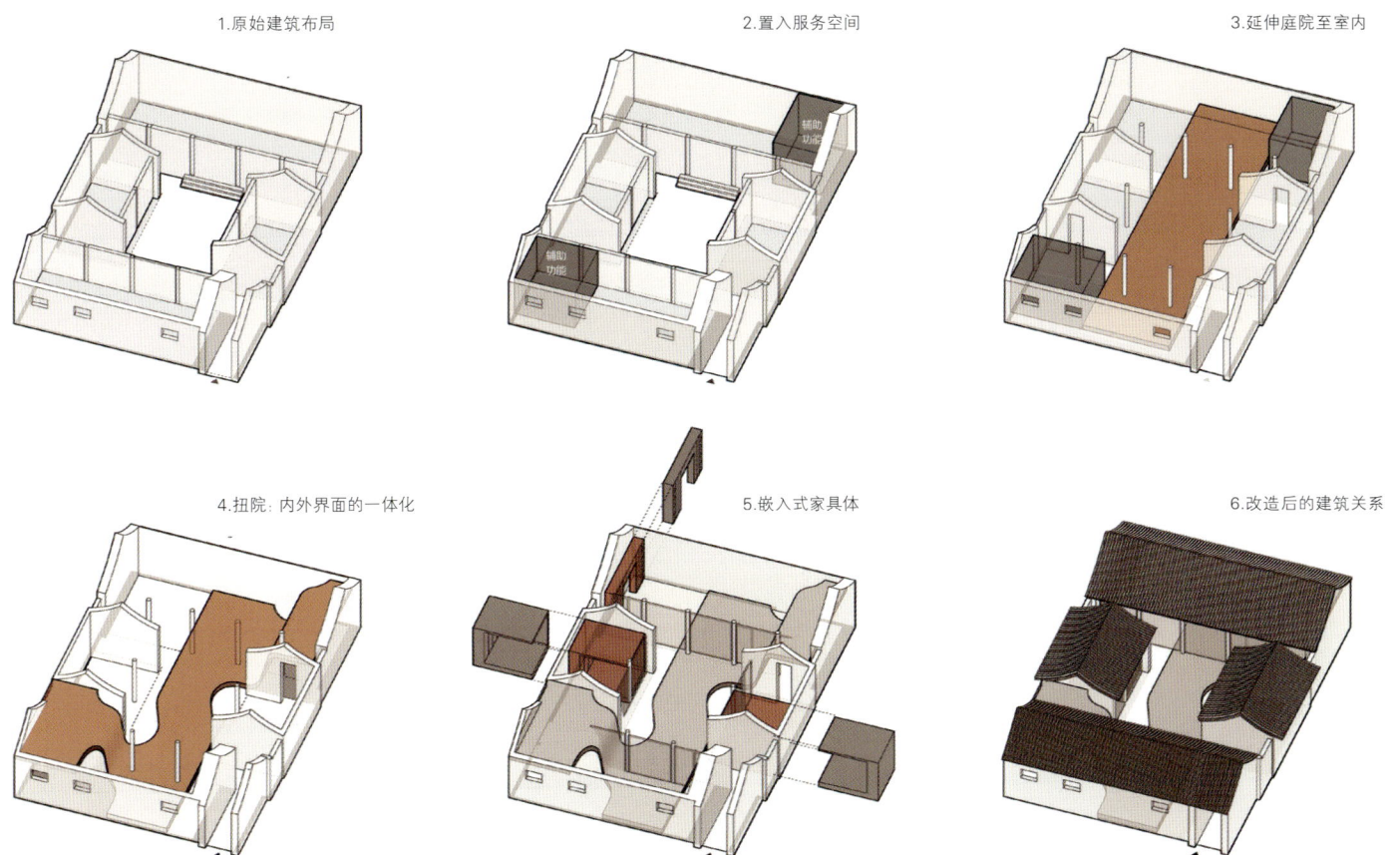

1. 原始建筑布局
2. 置入服务空间
3. 延伸庭院至室内
4. 扭院：内外界面的一体化
5. 嵌入式家具体
6. 改造后的建筑关系

RECREATION ■ 休闲服务

RECREATION ■ 休闲服务

设计单位
张景尧建筑师事务所、
大埕设计股份有限公司
项目日期
设计2012年 / 完工2016年
建筑面积
1,260平方米

台湾，台中市西屯区

希堤微旅
Hotel Mapp

张景尧 / 主创建筑师　曾群儒（TCJ空间摄影）/ 摄影

背个背包就上路的旅行方式在台湾非常风行，这些称之为"背包客（backpacker）"的旅人通常是年轻人，他们投宿的旅店以往是简陋便宜的民宿，而随着网络资讯的发达和追求新鲜时尚，设计旅店成了背包客喜好的对象。设计旅店的品质和设计感也不断地在提升中。希堤微旅位于台中逢甲夜市的步行范围内，是背包客一个理想的落脚处，希堤音近city，而微旅就是轻装旅行的意思，顾名思义，本项目的开发就是给城市旅人一个温馨的歇脚处。

这是一个提供整全性设计服务的作品，从建筑、室内、景观、照明到企业识别系统、马克杯、名片、明信片、年历等环境美工设计（environmental graphics），都由事务所独力完成。而所有的设计都围绕着旅店的主题"旅人的地图"展开。地图作为一种印记，以手工的彩绘和马赛克的拼贴方式分别呈现在一楼大厅的天花板和标准层客房的主墙面上。大厅天花板深蓝底白描的城市街道图配以微星点照明，有如夜空上眺望的都市夜景，也象征着旅人该歇脚的时刻。客房主墙面的马赛克拼图选取了台中市不同地区的街道图，每个房间有不同的街景与色调，而这个室内的墙延伸至户外的阳台，在素白的室内和室外立面上点缀了九张缤纷的地图。

由于L形的基地形状拥有了一小部分的街头转角地，我们将其打造成一个迷你的都市开放空间。小小的外卖亭与几张户外桌椅以及种植在转角的大乔木让行人到此可以放慢脚步或稍作停留。跨在水池上，沿着界墙的造型户外钢梯以其独特的Z形踏板出挑，兼具构造与美感，成了此开放空间的视觉焦点。

我们希望旅人抵达大厅时，借着天花板的引导到主楼梯时，能有一丝的惊艳，因此在打造扶手栏杆时，采用了漆白的钢筋条与手拉坯陶球的构成，传达了粗犷又兼具细致手工的感觉。拾级而上时，排列不整齐、高矮不一的细柱与其上的陶球，给人某种植物或生物（有人说像草蛉卵）的想象。

这个只有21个房间的小旅店，以旅人的地图为意象主轴，将城市街道拼图呈现在旅馆的许多角落。希堤微旅提供了旅行者一个有别于商务和汽车旅馆的住宿形态，它的姿态也许是低调的，但以设计的能量创造一个更宽广与质朴的旅行经验，是我们的期许和心愿。地面层为接待大厅，可由此从主楼梯上到二楼的餐厅或以电梯通达客房的各层。前述所说的造型户外钢梯也可直上二楼的餐厅，以便餐厅也可直接对外营业。三楼至五楼为标准层，六、七楼逐层退缩，形成了有露台且较大的景观客房。标准房将卫浴结合阳台配置于外墙侧，借由内凹的阳台让卫浴空间有充分的通风采光和私密性。顶层（七层）的露台"环游城市双人房"拥有等同立面长度的露台和开放式的卫浴，让室内空间跳脱传统旅店的平面配置，以使沐浴的经验是敞开与放松的。

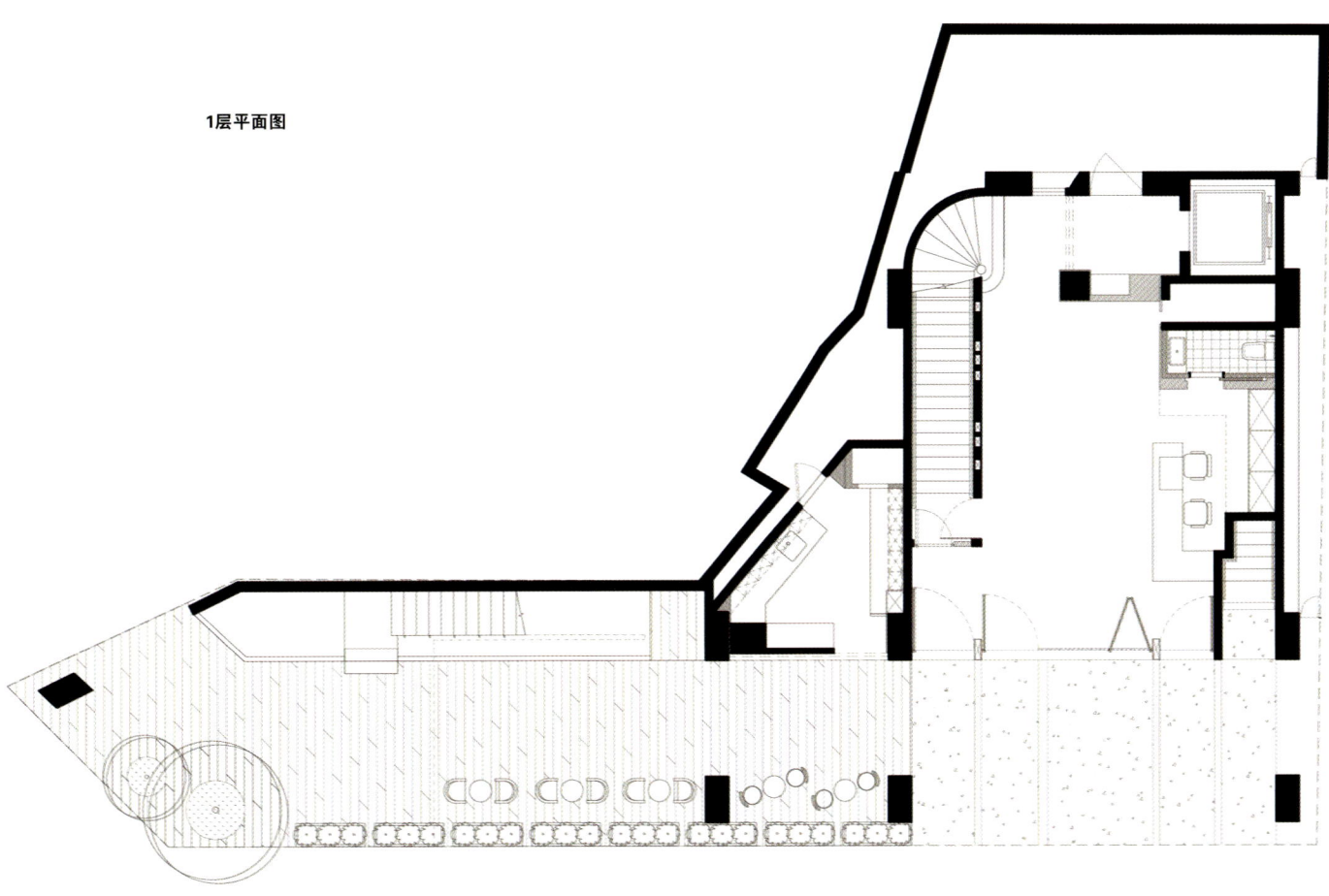

1层平面图

RECREATION ■ 休闲服务

| 业主 |
| 百得利艺术俱乐部 |
| 建筑、室内设计团队 |
| 陈龙、王琪、赵卓然 |
| 建筑、室内设计公司 |
| 何崴工作室/三文建筑 |
| 照明设计团队 |
| 张昕、韩晓伟、周轩宇 |
| 特别顾问 |
| 薛晓明、张意诚 |
| 施工 |
| 北京高辉利豪建设有限公司 |
| 用地面积 |
| 300平方米 |
| 建筑面积 |
| 450平方米 |
| 设计时间 |
| 2014年–2015年 |
| 建设时间 |
| 2015年–2016年1悦 |

中国，北京

北京定慧圆·禅空间
Ding Hui Yuan Zen & Tea Chamber

何崴／主创建筑师　邹斌、何崴／摄影

这是一个厂房改造项目。原建筑是1970年代的老厂房，期间几经改造，上一个用途是办公室。与很多大空间的厂房不同，原建筑空间跨度不大，高度也很常规，空间形态更是中规中矩，可谓没什么特点；唯一让人眼前一亮的是一个大约100平方米的后院。根据业主的要求，设计师需要将这个建筑重新组织，变为一个具有禅意的会所。

因为是禅茶会所，建筑的风格就必须有东方的韵味，有古意。当然，这里的古意不是传统符号的简单呈现。设计团队从一开始就不希望修旧如旧，或者简单照搬传统的符号；正相反，设计有意规避传统装饰符号的复制，而从空间入手，从意境入手。小中见大、峰回路转、移步换景等中国私家园林的场域精粹才是建筑师在这个项目中希望实现的。

设计的核心是空间流线的重组。放弃了原来建筑平铺直叙的交通组织，以及置于建筑入口的楼梯，设计特意拉长了使用者进入主空间的时间，希望在游走的过程中让心静下来，进入禅茶的氛围中去。一个超长的、曲折的路径被营造出来：人们从建筑的西侧步入，经过一个狭长的半室外的廊道，进入建筑中；然后转头向北穿过整个建筑进入后院空间；在这里建筑师加建了一个对折的楼梯空间，它的形制介于长坡道和两跑楼梯之间；人们拾级而上，途中会透过格栅看到内院和对面的大茶室，然后转头进入一个狭长、封闭的空间；最终进入二楼。这里才是这个建筑主要的公共空间，包括雅集空间（琴室）、小茶室、禅堂和大茶室。

一楼和二楼的另一个垂直交通被安排在整个建筑的中后部，L形平面的拐弯处；同时原来置于入口西侧的楼梯被取消，为入口区域的廊道腾出空间。新楼梯的安排既更好地满足了人流疏散的需要，同时又将整个建筑的流线进一步拉长、延续。人们可以从此处下到一楼，并通过楼梯下的院门进入后院。

至此，一个刻意拉长的线路得以完成，人们从外部进入室内，直至后院，直线距离不足10米，却要经历多重空间的体验。设计师希望借此将进入者的心态平复下来，从嘈杂的闹市引入宁静的内心世界。

空间亮暗开阖的节奏也是这个改造项目的关键。围绕着内院，新营造出来的空间序列在天然光和人工光之间交替；视线的通透、封闭、半通透也在设计中被精心的安排。人们进入这个建筑后，会在不同的时间、不同的角度、不同的视域中看到庭院和彼此，这在某种程度上也是对中国园林的一种采样。　重点改造的部分还包括庭院：连接一楼和二楼的廊道就位于庭院的东侧。借助原有建筑和庭院的空间条件，设计巧妙地完成了这一折返廊，并在外部和背后的建筑一起形成层叠的抽象图形，为对面的大茶室提供了对景。原有院墙被加高，除了可以遮蔽背后不太理想的景观外，也使庭院空间更加内敛。

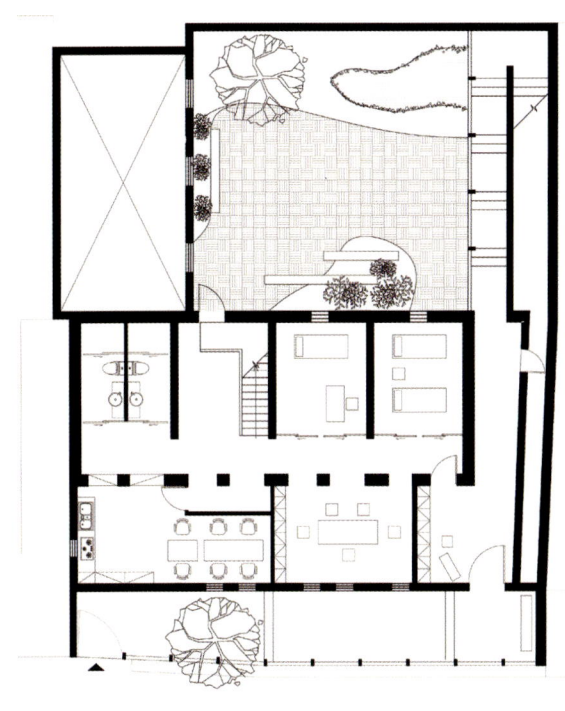
1层平面图

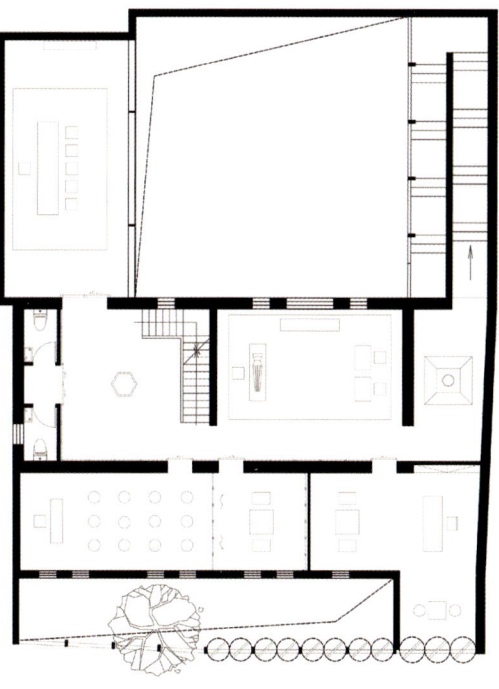
2层平面图

RECREATION ■ 休闲服务

RECREATION ■ 休闲服务

设计单位
建筑营设计工作室
建筑设计
姜兆、李晓明
结构设计
张富华
水电设计
郑宝伟
用地面积
约500平方米
建筑面积
169平方米
设计时间
2015年4月—2015年8月
施工时间
2015年10月—2017年1月

河北，唐山

水岸佛堂
Waterside Buddist Shrine

韩文强／主创建筑师　王宁、金伟琦／摄影

　　这是一个供人参佛、静思、冥想的场所，同时也可以满足个人的生活起居。建筑的选址在一条河畔的树林下。这里沿着河面有一块土丘，背后是广阔的田野和零星的蔬菜大棚。设计从建筑与自然的关联入手，利用覆土的方式让建筑隐于土丘之下并以流动的内部空间彰显出自然的神性气质，塑造树、水、佛、人共存的具有感受力的场所。

　　为了将河畔树木完好地保留下来，建筑平面小心翼翼地避开所有的树干位置，它的形状也像分叉的树枝一样伸展在原有树林之下。依靠南北与沿河面的两条轴线，建筑内部产生出五个分隔而又连续一体的空间。五个"分叉"代表了出入、参佛、饮茶、起居、卫浴五种不同的空间，共同构成漫步式的行为体验。

　　建筑始终与树和自然景观保持着亲密关系。出入口正对着两棵树，人从树下经由一条狭窄的通道缓缓地走入建筑之内；佛龛背墙面水，天光与树影通过佛龛顶部的天窗沿着弧形墙面柔和地洒入室内，渲染佛祖的光辉；茶室向遍植荷花的水面完全开敞，几棵树分居左右成为庭院的一部分，创造品茶与观景的乐趣；休息室与建筑其他部分由一个竹庭院分隔，让起居活动伴随着一天时光的变化。建筑物整体覆土成为土地的延伸，成为树荫之下一座可以被使用的"山丘"。

　　与自然的关系进一步延伸至材料层面。建筑墙面与屋顶采用混凝土整体浇筑，一次成型。混凝土模板由3厘米宽的松木条拼合而成，自然的木纹与竖向的线性肌理被刻印在室内界面，让冰冷的混凝土材料产生柔和、温暖的感受。固定家具也是由木条板定制的，灰色的木质纹理与混凝土墙产生一些微差。

　　室内地面采用光滑的水磨石材，表面有细细的石子纹路，将外界的自然景色映射进室内。室外地面则由白色鹅卵石浆砌而成，内与外产生触感的变化。所有门窗均为实木的，以体现自然的材料质感。禅宗讲究顺应自然，并成为自然的一部分。这同样也是这个空间设计的追求——利用空间、结构、材料激发身体的感知，人与建筑都能在一个平常的乡村风景之中重新发现自然的魅力，与自然共生。

总平面图

东立面图 East Elevation

沿河立面图 Bank Elevation

立面图

剖面图 Section
1 入口 Entrance
2 庭院 Courtyard
3 Mediation abode
4 休息室 Room

剖面图

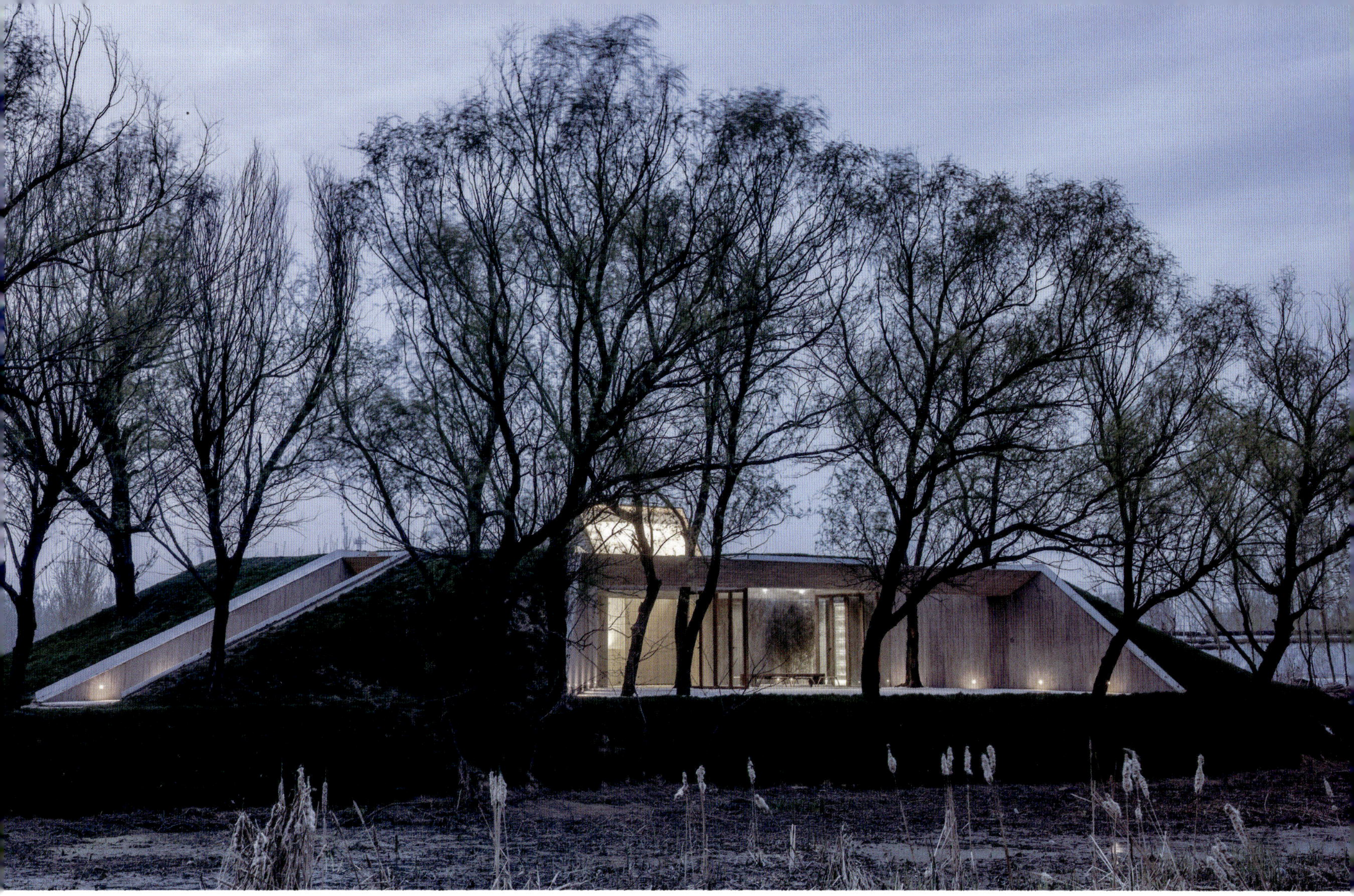

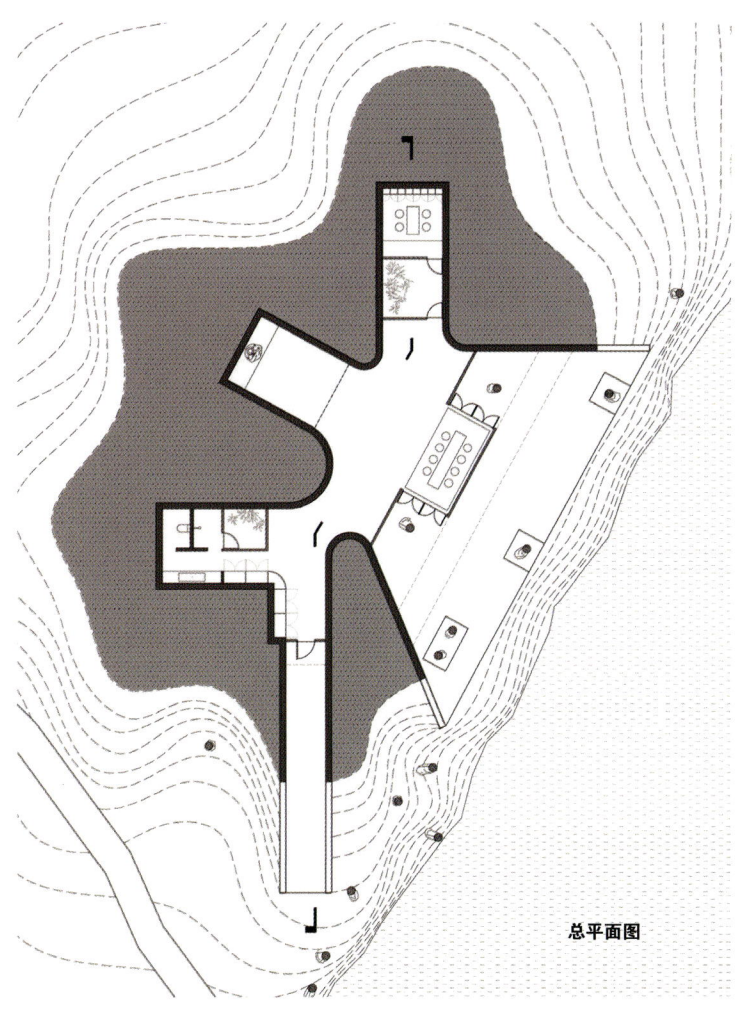

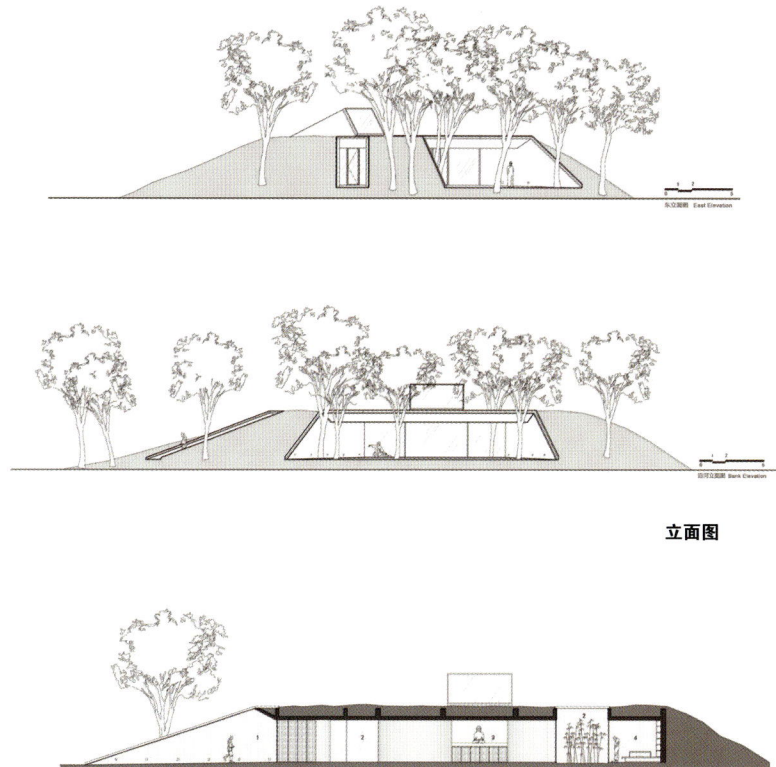

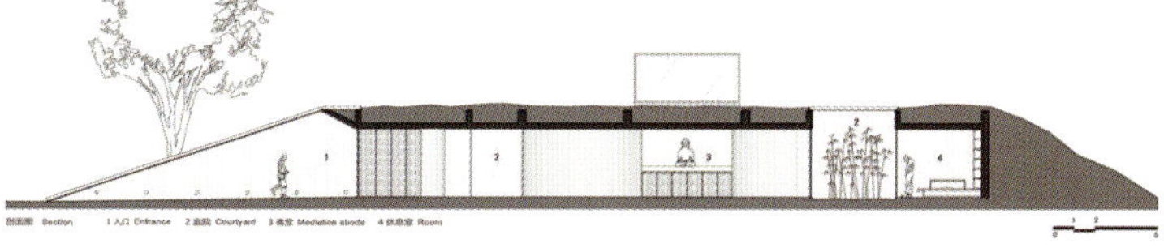

RECREATION ■ 休闲服务

山东，济南

济南蓝石溪地农园会所
Lanshi Xidi Clubhouse

王泉、蔡善毅 / 主创建筑师　夏至 / 摄影

当今的中国建筑设计大多陷入一种焦灼和功利的状态。本设计则力图创造一种朴实悠然、平和安静的建筑质感。

这是一个绿色农庄会所建筑。基地处于一片开阔的农田之中，所以设计的原始构思自然就把它想象成从大地中生长出来的房子，成为大地自然景观的一部分。屋顶匍匐蜿蜒有始有终，是设计母题之一，这种不规则的起伏变化是想同时表现出中国传统村落自由天际线的特征。

总平面上建筑体量呈发散状向南横向展开，在中心区设置挑高大堂，成为空间序列的最高潮。各种功能房间根据私密性和公共性的区别和等级采用不规则的方式排布组合，借鉴了中国民居邻里之间自然组合而非整齐划一的空间品性，意图表现建筑是有机生长的状态。室外局部的檐下灰空间和类似窄巷的连接方式，也是对民居交通空间和休闲文化的一种借鉴。由于是散落的自由平面，设计时尤其考虑了自然对流通风的可能性。同时因为增加了墙体厚度，使其具备像北方地区传统建筑的良好保温性能。最大化的争取了绿色低耗建筑的节能效果。追求建设成本的低造价是本设计的追求之一。建成后的成本结算显示出令人满意的结果，达到了最佳性价比。

建筑立面质感上，力图回避机械化、成品化的现代感、效率感，而重点突出人工感、手工感。曾有人说过，"现代化的流水线生产方式其实是反人类的，它使人变成了生产的奴隶。而手工化的生产方式是宜人的，它赋予了人的情感在里面。"所以该建筑的建造过程中，手工的制作感也是设计的主旨之一，包括大面积自然片岩的人工砌筑、所有门窗的现场焊接卯榫打磨等。材料的选择上既考虑到低廉的成本控制，又要表现材质的肌理和真实性，如白铁皮、麦秸板、普通红砖、清水混凝土等。锈蚀钢板表面颜色随时间变化，赋予出建筑一种成长性和生命感。这些在乡村易见的廉价建筑材料更易表现出乡土建构的清晰性。在当今盛行的参数化设计高科技材料年代，这种纯手工打造的建筑质感更容易显现出其朴实无华优雅内敛的乡土气质。

设计团队
李勉丽、徐海龙、王旖濛、张长青、徐坤
结构师
张利军、马立博
设备师
于馨、井玲
电气师
孟炜
建筑面积
1,530平方米
所获奖项
2014"中国建筑学会"建筑创作奖银奖
2014"WA中国建筑奖"
技术进步奖入围项目
2014"金堂奖"中国室内设计
年度设计选材推动奖
2014"金堂奖"中国室内设计
年度十佳休闲空间

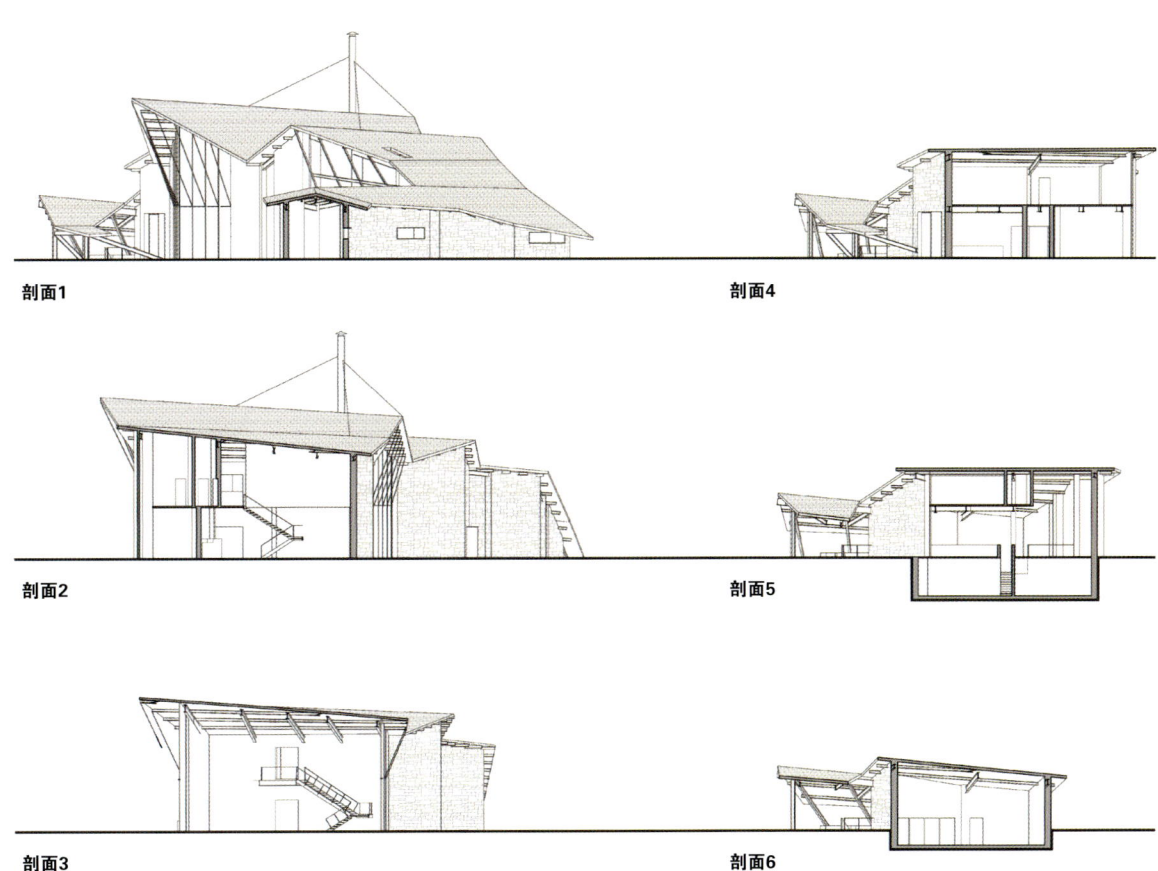

剖面1　　　　　　　　　　　　　　　剖面4

剖面2　　　　　　　　　　　　　　　剖面5

剖面3　　　　　　　　　　　　　　　剖面6

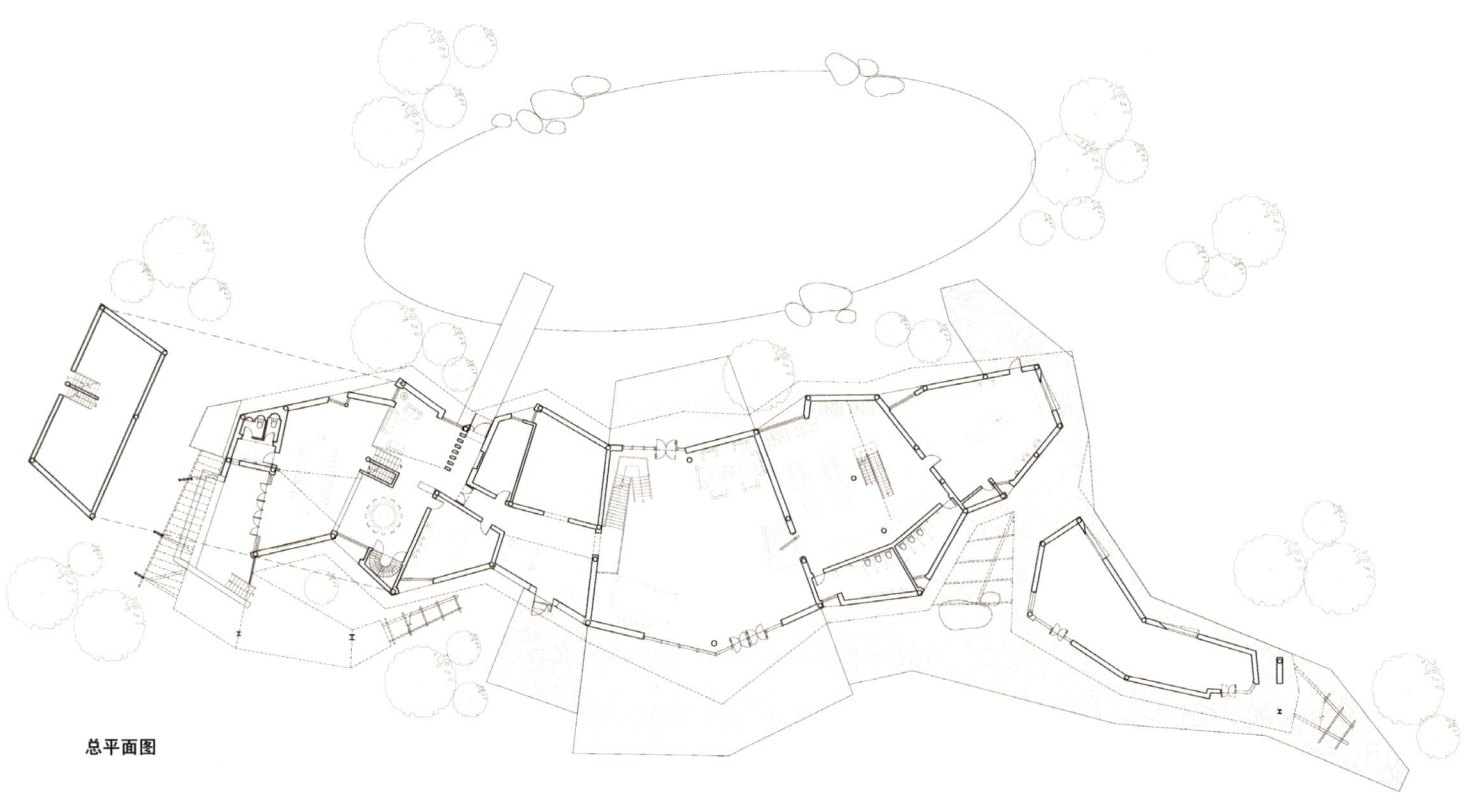

总平面图

RECREATION ■ 休闲服务

江苏，苏州

东原千浔社区中心
DongyuanQianxun community Centre

祝晓峰／主创建筑师 苏圣亮、东原设计／摄影

建筑设计
山水秀建筑设计事务所
合作设计院
苏州建筑设计研究院股份有限公司
项目团队
庄鑫嘉（项目经理）、石圻(高级设计师)、 盛泰（驻场设计师）、杜士刚、李成、付蓉、罗琪、肖载源、尚云鹏
业主
东原地产
结构方案设计
张准
建筑规模
2,238.2平方米（地上）
1,089.40平方米（地下）
设计/建成时间
2016年7月／2017年6月

东原千浔社区位于苏州市相城区，北面是黄桥镇，东西两面是其他住宅用地，南面一路之隔是虎丘湿地公园。社区中心位于整个用地的东南角，与两条城市道路相邻。与大多数新城开发区里的住宅一样，千浔社区仍然是一个闭合性的商品房小区。苏州是以庭院生活为载体的江南文化荟萃之地；场地本身南侧的湿地公园里又有一条东西向的河流，沿河的芦苇和树丛为这一带的旷野带来了流动的自然气息：这两个条件构成了建筑的外在环境。作为一个小区边缘的社区中心，这座建筑需要给周边社区提供各种公共服务，包括社区事务、聚会交流、艺术展览、亲子活动、体育健身、便利商业等，这些公共活动构成了建筑的内在需求。我们希望寻找一种特定的空间秩序，把建筑的内在需求和外在环境融合起来，成为二者的共同载体，从而营造一个兼容社会性和自然性，兼具凝聚力和开放性的社区活动场所。

结构系统和空间秩序的相互推演是山水秀建筑设计事务所近期的主要工作方法之一。在进行了多种构思的尝试之后，我们决定用上下交错叠放的剪力墙来生成空间，我们的结构顾问称之为"叠墙深梁"体系。整层的结构墙通过上下交叠，在满足结构对垂直荷载和水平刚度需求的同时，形成了一种特殊的空间秩序：墙体是围合性的，可以划分出不同的空间，空洞则是开放的，可以联通不同的空间——我们希望这种秩序的双重潜力能够让这座社区中心实现凝聚和开放的共存。根据社区中心各项功能的需求，使用空间的基本宽度模数在7米左右。最终，我们采用了7.2米的跨度模数，将东西长约60米，南北宽约43米的两层建筑纳入了六根7.2米宽的条状结构中，再根据内外空间和动线需要，运用交叠墙语言沿着这些条状结构组织并生成了整座建筑的内外空间。二层的竖向结构主要由南北向的山墙构成，这些山墙自由分布在条状结构上，自然成了屋顶设计的出发点。通过比选，我们采用了下凹的混凝土筒壳作为建筑的覆盖。160毫米厚的筒壳结构在短方向上的跨度均为7.2米，在长方向上则依靠1.3米的筒壳矢高，实现12~25米不等的跨度。

我们在建筑靠西的位置设计了一条南北向的主要步行通道，小区居民走出围墙后，将使用这条步道穿过社区中心，前往南侧的巴士站或湿地公园。建筑的东南角提供了另外一条步行通道，连接东侧的小型商业庭院，并向西穿过水景庭院与主通道相连。沿着主通道，我们在靠近城市道路的西南角设置了便利店，在靠近小区的北端设置了亲子游戏室，主通道在建筑中部扩大，成为一个半室外的社区广场，向西面对草坪庭院，向东则可以进入社区中心的多功能大堂，也是通往其他内部空间的枢纽：通过下沉庭院采光的地下室是一座健身中心，与小区地下室连通；一层提供了社区事务管理、小型商业和居民的交流空间；二层是社区图书馆和工作室，在朝南的咖啡厅可以享受湿地公园的景观。

在这个空间结构里，交替出现的实墙和洞口让建筑与自然在相互的界定中融会贯通，形成了一个可以相互渗透的庭院聚落。各种社区活动和步行动线通过庭院的划分各得其所，也通过庭院之间的空间流动被联系在了一起。建构与空间是建筑师最可仰赖的建筑本体。在回应来自自然、社会和人之需求的过程中，我们希望运用建筑本体的力量探索新的建筑秩序。我们期待在营造社区公共生活空间的同时，为整个场所带来光阴的流转。

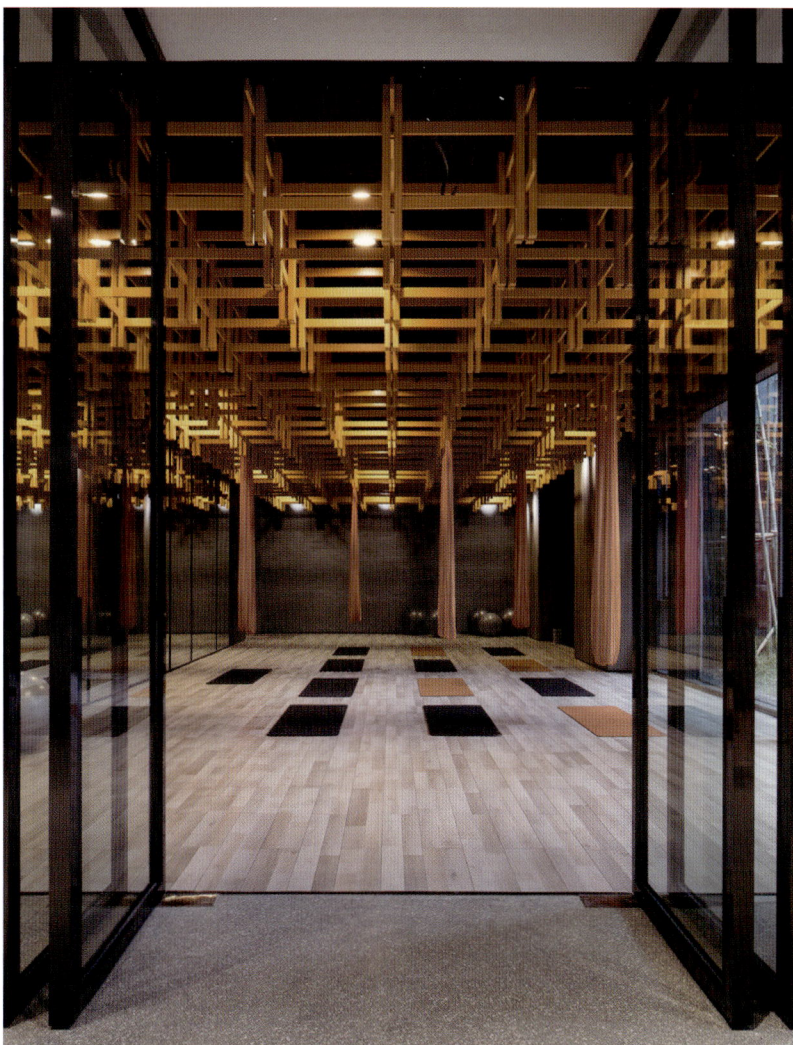
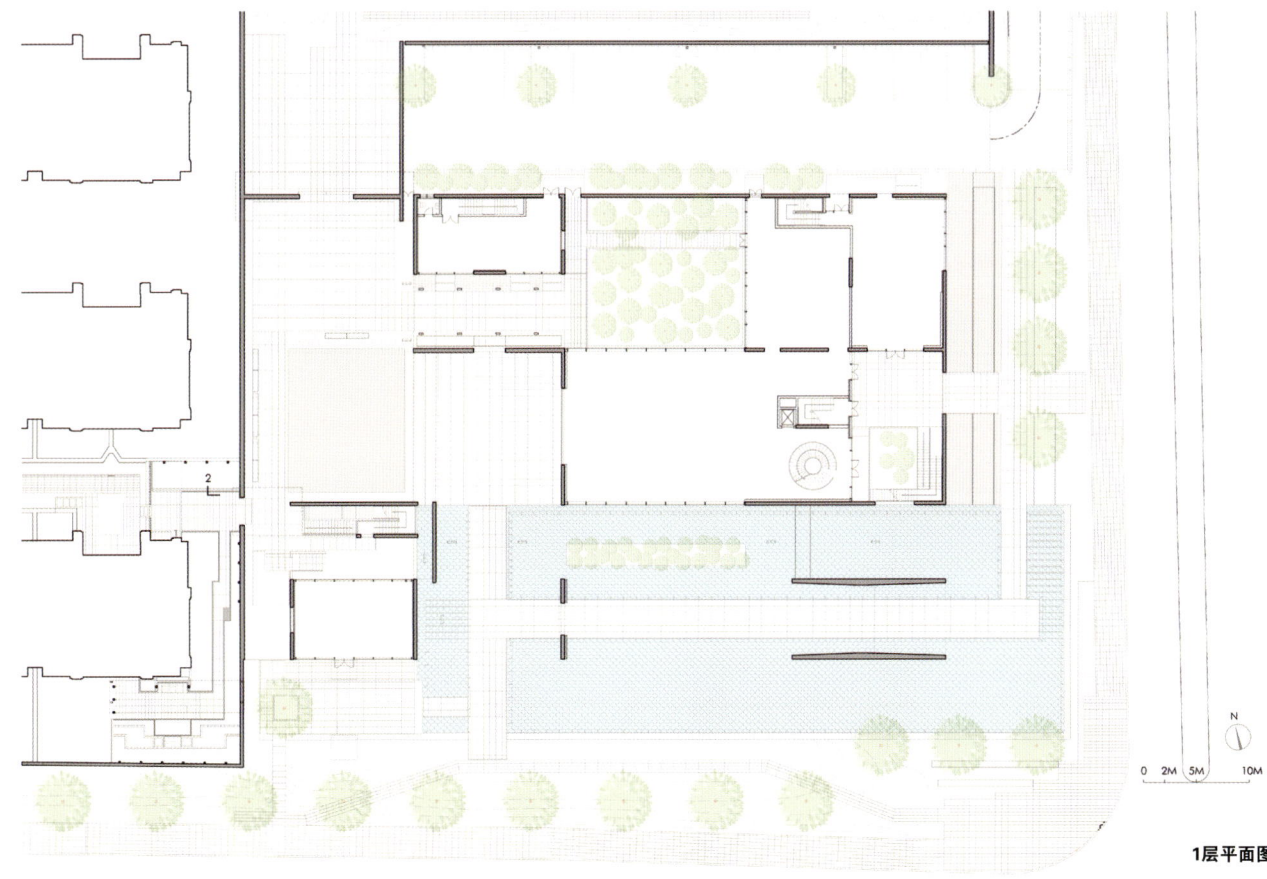

1层平面图

RECREATION ■ 休闲服务

设计单位
卢俊廷建筑师事务所
设计团队
黄惠卿、陈盈霖、吴承运、傅上格、
杨印之、李嘉修、陈宥安、
杨佳彬、许宏考
结构
建巨土木结构技师事务所
水电空调
明澄顾问股份有限公司
主要建材
耐候质感涂料、清水砖、马赛克、
铝格栅、侧柏实木加工、
侧柏木企口天花、太阳能光电板
建筑面积
1,207.43平方米

台湾，新北市

三峡北大特区全龄生活馆
Sanxia Beida Community Center For All Ages

卢俊廷 / 主创建筑师

本案基地位于台湾新北市的三峡北大特区，该特区打破传统 "老三峡" 红砖、老街的印象，以年经家庭为核心且高楼林立，可谓为 "新三峡"。而本案之初，需求设定即以 "六合一" 全龄综合服务为依归，包含：守护治安的北大派出所、照顾老幼的公共托老中心及公共托育中心、强调亲子共读的图书馆、便利民众的户政工作站以及市民活动中心。故整合各类功能与动线、创造清晰的辨识系统，对于面前道路学成路及邻地龙学公园不同面向、不同表情的适切回应，便成为本案最基本而重要的课题。

亲切易懂的辨识系统与新三峡的活力

基地位于三峡北大特区，周遭高楼林立，但却紧邻该区难得的绿意瑰宝——龙学公园。故建筑师掌握此环境优势，将本案面对公园绿意的一侧，安排了与民众日常及休闲生活最为贴近的托育中心、托老中心、图书馆、活动中心、户政工作站等空间，并设置大面落地窗收纳公园美景，搭配兼具遮阳、观景功能的丰富跃动阳台及绿化，形成立体多层次的绿意聚落，与外在绿意及活动来回对话。而活泼、亲切易辨识的立面色块、简明清晰方块印章式指标，则代表不同族群的活动空间，让民众轻易找到欲前往的所在。

派出所的自明性与老三峡的记忆

学成路侧为三峡北大特区派出所，作为治安的守护者及社区居民的心安屏障，派出所首重辨识度与自明性，故独自面对学成路，采较显著而稳重的表情，并搭配清水红砖呼应民众记忆及老三峡特色。且此次清水砖部分有幸由曾获得世界冠军殊荣的"砖家"粘锦成老师团队施作，精准却带温暖的传达了新旧交织、既传承也创新的工艺精神。

内部空间与外在环境

走近或走进建筑，亲切易懂的指示从入口广场、各层梯厅，一直陪伴、引领着人们。而新北市立图书馆三峡北大分馆，内部空间则延续了相关元素：踏入三楼的图书馆，首先映入眼帘的，是佐以建筑外观元素并搭配植生绿墙系统的新书展示墙。面对新书展示墙向左手边一望，是逾10米长的观景阅览桌，民众可透过落地窗一面品味书本内涵、一面享受公园绿意。四楼则是强调亲子共读的亲子共读区，以清爽的木纹、纯白色及萌绿色为基调，整体空间更是延续建筑本身最为鲜明的特色——方块印章式指示，以"知识魔方"为整体概念。

除了对龙学公园及学成路两个"面向"的不同表情外，由于本案功能及空间众多，故设置一中庭以争取最大的通风采光面，并成为2楼幼儿、长者安全便利的户外活动庭园，而各方向的开窗，则因应各自不同的座向设置适度的遮阳，以兼顾采光与节能，再搭配节能照明、变频节能空调系统、太阳能光电板，使本案成为优质节能建筑。大量而立体的复层绿化、高性能混凝土、再生面砖及其他绿建材的配搭，则使本案有着显著的减碳效益。在透水铺面、省水卫生设备、雨水回收系统的共同发挥下，也使得基地的水资源获得妥善的保护与循环。而本案亦获得台湾地区绿建筑最高荣誉——钻石级绿建筑标章之认证。

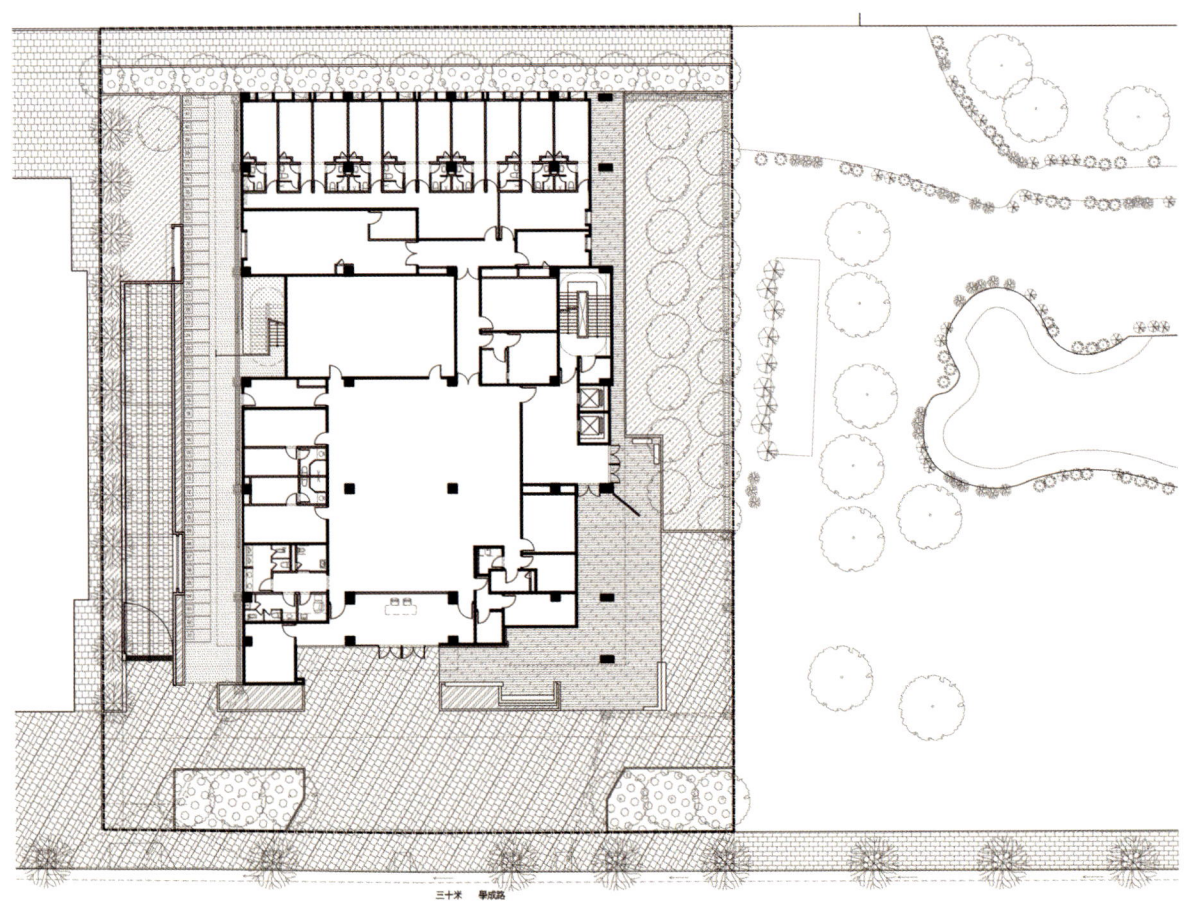

1层平面图

RECREATION ■ 休闲服务

贵州，贵安新区

清控人居科技示范楼
Nearly Zero Energy Building of the Gui'an Innovation Park

宋晔皓／主创建筑师　夏至／摄影

设计单位
素朴建筑工作室
设计团队
孙菁芬、陈晓娟、林正豪
工程设计团队
北京清华同衡规划设计研究院有限公司
建成时间
2015年6月
建筑面积
701平方米

　　清控人居科技示范楼是在贵安新区政府支持下，清控人居建设集团与英国BRE机构合作的示范项目，目标为建成符合BREEAM标准的近零能耗示范实验建筑。建筑位于贵安新区生态文明创新园内西南角，与园区东北侧的优美的海绵城市生态景观延绵相接。建筑集展陈和游客接待中心一体，故功能上分为三大部分：大空间展陈区、对外接待会议区以及内部办公区。

　　示范楼的定位是立足于中国西南地区的可持续策略实验平台，以检验各项设计方法与技术措施在当地气候、文化甚至经济条件下的可行性。为满足建筑作为实验平台的要求，同时减弱现场施工对生态环境的影响，本项目采用多系统并行建造方式，既便于更新和实测，又缩短了现场施工时间。

建筑的多系统整合

　　多系统的整合体现于三个层面：多系统并行建造、乡土文化与可持续技术的整合。整体建筑由木结构系统、轻钢箱体系统、设备系统、外表皮系统这四部分并行建造而成。木结构系统主要用于通高的展陈大空间，轻钢箱体系统则作为两侧的功能用房；这两个系统均在工厂预制并现场吊装，有效节省了建造时间与资源消耗。设备系统则整合嵌装于建筑的双层表皮空腔之中，不仅便于对外展示并提高室内空间的灵活性，更能为后续实验平台中设备系统的增补、操作与检修提供空间与便利。模块化的双层表皮系统则整合了当地藤编工艺与工业预制技术从而实现快速装配，不仅使建筑高度体现贵州当地的风土特色，更在一定程度上刺激并带动了当地的传统工艺经济的发展。

被动式设计

　　尽管有展示技术的要求，建筑师在设计中还是优先通过建筑布局、空间、形态、材料的设计来回应当地的气候，以争取更多的自然通风、自然采光，有效地控制太阳辐射等；以简单的方式获取最大的舒适度。从体型布局上，中部为通高的大空间展厅，两翼为相对封闭的功能房间；屋脊处被再拔高且设有通长的采光通风天窗，不但借助烟囱效应增强了室内的拔风通风，同时为展厅带来了良好的自然采光。彩色的薄膜光电玻璃活跃了中庭的氛围，透过玻璃和木屋架的彩色光线投射到室内墙地面，光影随季节和时间变换。建筑外表皮则是回应气候的双层表皮。首层是带通风口的简易玻璃幕墙，二层为疏密变化的藤编表皮。藤编双层表皮设计是以建筑表面太阳辐射和风压分布的模拟结果为参照，安排四种疏密的藤编单元在立面上的布局，配合构造节点的设计，保证外观和耐久性。

　　示范楼采用了地道风替代了常规的空调系统；风管置于双层皮空腔和地下设备夹层，室内为内装一体化的出风口。此外示范楼还大量应用诸如木材、钢材与秸秆板等可再生材料，并鼓励采用当地特有的乡土材料与工艺，例如将传统藤编工艺用于表皮系统，将青石材料用于室内地面铺设以及将毛石砌筑工艺用于室外围墙等，均可在建筑全生命周期中有效降低建筑的碳足迹，并创造一种独特的建筑本土表现力。

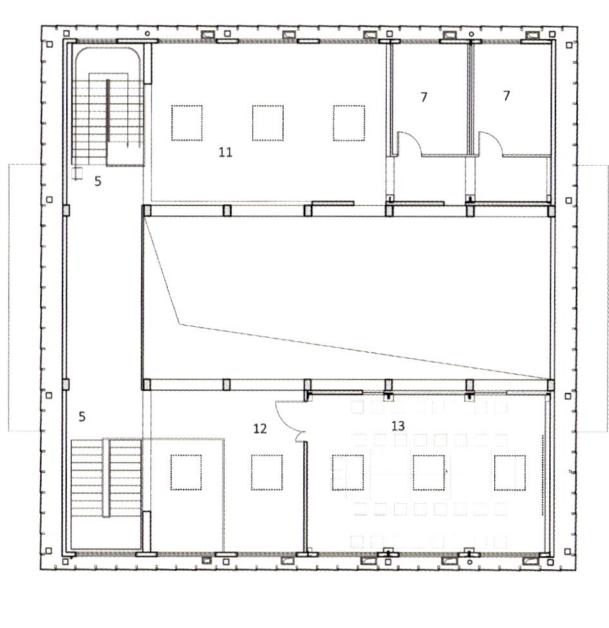

1层平面图

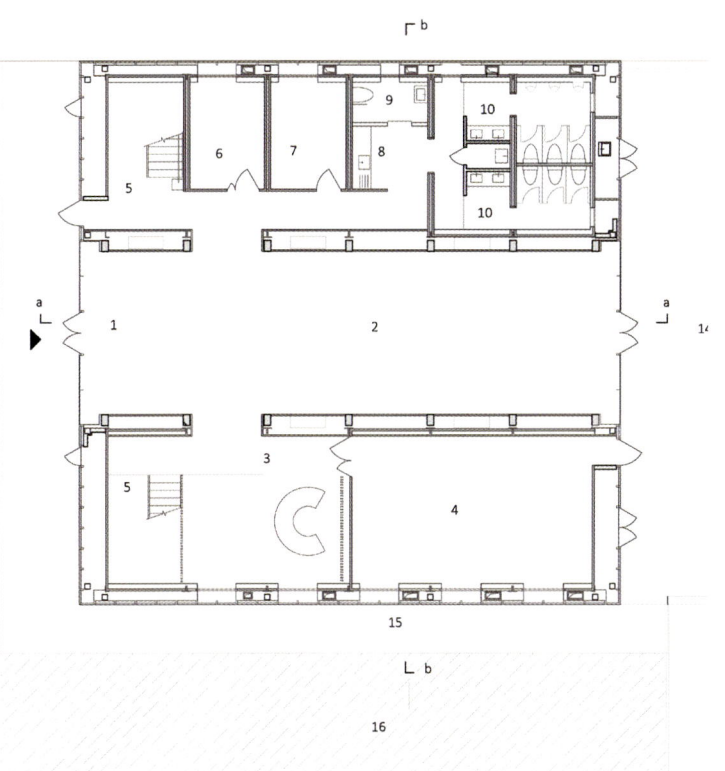

2层平面图

RECREATION ■ 休闲服务

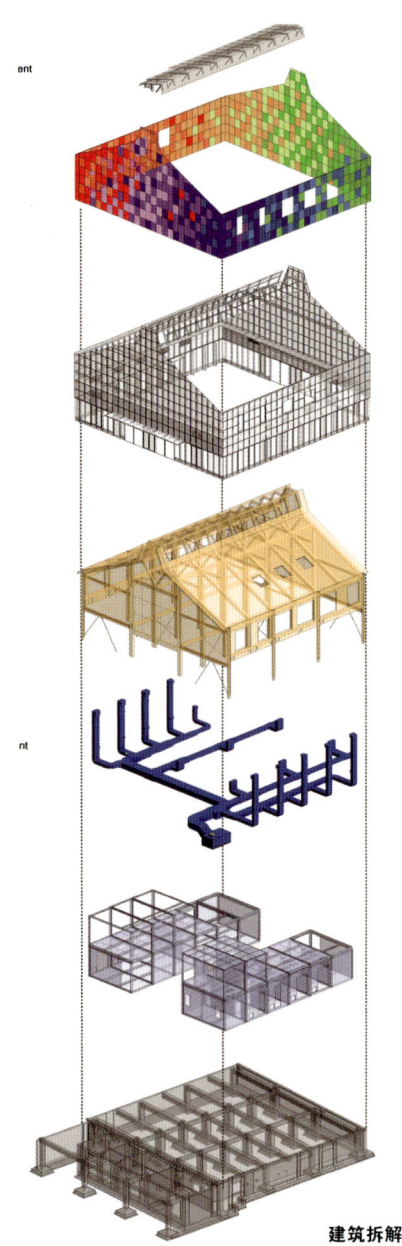

建筑拆解图

场地剖面图

RECREATION ■ 休闲服务

| 设计单位 |
| 内蒙古工大建筑设计有限责任公司 |
| 参与设计 |
| 贺龙、范桂芳、郭彦、郭鹏、张文俊 |
| 竣工时间 |
| 2016年 |
| 占地面积 |
| 11,000平方米 |
| 建筑面积 |
| 1,991平方米 |
| 主要材料 |
| 青砖 |

内蒙古，呼和浩特

盛乐遗址公园游客中心
Tourist Center of Shengle Heritage Park

张鹏举／主创建筑师　张广源／摄影

　　盛乐遗址公园游客中心的项目选址位于呼和浩特市和林格尔县盛乐博物馆大门一侧，建筑规模近2,000平方米，拟用于盛乐古城博物馆及后期开放的盛乐遗址公园游客中心。由于用地紧张，游客中心的选址只能是在博物馆的基地内产生，于是，新建建筑与旧有建筑之间的关系变得甚为微妙，再加上博物馆本身低调、谦逊的建筑特征，使得新建建筑的介入很容易喧宾夺主。同时，设计又不甘将新建建筑平庸化处理，希望游客在新建建筑中有种别样的空间体验。在这样的背景下，游客中心外敛内修的气质成了设计所追求的主要方向，并试图通过以下设计策略加以实现。

　　首先，游客中心的设计选址采取"让"的策略和"融"的策略，在满足功能流线的同时，最大限度让开博物馆建筑的主要参观轴线，并将建筑切分为若干个小的体量用来弱化建筑的体量感，同时利用场地中现有的树木和北侧管理用房，对新建建筑形成围合之势，使游客中心的大部分体量被掩映于树林与旧有建筑之中，试图将建筑消隐在园区的外部环境之中，从而引导游客在参观路线上将视觉体验集中于博物馆本身。

　　在以收敛、谦逊的态度完成与外部环境的对话后，设计又集中了较多精力用以修治游客中心自身的空间体验。通过光影的变化、新旧建筑间的变化、空间上下和内外的转化，努力实现空间上的多变，营造出丰富的游览体验，试图让游客在感受完博物馆严肃、凝重的表情后，在这里通过亲切、宜人的空间体验使心情得以放松。

　　在盛乐博物馆游客中心的设计过程中，正是通过以上多方面的策略，试图与博物馆之间建立和谐统一的主从关系，同时希望区别于博物馆，营造自身别样的空间体验，最终使建筑形成一种外敛内修的特殊气质。

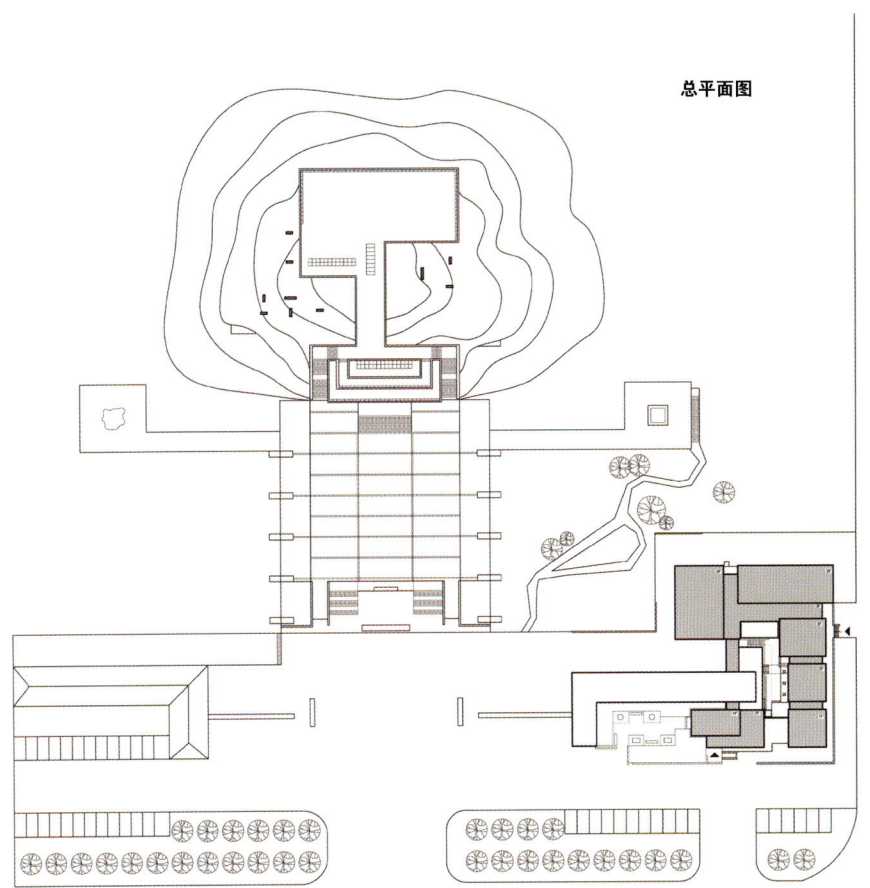
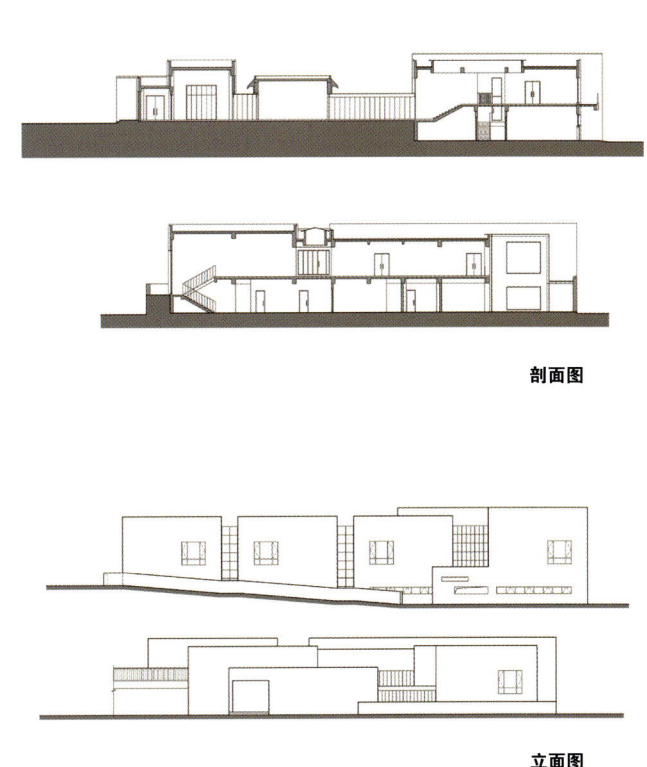

总平面图

剖面图

立面图

RECREATION ■ 休闲服务

RECREATION ■ 休闲服务

设计单位
三文建筑/何崴工作室
设计团队
陈龙、米健、孙琪、赵卓然、宋珂、吴前铖
项目顾问
聂建、王滨
建筑面积
1,400平方米
设计时间
2016年4月–2016年7月
建造时间
2016年7月–2017年7月
驻场工程师
靳雷柱、何秀根
合作单位
北京山岳美途体育文化有限公司
室内施工图设计
北京鸿尚国际设计有限公司

贵州，黔西南布依族苗族自治州

安龙国家公园游客服务中心
Tourist Center of Anlong Limestone Resort

何崴 / 主创建筑师　金伟琦 / 摄影

安龙国家山地户外运动示范公园位于贵州黔西南州安龙县笃山镇。公园位于一个天然的山谷中，占地约46.67万平方米，风景雄奇。山谷四周是典型的喀斯特地形岩壁，其中一段更是垂直的百米悬崖，谷底成口袋形，有一条蜿蜒的河流将谷底分为两半，河流的尽头是两个天坑，河流在天坑处从地面消失流入地下，形成地下河。

显和隐

游客服务中心位于谷底的一座小山丘顶上。小山丘是谷底唯一的高点，具有良好的视线，本身也极为醒目。选择在这里建造游客中心，除了希望建筑成为谷底的视觉焦点之外，还因为这里的地势最高，可以抵御每年雨季河流涨水淹没建筑的危险。实际上，当地没有确切的水文资料，建筑师只能根据当地人的口述，确定建筑的地板高度，这也是建筑被设计建造在一个架高的平台上的原因。因为建筑选址的特殊性，建筑师需要首先解决的问题就是建筑和环境的关系。在建筑师看来，峡谷的风景是极具力量感的，也应该是整个公园的绝对主角，而建筑应该首先融入环境，然后才是利用自身的特征为整个谷底点睛。因此，如何处理好建筑的显隐问题就成为设计的起点。

在实地勘察中，设计师发现小山顶部并不是平的。山顶有四组山石高起，而高起的山石之间自然形成了若干个小高地。设计师把建筑打散，形成若干个小的单体，并将它们隐藏在这些小高地中。建筑自然的避让原有场地中的山石，并和山石形成一种共生关系：藏身于山石，又从山石的缝隙中伸出来，若隐若现。建筑的形式并不刻意的追求新奇，仍然沿用了贵州黔西南地区的双坡顶民居形式，立面材料也尽量选择本地的石材为主。设计师不希望建筑过于彰显，除了对周边环境的尊敬外，也深知即使卖力的表现也无法和周边的大山大水争锋。

内和外

游客服务中心由接待站、西餐厅（红点餐厅）、酒吧（仙掌酒吧）和会议室（磐石会议中心）四座建筑组成，其总体布局围绕着基地上的山石展开，呈现出一种外观和内聚共存的状态。外观，指每栋建筑都具有很好的观景面，通过落地玻璃，山谷的壮美景色可以被收入建筑室内，使游客中心和山谷形成共鸣。人坐在建筑室内或者屋檐下，通过视线与谷底远处的岩壁、河流、大地交流，并融入其中。内聚，指建筑与建筑之间，建筑与被其围绕的山石之间形成的内向的聚合。这种聚合被一个高架的平台功能化、明确化。平台不仅在汛期很好地解决了建筑主体的防洪问题，也是串联建筑与建筑的室外空间。除了会议室、接待站、西餐厅和咖啡厅的入口都指向室外平台，这里是未来游客交流、与山石亲密互动的主要空间。平台中部，半室外的凉亭进一步加强了平台的聚集性，设计师希望这里可以成为游客中心最具活力的地点。

虚和实

正如前文所述，建筑与周边环境的关系是游客中心设计的起点。建筑被插入山石之间，且通过地方建筑的形式和在地材料与环境融为一体。同时，建筑也是整个谷地中最重要的观景点和被观赏点，因此建筑外观的虚实变换就变得尤为重要。虚实变换的方式也是这组建筑区别于地方传统农舍的重要设计语汇。根据各建筑的功能、朝向以及与周边环境的对景关系，设计师将建筑的实体立面（包括屋顶、部分墙面和地面）连贯起来，形成一个剖面类C形的筒，而虚体立面（玻璃）被"包裹"在这个C形的表皮中。通过大面积的虚实变换，建筑外观和室内空间获得了完全不同的气质，使用者体验外部空间的方式也从传统民居的相对平和、单一的模式，转换为具有现代感的、戏剧性模式。

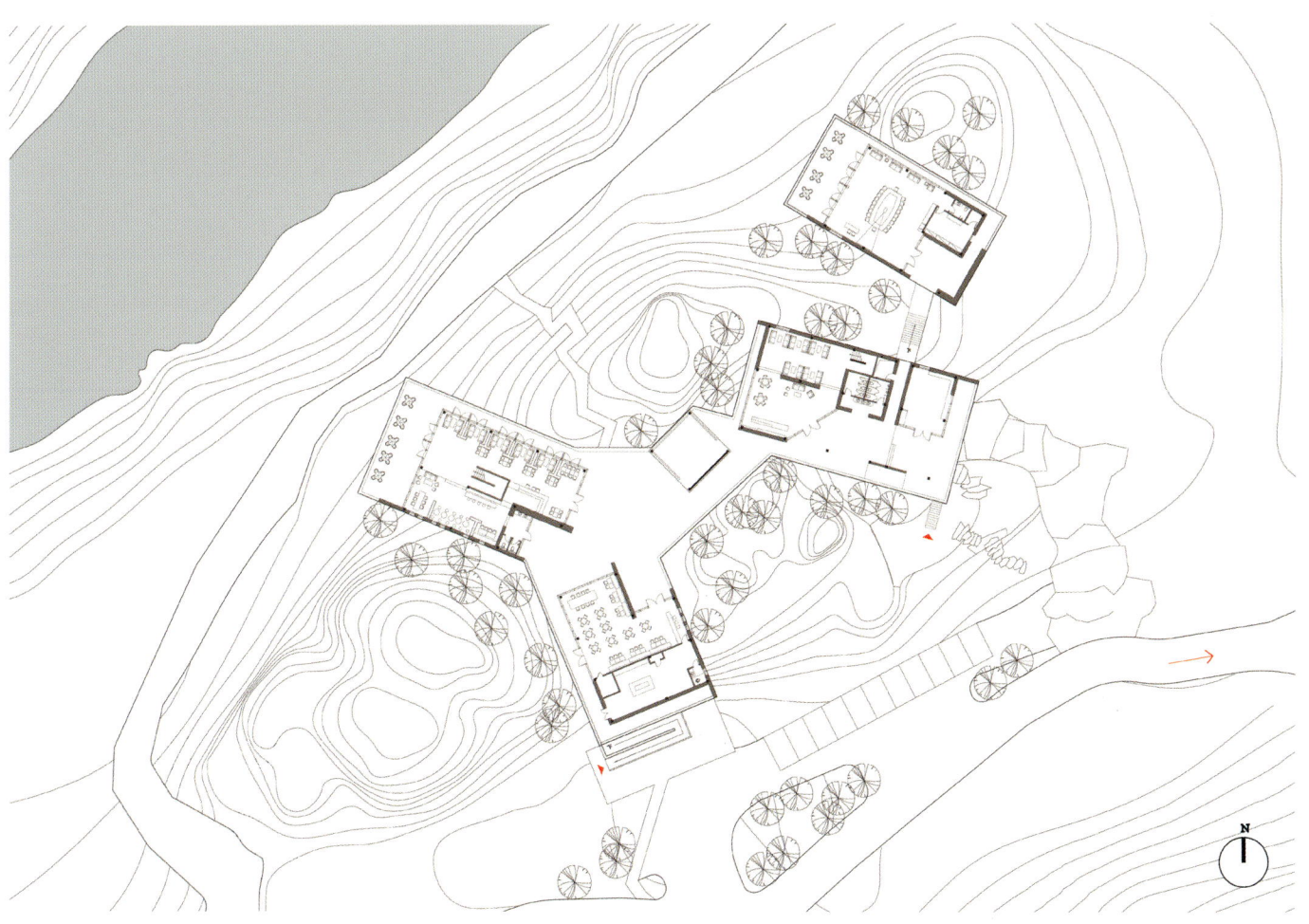

总平面图

RECREATION ■ 休闲服务

RECREATION 休闲服务

业主
西藏翔腾旅游发展有限公司
设计机构
小隐建筑设计事务所
景观&规划设计
杨喆、黎天景
室内设计
何苗、江涛、张宇、秦淼森
总用地面积
46,668平方米（约70亩）
总建筑面积
2,400平方米（一期）
项目时间
2016年–2017年
建成时间
2017年6月

西藏，然乌湖风景区

然乌湖国际自驾与房车营地
RanWu Lake (Tibet) International Self-driving and RV Camp

潘友才／主创建筑师　存在建筑–建筑摄影／摄影

　　然乌湖为藏东第一大湖，是雅鲁藏布江支流帕隆藏布江主要源头，湖面海拔3,850~3,895米，面积约27平方千米，长约26千米，平均宽1~5千米，湖体狭长，呈串珠状分布，湖畔西南为岗日嘎布雪山，南为阿扎贡拉冰川，东北为伯舒拉岭，四周雪山冰川环绕，景色秀丽迷人。

　　营地总占地面积约13.33万平方米，地形整体北高南低，海拔为3,897~3,911米，南北最大高差14米，为缓坡地形。此处湖面开阔，南北宽900米、东西长2.5千米，营地南北雪山高耸，周围景观资源绝佳。通过对项目现场的踏勘研究，结合地方政府要求和营地的运营模式及发展方向，我们提出了以下设计原则及理念：最小的场地改造手段，最大化的环境保护，多项生态环保措施并用，结合当地民族喜好，变废为宝，做一个与自然共生、与场地共存、方便游客使用及利于商业运营的可持续发展型自驾与房车营地。

　　为解决营地泥石流冲沟和地势相对318国道过低的相关问题，首先在318国道北侧用石笼构筑第一道挡水墙群落，再将营地内原有冲沟部分改造为截面3米×3米的埋地式泄洪渠，绕过营地主要建筑物，并结合项目景观将泄洪渠和水景观做有机结合，营造一个次序井然的外部环境。

　　所有建筑采用底部架空处理，并根据然乌湖水位变化和观景视线及观景角度做精确测算，从南到北，地势从低到高，从湖案酒吧开始建筑依次抬高，地平标高依次设置为海拔3,900米、3,905米、3,911.5米。利用原有地形的高差，结合建筑架空层的高度调节，保证从湖边到318国道的各建筑依次抬高、互不遮挡，通过架空层高度调节，使得旅游服务中心主体建筑整体高于318国道6~8米，并在临318国道入口处设置约20米高的景观灯塔，从而保证项目安全性、昭示性和景观资源的最大化利用。为最大化观湖视野，经过多次推演，综合服务中心主体建筑沿318国道横向折线延展约80米，建筑底层架空约8米，临湖一侧为全落地玻璃，沿湖设置环形大悬挑观景露台，保证主体建筑临湖一侧绝佳观景视野。主体建筑由白色实体不规则线条和大量通透玻璃构建而成，通过平面和竖向的造型变化最终以缓坡坡道重新与地面连接。营地主体建筑外观顺应地形转折起伏似雄鹰展翅栖于湖岸。

　　主体一层为旅游服务资讯中心、管理中心、简餐、咖啡、24H便利店、藏地特产展销中心等景观要求高的功能空间，为游客提供一处休闲放松的观景空间。利用主体建筑下部8米高的架空层布置景观要求较低的医疗救助及星级卫浴设施、藏药文化展览馆和设备管理用房，为游客提供安全、舒适、优质的辅助服务配套设施。

　　主体建筑前方点缀了8栋独栋式度假酒店，酒店底部架空2~4米，根据视线需求高低错落布置，且控制酒店屋顶高度均低于旅游服务中心一层地坪1.5米以上，保证酒店客房绝佳景观视野和客房相互间私密性的同时，亦可保证旅游服务中心优越的临湖景观视野。酒店客房西侧为当地卵石制作的特色景观墙，临湖东南两侧均为4米高180度超宽落地玻璃窗，躺在床上然乌湖巍峨俊秀的雪山、满天繁星的夜空即可尽收眼底。

总平面图

RECREATION ■ 休闲服务

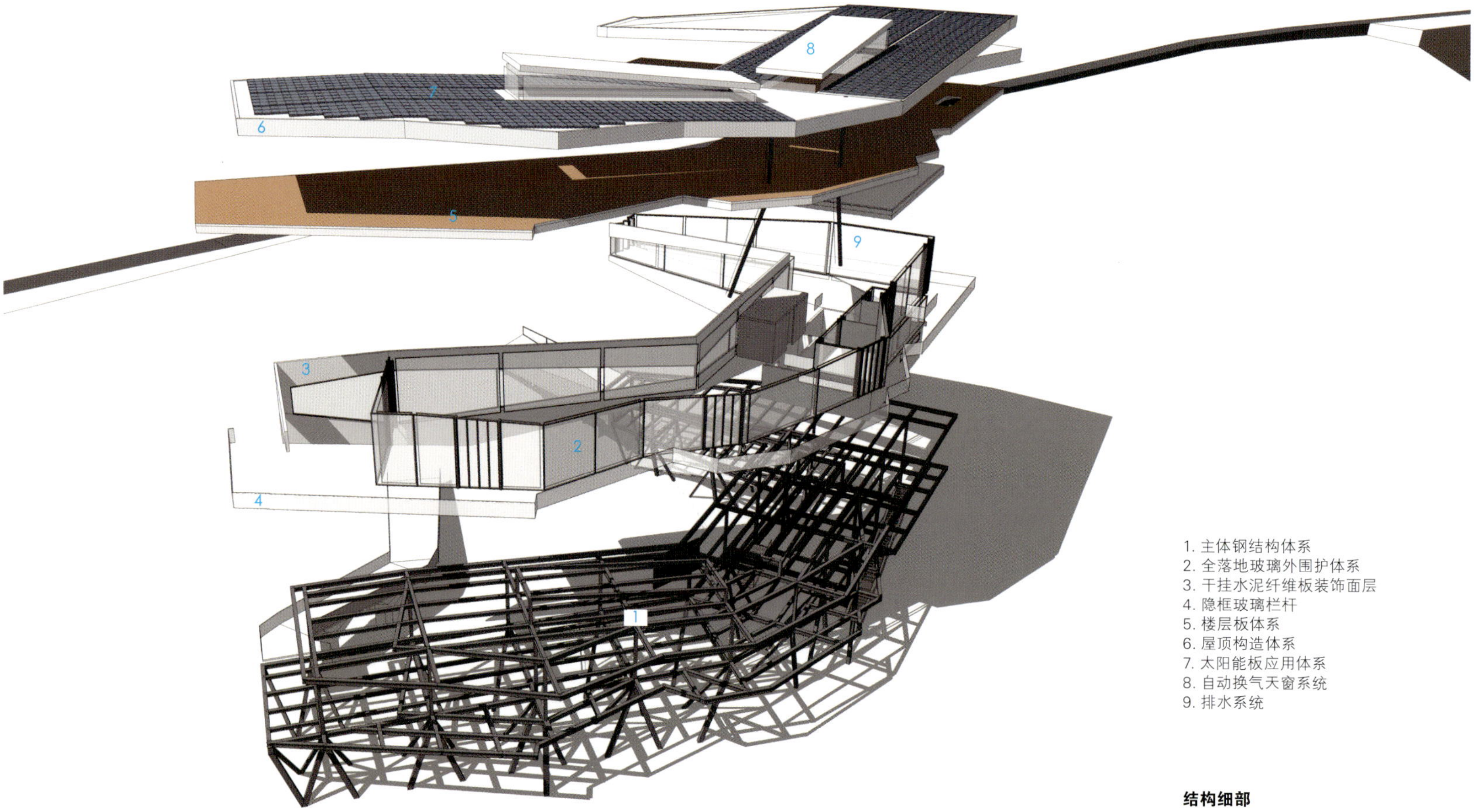

1. 主体钢结构体系
2. 全落地玻璃外围护体系
3. 干挂水泥纤维板装饰面层
4. 隐框玻璃栏杆
5. 楼层板体系
6. 屋顶构造体系
7. 太阳能板应用体系
8. 自动换气天窗系统
9. 排水系统

结构细部

RECREATION ■ 休闲服务

山东，泰安

泰安儿童职业体验馆
Nanjing Newspaper Culture Creative Park

高岩、郭馨 / 主创建筑师　吴清风 / 摄影

业主	泰安市泰山大汶口旅游置业有限公司
占地面积	20,000平方米
建筑总面积	9,500平方米
设计时间	2015年9月 – 2016年1月
建成时间	2016年9月
项目建筑师	郭馨、吴彬
景观施工负责	张海霞
室内设计负责	黄文颖
其他参与设计	李静仪、许宏杰、杨丹

　　本项目位于著名儒家文化发源地、风景名胜泰山的脚下，坐落于天颐湖风景区水库的北岸。场地最多可同时容纳600名儿童和600名家长在馆内体验游玩。此项目我们所提供的内容包括项目的策划、建筑设计以及后期运营管理的全过程完整服务。其中设计内容包括建筑、景观和室内的全套设计。

设计概念介绍

　　1. 项目所在地风景优美，面湖临山，因此我们希望让建筑的体量形状，很好地和周边的自然环境对话，既完成标志建筑的使命，又能与周边环境建立和谐的关系。我们的策略是化整为零，尽量通过错落的体块削减建筑体量带给环境的孤立感，同时又要平衡好建筑自身的标示度所需要的体态特色。它不应该是一个太人工化的极简形式，而应该与背景泰山对话的带有凹凸边缘的集合体。

　　2. 项目的使用性质是儿童职业体验馆，因此内部实际上是一个微缩小城，建筑本身就是一个包裹着城市的建筑。针对这个特点，我们首先学习分析了几个经典水城的城市图底关系，从《清明上河图》的街道城市空间中提炼了模式化的布局，把街道、街角、广场、地块和建筑基底组织成城市系统，形成一个基本的室内空间的逻辑。然后再通过空间的拓扑变化将之带入具体的设计排布中，让生动的街道空间在建筑中充分展现。

　　基于以上两个原则，我们对项目的设计定位是源于自然，高于自然。根据空间内容的编排组织，把体量关系投射到项目的基地上，东西两侧的山包和南侧湖岸，把建筑的初始体量挤压成三个弧线。然后把城市的空间模式逻辑，应用到基础的放样多段弧线的空间结构框架中，形成丰富变化的空间秩序，把原本的一个大体块细分成多条弧线的体量，减少建筑巨大体量造成的压迫感，和湖光山色相映成趣。

　　建筑的外立面设计为彩色的抽象水纹图案，水纹取自环境，色彩基于儿童，希望能够为儿童带来富有想象，反复琢磨玩味的立面效果。本项目设计形体复杂多变，但从设计到建筑景观及室内全部完工开业仅1年时间，因此我们利用数字技术对形体、结构和立面进行了合理化优化和重建。在形体方面通过几何处理将所有的三维曲线优化成二维曲线，同时将结构优化成常规排架形式。在立面方面我们将原本1,000多种穿孔铝板种类，通过数字化比对优化，减少到最终仅17种。经过对整个设计的彻底优化合理化重建，施工难度和加工成本大大降低，充分发挥出模数化的快速装配特点。使得项目在1年工期内顺利完工。

施工材料构造

　　建筑主体结构为钢结构，砌块填充墙，压型钢板现浇混凝土楼面为屋面，基础形式是点式混凝土基座。外立面主体系是钢框架外挂冲孔铝单板，内嵌彩色半透明聚碳酸酯耐力板，在端部的立面是干挂砂岩板和深灰色铝单板。在弧形主外立面的收口构造上，形成了一个空气腔，减少建筑外墙夏天时和室外的热交换。幕墙则采用镜面反射高强度玻璃，屋顶的天窗根据体形变化分布在屋顶的不同区域，增加了内部的自然采光。

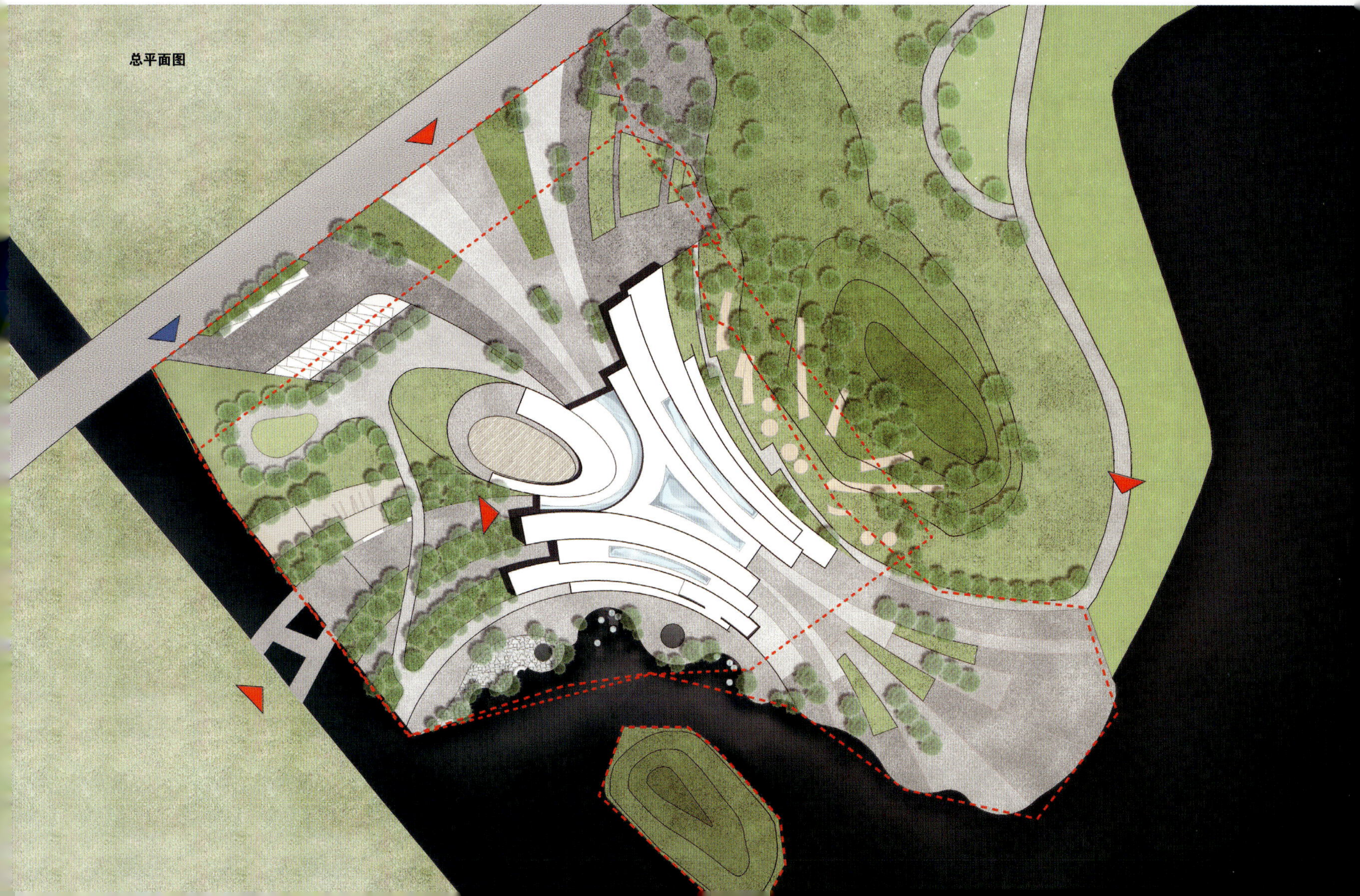

总平面图

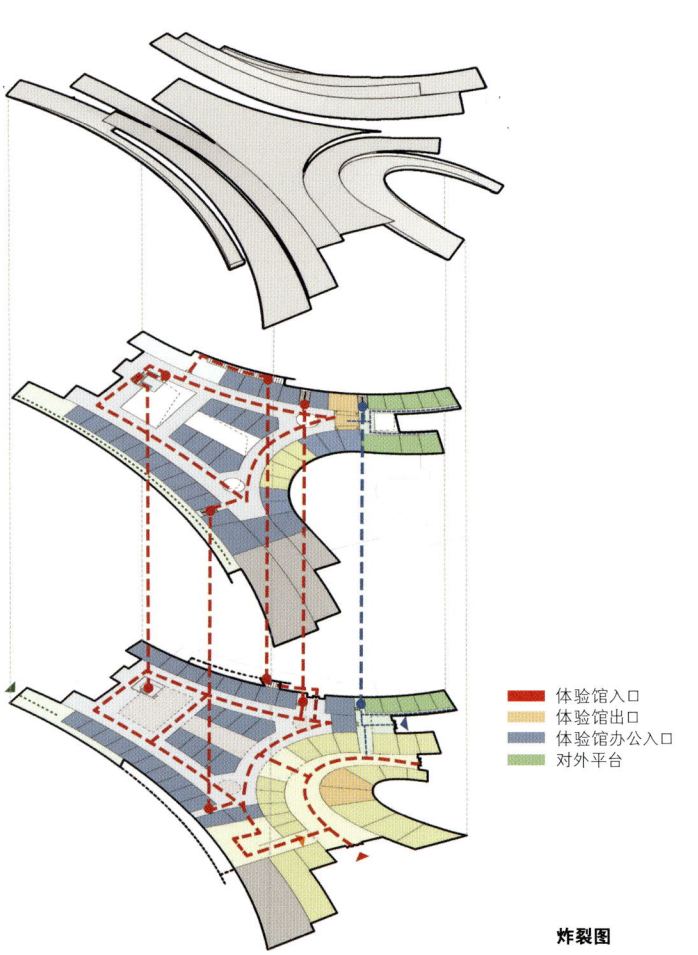

炸裂图

- 体验馆入口
- 体验馆出口
- 体验馆办公入口
- 对外平台

RECREATION ■ 休闲服务

设计单位
KSP建筑事务所
委托客户
长沙市政府
竣工时间
2017年
建筑面积
2万平方米
建筑高度
30米
步道总长
1,000米

湖南，长沙

梅溪湖城市岛双螺旋观景平台
Meixi Urban Helix, Changsha

KSP建筑事务所／主创建筑师　马库斯·布雷特／摄影

　　长沙市目前人口约700万，是中国东南部发展最快的城市。正如中国许多其他的大都市一样，长沙的城市肌理也主要由大体量的住宅楼和高耸入云的办公楼所刻画。在这样的环境之下，很难创造出具有吸引力的城市空间。

　　梅溪湖国际新城是一个占地38平方千米的城市开发项目，邻梅溪湖而建。梅溪湖是一个人工湖泊，国际新城项目也因此占据独特的地理优势，拥有良好的生态景观。国际新城的功能片区包括住宅区、写字楼区、科研区以及文化艺术区，而梅溪湖城市岛双螺旋观景平台则是其中的标志性建筑。

　　双螺旋观景平台直径达88米，拥有雕塑般的造型。项目委托设计始于2016年10月。顾名思义，这座建筑采用双螺旋结构造型，蜿蜒的步道盘旋而上，顶部高度达30米，由KSP建筑事务所（KSP Jürgen Engel Architekten）设计完成（该项目于2013年至2014年举行了设计竞赛，竞赛分两阶段，KSP最终胜出）。

　　设计以一条"绿轴"为出发点，这条"绿轴"直接通往市区。一条坡道横穿滨湖公路，连接到双螺旋结构并与之实现有机融合。这栋建筑从很远就能望见，前方延伸出一个小广场，结构布局类似圆形剧场，界定出靠近西侧湖岸人工岛的公共空间的基本形态。两条螺旋体如双龙争锋，每条宽6米，于最高点相交，中间形成一系列相互交融、变化多端的户外体验空间。步道总长近1,000米，真正为游客带来步移景异的观景体验，带你全方位领略城市与湖泊的风景。同时，沿步道布置的座椅和观景台完美融入了螺旋体结构，包括上面几个绿岛的布置。下方的裙楼里面有咖啡厅、展览馆和信息亭。小广场上有一圈圈的座椅，非常适合举办户外活动。

　　为避免双螺旋结构阻挡视线，设计师对其使用的钢结构进行了专门的测试。螺旋结构的张力支撑体直径仅为40毫米，呈放射状倾斜布置。一条螺旋体位于支撑结构外围，另一条在内侧。螺旋体旋转角度均匀稳定，由一系列空心结构构成其螺旋造型，空心结构的横截面为三角形，采用硬质钢材弯曲扭转建造而成，正常受力（固定负载和移动负载）均由支撑体负担。

　　这栋双螺旋建筑以其独特的造型，将成为长沙新城的一景，同时也是中国目前所稀缺的高品质城市公共空间的典范。

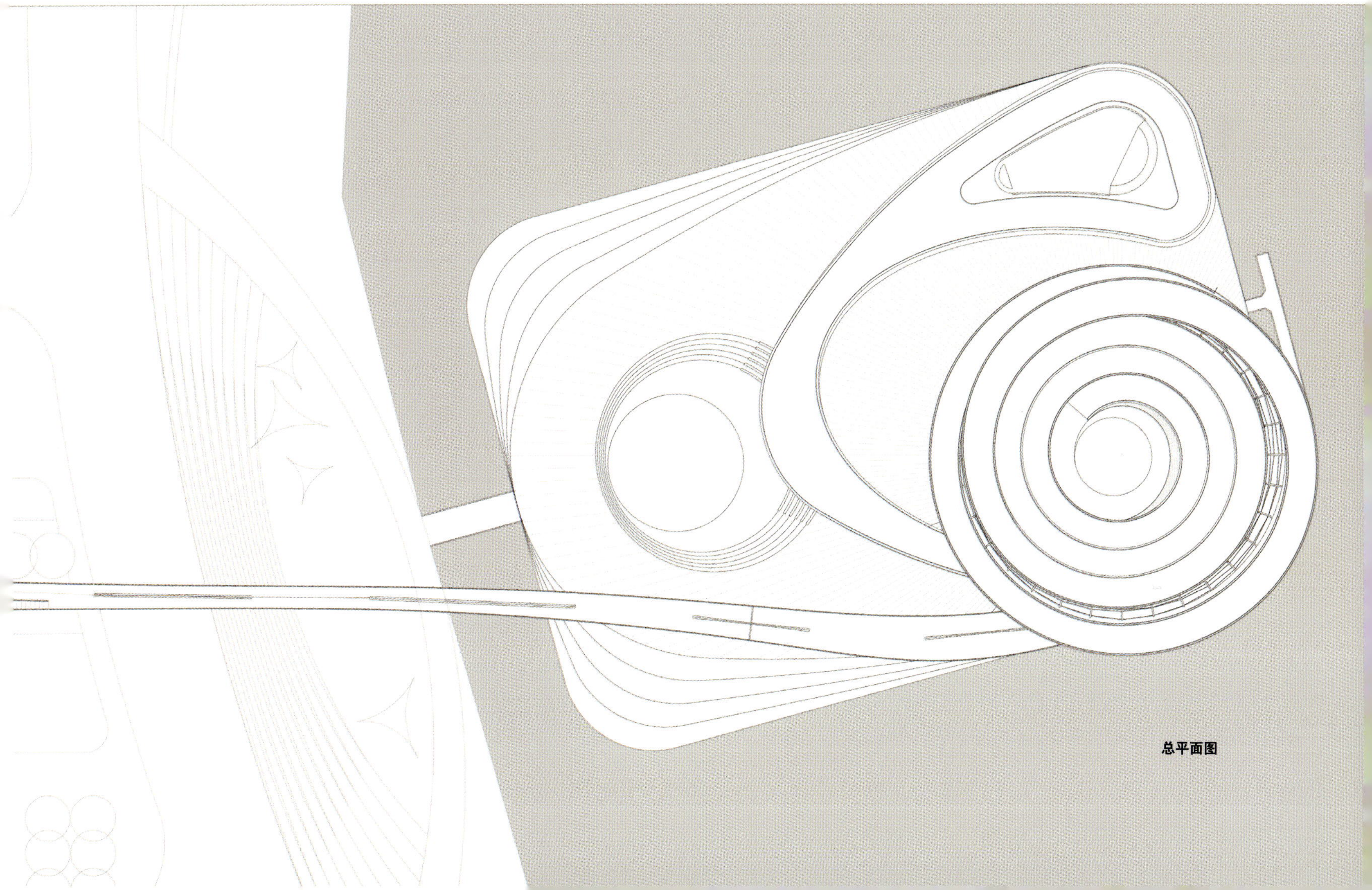

总平面图

RECREATION ■ 休闲服务

设计单位
哈尔滨工业大学建筑设计研究院
参与设计
文丽丽、戴瑛东、肖宇龙
建设规模
19.56公顷
建筑面积
10.5万平方米
竣工时间
2017年
主要材料
真石漆、玻璃幕墙、毛面花岗岩

黑龙江，哈尔滨

波塞冬水世界
Poseidon Water Park

宿晨鹏、李啸冰、徐铭亮 / 主创建筑师　韦树祥 / 摄影

地理位置及周围环境

波塞冬水世界项目选址哈尔滨市松北区，东临超级堤（堤顶路）、南临南一路、西临东环路、北临规划路。位于松花江避暑城黄金位置，是避暑城内"城市名片"级开发项目。

主要功能

项目分室内冲浪馆和酒店两部分，总计建筑面积10.5万平方米。酒店主体7层，整体呈"E"字形。建筑在三层平面设置尺度宏达的落客平台，酒店住客经3层落客平台进入酒店大堂，办理入住手续。1层为酒店办公及会议区，中部设有通道引导游客步入酒店后方的室内冲浪馆。2~7层为酒店客房区。

冲浪馆主体1层，附设有配套用房、食宿楼、商业街。游客穿过酒店一层的通道首先进入一条精致典雅的欧式商业内街，经由商业内街进入冲浪馆享受冲浪馆的各式室内娱乐设施。馆内以人造冲浪环境为主，通过造浪机模拟海浪，冲刷堤岸，让游客充分体验室内冲浪的乐趣，馆内同时设有戏水设施，如滑板冲浪、水上攀爬、各种室内滑梯等，馆内西北角设有海兽放养池，游客可与海豚、海豹等友善海兽进行互动；冲浪馆内设有快餐、饮吧，为游客提供就餐服务。

我们本着集娱乐、餐饮、住宿一站式的设计理念，贯穿以北欧神话中海神波塞冬的故事为主线，为哈尔滨市民提供一个梦幻的欢乐王国。

设计理念

波塞冬水世界以北欧神话为基础，构建了一个围绕海洋诸神及其神话故事而设计的综合立体的海洋游乐园区。在集约、适度、平实的设计原则下，我们设计一个气势恢宏的城堡组团，让人想起在遥远的北欧发生的神话故事，将人们引入北欧的神话世界。

项目用地平坦，东面邻水，景观资源突出。建筑布局充分利用邻水一侧优质景观朝向，布局为度假酒店，建筑东西朝向，将景观资源最大化。

我们类比了经典的欧洲古城堡，总结了城堡式建筑的设计模式语言。在环境关系、功能逻辑、形体比例、构造语汇、材料装饰各方面都做了梳理与解析。城、楼、塔、尖有机构成，结合北欧神话中的海洋元素，以实现对"城堡"的当代诠释。

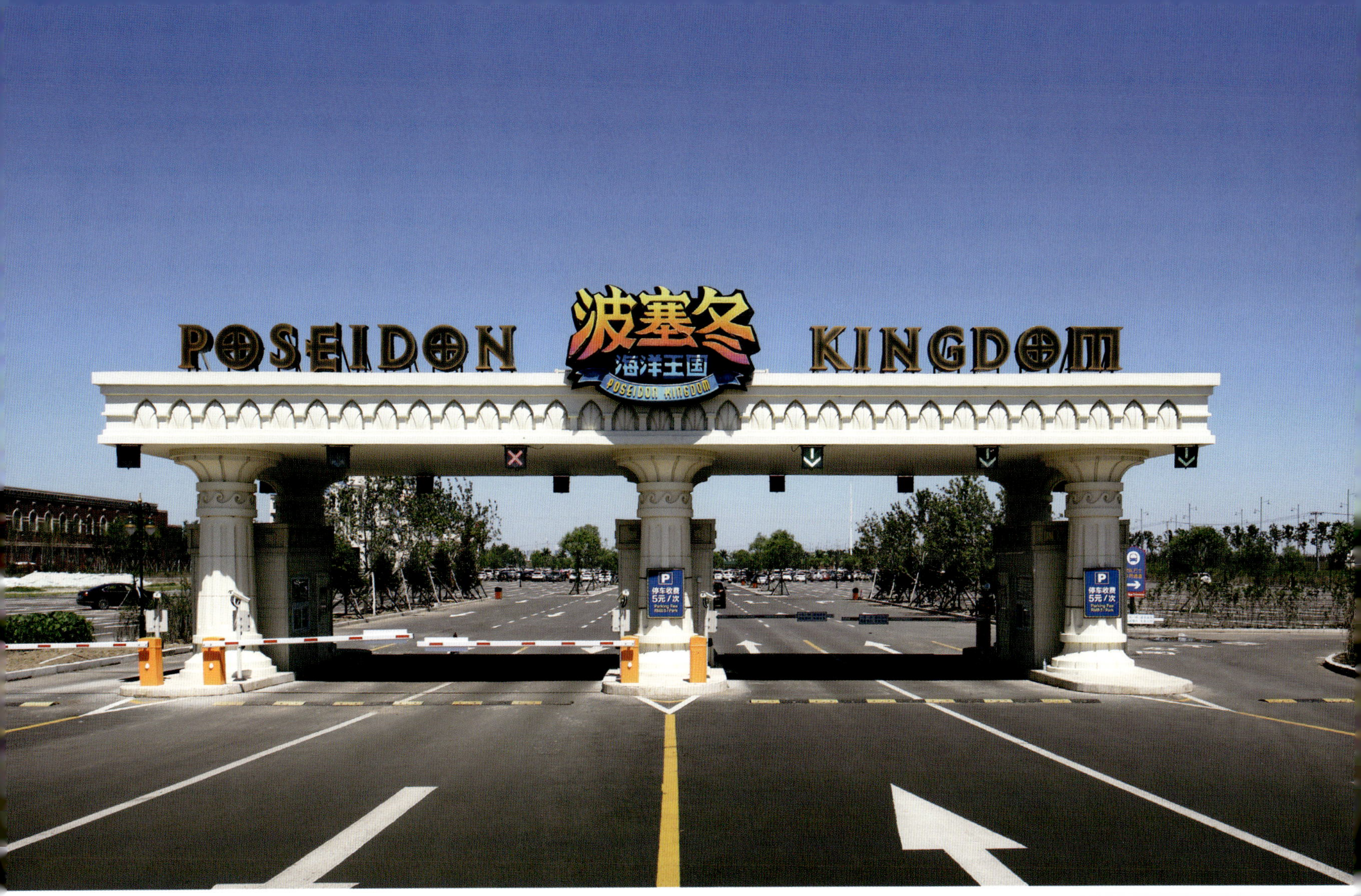

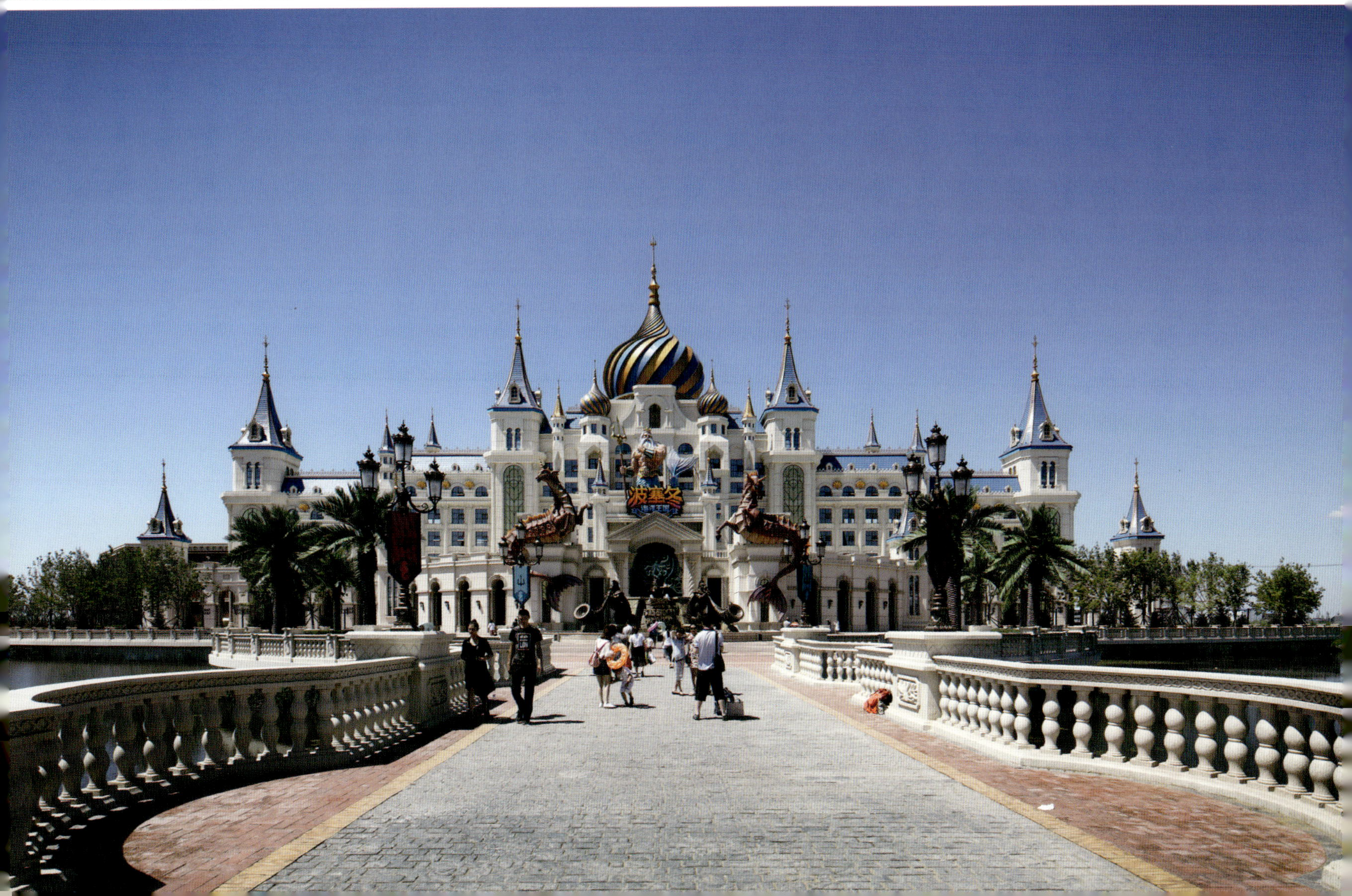

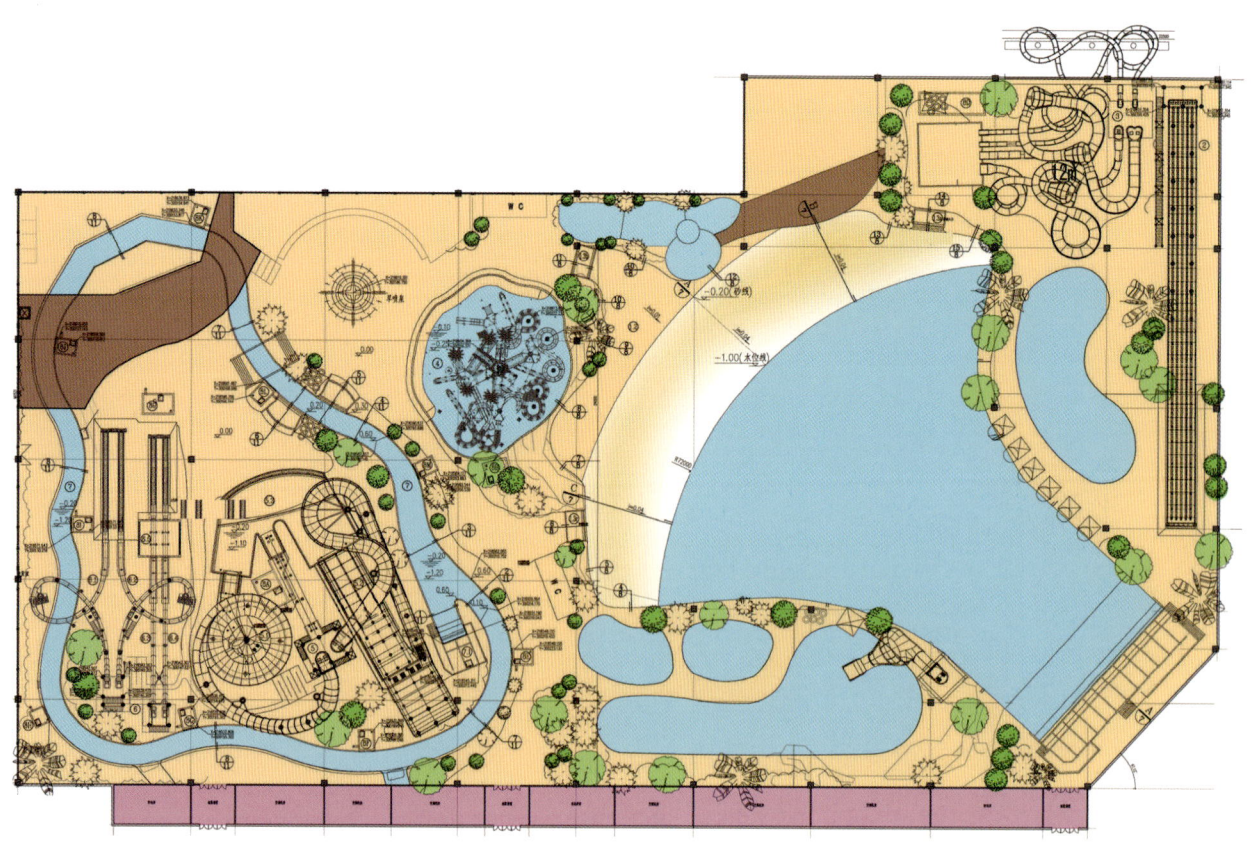

冲浪馆平面图

RECREATION ■ 休闲服务

上海，南京西路

上海棋院
Shanghai Qiyuan

曾群／主创建筑师　章鱼建筑摄影／摄影

设计单位
同济大学建筑设计研究院（集团）有限公司
设计团队
曾群、吴敏、汪颖、朱圣妤、刘毅、姚思浩、蔡玲妹
竣工时间
2016年
用地面积
6,002平方米
建筑面积
12,424平方米

喧嚣／静谧

上海棋院原名上海棋社，于1960年正式成立。最初选址在上海市体育俱乐部，于1961年11月底搬迁至吴兴路（现今体科所），1985年搬迁到位于南京西路上的上海武术院内。上海棋院归属上海市体育局，主管围棋、象棋、国际象棋三支专业运动队。

为最大效率的使用基地空间，建筑平面基本按基地轮廓布局。一幢体育文化建筑如何自然的介入这个喧嚣的都市商业氛围中，是这个设计的重点。

我们试图通过院与墙的结合，融合中国传统建筑的精髓，以现代的手法体现传统空间，建筑整体形态完整统一，庭院的运用使得建筑整体充满了中国意味。以安静祥和的姿态出现在充满商业意味的南京西路，与周边建筑形成强烈的对比和反差，从而突出建筑的文化形象。

开放／内敛

项目地处上海市繁华商业区南京西路，基地为南北向狭长"口袋"地块，南北长约140米，东西最窄处约40米。考虑到东侧住宅西向采光的日照要求，建筑形体呈现西高东低的形态。建筑东侧进一步退界，以便满足其与东侧住宅的退界要求，同时作为基地内部车行道路空间。局部下凹形成室外庭院空间，将室内和室外的虚实空间交错布局，以墙围院，以院破墙，从而在狭小的用地内争取外部空间。

沿街道处空间是对城市开放的，越往里走氛围愈加收紧，空间逐渐内敛。

在纵深方向，功能布局顺应了基地特质，从外往里，空间从动走向静，从开放走向内敛，对应的功能由开放门厅过渡到公开比赛大厅，再到内向的展厅。

立面设计

通过对各类棋盘的棋路进行抽象处理，并根据室内不同空间采光强度要求，形成虚实渐变的建筑立面开洞。变幻的"棋盘"侧墙像是一个光筛，自然过渡了建筑内外，顺应着功能而有机变化。

2F
4F
5F
13F
5F
3F
3F
24F
3F
3F
3F
7F
2F
2F
1F
2F
4F
1F
3F
3F
5F
5F
1F
5F
1F
2F
1F
2F
2F
3F
3F
1F
N

总平面图

立面图

1-1 剖面图

剖面图

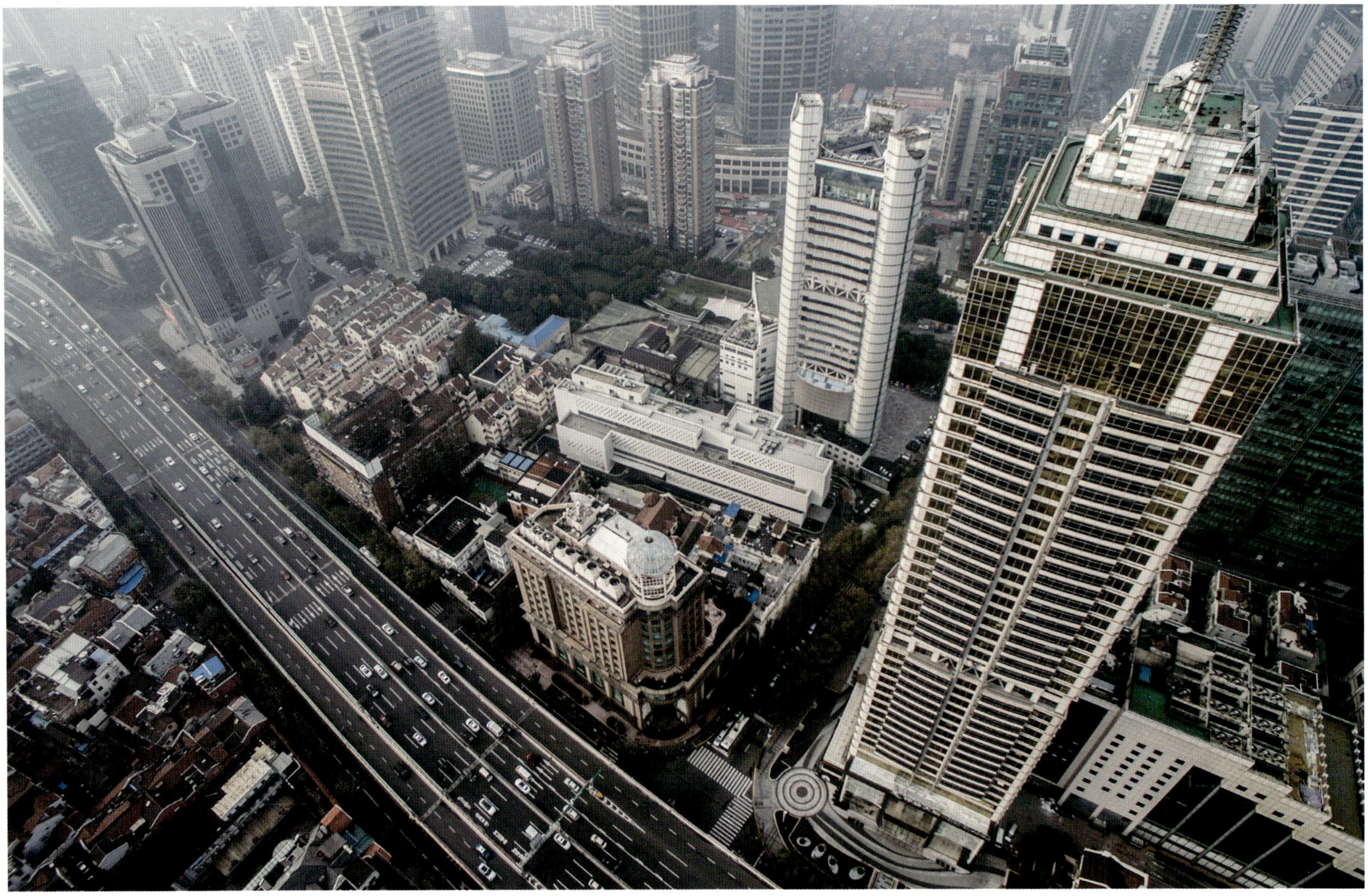

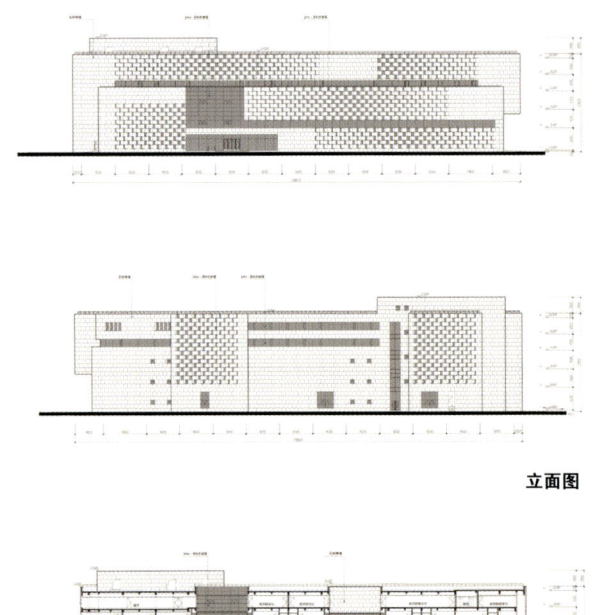

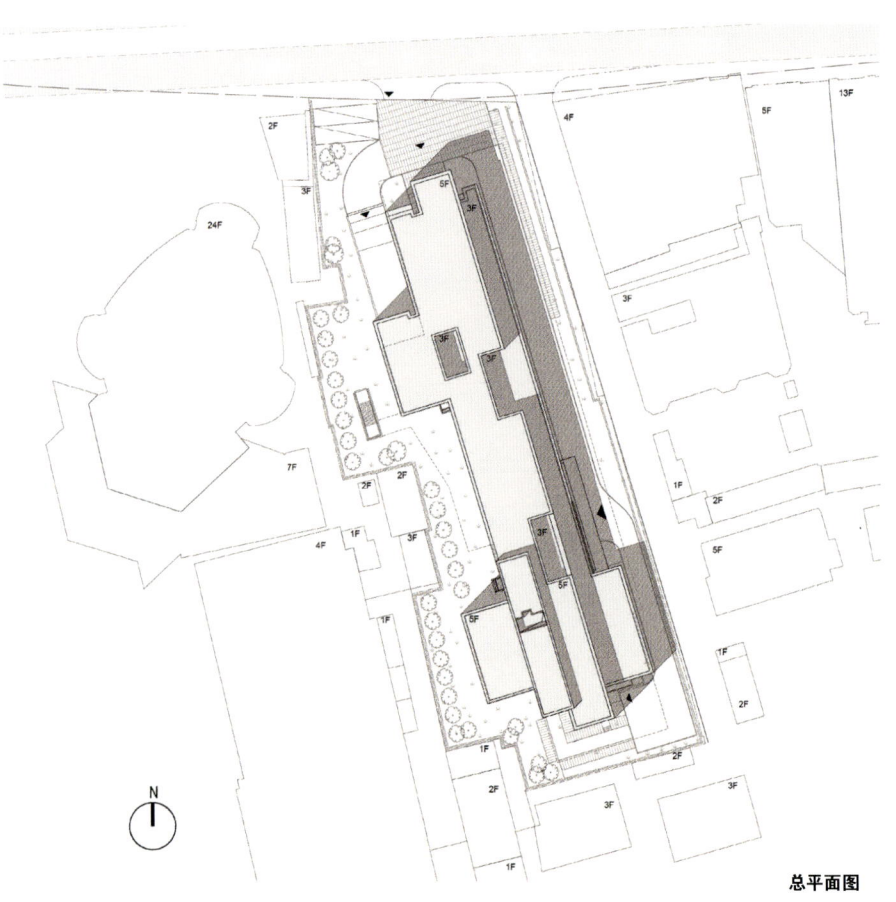

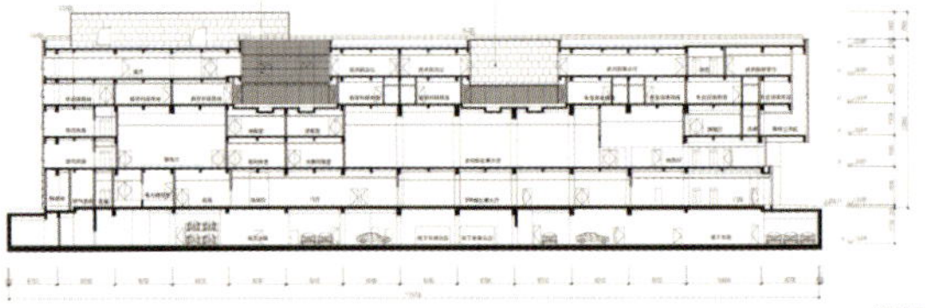

HEALTH & WELLNESS ■ 医疗、健身

中国，香港

坚尼地城游泳池
Kennedy Town Swimming Pool

Farrells设计事务所 / 主创建筑师　马赛尔·拉姆 / 摄影

设计单位
Farrells设计事务所
委托客户
香港铁路有限公司
竣工时间
第一期2011年5月；第二期2017年2月
建筑面积
11,782平方米
荣誉
2016年英国土木工程师学会新工程合同（NEC）大型项目奖

坚尼地城站原定计划建于科士街游乐场，那里保留了有120年历史的旧石墙以及与其共生的榕树。为减低地铁工程对这面具历史意义的"树墙"带来的破坏和影响，地铁站的位置向东移往士美菲路，即原坚尼地城泳池的位置。

新的泳池需要在原有的泳池拆除前投入使用。泳池的新址选择原是一个露天停车场，坐拥无遮挡的海景，但该处土地在20世纪90年代被收回后一直处于废弃的状态。为将这片拥有丰富环境资源的土地变成一个充满活力的建筑并回馈给该地区的居民，设计的目标是在这个被遗忘的角落建立一个设计独特、令人难忘的社区地标。

被《南华早报》形容为"与未来派宇宙飞船相像"的新坚尼地城游泳池分两期建造：一期已于2011年5月向公众开放，有一个50米室外游泳池和一个较小的戏水池，两处均能欣赏到维多利亚港和卑路乍湾公园的独特景色。由于港铁西港岛线工程需要开挖地下隧道，在西港岛线于2014年全面通车后，泳池二期工程才得以展开。设有两座室内泳池、一个按摩浴池和一个室外花园，项目的最后阶段于2017年2月开放。

一期工程（室外泳池部分）包含：室外泳池（50米）、户外儿童休闲泳池、按摩浴池、办公区、入口大厅、更衣室、临时功能区（救生员休息室、储藏室）。二期工程（室内泳池部分）包含：室内泳池（50米）、室内训练泳池（25米）、按摩浴池、户外座席、将临时功能区改造成永久功能区。

该游泳馆包含室内和室外两个50米长标准泳池，一个室外戏水池和户外按摩浴池，以及一个室内训练泳池。与此同时，市民还可以享受在建筑顶棚荫蔽下的开放花园。场地紧邻维多利亚港，在坚尼地城游泳馆的带动下，这个被遗忘和荒废的角落获得了第二次生命。

建筑以其独特的贝壳形态嵌入三角形场地中。坚尼地城的主要道路和电车入口在此经停，彰显出该处的地标性地位。巨大的锌板屋顶预示了该项目的复杂性：户外泳池面向维多利亚港享受宽广视野，并保护游泳者不受室外嘈杂交通的侵扰。基于锌板的自我修复特性，这个前后间隔6年，共分两期建造的工程，其周身展现出完美的一致性。

立面及屋顶材料的选择以质轻、透明、遮阳和可满足大跨度建造的能力为标准。建筑采用具有高性能PVB层压夹层玻璃作为幕墙，而以隔热PTFE薄膜为材料的采光屋顶，使建筑沐浴在温暖、散漫的自然光下。可调节的窗户帮助室内自然通风，有效减少了对空调的依赖。

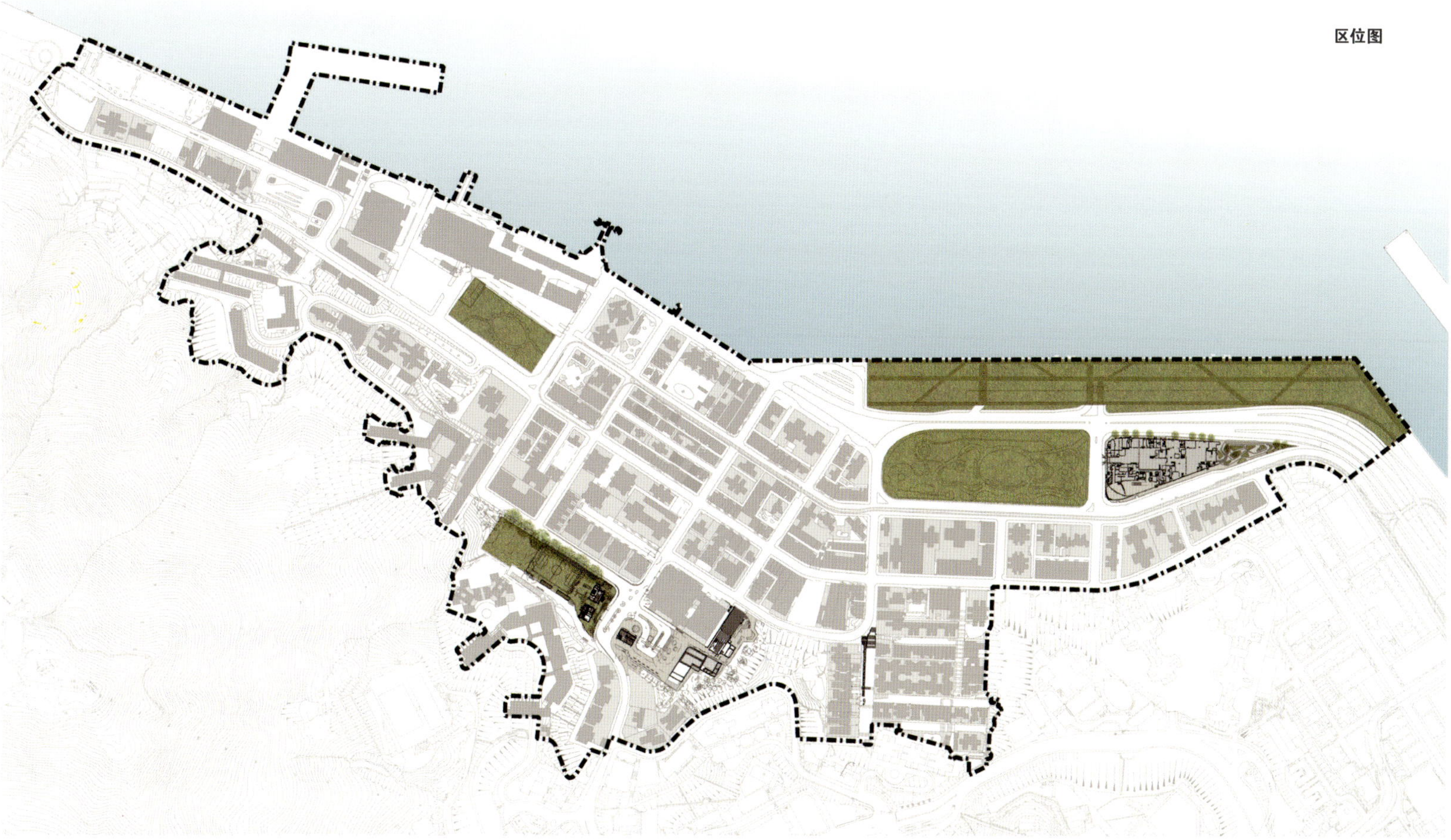

区位图

HEALTH & WELLNESS ■ 医疗、健身

SHING SAI ROAD
SAI CHEUNG STREET NORTH
PRAYA , KENNEDY TOWN
CHEUNG KAN LANE

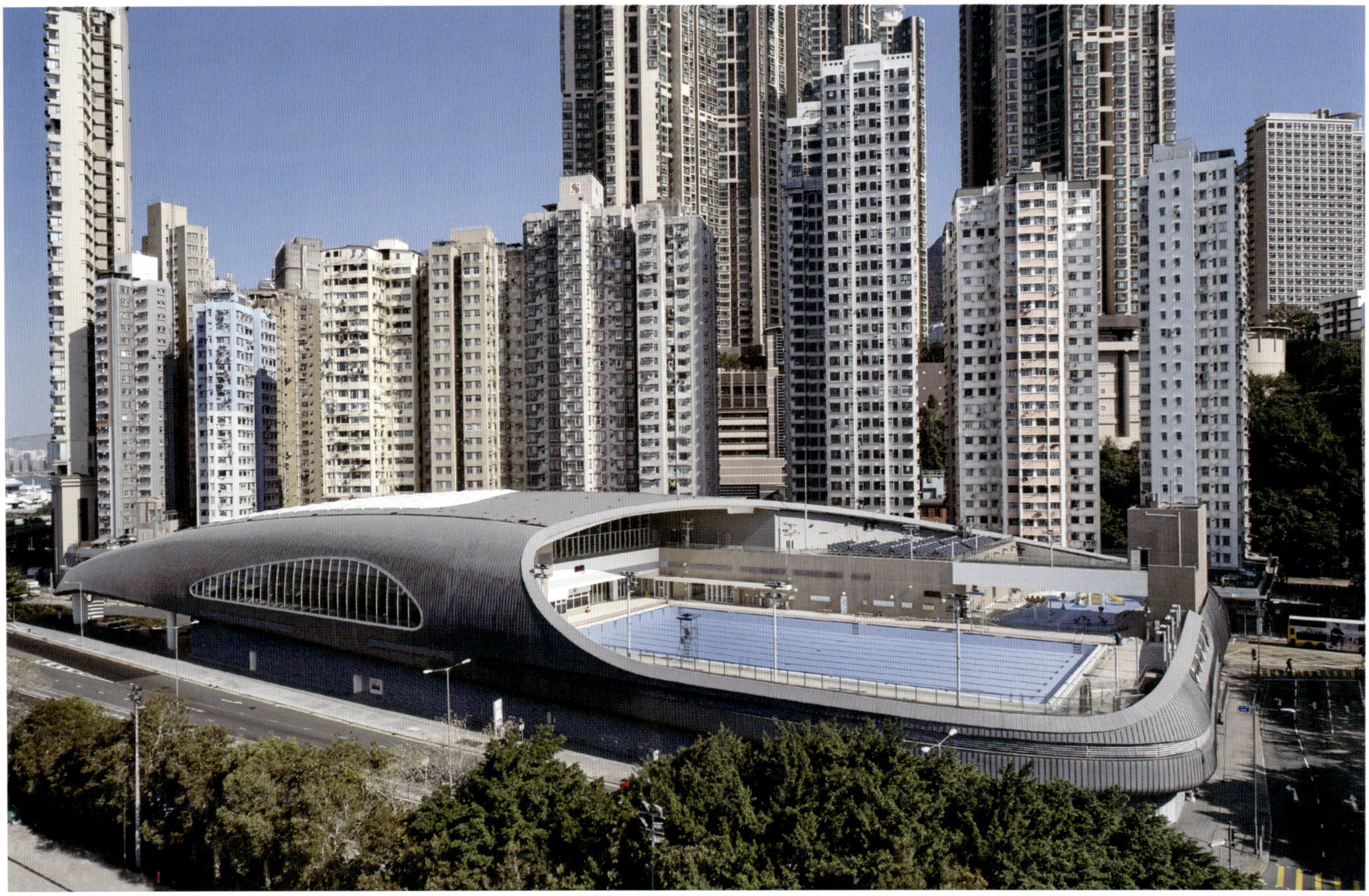

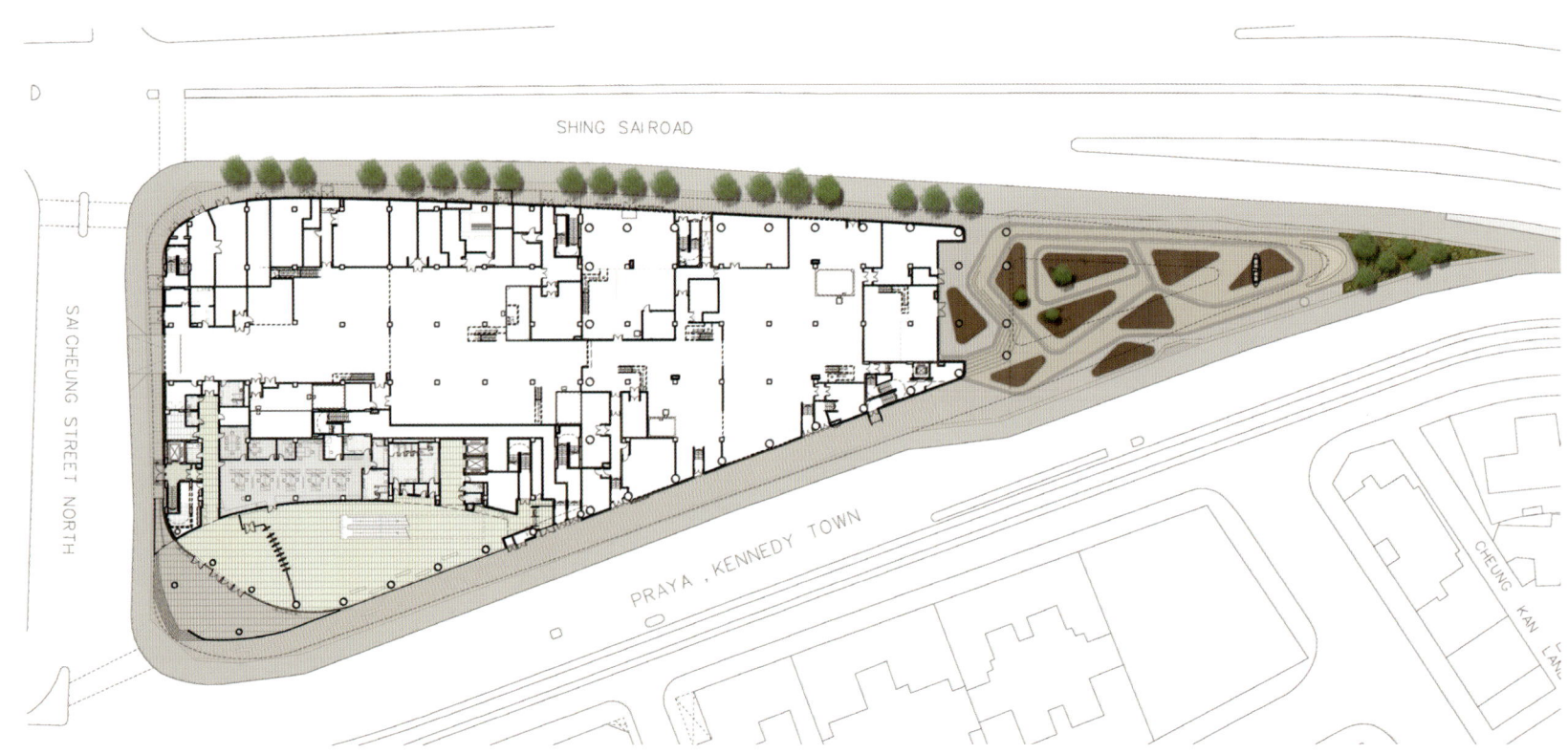

1层总平面图

HEALTH & WELLNESS ■ 医疗、健身

台湾，新北

树林国民运动中心
New Taipei City Shulin Civil Sports Center

陈章安／主创建筑师　郑锦铭／摄影

基地特色

本案基地坐落于纵贯路台3线旁之旧有公路局保修厂，周围以一般制造业之厂房为主，基地南向有高铁高架轨道近距离通过，属于都市发展时新旧产业交替与交通重心移转之翻转位置，现况虽属于无明显特色的都市边缘位置，但未来将因市地重划引入新的机能与人口，因此借由本运动中心之设立而建立一个具有在地特色的现代地标式公共建筑确有其必要性。

规划目标

- 都市开放空间串联
- 融合建筑室内外活动
- 区域休闲运动绿建筑
- 主要配置图

配置计划

- 临现有计划道路侧，留设车道进出口
- 主体建筑南北座向、节能环保
- 临高铁南侧塑造主入口地标意象
- 沿计划道路退缩5米缓冲空间，并设置街角广场
- 西、北侧留设绿地，与临地适当缓冲区隔
- 主入口置中，便于管理，左右区分别为陆上及水上运动空间

景观配置构想

本案基地属于园区型基地。基地面西南角的基地入口连接树林主要干道中正路。

景观设计概念来自于基地四周茂密的乔木林意象，配合建筑"树林"的设计表达，景观上在南向路口面直纹的水平线条铺面上，加入有如树林阴影般的绿带，配上乔木植栽与基地四周乔木林融合为一。

设计单位
陈章安建筑师事务所
完成时间
2016年3月

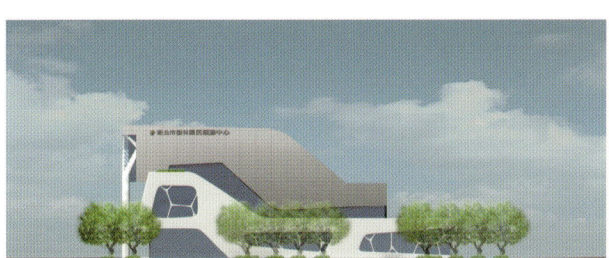

立面图

总平面图

HEALTH & WELLNESS ■ 医疗、健身

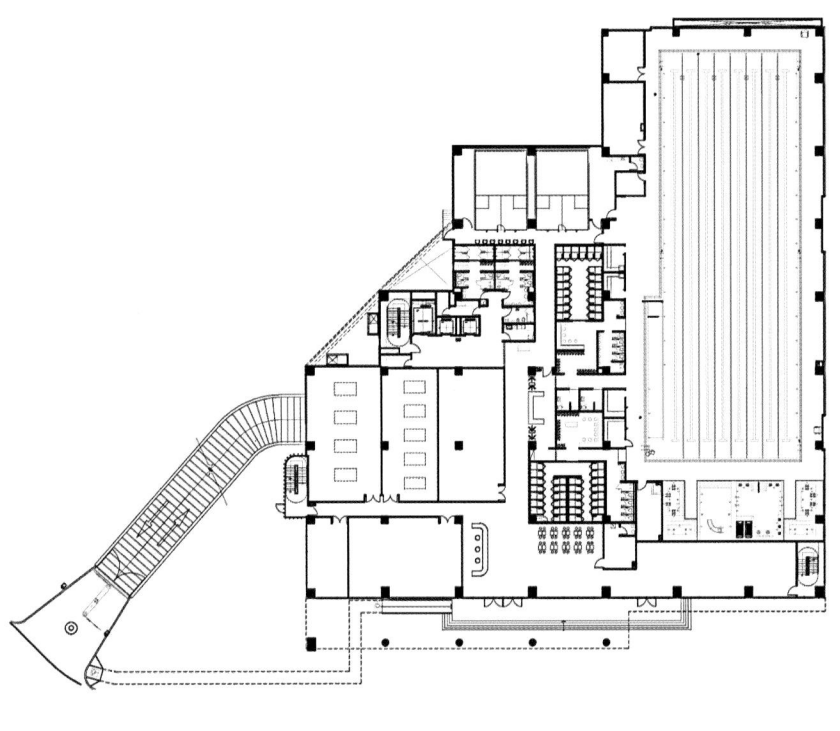

1层平面图

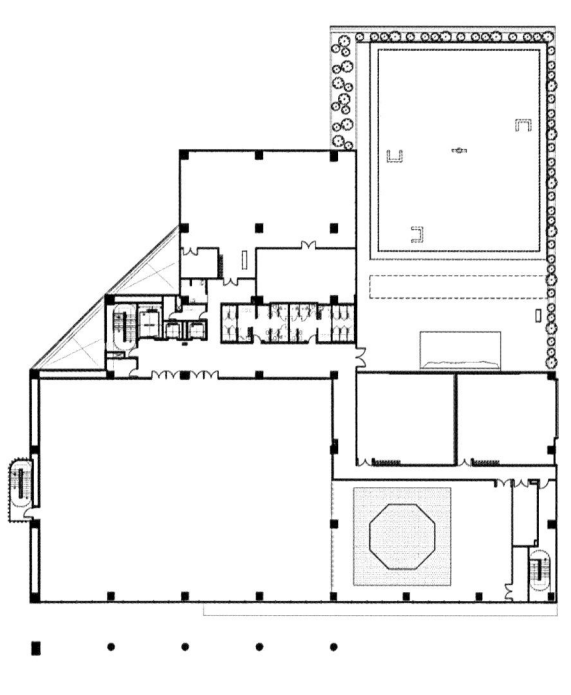

2层平面图

HEALTH & WELLNESS ■ 医疗、健身

设计单位
合什建筑（HAD）&
朴诗建筑（Epos Architects）
项目面积
900平方米

四川，成都

黑匣子运动馆
Black Box Gym

周勇刚／主创建筑师　存在摄影／摄影

　　从街道看过去，黑匣子是白的。一组不同开放性的白色匣子巧妙地契合进城市老化社区一角的荒置空地，钢结构梁柱、波纹钢板和打孔钢板在昭示着其临时性，黑匣子内闪现的健身人影和篮球拍击的声响则清晰地叙述了它的功能。夜幕降临后，透过疏密变化着的玻璃和打孔钢板晕染后的灯光，在黑匣子骄傲的宣布在这稍显沉闷的街区，它非常醒目，俨然是活力的中心，同时与周围环境相互协调。

　　黑匣子的室内部分被深色主宰，在业主低造价前提下，钢、木、混凝土板等基本材料完成室内光线和色彩变化的同时，也在叙述建筑多项功能的交替：运动健身、艺术展览、共享生活、PARTY……营造不同的场所体验。

　　建筑本身足够结实地盛满了整个场地边界，为了促进活动的多样性，同时避免混乱，平面布局把场地中央作为室外活动中心，同时几乎所有交通流线组织、空间内外转换都围绕场地中心展开，周边的建筑实体在迎合中心形虚而神实的召唤中，产生着不确定的扭动与流动，体量由此愈加有趣而丰富。

　　项目在市政管理意义上的不确定性和经营探索上的不确定性，主宰了建筑功能的不确定性和空间上的流动性，由之展开了一个充分利用边界条件的低成本临时建筑。

　　在此基础上，设计师对建筑的开放性和封闭性做出了最大化的关注，因此设计师面对建筑的现实问题诸如社区激活与互动、功能变化与衔接、建筑的相对临时性思辨等诸多复杂挑战，产生了在哲学意味上暧昧而温和的不界定的结论，最终结合运动和娱乐的多方位需求，创造了一个积极而生气勃勃的空间，成为当地最受欢迎的场所。

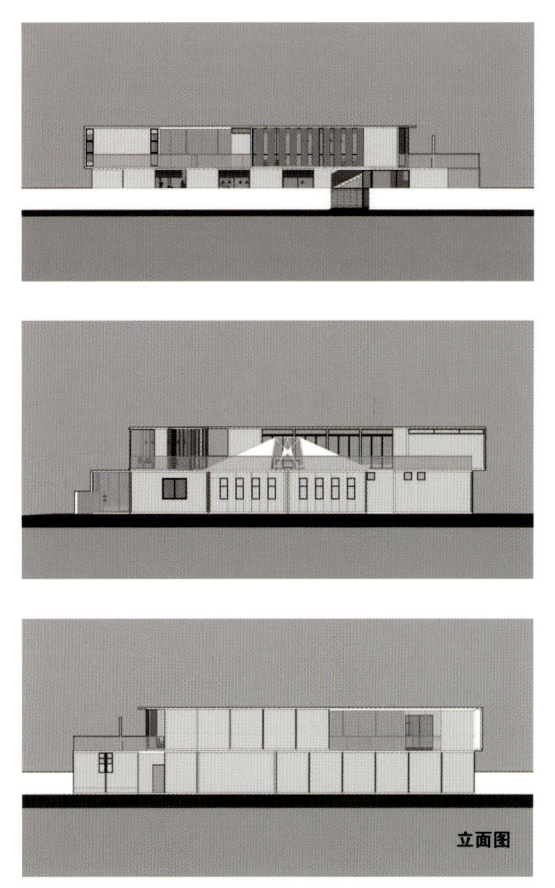

立面图

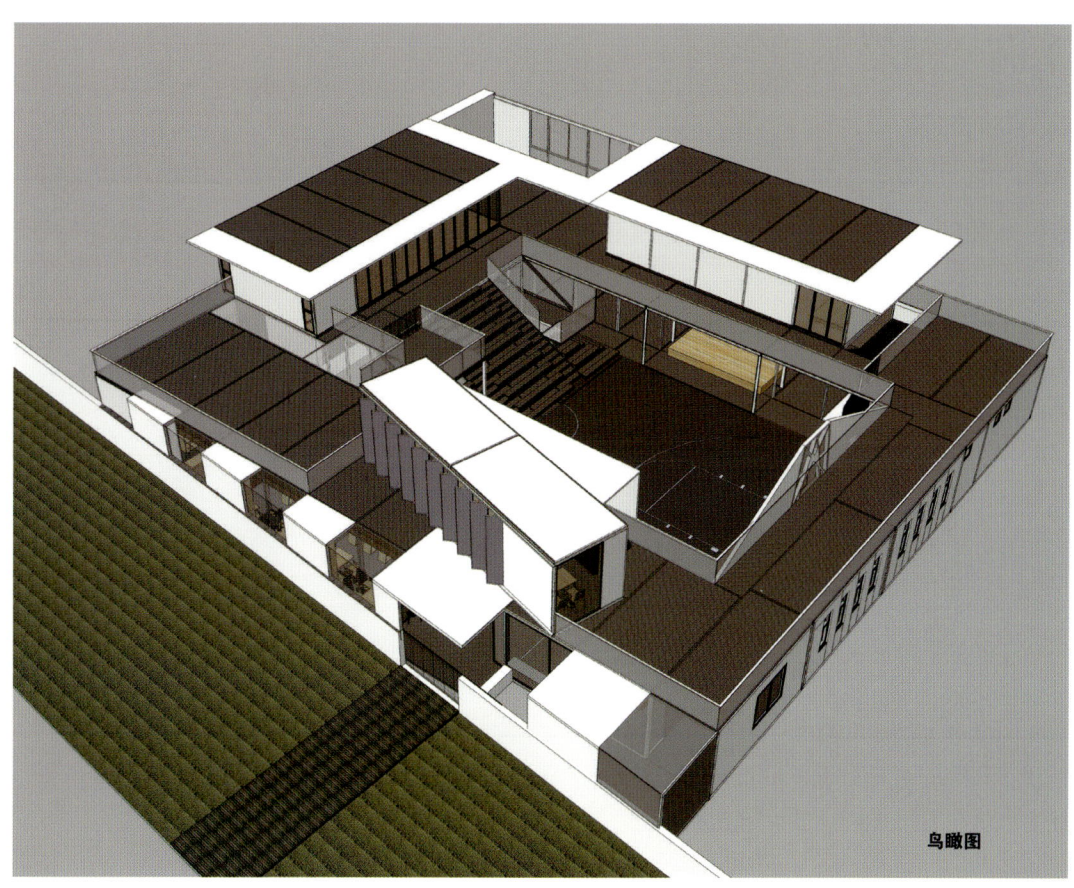

鸟瞰图

HEALTH & WELLNESS ■ 医疗、健身

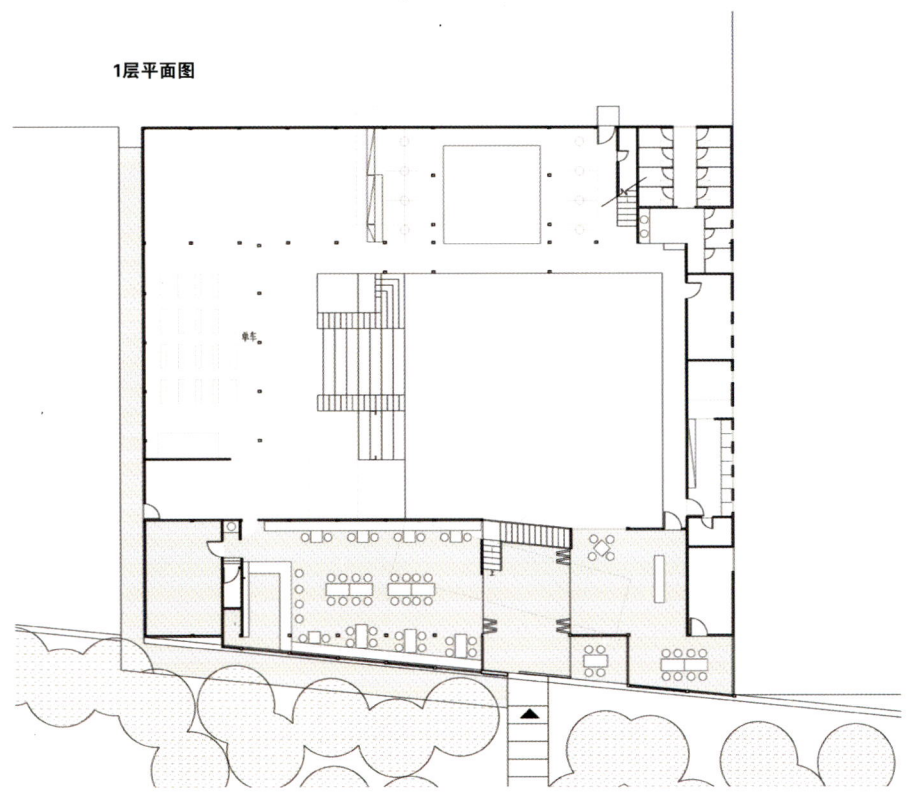

1层平面图

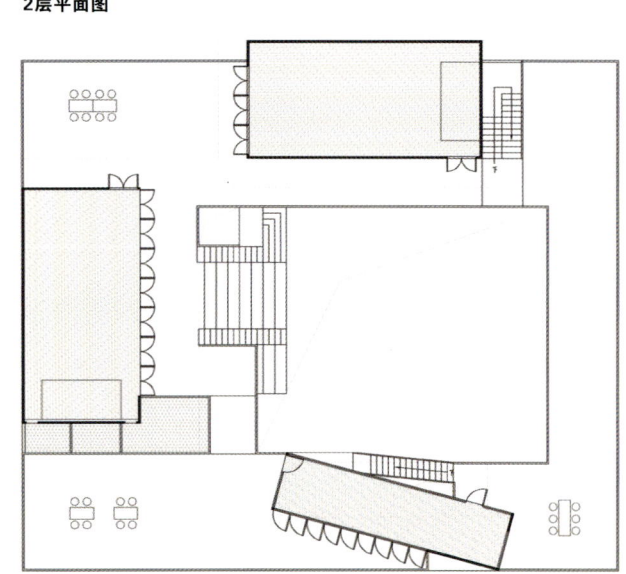

2层平面图

HEALTH & WELLNESS ■ 医疗、健身

| 设计单位 |
| 吕元祥建筑师事务所 |
| 委托人 |
| 香港浸信会医院 |
| 竣工日期 |
| 2015年 |
| 占地面积 |
| 740平方米 |
| 建筑面积 |
| 5,550平方米 |

中国，香港

香港浸信会医院E座
Hong Kong Baptist Hospital Block E

徐柏松／主创建筑师　何贵棠／摄影

现代化规划

香港浸信会医院E座大楼高10层另加两层地库，有5,550平方米的建筑面积，提供更宽敞、更舒适的院舍环境以改善医院的服务，包括新增102张病床、扩展心脏中心、深切治疗部（ICU）、病理化验部、放射诊断部、微生物实验室，此外，还包括有部分专科医疗中心以及一个员工餐厅。吕元祥建筑师事务所利用现代化的医院规划，建造一个医疗感较小的医院，以提供更轻松、舒适的环境，让病人身心康复更畅快。以护士站为中心，设置病房于周围，以提高效率，及引入大量自然光和开扬美景。与毗邻D座护士站亦有直接联系，可有效地实现资源共享；电梯、楼梯等垂直运输核心，也置于护士站后支持高效流动和病人转移。

与医院建筑群相融的设计

外立面以玻璃幕墙与赤陶外墙瓷砖营造缎带般的感觉，赋予大楼简洁而现代的风格，同时令E座新翼建立了自己的特色之余，亦和谐地与现有D座大楼融合在一起，而E座新翼大楼由地下二层至八楼，每一层均与D座开通相连，成为医院建筑群的一部分。

绿化与可持续建筑

大楼的南面由地面至三楼从边界往后退，腾出空间加设绿化景观，借以美化邻近的市区环境。垂直绿化与E座新翼的立面互相交错，为有限的空间增加可绿化的机会，而且于四楼面向主楼方向，亦设有平台花园，为紧密的综合医院楼群带来提供新鲜空气的绿化带。E座新翼的玻璃幕墙将采用双层隔热玻璃，能有效减少进入大楼的热能之余，亦能增加内部观景视野及自然光摄取。大楼内亦尽量使用发光二极管作照明，以及采用最先进的无油中央冷气系统以减少电力消耗，并与毗邻D座冷气系统连接，从而达至节约能源的目的。

功能设计概念

垂直分区利用高低楼层各自优势特色；低层门诊设施（门诊部、入院部、药房、缴费处及放射诊断服务），方便大众24小时无休使用，亦减少对住院区的影响；高层住院区病房，享受宁静开扬美景及自然光；中层（二、三楼）与A座有天桥连接，放置可享横向整合优势的设施。

把握规模效益和无缝联系横向整合，优化人力和设施运作，打通E座与D座楼层，将现有D座服务横向延展（如心脏中心、门诊、病房和病理部），得享规模效益。配合现有连接D/E座 二／三楼与A／B座地下／一楼的天桥，设置可受惠无缝联系（无须乘用电梯）的部门。

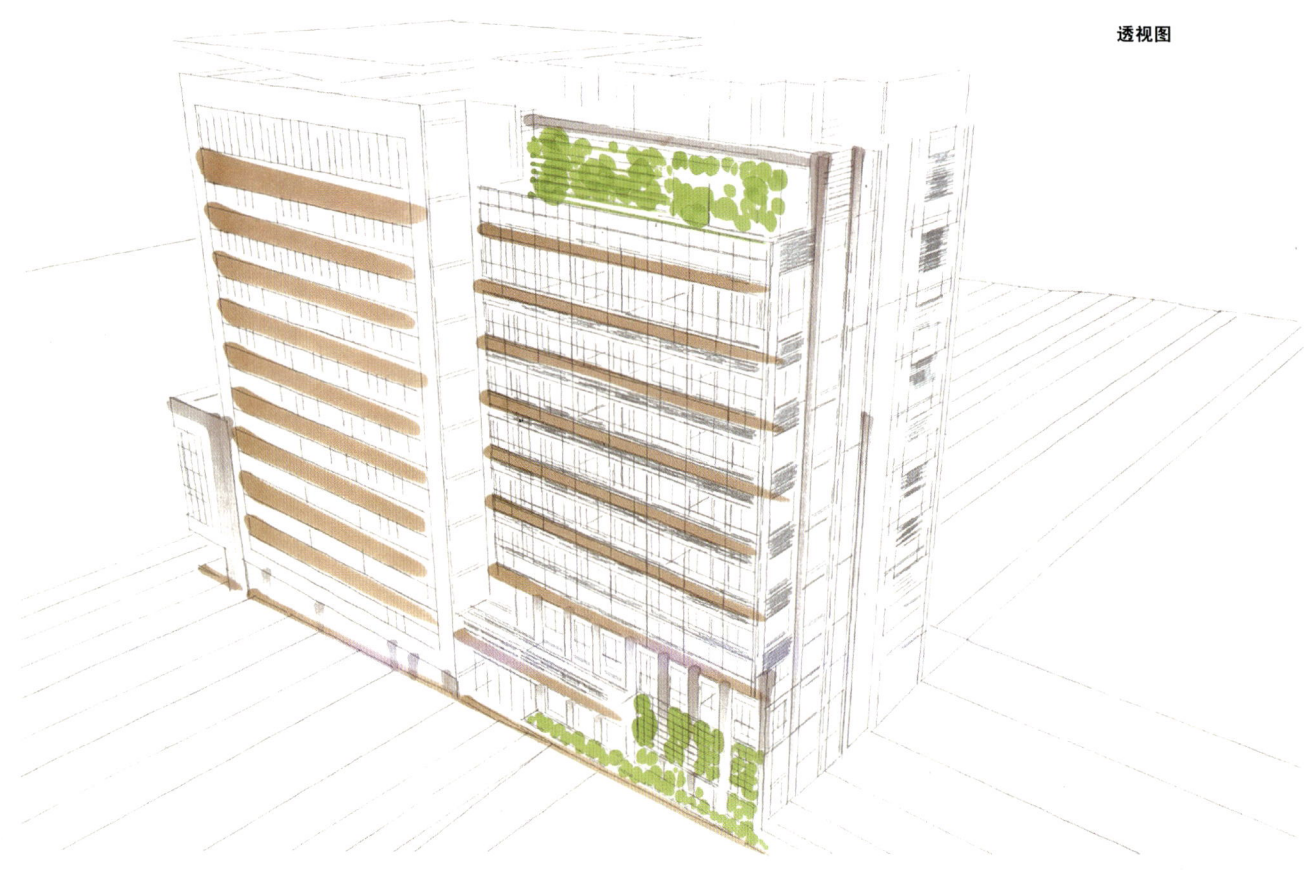

透视图

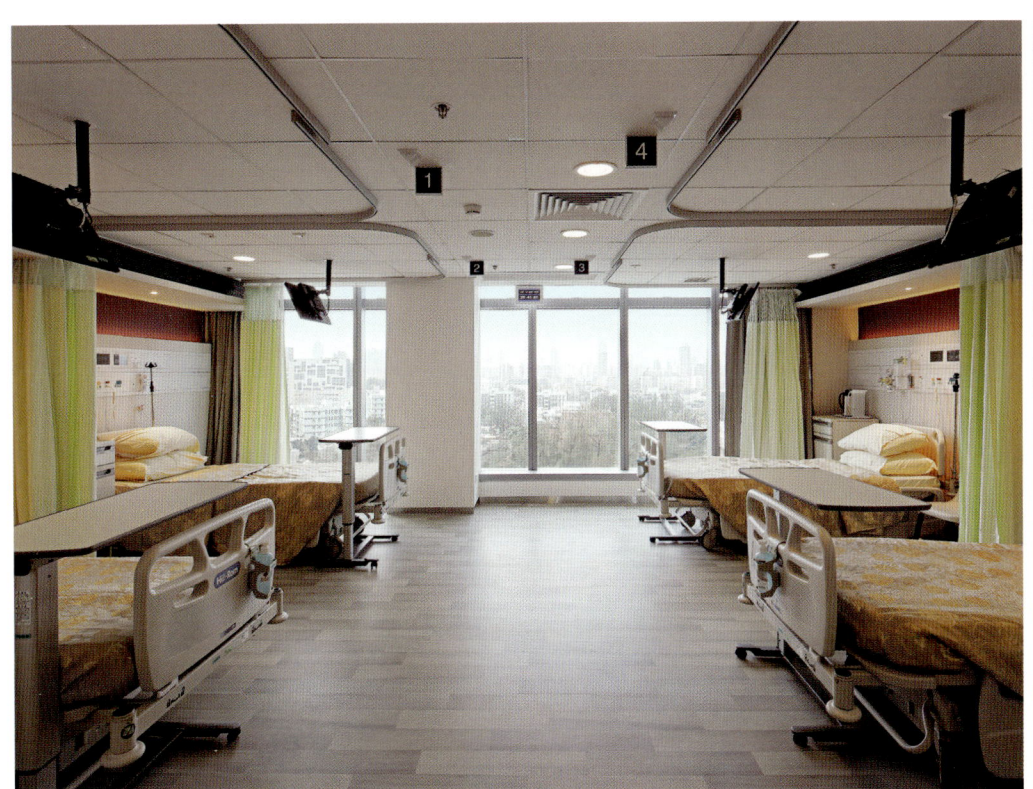

HEALTH & WELLNESS ■ 医疗、健身

设计单位
江苏省建筑设计研究院有限公司/TRO
参与设计
建筑：费跃、朱建、陈吉国、方勇、范庆阳、潘有志、张兵
结构：李卫平、武扬、周岸虎、张琳、李利
给排水：李戈兵、李进、于蓓文、高勤、肖伟
电气：李鹏飞、董伟、张伟
暖通：邱建中、谢蓉、朱琳、周文、李智
智能：周海新
景观设计
南京林业大学工程规划设计院有限公司
占地面积
1.5公顷
建筑面积
224,929平方米
主要材料
石材、铝板、玻璃
竣工时间
2017年10月

江苏，南京

江苏省人民医院门急诊病房综合楼

Complex Building of Outpatient & Inpatinet Services, Jiangsu Province Hospital

费跃、朱建 / 主创建筑师　高峰、费跃 / 摄影

江苏省人民医院为南京医科大学第一附属医院位于南京市鼓楼区西南部地区，西邻清凉山公园，南邻乌龙潭公园，环境优美，为建花园式医院创造了有利条件。用地范围：东侧与南京脑科医院相邻，南侧为广州路，西侧为虎踞关路，北侧为机关住宅区，与南京市主城区的主要联系干道为虎踞关路及广州路，交通便捷。新建门急诊病房综合楼地上24层，建筑高度98.9米，地下2层。总建筑面积224,929平方米，设计总床位1,585张，机动车停车1,500辆。

新大楼一层主要为放射科；二层门诊药房配设了5台德国ROWA全自动发药机；二至六层主要为门诊科室及相应医技科室。医院打破了传统的门诊布局，以器官和疾病为中心，优化分布，采用分层挂号，分层检验的方式，将关联科室放置在同一楼层。七层为手术层，手术室共设置53间，其中6间为百级手术室，47间为万级手术室，共设置8间数字一体化手术室。八层到二十四层为住院部，设有普通床位数1,435张，ICU床位数150张。地下室设置了全自动平面移动式立体停车库，设计总车位数为1,500个，共设有18个进出口，每个进出口配1个升降机，共计18台升降机，平均存取车时间在1分钟左右。新大楼共配设35部垂直电梯、22部自动扶梯和17部楼梯。

根据国际现代化医院的设计理念，我们在江苏省人民医院的设计中，提出以下两个理念：一、力求创造出设施一流、技术一流、管理一流、服务一流的与国际化医院相接轨的现代化医疗中心。二、充分利用基地得天独厚的风景资源，营造出独具特色的医院形象，形成具有绿色生态景观的大型综合医院。

造型设计遵循现代、简洁、流畅、可塑性的原则，注重空间的阳光感、流动感与体量感。采用高科技建材，建设洁净、现代的江苏省人民医院。建筑体型从病人护理和明晰的流线为出发点，外立面设计反映出医院的高科技特征，与提供的优质医疗服务相呼应。轻快的色调和肌理，配以轻薄金属面板、琢石和Low-E节能玻璃作为建筑外立面。努力创造出富有南京特色的现代化医院形象，从而为城市空间带来愉悦的视觉享受。

本工程建筑体量巨大，多种复杂功能组合，功能分区及动线组织纷繁复杂。合理的功能分区是医院设计的立足点。根据对项目用地的现状分析，按照医患活动区域相对区分，内外有别，网格化、模块化灵活可变，减少交叉感染的思路，提出了"整体规划，灵活合理"的设计思路，各个部门的布置，充分考虑门诊、医技与住院的医疗动线最短、最近、最合理、最方便。另外，本工程采用多项新技术解决传统医院常遇见的难题。在医院物流传递方面，采用了混合的物流系统解决大楼的运输问题，分别为：气动物流系统、AGV自动导车系统、手供一体化系统。

在机动车停车方面，设计了先进的全自动平面移动式立体停车库，在用地极为紧张的情况下，立体车库提供了1,180个车位，共设18个进出口，解决了省人医一"位"难求的现状。

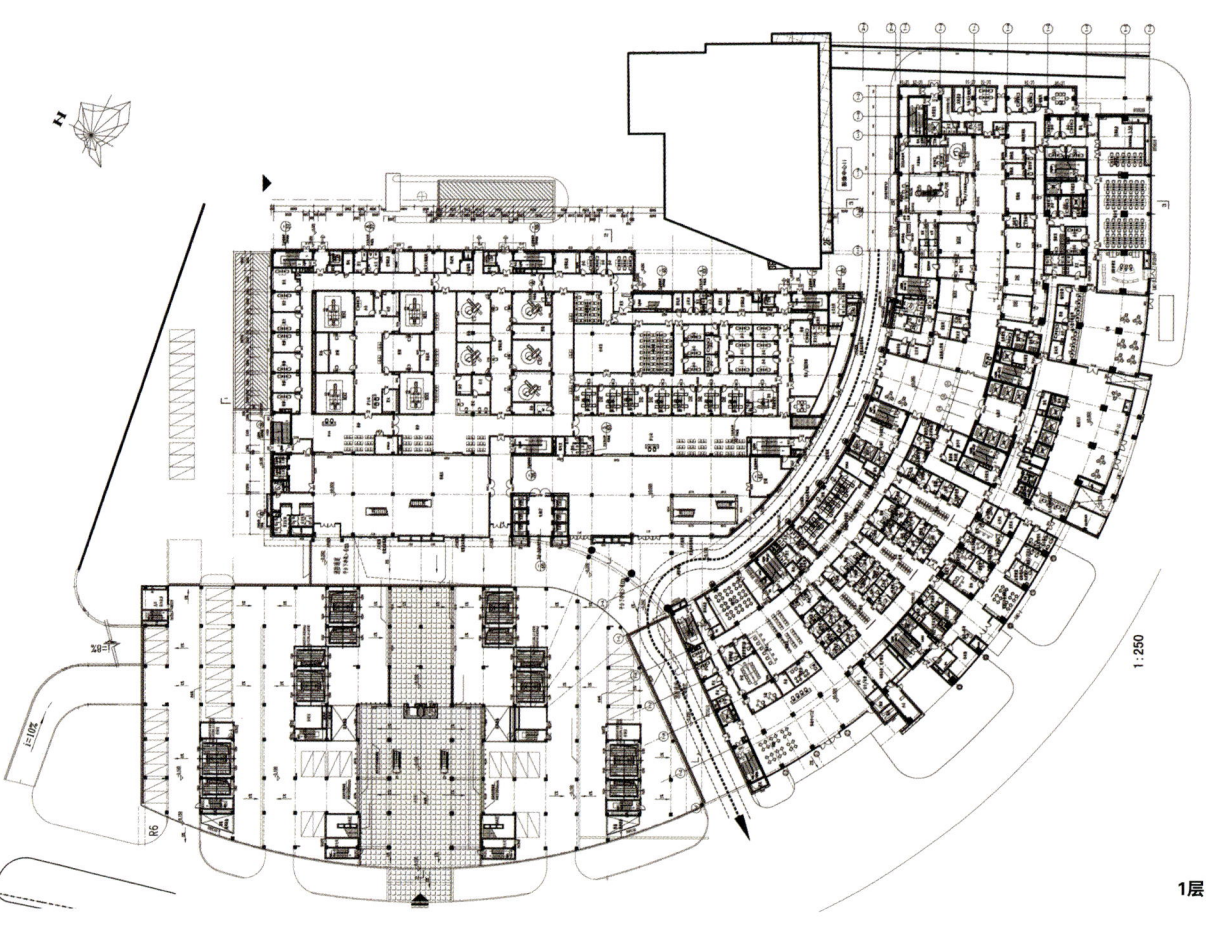

1层平面图

HEALTH & WELLNESS ■ 医疗、健身

INDEX

设计者（公司）索引

A

ASS 建筑事务所
安道设计
澳大利亚 IAPA 设计顾问有限公司（IAPA Design Consultants）
澳大利亚柏涛设计咨询有限公司

B

北京市建筑设计研究院有限公司
波捷特建筑设计 (Progetto CMR)

C

CCDI 卅智室内设计
CLOU 柯路
超越工作室
陈章安建筑师事务所
成都市家琨建筑设计事务所
出品建筑事务所（上海）
寸 –DESIGN

D

大埕设计股份有限公司
大连松岩建筑设计院有限公司
大舍建筑设计事务所
大正建筑工作室

F

Farrells 设计事务所（Farrells）
反几建筑

G

gad 建筑设计
gmp·冯·格康，玛格及合伙人建筑师事务所
广州珠江外资建筑设计院有限公司
贵州省建筑设计研究院有限责任公司

H

HPP 国际（HPP International）
哈尔滨工业大学建筑设计研究院
杭州时上建筑空间设计事务所
杭州中联筑境建筑设计有限公司
合什建筑（HAD）
禾扬建筑设计咨询(上海)有限公司
禾扬联合建筑师事务所
华诚博远工程技术集团有限公司
华东建筑设计研究总院
华南理工大学建筑设计研究院
华中科技大学建筑与城市规划设计研究院

J

JERDE 建筑事务所
江苏省建筑设计研究院有限公司
久舍营造工作室

K

恺慕建筑事务所

L

KSP 建筑事务所（KSP Jürgen Engel Architekten）
蓝天组建筑事务所 (Coop Himmelblau)
卢俊廷建筑师事务所
吕元祥建筑师事务所

M

Ministry of Design 设计工作室（Ministry of Design）
MBA 建筑事务所（Mario Botta Architect and Ass. LLC）
麦肯诺建筑事务所 (Mecanoo architecten)
美国 NBBJ 建筑设计公司（NBBJ）
梅里提斯建筑事务所（Mailitis Architects）

N

NEXT 建筑事务所

南京大学建筑规划设计研究院有限公司
内蒙古工大建筑设计有限责任公司

O

OBRA 建筑事务所（OBRA Architects）
欧安地建筑设计事务所（OAD）

P

帕特国际（Patel Architecture Inc.）
普罗建筑工作室
朴诗建筑（Epos Architects）

Q

清华大学建筑设计研究院有限公司
清华大学建筑学院素朴建筑工作室
全壹建筑设计

R

RAMSA 建筑事务所（Robert A.M. Stern Architects）
如恩设计研究室

S

SPARK 思邦
三文建筑 / 何崴工作室
山水秀建筑事务所
上海创盟国际建筑设计有限公司
深圳华汇设计有限公司
时境建筑
水石设计
苏州九城都市建筑设计有限公司

T

腾远设计 广维（WAT）设计研究室
同道设计
同济大学建筑设计研究院（集团）有限公司
同济大学建筑设计研究院（集团）有限公司 设计二院

U

UNStudio 建筑事务所（UNStudio）

W

Wutopia Lab 建筑事务所
万达商业规划研究院
纬图设计有限公司
隈研吾建筑都市设计事务所
五杰建筑（5+design）
无锡澳中艾迪艾斯建筑设计有限公司

X

悉地国际
萧力仁建筑师事务所
小隐建筑事务所
新疆玉点建筑设计研究院有限公司

Y

雅克·费尔叶建筑事务所（Jacques Ferrier Architecture）
意匠建筑
零壹城市建筑事务所
英国 Stufish 设计有限公司（Stufish Entertainment Architects）

Z

泽新建筑顾问有限公司
张冰土木方建筑工作室
张景尧建筑师事务所
张雷联合建筑事务所
致正建筑工作室
中国航空规划设计研究总院有限公司
中国建筑科学研究院建筑设计院
总后设计院

主　　编：程泰宁
执行主编：赵　敏　王大鹏

编委（排名不分先后）：

丁　建	丁建民	丁洁民	卜晓骏	丁鹏华	万浮尘	马清运	王文胜	王幼芬	王　昊
王建海	王　泉	王涌臣	王惟泽	王惟新	王　影	甘　彤	卢俊廷	皮　慧	史　巍
任力之	刘　云	刘尔东	朱宁涛	刘兆丰	阮　昊	朱　建	刘明骏	刘　涛	刘家琨
刘　谓	许铭阳	朱　锫	何小欣	陈文彬	张少森	邰方晴	吴立东	张　冰	汪孝安
李汶翰	陈　杰	李　泷	肖　诚	杨　明	陈诗颖	李保峰	何炽立	陆轶辰	余彦睿
张继元	李秩宇	张海洋	宋晔皓	陈晓峰	宋晓鹏	李啸冰	张　斌	何　崴	汪裕成
何　晶	张景尧	张　雷	张鹏举	李颖悟	杨　韬	沈　墨	何镜堂	孟凡浩	范久江
金　礼	周红雷	郁　枫	周勇刚	林秋辉	周　蔚	林　毅	尚　懿	金　鑫	施旭东
钟华颖	俞　挺	柯俊成	赵　倩	祝晓峰	赵涤峰	费　跃	赵　睿	郭卫宏	倪　阳
高　岩	徐昌顺	徐柏松	袁　烽	徐铭亮	徐甜甜	夏雯霖	郭　馨	常　可	黄印武
曹宇英	崔光海	崔　树	宿晨鹏	章景云	梁耀昌	揭小凤	韩文强	董　明	曾凯仪
彭　勃	蒋晓飞	程艳春	曾　群	詹　远	窦　志	翟文婷	蔡善毅	潘友才	魏　鹏

图书在版编目（CIP）数据

中国建筑设计年鉴. 2017：全2册 / 程泰宁主编. —沈阳：辽宁科学技术出版社，2018.3
ISBN 978-7-5591-0526-4

Ⅰ. ①中… Ⅱ. ①程… Ⅲ. ①建筑设计－中国－2017－年鉴 Ⅳ.
① TU206-54

中国版本图书馆CIP数据核字（2017）第303528号

出版发行：辽宁科学技术出版社
　　　　　（地址：沈阳市和平区十一纬路25号　邮编：110003）
印 刷 者：鹤山雅图仕印刷有限公司
经 销 者：各地新华书店
幅面尺寸：240mm×305mm
印　　张：80.5
插　　页：8
字　　数：800千字
出版时间：2018年3月第1版
印刷时间：2018年3月第1次印刷
责任编辑：杜丙旭　刘翰林
封面设计：周　洁
版式设计：周　洁
责任校对：周　文

书　　号：ISBN 978-7-5591-0526-4
定　　价：658.00元（全2册）

联系电话：024-23280070
邮购热线：024-23284502
http://www.lnkj.com.cn

中国建筑设计年鉴
2017

（上册）

Chinese Architecture Yearbook 2017

程泰宁／主编

辽宁科学技术出版社
·沈阳·

PREFACE 前言

语言·意境·境界
——东方智慧在建筑创作中的运用

一、改革开放40年来，中国经济建设的成就有目共睹，但中国建筑的现状，似乎与这一发展进程不相匹配，"千城一面"和"缺乏中国特色"的公众评价，突显了我们所面临的困境。产生这一问题的原因是多方面的，但是应该看到，在建筑创作中，缺乏独立的价值判断和自己的哲学、美学思考，是其中一个十分重要的原因。

二、近百年来，中国现代建筑一直处在西方建筑文化的强势影响之下。从好处说，西方现代建筑的引入，推动了中国建筑的发展；从负面来讲，我们的建筑理念一直为西方所裹挟，在跨文化对话中"失语"，是一个不争的客观事实。虽然在这个过程中有不少学者、建筑师以至政府官员，在反思的基础上，倡导过"民族形式""中国风格"等，但由于缺乏有力的理论体系作支撑，只是以形式语言反形式语言，以民粹主义反外来文化，其结果，只能停留在表面上而最后无疾而终。因此，建构自己哲学和美学思想体系以支撑中国现代建筑的发展，是一个值得我们重视并加以研究的重要问题。

那如何来建构这样一个理论体系？我同意这样的观点，"中国文化更新的希望，就在于深入理解西方思想的来龙去脉，并在此基础上重新理解自己。"据此，我们需要首先了解一下西方现当代建筑的哲学和美学背景。

三、在西方，"20世纪是语言哲学的天下"。海德格尔说"语言是存在之家"，德里达说"文本之外无他物"，卡尔纳普则干脆把哲学归结为句法研究、语义分析。特别是近十几年"数字语言"的出现，似乎更加确立了"语言哲学"在西方的"统领地位"。了解了西方这样的哲学背景，我们会很自然地想到，西方现当代建筑是不是在一定程度上也是"语言"的天下？耳熟能详的像"符号""原型""模式语言""空间句法"以至最新的"参数化语言""非线性语言"等。事实上，这些建筑"语言"都可以看作是西方语言哲学的滥觞。通过学术交流，这些"语言"也已经成了很多中国建筑师在创作中最常用到的词语。

对于这种现象如何看？

应该看到，"语言"包含着语义，特别是它对"只可意会不可言传"的建筑创作机制进行了理性的分析解读，值得我们借鉴。但同样应该看到，由于它在不同程度上忽视了人们的文化心理和情感，忽视了万事万物之间存在的深层次联系，很难完整地解释和反映建筑创作实际，因而这些"语言"常常是在流行一段时间以后光环渐失，在创作实践中并未起到"圣经"作用。

特别值得注意的是，以"语言"为本体，极易走入偏重"外向"的"形式主义"的歧路。我们已经明显地看到，从20世纪后半期开始，以"语言"为本体的哲学认知与后工业社会文明相结合，西方文化出现了一种从追求"本原"，逐步转而追求"图像化""奇观化"的倾向。法国学者居伊·德波认为，西方开始进入一个"奇观的社会"；一个"外观"优于"存在"，"看起来"优于"是什么"的社会。在这种社会背景下，反理性思潮盛行，有的艺术家认为"艺术的本质在于新奇"，"只有作品的形式能引起人们的惊奇，艺术才有生命力"。他们完全否定传统，认为"破坏性即创造性、现代性"。了解了这样的哲学和美学背景就不难理解，一些西方先锋建筑师的设计观念和作品风格来自何处。对中国建筑师来说，我们在"欣赏"这些作品的时候是否也需要思考：这种以"语言"为哲学本体，注重外在形式，强调"视觉刺激"的西方建筑理念是否也有它的局限？我们能否走出"语言"，在建筑理论体系的建构上另辟蹊径？

四、实际上，百年来，一代代中国学者一直在进行中国哲学和美学体系的研究和探索。例如从王国维先生开始，很多学者就提出把"意境"作为一种美学范畴，试图建构一种具有东方特色的美学体系；近年来，著名学者李泽厚先生更是以"该中国哲学登场了"为主旨，提出了以"情本体"取代西方以"语言"为本体的哲学命题……这些哲学和美学思考，是中国学者长时期来对东西方文化进行深入比较和研究的成果。尽管由于建筑的双重性，我们不能把建筑与文艺等同起来，但毫无疑问，这一系列研究对于我们建构当代中国建筑理论以支撑建筑创作的创新有重要的启迪。

从这些研究出发，结合中国建筑创作的现状和发展，我考虑，相对于西方以分析为基础、以"语言"为本体的建筑理念，我们可否建构以"语言"为手段、以"意境"为美学特征、以"境界"为本体这一具有东方智慧的建筑理念，作为我们在建筑上求变创新的哲学和美学支撑？我认为，这不仅是可能的，而且是符合世界建筑文化多元化发展需要的。

五、结合创作实践，我把建筑创作由表及里分解为三个层面，即形（形式、语言）、意（意境、意义）、理（哲理、"境界"）。

六、第一个层面为形，即语言、形式。相对于西方对于"语言"的认知，中国传统文化的"大美不言""天何言哉"，禅宗的不立文字、讲求"顿悟"，几乎抹杀了语言和形式存在的意义，这显然有些绝对化。而顾恺之的"以形写神"、王昌龄的"言以表意"，则比较恰当地表达了语言形式和"意""神"的辩证关系。按此理解，语言只是传神表意的一种手段，而非本体。既为手段，那么，在创作中，建筑师为了更好地表达自己的设计理念，可选择的手段应该是多种多样的。特别是在建筑创作的三个层面中，较之"意""理"的相对稳定，"语言"会随着时代的发展而不断变化，建筑师需要在充分掌握中外古今建筑语言的基础上，不断地转换创新。我以为，走出西方建筑"语言"的樊篱，摆脱"语言"同质化、程式化的桎梏，我们将会有更为广阔的视界，在重新审视中国传统文化中"大气中和""含蓄典雅"等语言特色的同时，在建筑形式美、语言美的探索上力争有自己的新的突破。

七、建筑创作第二个层面为意，即意境、意义。这里我们重点谈"意境"。

上面我们曾提到中国传统文化否定"语言"的绝对化倾向，但我们更要看到"大美不言""大象无形"的哲学思辨，也赋予了中国传统绘画、文学，包括建筑以特有的美学观念。从很多优秀的传统建筑中可以看出，人们已超越"语言"层面，通过空间营造等手段，进而探索意境、氛围和内心体验的表达，把人们的审美活动由视觉经验的层次引入静心观照的领域，追求一种言以表意、形以寄理、情境交融、情溢象外的审美境界。这给建筑带来了比形式语言更为丰富，也更为持久的艺术感染力。

"意境"、"情境合一"，是一种有很高品位的东方式的审美理想，是建构有东方特色美学体系的基础。对"意境"的理解和塑造，是东方建筑师与生俱来的文化优势，不少建筑师已经进行了有益的探索，我想，进一步自觉地开展这方面的研究和探索，对于我们摆脱"语言"本体的束缚，在理论和实践上实现突破创新，是十分重要的。

八、建筑创作的第三个层面为理、哲理。我认为，建筑创作的哲理——亦即"最高智慧"，是"境界"。

何谓"境界"？王国维在《人间词话》的手稿中说"不期工而自工"是文艺创作的理想境界。有学者进一步解释说"妙手造文，能使其纷沓之情思，为极自然之表现即为'境界'"。

结合建筑创作，我认为这里包含着两方面的含义：

其一，从"天人合一"、万物归于"道"的哲学认知出发，要看到，身处大千世界，建筑从来不是一个孤立的单体，而是"万事万物"的一个组成分子。在创作中，摆正建筑的位置，特别注意把建筑放在包括物质环境和精神环境这样一个大环境、大背景下进行考量，既重分析，更重综合，追求自然和谐；既讲个体，更重整体，追求有机统一；使建筑、人与环境呈现一种"不期工而自工"的整体契合、浑然天成的状态，是我们所追求的"天人境界"。

其二，"境界"不仅诠释并强调了建筑和外部世界的内在联系，而且还揭示了建筑创作本身的内在机制。以"境界"为本体，我们可以看到，在建筑创作中，功能、形式、建构，以至意义、意象等理性与非理性因素之间，并不遵循"内容决定形式"或"形式包容功能"这类线性的逻辑思维模式，也很难区分哪些是"基本范畴"和"派生范畴"。

在创作实践中，建筑师所建构的，应该是一个以各种因素为节点的，相互联结的网络。当我们游走在这个网络之中，不同的建筑师可以根据自己理解和创意，选择不同的切入点，如果选择的切入点恰当，我们的作品不但能够解决某一个节点（如形式）的问题，而且能够激活整个网络，使所有其他各种问题和要求相应的得到满足。这种使"纷沓的情思"得到"极自然表现"的"自然生成"，是我们追求的创作"境界"。因此，从语言哲学和线性逻辑思维模式中解放出来，以"境界"这一具有东方智慧的哲学思辨来诠释建筑创作机制，建构一种符合建筑创作内在规律的"理象合一"的方法论，将使建筑创作的魅力和价值能够更加充分地显示出来。

九、此外，以境界为本体，还可以使我们更好地理解并运用那些充满东方智慧的、具有创造性的思维方式。例如直觉、通感、体悟……这些具有创造性的思维活动（方式），需要在反复实践和思考中获得，它也体现了一种建筑境界。

中国工程院院士 程泰宁

CONTENT 目录

CULTURE 文化

008	黄岩市博物馆
014	苏州御窑遗址园暨御窑金砖博物馆
020	上海世博会博物馆
028	淮安市城市博物馆、图书馆、文化馆、美术馆
036	北京月季博物馆
040	宁夏大剧院
046	高雄艺术中心
052	云南大剧院
060	嵩山少林飞僧剧场
064	江宁石塘互联网会议中心
070	苏州礼堂
076	总后礼堂
080	侵华日军第七三一部队罪证陈列馆
086	深圳市当代艺术馆与城市规划展览馆
092	金坛市图书馆

098	桃园市立图书馆龙冈分馆（中坜第三图书馆）
104	东吴文化中心
110	合肥北城中央公园文化艺术中心
116	东莞市长安镇青少年宫
120	昆山档案馆
126	贵阳市孔学堂
132	杜岙美术馆
136	深圳湾画廊
140	"八分园"美术馆
148	涌清府当代流艺术馆
154	中国人民解放军驻澳门部队军事展览馆
158	阜新万人坑遗址保护设施工程
164	滨州市科技中心

EDUCATION 教育

168	清华大学艺术博物馆
174	清华大学南区学生食堂
180	清华大学苏世民书院
186	泰州医药城教育教学区图书馆
192	新疆大学科学技术学院——图书馆
198	成功大学海工教学大楼
202	中国人民解放军后勤工程学院新校区规划
206	北京法国国际学校
214	汉基国际学校新科技大楼扩建及图书馆重建项目
218	东莞市长安镇实验小学
224	苏州湾实验小学
232	张家港凤凰科文中心、小学及幼儿园
238	苏州科技城实验小学
246	壹基金援建天全县新场乡中心幼儿园
252	苏州星韵幼儿园
258	北京市第十二中学实验幼儿园
264	三河幼儿园

HOUSING 住宅

268	南湖山庄
272	麓湖黑珍珠
276	麓湖水晶天空之城
280	骋望骊都华庭
284	禾硕荣星集合住宅
288	北京留云草堂
292	姚家宅
296	管宅
302	南宋御街老宅院设计改造
310	香山默玉格格府私宅

设计单位
杭州中联筑境建筑设计有限公司
主要设计人员
陈玲、刘辉瑜、王忠杰、闵杰
竣工时间
2017年3月
占地面积
666.67平方米
建筑面积
13,380 平方米
主要材料
花岗石、玻璃幕墙
景观设计
台州规划设计院

浙江，黄岩

黄岩市博物馆
Huangyan Museum

程泰宁／主创建筑师　陈畅／摄影

地理位置及周围环境

基地位于二环南路和金带路的交汇处，北邻中干渠，西面是规划商业用地。用地内地势较为平坦，基地形状呈梯形。东北面有新建的黄岩射击馆，北面是住宅区。基地南侧为城市环路，而基地南面边长较短，所以南侧不宜设机动车出入口。

主要功能

博物馆一层设置接待、临展、社会教育等功能；1.5层（一、二层间夹层，即4米标高）设置一部分办公的功能；二层主要功能为基本陈列；三层设置专题陈列和藏品库。

设计理念/灵感

设计以黄岩的石文化为出发点，创造坚固、稳重的博物馆形象。造型犹如五块巨石，稳稳地坐落于基地之上。顶上有玻璃体块穿插其中，犹如黄岩溪水流淌其间。展陈功能使用人工采光，建筑立面以实墙面为主，也符合建筑本身石文化的意向。从序厅行至中庭，沿扶梯而上，上空廊桥飞架，参观者仿佛穿梭于巨石之间，空间迂回盘旋，石梁横卧，让人想到锦绣黄岩的胜景。

技术要素

完善地处理基地周围复杂的城市环境，合理设置场地的出入口，处理好机动车和步行人流的分流。并把参观流线和内部办公流线分开。

有效利用有限的场地面积，建筑在退让控制范围内展开，一层以上局部出挑。

建筑南侧和东侧面向主要街道，应设置公共功能入口。办公、后勤和藏品入口应设置在较次要的北面和西面。

地下室防水为底板及侧墙，均为防水混凝土结构，另加一道外防水涂料，再一道外包1.2mm厚PVC卷材，最外是保护层。屋面防水采用刚性和柔性两道防水措施。

藏品库房设置空气调节设备，对应藏品材料的类别设置温湿度。

藏品库房总门、珍品库房及珍品鉴赏室设置安全监视系统和防盗自动报警系统。

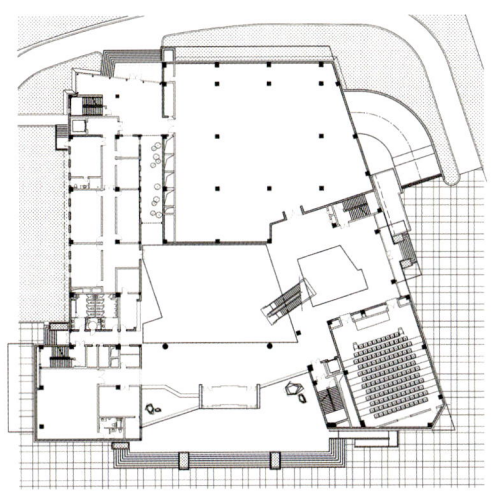
1层平面图

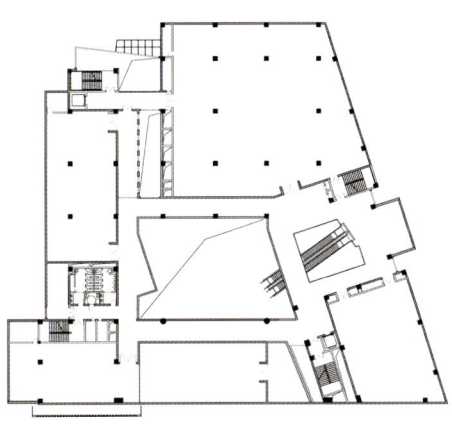
2层平面图

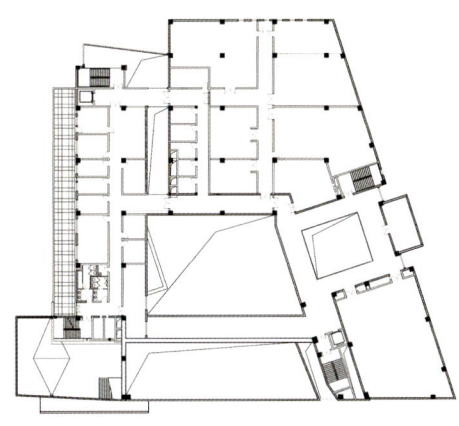
3层平面图

CULTURE ■ 文化

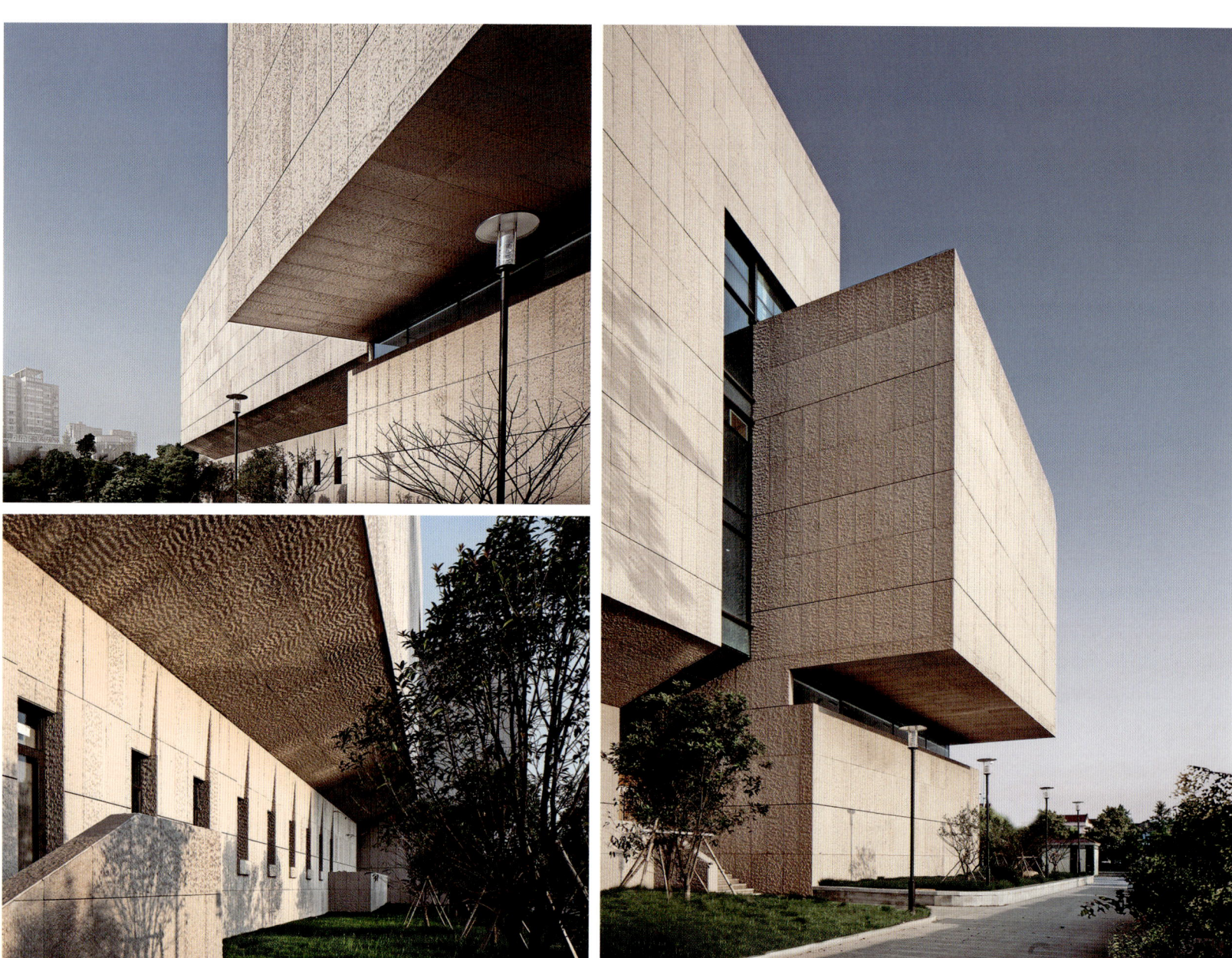

CULTURE ■ 文化

江苏，苏州

苏州御窑遗址园暨御窑金砖博物馆
Suzhou Museum of Imperial Kiln Brick

刘家琨 / 主创建筑师　存在建筑摄影、刘剑、家琨建筑 / 摄影

设计单位
成都市家琨建筑设计事务所
设计团队
田申、王玺、刘速、杨鹰、林宜萱、
王凯玲、张曈、苏思辉、许皓、
毛炜希、李静
建筑面积
15,326平方米
占地面积
38,875平方米
竣工时间
2016年

苏州陆慕御窑遗址公园位于苏州市相城区，主要功能为御窑遗址保护、金砖等文物的陈列展示及相应的文化研究与交流。博物馆意在通过建筑的组织和景观营造，保护珍贵的文物遗迹，展现御窑金砖的历炼过程，感触御窑金砖的历史文化内涵，表现其从一种地域性物质原料到一个王朝的最高殿堂的大跨度精神历程。

采用周边围合的布局方式，营造园林式的内向型空间，使核心保护区面积最大化。基地北面临桥设林荫道，隔绝喧嚣，营造氛围，借助体量高度遮挡南边小区。内部利用生产用房和窑群的分布组织视线，流线设计迂回曲折、曲径通幽、移步换景。

博物馆主体建筑是对砖窑和宫殿的综合提炼，体量雄浑，出檐平远，以现代手法演绎传统意蕴。它不是砖窑，也不是宫殿，而是兼具"砖窑感"和"宫殿感"的当代公共建筑，展现出"御窑"的精神内涵。博物馆建筑群使用当代广泛应用的各种砖料构筑，层层递进，烘托出金砖。它不仅仅是关于金砖的博物馆，也是一部从古至今的砖的编年史。

景观设计突出遗址感，以自然荒野的景观设计手法隐喻历史，同时更好地保护御窑遗址原貌。公园内部通过整窑、半窑、残窑等多种状态的窑，形成群体感，再现当时金砖生产场景盛况，并可从多方面了解窑的构造与金砖的生产过程，扩充博物馆本身的知识性。

1F H=6.15M
1F H=6.15M
1F H=5.35M
1F H=3.25M
1F H=4.15M
3F H=14.30M
4F H=17.70M
1F H=6.15M
1F H=3.25M
1F H=5.45M
3F H=11.950M
住宅 6F
住宅 6F
住宅 6F
0 10 20 30 40 50m

总平面图

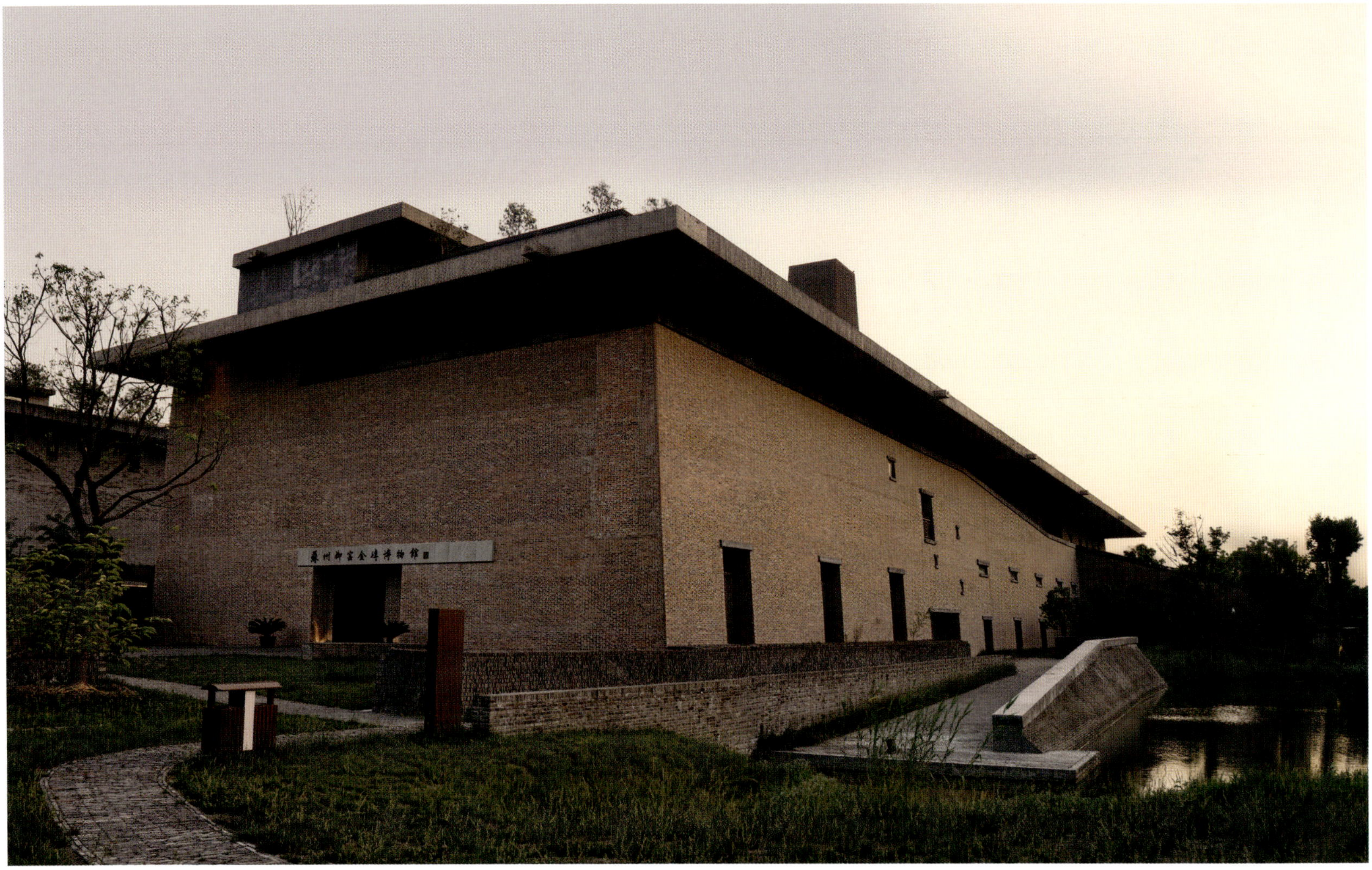

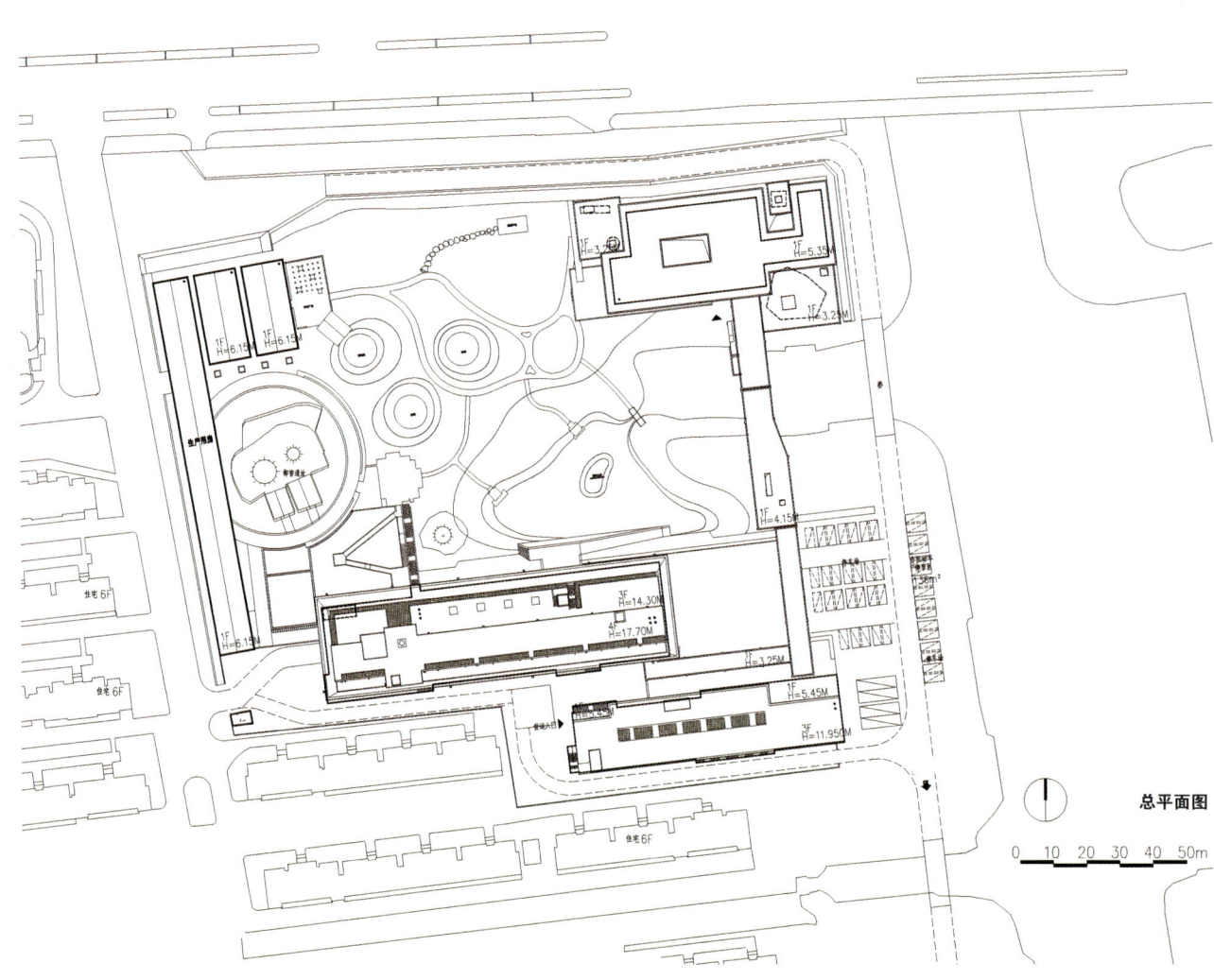

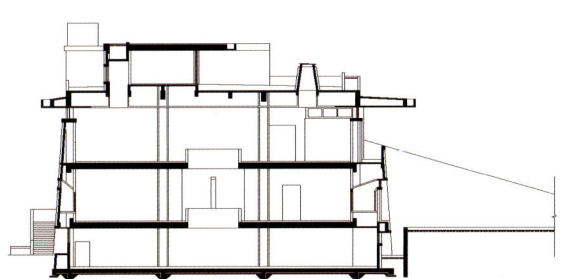
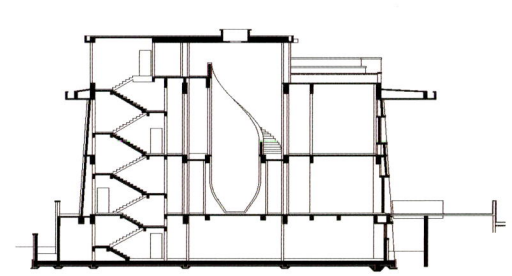
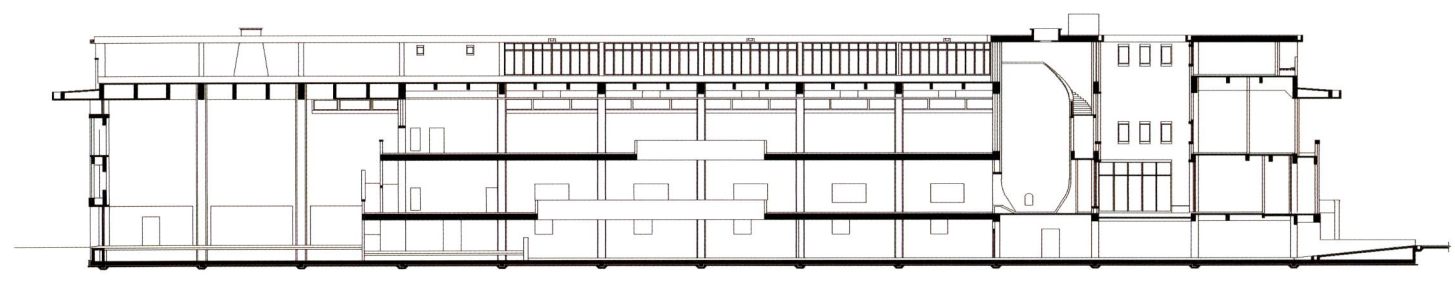

剖面图

CULTURE ■ 文化

设计单位
华建集团华东建筑设计研究总院
设计团队
汪孝安、杨明、向上、刘海洋、
俞楠、汪蕾、朱力元、张一戈、郭睿、
于汶卉、高浩、黄哲轩、李智、
成敏、顾鹏
完成时间
2017年4月
总建筑面积
46,550平方米
主要材料
石材、铜铝复合板、超白釉面玻璃

上海，黄浦区

上海世博会博物馆
The World Expo Museum

杨明 / 项目总负责人　邵峰 / 摄影

地理位置

本项目规划选址于上海世博会地区文化博览区15街坊15-02地块，具体范围为北至龙华东路，南至局门路，西至15-01地块，东至蒙自路。新馆选址地块东南侧留有一处上海市历史保留建筑飞机库旧址，西侧毗邻卢浦大桥浦西引桥段及桥墩，东北侧建有高约120米商务大厦(龙华东路蒙自路口)，东侧地下设有轨道交通地铁13号线。

项目定位

世博会博物馆是由上海市政府和国际展览局合作共建的，具有国际性、唯一性、专题性、可持续性等特点的博物馆，是迄今为止中国国内唯一的国际性博物馆，也是全世界独一无二的世博专题博物馆。

未来新建成的世博会博物馆将全面综合地陈列展示世博会160多年历史、2010年世博会盛况，以及2010年以后各届世博会情况。本项目将依托陈列展览、文物征集、收藏保护、科学研究、社会教育、学术交流、文献中心等七大功能，通过完善的功能、丰富的展品、先进的展陈技术、优质的服务和广泛的交流，成为世博会展示基地、推广基地、教育基地，并将进一步打造为世博文化交流的平台和服务国际社会的世博文化宝库。

设计理念

本案设计以"世博记忆"与"城市生活"作为设计主题，通过概念的演绎以空间、形体、立面、景观的多层次处理，进行设计表现。以历史的河谷与欢庆之云两个不同色彩、材质及功能的形体进行组合，形成丰富的半室外空间，拓展博物馆的外部展场区域，形成与世博会主题相符的特质空间。

以"世博记忆"为设计主题，将建筑作为"承载欢乐记忆的容器"——承载了每届世博会的闪亮"瞬间"和世博会150年记忆的"永恒"。每一届世博会从举办到落幕，都犹如绚烂的烟花，无论绽放时多么璀璨辉煌，却在短暂的时间里消失。在人们心目中，留下的只是故事的碎片和欢乐的记忆。设计者希望世博会博物馆将是一个收纳这些美好回忆的"时间容器"，能永恒地锁住历史长河中每个动人的瞬间。

"城市生活"是本案创作的第二主题，常规的博物馆展品是被动地被参观者观赏，设计者将其转换为参观者主动地探索和互动，参观者将会"探寻、体验和分享欢乐"，更多地"参与"和"体验"。世博会博物馆是让来到这里的人们被动地感受已经塑造好的城市生活中室内外空间，回忆过往的150年世博会历史，感受人类的文明之路，体验交错的时空，并且可以主动自由地参与和开展各种丰富多彩活动的平台。

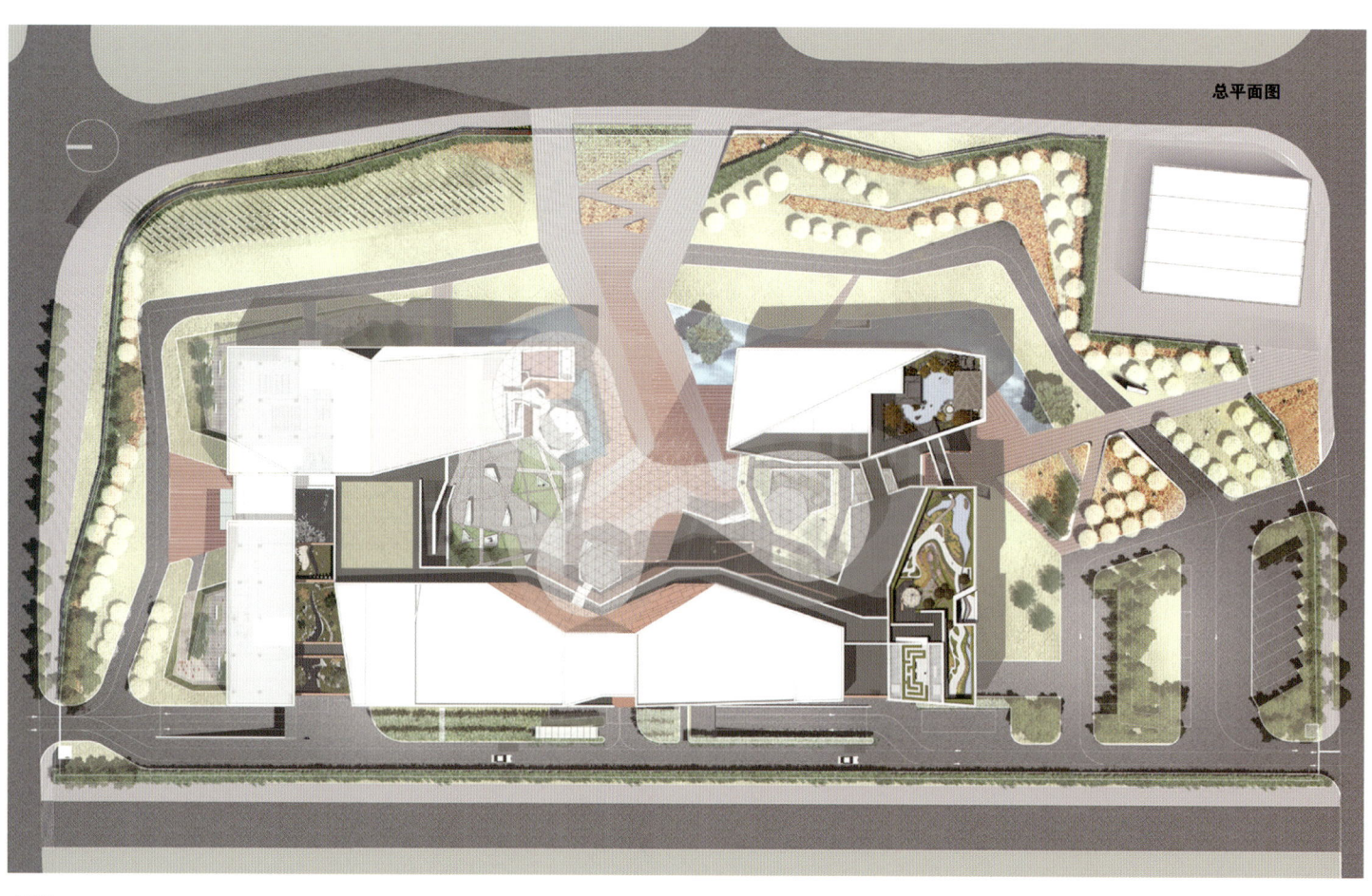

总平面图

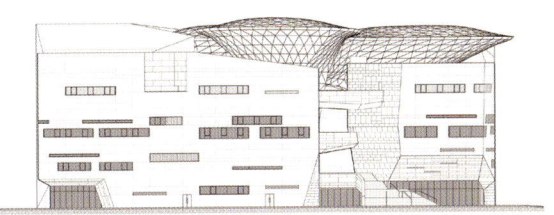

南立面图

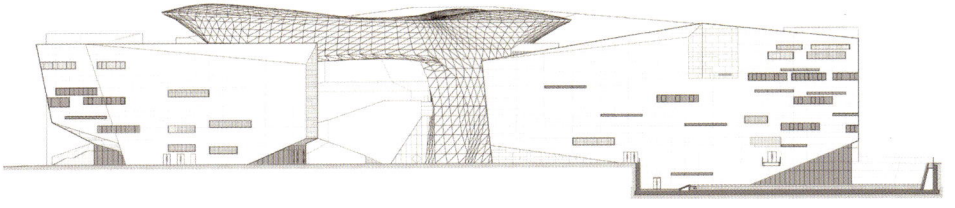

东立面图

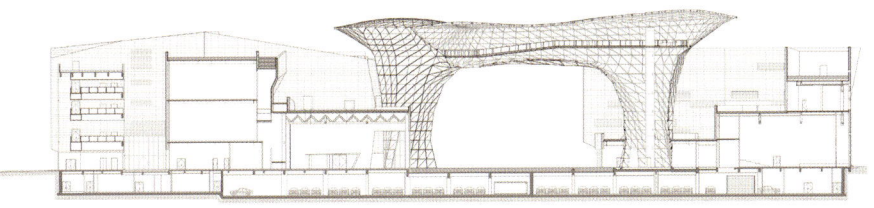

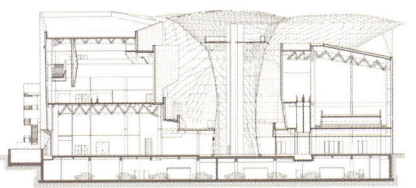

剖面图

CULTURE ■ 文化

CULTURE ■ 文化

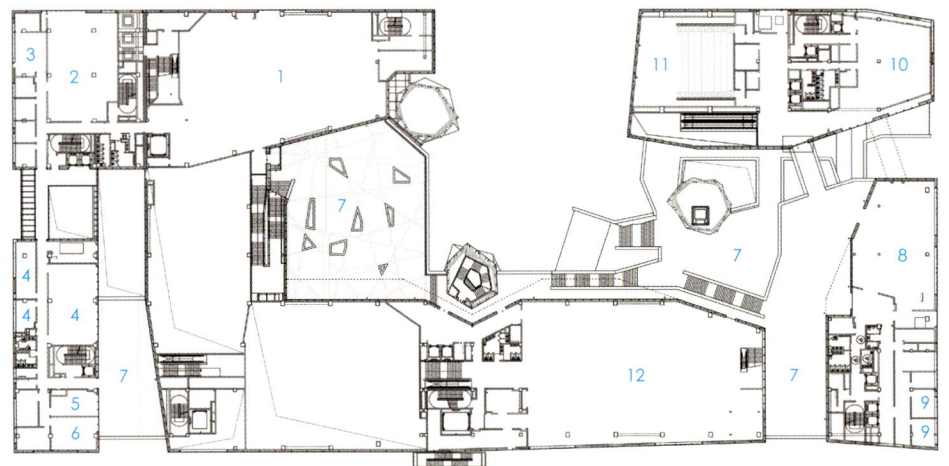

3层平面图

1. 常展厅08
2. 文献档案室
3. 会议室
4. 库房拓展区
5. 整理工作室
6. 藏品办公室
7. 屋顶花园
8. 咖啡厅
9. 国展局办公室
10. 餐厅
11. 4D多媒体放映厅
12. 常展厅04

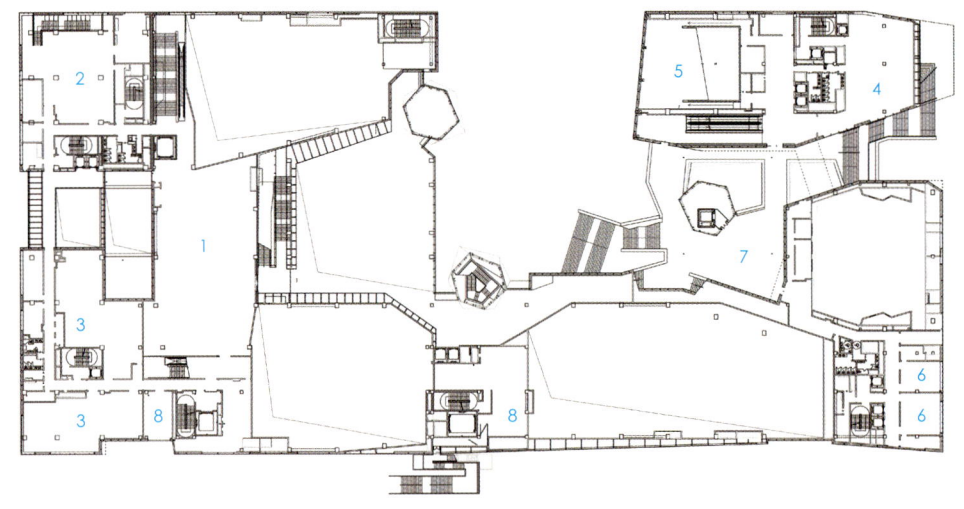

2层平面图

1. 常展厅02
2. 图书馆
3. 库房
4. 青少年活动中心
5. 4D多媒体放映厅
6. 会议接待
7. 屋顶花园
8. 空调机房

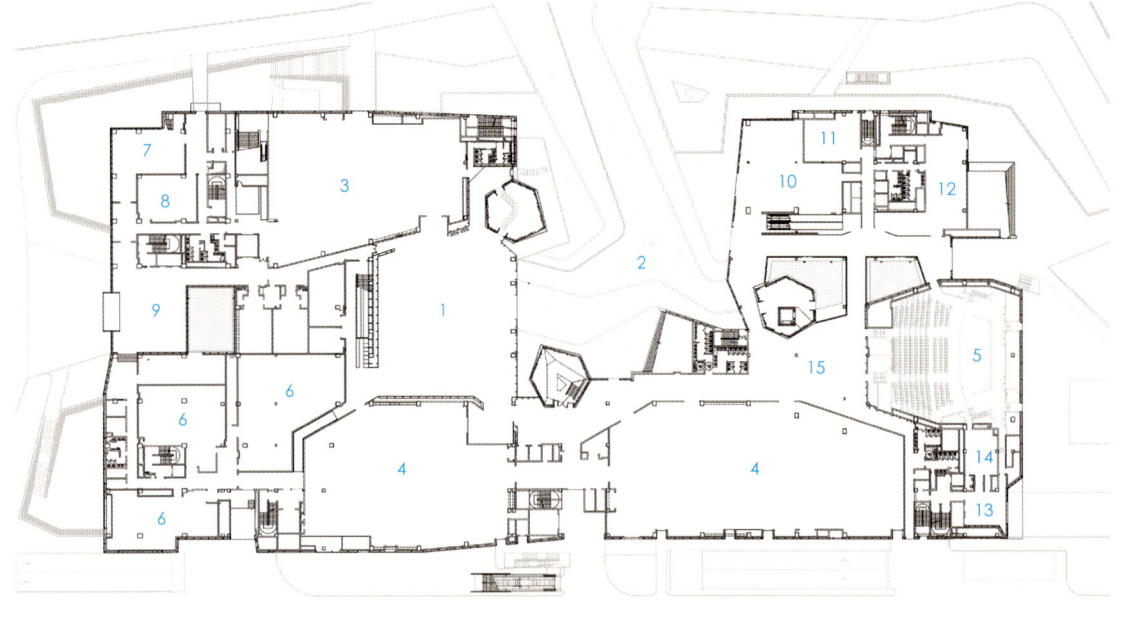

1层平面图

1. 入口大厅
2. 室外广场
3. 常展厅01
4. 临展厅
5. 报告厅
6. 库房
7. 图书馆
8. 大讲堂
9. 办公门厅
10. 售票大厅
11. 讲座课堂
12. 商店
13. VIP门厅
14. VIP休息室
15. 公共活动大厅

CULTURE ■ 文化

设计单位
同济大学建筑设计研究院(集团)
有限公司
设计时间
2007年-2012年
竣工时间
2017年
建筑面积
86,500平方米
项目总负责人
王文胜
建筑设计
史巍、叶雯
结构设计
陆秀丽、杨海涛、任俊杰、庄磊、
金刚、马越
给排水设计
赵晖、黄倍蓉
暖通设计
周鹏、刘云翔
电气设计
王坚、廖述龙、周莹、郑剑锋、幸晓珂
获奖情况
第八届上海(国际)青年建筑师
设计作品展二等奖

江苏，淮安

淮安市城市博物馆、图书馆、文化馆、美术馆

Huai'an City Museum, Library, Culture Center, Art Museum

史巍／主创建筑师　马元／摄影

项目区位与设计定位

淮安是国家历史文化名城。十年前的城市格局呈哑铃状，主城区和古城区相距15千米，以"翔宇大道"相连。2008年，政府决定在两个城区中部建设生态新城。2009年本项目以合建的方式落户新城，总建筑面积8.65万平方米。

2008年，政府决定在距两个城区的居中位置建设生态新城，以改变城市格局、加速城市发展、提升城市品质。在此背景下，2009年淮安文化四馆以合建的方式落户新城。项目总建筑面积8.65万平方米。

基地位于翔宇大道东北侧，周边均为拟建项目：东侧为政务中心、大剧院，北侧为妇儿中心和居住用地，东南侧为城市公园，西南侧为运河休闲旅游区。因此，四馆被定位于既古典庄重，又具现代活力的"城市起居室"。

总体布局与形态生成

建筑用地平行翔宇大道展开，长350米，宽160米，面积5.44万平方米。根据规划要求，四馆建筑统一后退翔宇大道60米，西南立面为主要展示面。

整个用地分为两块，西北侧为规划局的城市博物馆用地，东南侧为文化局的文化三馆用地，两者相对独立。

基于闹静分离原则，将文化三馆中较"闹"的文化馆与较"静"的图书馆分设两端，美术馆居中调和。并且东南端朝向好，视野开阔，适合放图书馆，还能同大尺度的城市空间取得和谐。

由于四馆功能及使用上是相对独立的，为增加自然采光通风，确保消防安全、交通组织合理，四馆须相互脱开，保持间距。由此，基地由西北向东南依次布置了城市博物馆、文化馆、美术馆、图书馆。

根据四馆各自的规模大小，自然形成了两端高、中间低的整体形态。

结合大坡屋面，引入了或内倾、或外倾的墙面，使建筑形态更为活跃，室内外空间更为丰富。

文化三馆设置架空连廊便于统一管理。在插入400座音乐厅、高层业务用房及东南端的下沉式广场后，建筑整体形态得以生成。

设计理念与操作手法

理念一，共性与个性的融合

四馆合建为城市提供了更整体大气的建筑形象；而四馆的内部功能、交通组织等各不相同，形式上还要求有一定个性。于是产生了既整体又通透，既独特又和谐，虚实相生的外观效果，继而将

U（Urban）、C（Cultral）、A（Art）、L（Library）四个字母融入立面，分别喻义四馆的功能。

理念二，实用与象征的融合

作为"漕运之都"，漕舫带给古淮安无比的富足；而基地位于千年里运河畔，四馆造型好比是"文化航母"。图书馆的立面肌理，仿佛层层的"书页"；音乐厅的造型由12片"花瓣"组成，象征淮安市花——盛开的月季。

理念三，室内与室外的融合

建筑退后翔宇大道60米，形成2万平方米的城市开放空间。同时，四馆相互保持12~30米的间距，分别为面向主要车行出入口的景观广场；可供文化馆、美术馆布展的室外展场；可供图书馆少儿游戏的庭院；可供四馆共享的下沉式广场。结合若干屋顶花园及观景平台，形成建筑内外有机结合、相互渗透、立体化、多层次、全民共享的"城市起居室"。

理念四，历史与现代的融合

淮安历史风貌建筑中的合院、坡顶、挑檐、清水砖墙勾缝等传统地方建筑元素，均让人感受到了当年"漕运之都"的繁华，尝试着将这些传统地方元素有机地融入到四馆现代风格的建筑及细部设计之中，比如，文化三馆之间的合院；大斜坡顶的天际线；外倾墙面下的室外灰空间；内倾墙面对应的室内空间，有种置身坡顶下的亲切感；以及为减轻外挂幕墙自重而采用的超大块面铝蜂窝石材的宽窄缝及错缝处理等。

功能分区与空间布局

城市博物馆分规划展示馆和业务用房两部分，两者共享一个庭院。展示馆有可供立体观赏的总体规划模型大展厅及各类演示厅；业务用房的主、辅空间均可自然采光通风，既节能又可降低运维成本。

图书馆底层设有报告厅、少儿阅览室，上部4层环绕中庭设置藏阅合一的阅览空间。在东南、西南等有好朝向、好视野的方位，将室内空间以若干处于不同标高的露台、阳台、观景平台等的方式向室外延续。

文化馆首层设有非遗展厅等三个大展厅，二层设有一个400座的音乐厅，同时还设有舞蹈室、活动室、文学、音乐制作室等。

美术馆内设有三层高的"台阶式"中庭，在中庭南侧设有三层展厅。透过中庭内倾玻璃幕墙，能欣赏到北侧的音乐厅"大花瓣"及休息侧厅，形成视觉上的互动。美术馆四层为艺术家工作室以及偌大的屋顶花园。

从设计到竣工，整整十年，淮安四馆终于陆续呈现在公众面前。十年磨一"舰"，希望"四馆"这艘"文化航母"能引领淮安全新的未来。

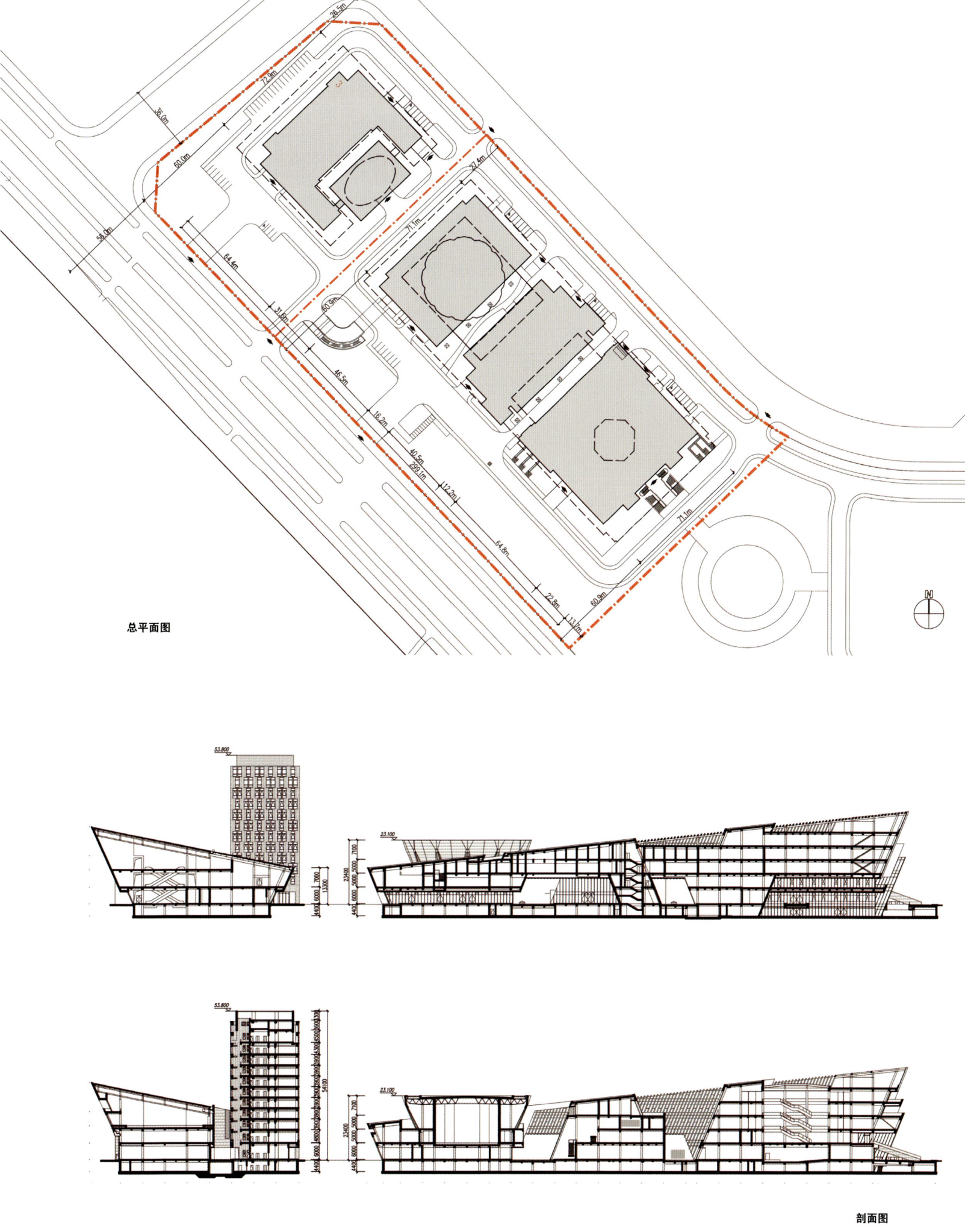

总平面图

剖面图

CULTURE ■ 文化

CULTURE ■ 文化

设计单位
NEXT建筑事务所
设计团队
王岩、高爽、王潇、刘科峰、任婉婷、姜来、沈尧森
竣工时间
2016年5月
占地面积
2,500平方米
建筑面积
6,500 平方米
荣誉
2016年被DESIGNBOOM评为世界top10博物馆设计
法国《Beaux艺术杂志》评选为"世界新博物馆之旅"

北京，大兴区

北京月季博物馆
Beijing Rose Museum

约翰·范德沃特（John van de Water）、蒋晓飞 / 主创建筑师
肖凯雄 / 摄影

　　月季博物馆位于北京市大兴区，地处京南中轴线，是2016年北京世界月季花大会的核心场馆。博物馆占地面积2,500平方米，建筑面积6,500平方米，地上两层，地下一层。项目定位于交流月季栽培、造景、育种、文化等方面的研究进展及成果，展示最新品种、技术和应用；为推介地区花卉品牌、开展国际合作提供上佳的交流和展示平台。

　　项目的建筑设计灵感来源于北京市花——月季。建筑采用现代设计手段，同时结合中国传统花卉剪纸艺术，旨在打造具有国际视野，同时属于北京独一无二的月季博物馆。建筑形体的流动造型展现花卉柔美的自然形态语汇，同时外表皮镂刻大小不一、形态各异的月季花纹理，以最直观与美观的方式迎合本届盛会的主题；建筑的外表皮与实体内表皮之间的灰空间形成有趣的光影与色彩变化，为各种展览展示活动提供绝佳场地；别样的虚实变化，为建筑增添与众不同的魅力。建筑内表皮采用双层U型玻璃，为室内展览及各项活动提供柔和适宜的自然采光。顶部设有屋顶花园，为游人提供休憩放松的场所。建筑内部功能分区与流线布置合理，充分考虑和满足游客与参展方的需求。

　　作为一项以自然元素为主题的设计，项目整合了多项节能设计的措施。建设过程中使用可再生材料与无毒害的建筑涂料，减少建筑全寿命中各阶段对周围环境与使用者的不利影响；建筑外立面材料处理，减少不必要的反射眩光；内部的光线处理，保证建筑内外人群免受不必要的光污染；使用节能灯具，减少能耗；建筑内部与外部的跌水景观设计、雨水回收利用以及中水处理设施，用于景观用水以及灌溉等，实现水资源的充分循环利用；利用太阳能设备，为建筑外部提供景观照明能源；建筑内外结合灰空间的处理手法，为游人提供良好的空间品质和热环境，改善局部微气候。建筑符合"星级绿色建筑"评价标准，充分体现月季博物馆"源于自然，回归自然"的设计原则。优美的形体、优质的空间、优良的性能，月季博物馆将作为"置世界前沿，接北京地气"的优秀建筑作品，向来访者完美地诠释世界的月季，中国的月季风采。

　　本方案设计灵感来源于中国传统月季纹饰丝绸。我们希望用建筑手段打造一个丝绸般华美的，带有月季纹饰的建筑意向。我们用镂空的金属不锈钢幕墙，创造了一个半室外的空间，可用于花圃展览与半露天相关文艺表演。同时镂空的外皮，又使灰空间形成了独特的视觉效果，使人置身其中，可以更好地领略月季花所带来的美轮美奂的光影艺术。全部隐藏的结构体系，使整个建筑浑然一体，且更具有雕塑感，自成结构的U玻，干净简洁，很好地起到了"背景"的作用。结合灯光设计，傍晚后从镂空的建筑外皮透出，形成更为美轮美奂的光影效果。

038 ■ 039

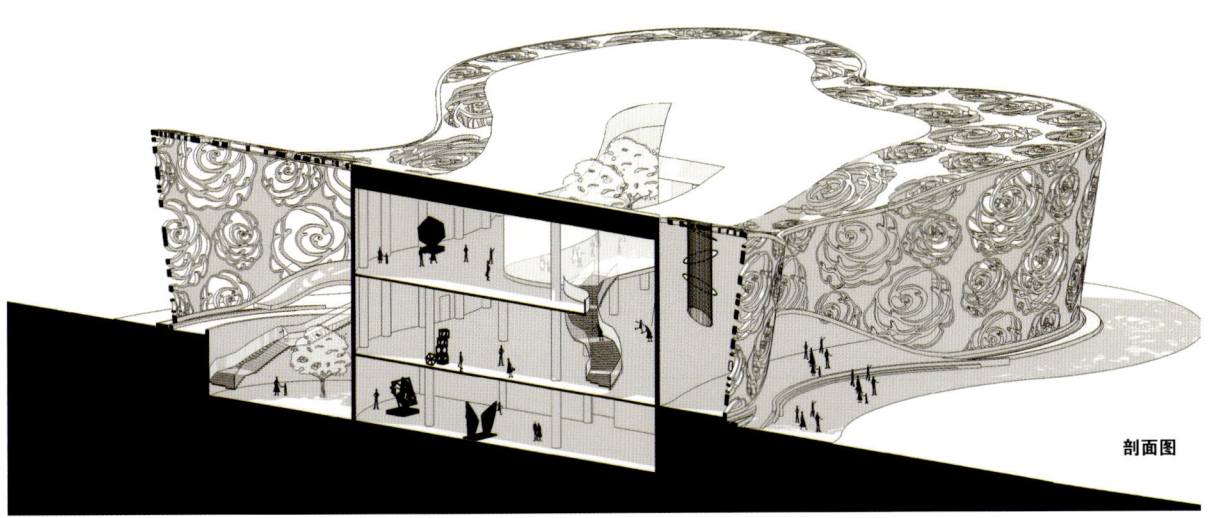

剖面图

宁夏回族自治区，银川

宁夏大剧院
Ningxia Grand Theatre

程泰宁／主创建筑师　陈畅／摄影

地理位置及周围环境

宁夏大剧院位于宁夏回族自治区银川市人民广场东侧，南临北京路，北依银川市文化艺术中心，西侧与新建的宁夏博物馆、图书馆共同围合成宝鼎广场。

由于博物馆及图书馆均为方正的造型，大剧院采用了外方内圆的形式，并通过工作模型推敲了三者的体量关系，使之成为一个完整的组合，并将作为主体的大剧院的形象突显出来。

银川是宁夏回族自治区首府，宁夏的地域特色、伊斯兰文化的传承是我们所重视的，因为这使建筑的"唯一性"成为可能。我们希望宁夏大剧院能够与北京、上海、广州或其他一些地方的大剧院区分开来。当然，不言而喻，地域文化的表达不是简单的移植而是在全球化背景下的再创作。经过抽象、提炼，最后升华为符合工业化生产方式和现代人审美理想的建筑意象，就是"独创性"。

主要功能

剧院为一座大型甲等剧院，剧院设置一座1,500座歌剧院，主要功能为歌舞、歌剧、话剧、地方戏，兼顾交响乐演出；剧院还设置一个508座多功能厅。

设计理念/灵感

设计创意是"花开盛世"，象征和谐、吉祥、希望。建筑形象体现了现代化背景下的地域文化表达，现代而又富有地域特色。

设计难点及解决方式

双曲面石材幕墙，采用背栓干挂方式。

设计单位
杭州中联筑境建筑设计有限公司
设计团队
郑庆丰、唐晖、刘辉瑜、程跃文、陈悦、段继宗、叶俊、杨涛、骆晓怡、刘鹏飞、潘知钰
占地面积
49,000平方米
建筑面积
50,000平方米
主要材料
钢筋混凝土+钢结构、石材+玻璃+铝+铜

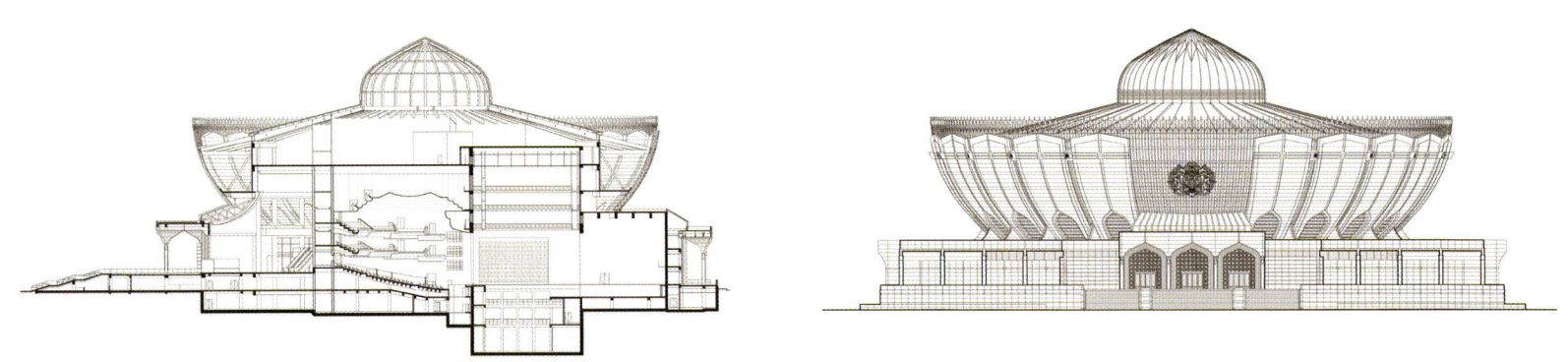

CULTURE ■ 文化

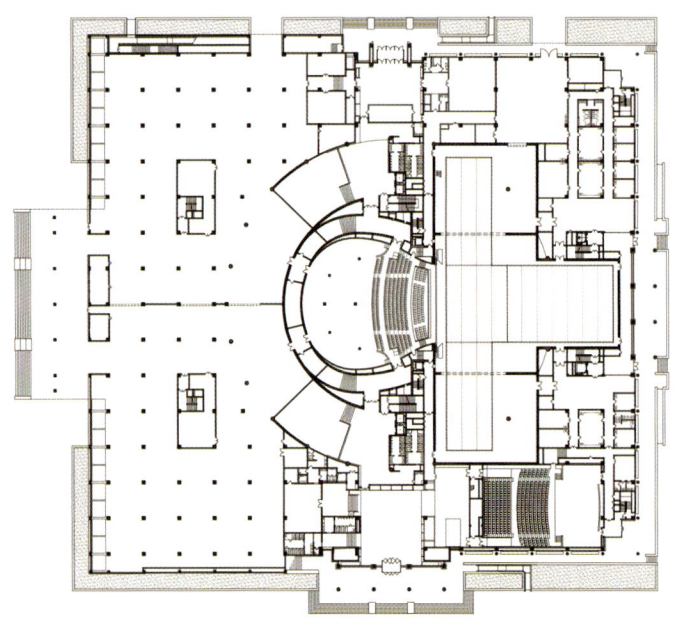

1层平面图

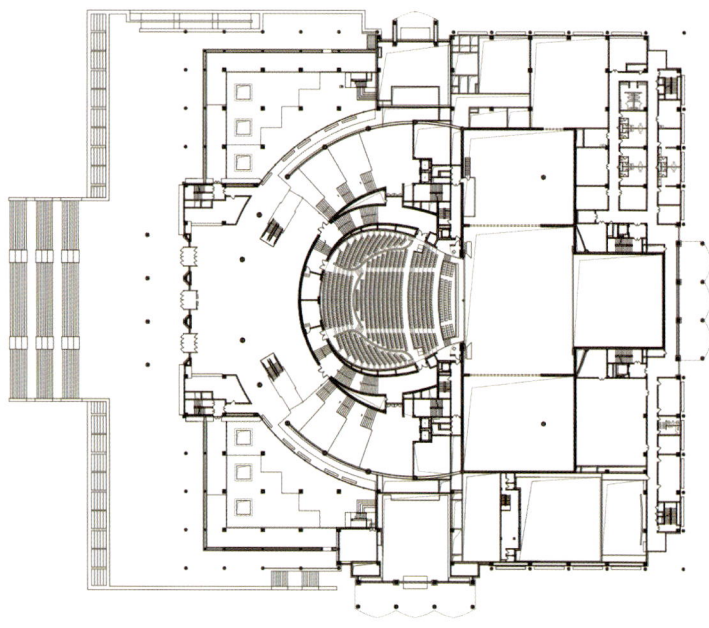

2层平面图

CULTURE ■ 文化

设计单位

麦肯诺建筑事务所

竣工时间

2017年-2018年

建筑面积

14.1万平方米

台湾，高雄

高雄艺术中心
National Kaohsiung Center for the Arts

弗朗辛·胡本/主创建筑师　李易暹、克里斯蒂安·里克特/摄影

　　麦肯诺建筑事务所(Mecanoo architecten)设计的高雄艺术中心(National Kaohsiung Center for the Arts)，象征了高雄市的转变。这里曾经是重要的国际海港，现在则化身为一座现代的、多元化的城市，有着深厚的文化底蕴。项目所在地从前是军事用地，现在已经成为旁边的亚热带公园必不可少的一部分，将给接近300万的高雄居民带来积极的社会影响。

　　设计灵感来自当地的榕树及其标志性的树冠。蜿蜒起伏的造型由屋顶和外壳两部分组成，内部包含各种功能区。弧线形钢结构框架是由当地和一家荷兰造船厂合作制造的。屋顶下方的"榕树广场"，是一个宽敞的公共空间，有屋顶遮风挡雨，附近居民日夜从此穿行路过，都很方便，还可以在这里练太极，或者沿着步行道在空地上进行街头表演。屋顶上相当于露天剧院，旁边的公园就是舞台。设计上考虑到当地的亚热带气候，采用开放式结构，微风吹过榕树广场，环境舒适惬意。室内外环境无缝衔接，正式和非正式艺术表演有更多的跨界合作机会。

　　建筑结构通过五个支撑点与地面相连，这五处都布置了重要功能区，包括2,000座席的音乐厅和2,250座席的歌剧厅。这些功能区通过屋顶层和地下服务层的一系列门厅彼此相连，地下层是每个表演厅的后台区。

　　建筑师分析了许多材料，包括涂料、瓷砖、混凝土、膜结构，但是没有一个是合适的。这不是从技术的角度上来进行选择的。其中许多材料需要相互配合，因此，如果使用许多不同的材料，而这会导致建筑显得臃肿。因此，该项目需要的是一个单一的材料，所以我们不得不寻找其他材料。

　　榕树广场的顶棚是一个无缝的结构，它们没有重复的形状。2008年初建筑师和建筑工程师讨论这个项目，很快就达成了一些共识，这使得他们很有信心能完成这个项目。随着创建出数字化的3D模型，建筑工程师将其纳入他们的软件，并且进行了计算。最终将使用约40平方米、6毫米厚的钢板作为铺设建筑外墙的材料。皮肤板都在工厂中进行了冷弯处理，符合项目的设计特点。成型后的面板需要人和机器完美配合进行安装。

048 ■ 049

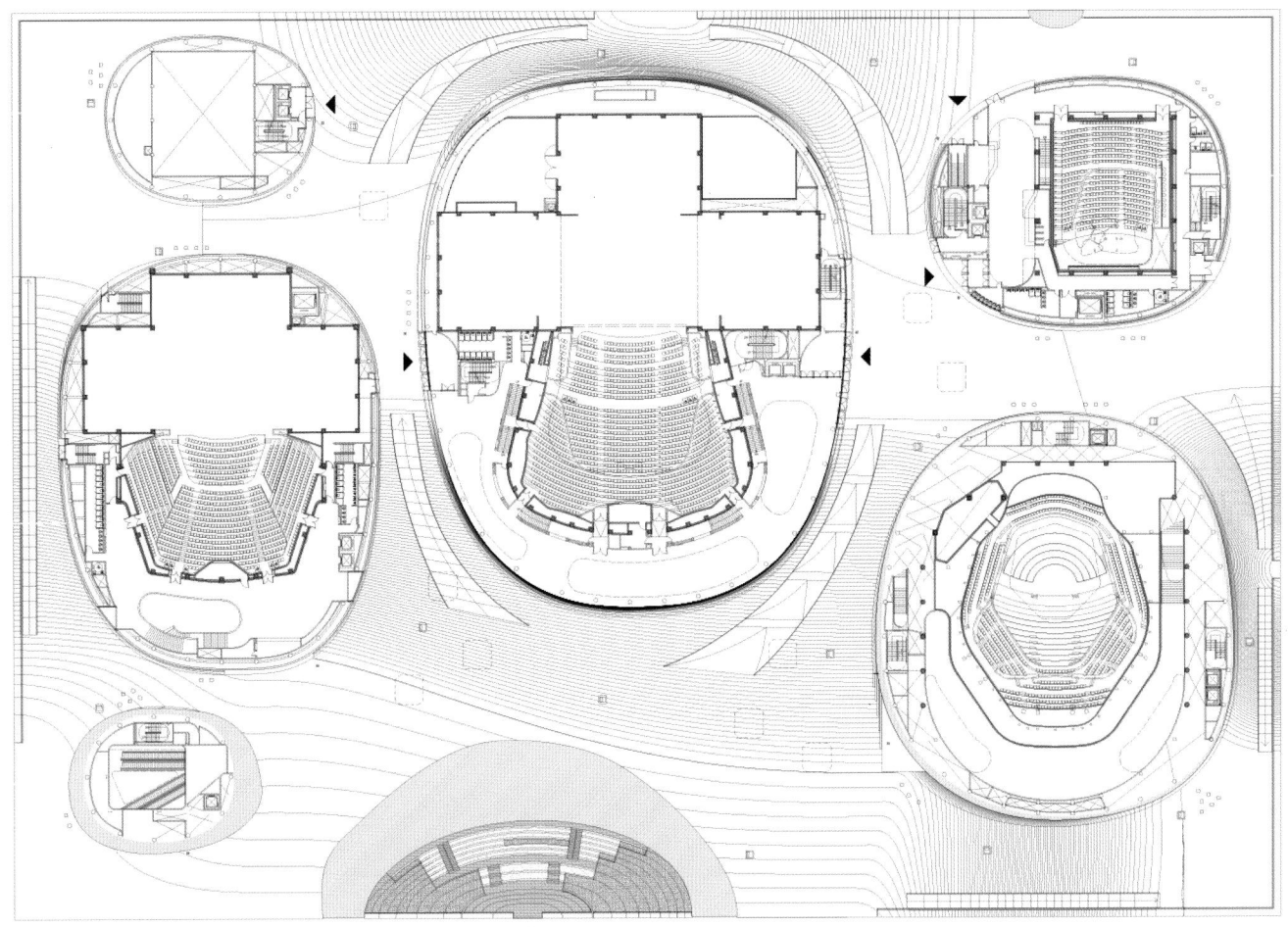

总平面图

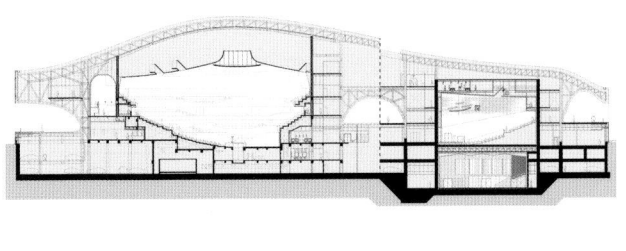

音乐厅剖面图

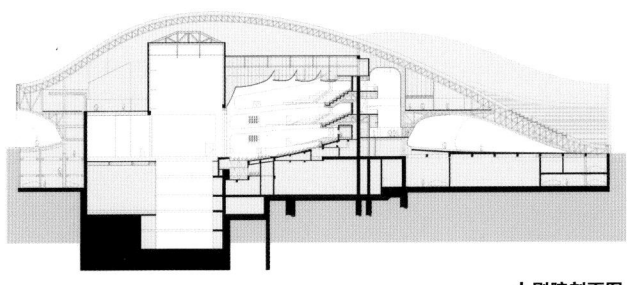

大剧院剖面图

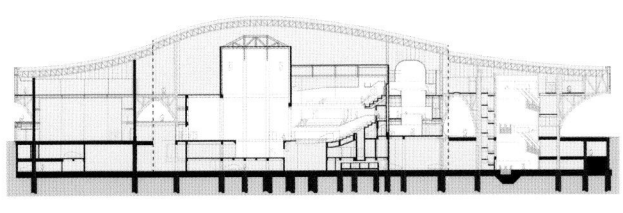

剧场剖面图

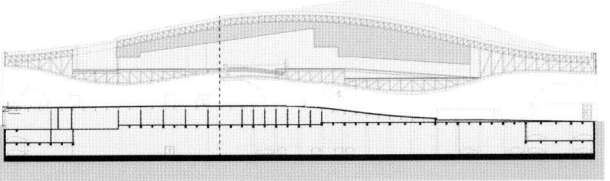

榕树广场剖面图

CULTURE ■ 文化

CULTURE ■ 文化

设计单位
同济大学建筑设计研究院(集团)有限公司
建筑设计
王文胜、周峻、吴丹、奚秀文
结构设计
丁洁民、陆秀丽、居炜、周游、文超、程前
给排水设计
黄倍蓉、潘若平、冯玮、赵辉
暖通设计
徐桓、王希星、周鹏、王珑
电气设计
王坚、廖述龙、程青、郑剑峰、
刘龙、陆扬、冯明哲
声学设计
同济大学建筑设计研究院（集团）有限公司 /
北京工业大学剧场设计与舞台技术研究所 李国棋
室内设计
深圳市中孚泰文化建筑建设股份有限公司
幕墙设计
同济大学建筑设计研究院（集团）有限公司 /
英海特工程咨询有限公司（Inhabit Group）
设计时间
2010年
竣工时间
2017年1月
建筑面积
47,010平方米

云南,昆明

云南大剧院
Yunnan Grand Theatre

王文胜 / 主创建筑师　马元 / 摄影

概述

"云南大剧院项目"是云南省级重大标志性文化设施建设项目，由同济设计集团建筑设计三院于2009年竞赛中标。项目于2017年初顺利竣工，已经成为云南省的文化新地标。

定位：国内领先、西南一流

对于云南大剧院，当时省领导及业主定位明确，并不是一味求大、求全，而是立足实际，提出"国内领先、西南一流"的准确定位。项目总建筑面积47,010平方米，总投资7.7亿元，地下1层，地上4层。主要包括一个1,475座位的大剧场、一个440座位的多功能小剧场、一个790座位的音乐厅，以及舞蹈排练厅、音乐排练厅、国际标准的化妆间、演员排练用的钢琴房等配套设施，可以满足大中型文艺演出的需要。

项目特点

作为一个省级大剧院，除满足项目定位、功能需求外，云南大剧院拥有与众不同的项目特色。

1. 独特的总体设计。项目紧邻云南省博物馆、云南文学艺术馆和官渡古镇，占地面积10万平方米，云南大剧院建筑设计以"圆"和西北侧新建云南省博物馆的"方"进行呼应，以音乐的欢快柔美和知识的睿智方刚进行对比，以浓缩山水的刚柔相济和石林的突兀峥嵘相互呼应，以延绵河流和苍劲山川的建筑化写意构筑出云南的美好河山。采用对比统一的手法形成了区域整体文化建筑群风貌。

2. 独特的形体设计。从内到外强调"群山韵宝，众水流金"的建筑立意，将云南自然山水风情，凝聚民族文化气质，不简单具象重复某一单一风貌，而是对云南山水风光的建筑化写意。立面设计展现"凝固的音乐，起伏的舞姿"，舞者的身姿，化解为流畅优美的形态，几条交错起伏的曲线，以流畅、空灵、典雅的建筑形象，呈现在昆明这个大舞台中，建筑与音乐、艺术浑然一体，宛若天成，为现代城市谱写一曲浪漫典雅的乐章。

3. 独特的民族性表达。设计全程受到民族文化的启迪，隐含"滇之冠"的暗喻。地处中华文化圈、印度文化圈与东南亚文化圈交汇点的云南，是人类文化遗产最珍贵的共生宝库，各族文化的乡土性、边缘性、包容性，最终催生出了民族文化的多样性。云南民族传统的服饰、歌舞、建筑都各具特色、独树一帜。建筑设计汲取了云南地方文化的特色并予以精炼、总结，使得建筑在整体现代性的形态中也呈现出浓郁神秘的民族风情。结合功能需求，主入口设置的26根巨柱也是对生活在云南的26个少数民族的呼应。

4. 独特的主入口空间。建筑西北侧内凹约2700平方米的主入口广场，85米跨度、高20米的巨大弧形钢结构构架形成了饱满的圆形界面，围合出入口灰

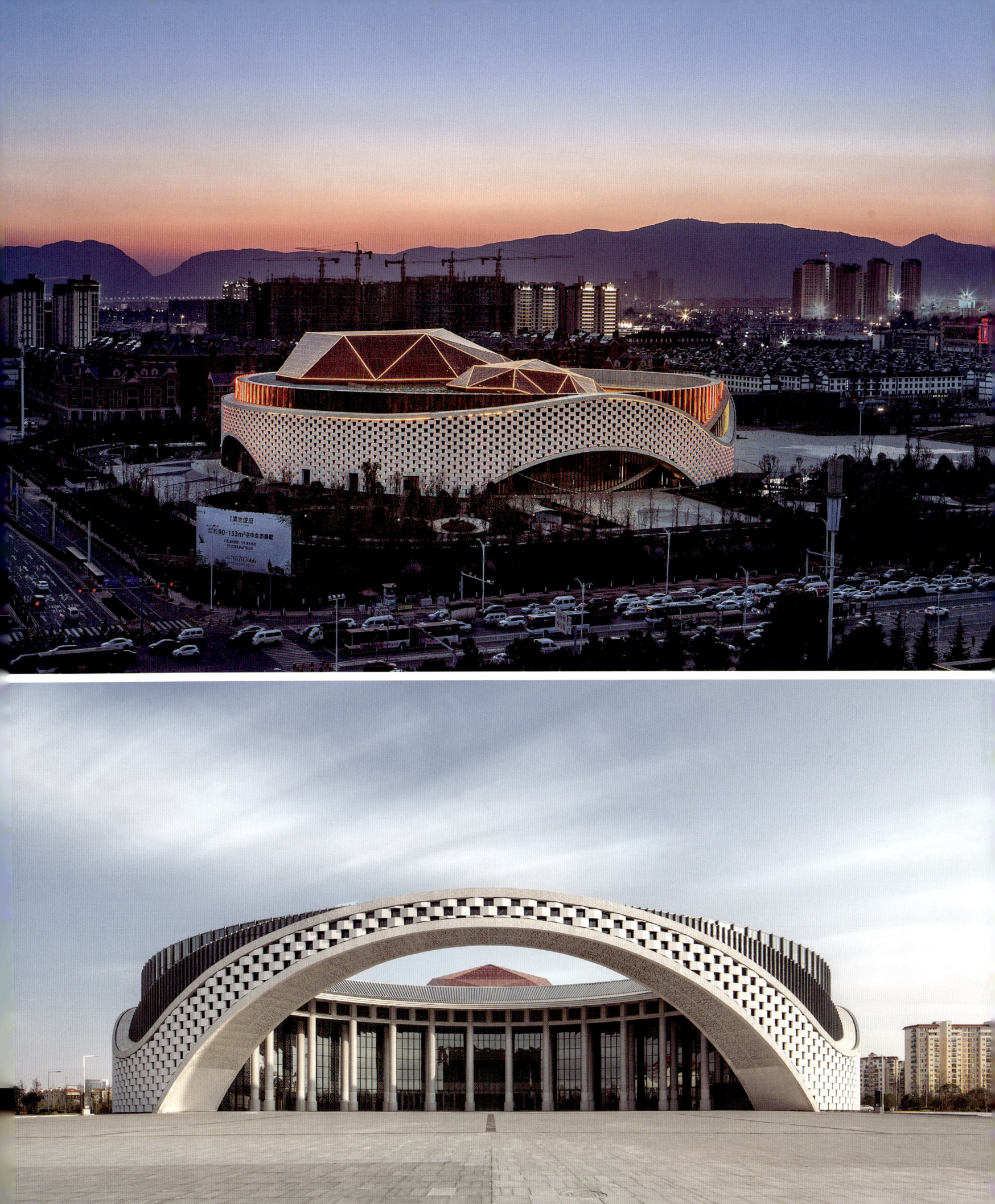

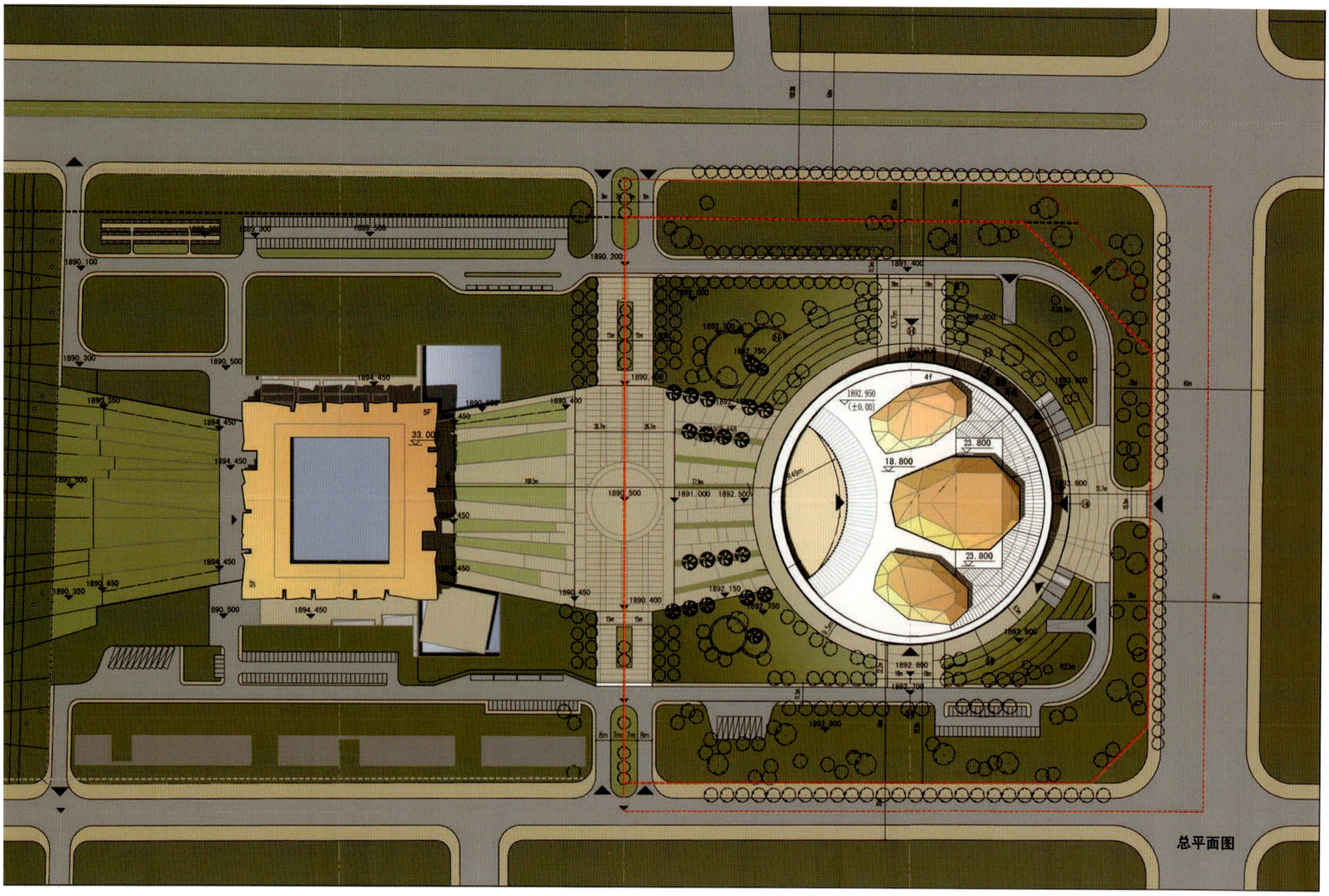

总平面图

空间。经过气势恢宏的柱廊空间，观众进入主入口共享大厅。共享大厅呈弧形伸展，约130米面宽、20米平均进深、3层通高。1,475座大剧院正对主入口居中设置，多功能小剧场和音乐厅左右对称，三者呈弧线形分布，恰似弧形共享大厅上生长的三片花瓣。

5. 独特的平面布局。大剧院在75米半径的圆形平面内容纳了一大两小的核心空间，并通过消防性能化分析，充分论证了利用共享大厅疏散的可能性，用这一三层通高的空间串联了主剧场、音乐厅及多功能小剧场，并且结合昆明当地温和地区的气候特征，在大厅边侧顶部设置了通长的通风排烟百叶窗，即满足消防要求，也能充分利用自然通风，降低不必要的能耗。

A. 歌剧厅：观众厅1,475座位，池座1,051座位，包括乐池升高时的72座位。排距0.95米，设残疾人座位4个，池座贵宾席82座位，排距1.15米；楼座共340座位，排距0.95米；第一层包厢左右各一处，共20座位；第二层包厢左右各一处，共28座位。观众厅设计有效容积约12,600立方米，每座平均容积约8.5立方米。

舞台为品字形镜框式舞台，固定台口宽21米，高12米，另设有活动台口以适应不同规模的演出。主台宽33米，进深24米，高34.5米，其中梁底至主台台面净高31.6米，主台上空设有三层天桥和栅顶；两侧的侧台长17.2米，进深23.4米。舞台设置有大型机械，具有升降、旋转、移动等功能，以适应不同要求的演出。

B. 音乐厅：音乐厅采用古典式矩形音乐厅的布局方式，为达到较佳的音质提供较稳定的和有保障的基础。音乐厅790座位，其中池座440个，设残疾人座位2个。音乐厅采用短排法，排距1.1米。音乐厅大厅容积7,950立方米，合每座10立方米。音乐厅演奏台185平方米，另设有活动式合唱席，可比较充裕地提供三管乐队的演出。音乐厅演奏区后侧设管风琴，来自德国手工打造的管风琴特殊定制了带有云南音乐特征的"葫芦丝"效果。

C. 多功能小剧场：剧院东北侧设置一处多功能小剧场，设18米×10米拼装舞台、拼装T型台、伸缩式座席，可容纳约440人，二层楼座位可容纳112人，可满足戏剧、电影、小型演出、时装表演、会议等多功能要求。

6. 独特的外立面设计。大剧院强调形体与外立面材料的虚实对比，实墙面采用开放式干挂石材，为防止一般钢结构龙骨对石材可能的锈蚀影响，特意采用了全铝合金金属龙骨。石材表面结合形体关系饰以不同阳刻及阴刻装饰纹理，玻璃幕墙表面采用传统建筑冰裂纹图案，丰富了建筑的细部处理。一大两小功能空间在屋面上突出成"三颗宝石"，采用穿孔金属板材拼接，在转折面上设置内凹的拼缝，内嵌灯光装置，夜景发光，多面形体恰如皑皑群山的剪影。

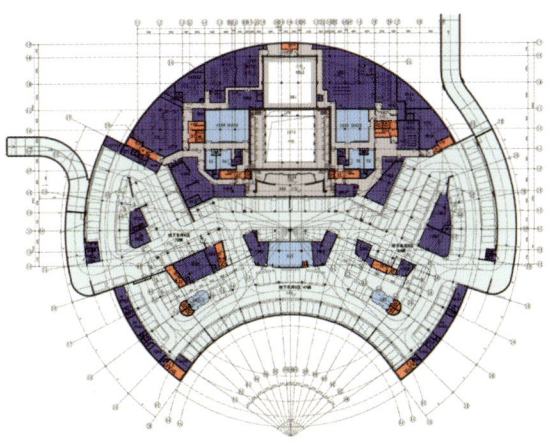

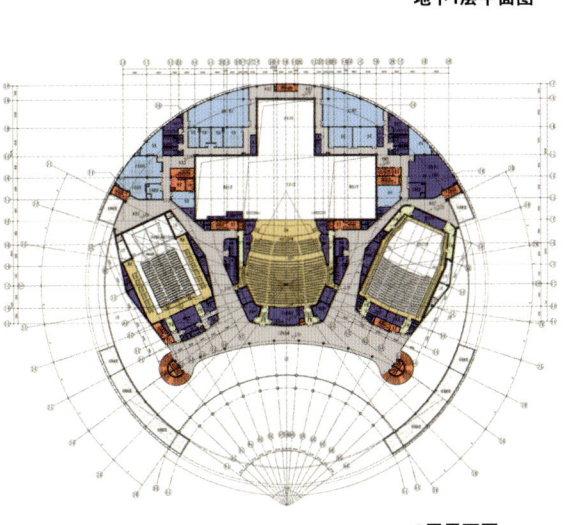

地下1层平面图 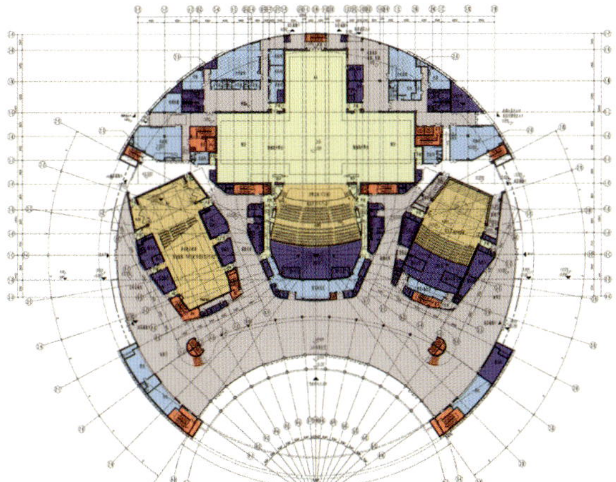　　　　　　　　　　1层平面图

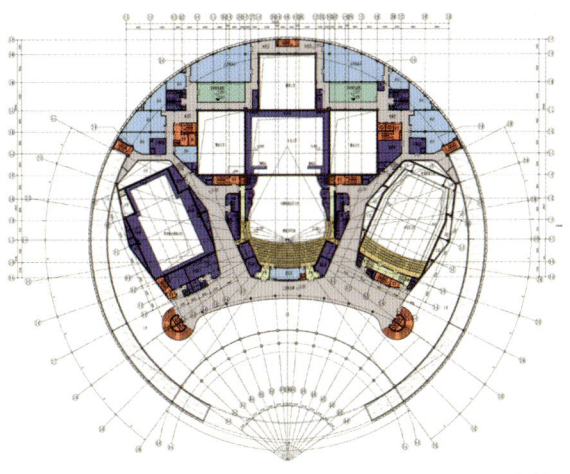

2层平面图　　　　　　　　　　3层平面图

CULTURE ■ 文化

CULTURE ■ 文化

设计单位
梅里提斯建筑事务所
（Mailitis Architects）
竣工时间
2017年
建筑面积
614.8平方米

河南，登封

嵩山少林飞僧剧场
Shaolin Flying Monks Theatre

奥斯特里斯·梅里提斯／主创建筑师　安西斯·斯塔克斯（Ansis Starks）／摄影

少林飞僧剧场位于河南嵩山，由拉脱维亚的梅里提斯建筑事务所（Mailitis Architects）设计完成。

嵩山在中国佛教中有着重要的意义。嵩山是少林寺所在地，传统上认为它是禅宗佛教和功夫的发源地。鉴于其丰富的历史和文化对世界的重大影响，嵩山得以入选联合国教科文组织世界遗产名录。

项目的目的是营造一座圆形室外剧场，用来主办每周一次的当地僧人的飞行表演，并为一般公众提供尝试飞行的机会。位于拉脱维亚里加的Mailītis建筑事务所希望设计方案能够尊重其周边的自然环境。

少林飞僧剧场坐落在柏树环绕的一处山坡上。建筑理念充分考虑了周围的自然环境和历史遗产。建筑形态由两个象征符号——山和树——衍生而来。该剧场可以作为任何形式的表演平台，尤其是飞行表演。其建造过程结合了现代和古代的建筑技术——以激光切割的钢材作为结构，支撑着人工打造的台阶，台阶所用石材取自当地。

该剧场共有四个基本功能分区：外部立面、舞台、内部区域及设备机房。外部空间结合了美学和功能两方面的要求。除了实现其日常功能，楼梯与嵩山的地势相呼应，同时调节建筑内部的自然采光，并为发动机提供大量空气流。楼梯的上层部分形成了环抱舞台的观众席——一个中间有风洞的露天剧场。剧院内部分为三层，包括所有必要的基础空间和设施，供游客和表演者使用。飞行表演所用的技术设备由 Aerodium 团队开发，锚定在舞台下的机房里。

建筑的边缘上设置了带有金属栏杆的环形楼梯。建筑主体采用了激光切割的钢结构，其内部有石材阶梯作为面向舞台的座位。

建筑师表示："建筑的建造方法结合了现代和古代的技术，激光切割的巨型钢结构与利用当地采石场资源手工制作而成的石阶相融合。"

除了建筑外表面、阶梯和内部舞台，剧院的内部空间还设有一个三层高的居住空间，供游客和表演者使用。

风洞的发动机室位于舞台下方，被一层用来吸入空气、消除声音的穿孔表面所覆盖。发动机的内部也采用了隔音材料进行隔声处理。 由风洞制造商Aerodium开发的技术装置也安置在这里。它能够产生通往风洞的气流，并且可以由工作人员进行调节。

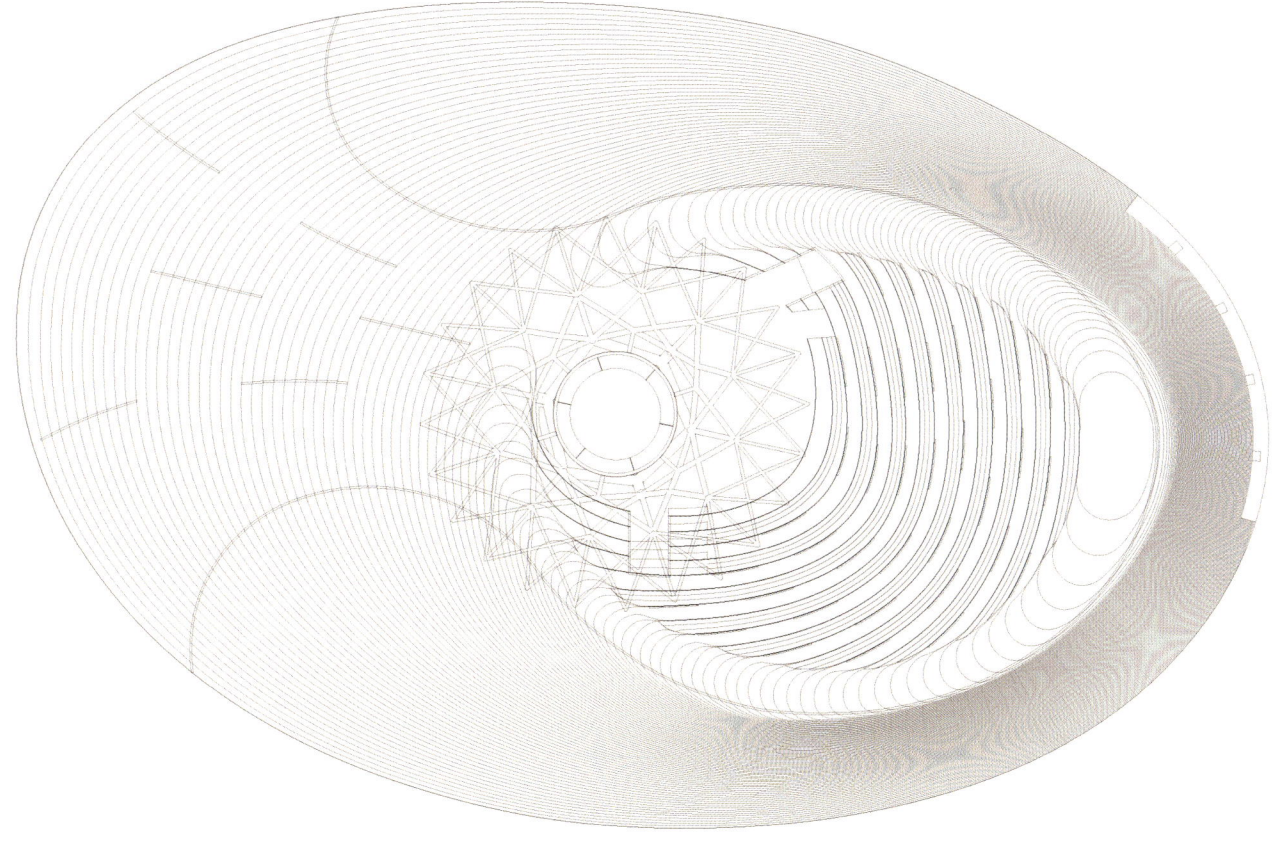

总平面图

设计单位
张雷联合建筑事务所
合作单位
南京大学建筑规划设计研究院有限公司
上海同基钢结构技术有限公司
项目建筑师
钟华颖、张雷
设计团队
钟华颖、张雷、席弘
建筑规模
3,000平方米
建成时间
2016年10月

江苏,南京

江宁石塘互联网会议中心
Shitang Internet Conference Center, Jiang ning

钟华颖、张雷／主创建筑师　　侯博文、姚力／摄影

乡村发展的现代化、城镇化趋势不可避免的需要引入新的功能类型，互联网会议中心等大空间多功能建筑是其中之一。江宁石塘村项目以"公社礼堂"及"温室大棚"为原型，尝试重构乡土环境下的公共空间类型。采用工业化快速建造体系，引入预应力细柱结构技术，有选择地以适宜技术消解弱化物化的建筑存在，还原乡村原有的触感，在极短的建造时间内进行了一次乡村复兴的建筑实验。

小镇大房子

石塘村的"互联网小镇"计划，是当今中国乡村城镇化的一个缩影，包括其实施面临诸多困境——乡村现代化、城镇化与城市化之间微妙的差异和困扰，即便那些具有优越区位条件和丰富自然资源的样本。这个位于南京西南40千米的近郊乡村，已先后完成了村落规划改造与乡村特色民宿、餐饮建设。作为"美丽乡村"的后续发展，应对未来"互联网创业大赛永久会址"带来的会议、观演等多功能的需求，地方政府提议的互联网会议中心项目，显然对于乡村的未来产业转型至关重要，但同时从选址到建设并未经过蓝图规划的缜密过程，而呈现出某种乡土聚落发展的"自发性"。

类型重构

在中国的传统乡村，大房子并不多见。作为公共建筑的"公社礼堂"和作为生产设施的"温室大棚"是其中的典型。对上述两种"原型"的要素分析，成为推动设计的重要路径。乡土建筑类型通过与建造的材料、构造直接相关，既是乡土建筑现实存在的物质基础，也成为形式表现的重要媒介和抽象的建筑空间意象、文化体验的载体。

公社礼堂记忆的唤醒，自然产生了两坡屋顶的基本空间要素，事实上这个会议中心的大空间在多数时间也将作为村民聚会与风俗延续的场所。而装配式的杆件结构则是对温室大棚轻钢结构建造类型的发展，虽然其复杂性和可靠性要远高于后者的要求，但是其对自然环境最少扰动的理性建造逻辑得以保留。

技术—乡土

研究空间结构及张拉整体的结构工程师袁鑫，巧妙地将"张拉整体"（Tensegrity）的力学原理应用于柱的受压，将传统柱横截面单一的受力分解为受拉与受压，两个方向力的平衡为抵抗柱的变形提供了额外的帮助，超越欧拉临界力的限制形成截面尺寸极小的重载超压细柱。理想的会议中心支撑结构，应该有如基地周围竹海的翠竹，细密挺拔。预应力细柱技术支撑下，达成了截面边长14厘米，10.45米高，长细比1:75的细柱。45天快速建造的同时获得了良好的建筑品质，依据了工业化建造体系以及相应的设计和设计管理方法。

"互联网会议中心"作为乡村新的功能类型，其要素构成毫无疑问是时代进步的诉求，而"类型"思考方法"转换"和"进化"的本质，从来不是拒绝——而是迫切需要积极融合新的技术策略，形成技术和乡土相契合的发展推动力去延续固有的空间环境秩序。

总平面图

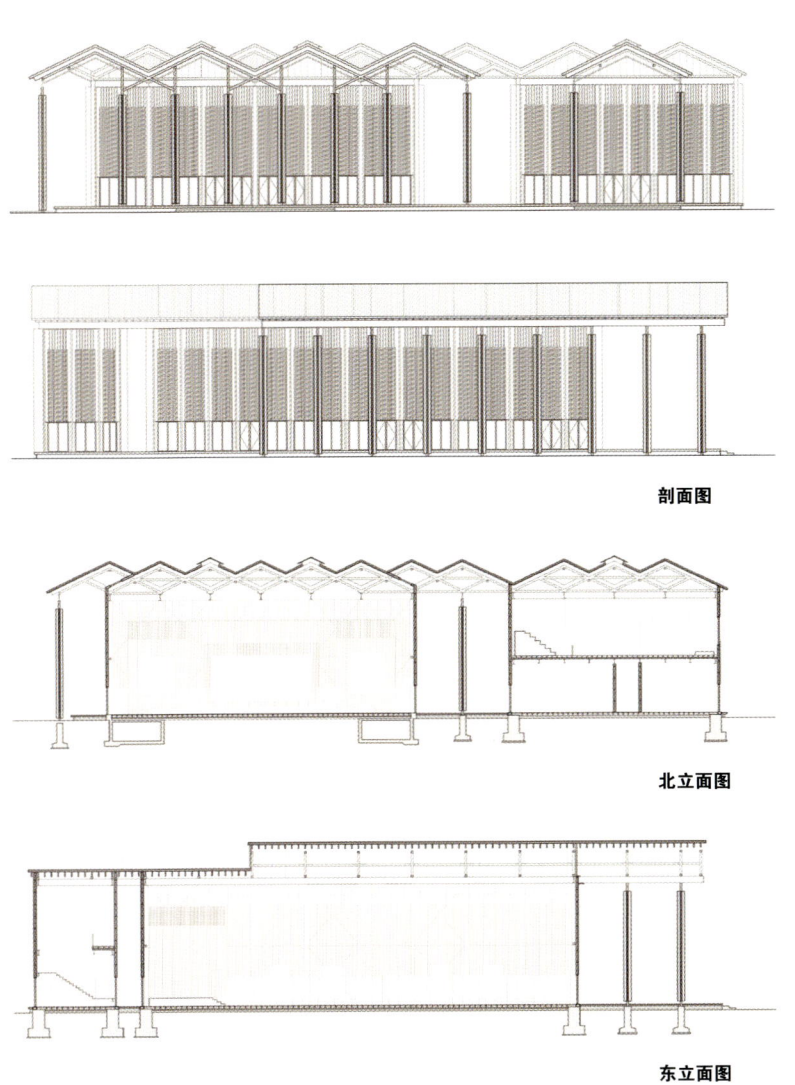

剖面图

北立面图

东立面图

轴测图

CULTURE ■ 文化

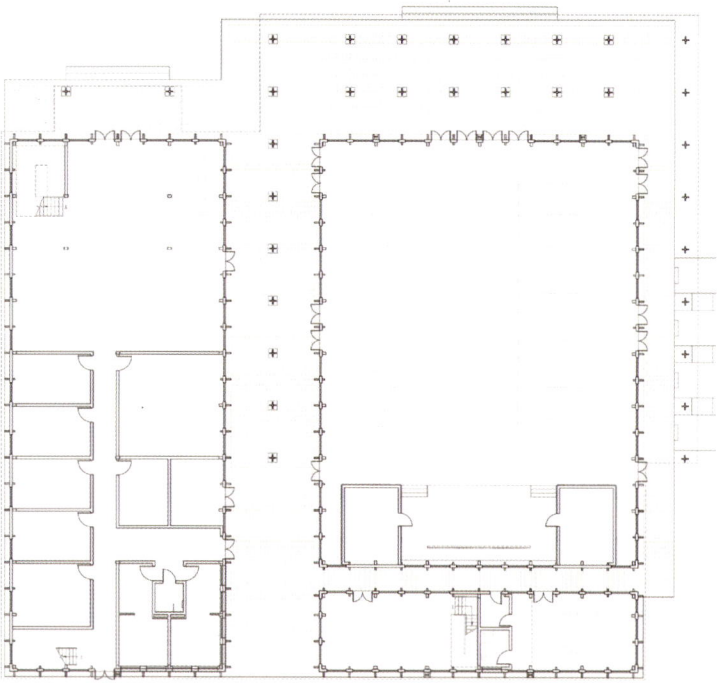

1层平面图

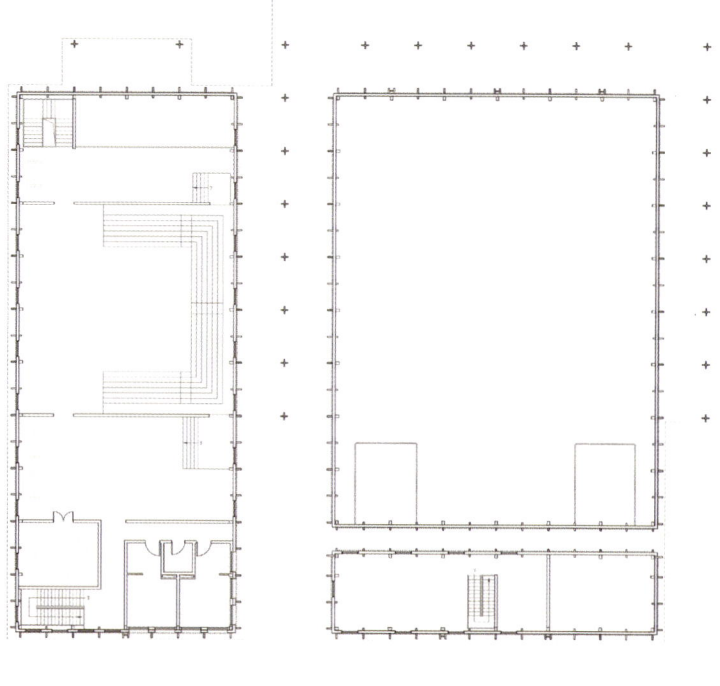

2层平面图

CULTURE ■ 文化

江苏，苏州

苏州礼堂
Suzhou Chapel

郭锡恩、胡如珊 / 主创建筑师　Pedro Pegenaute摄影 / 摄影

设计单位
如恩设计研究室
设计团队
**杨延蕙、郭鹏、贝戈尼亚·塞巴斯蒂安、
许南薰、吴瑶瑶、马伊亚·派克、
鲁永新**
竣工时间
2016年9月
建筑面积
700平方米
主要材料
**再利用灰砖、混凝土、白色金属孔板、
白石膏、水磨石、白橡木、黄铜**

　　苏州礼堂位于阳澄湖畔，是苏州东部一片新建度假区内的地标性建筑，无论是从主干道还是湖滨的角度，都可以看到醒目的苏州礼堂。礼堂的建筑语言源自项目中出现的相似元素，例如起伏砌筑的砖墙和飘浮感的白色建筑体——这些元素都在礼堂的设计上得到了更深层的表达。传统的砖砌墙经过精妙地分解，产生出不同的高度和层次，相互交织制造出灵动的景观，引导人们进入建筑内部。

　　白色的立方体建筑也同样采用了特别的处理，建筑分为内外两层。内层是一个简单的"盒子"，四面都有着不规则的开窗；外层则是一个开孔的折叠金属板表皮，有如一层"面纱"。白天，白色盒子在阳光的浸浴下发出柔光，在面纱的笼罩下隐现出轮廓。晚上，白色盒子变成了一座如明珠般闪烁的灯塔，光经过窗透散出来，向礼堂周围散发出柔软的光晕。

　　进入礼堂内部，人们在穿过门厅后进入12米挑高的主空间。礼堂与四周的自然环境相融合，开窗如画框一般定格了风景，制造出宜人的视野。夹层空间设置了座位，可以容纳更多人，延伸而出的步行通道环绕四周，为人们提供了360度视角。夹层的形式有如一个木质百叶围合而成的"笼子"，笼罩住整片的室内空间。网格分布的吊灯以及精美的黄铜细节为宁静朴实的空间增添了更加丰富的质感。定制的木质家具和精细的手工也在灰砖、水磨石和混凝土组成的主调中补上了一丝温度。礼堂的另一个特点就是与主空间分离的楼梯空间，人们可以通过楼梯到达屋顶，收获周围湖景的绝佳视野，而楼梯的通道两侧都制造了不同大小的开窗，人们在楼梯间上下穿行的途中，也会不经意地透过这些窗洞一窥到室内外的风景。

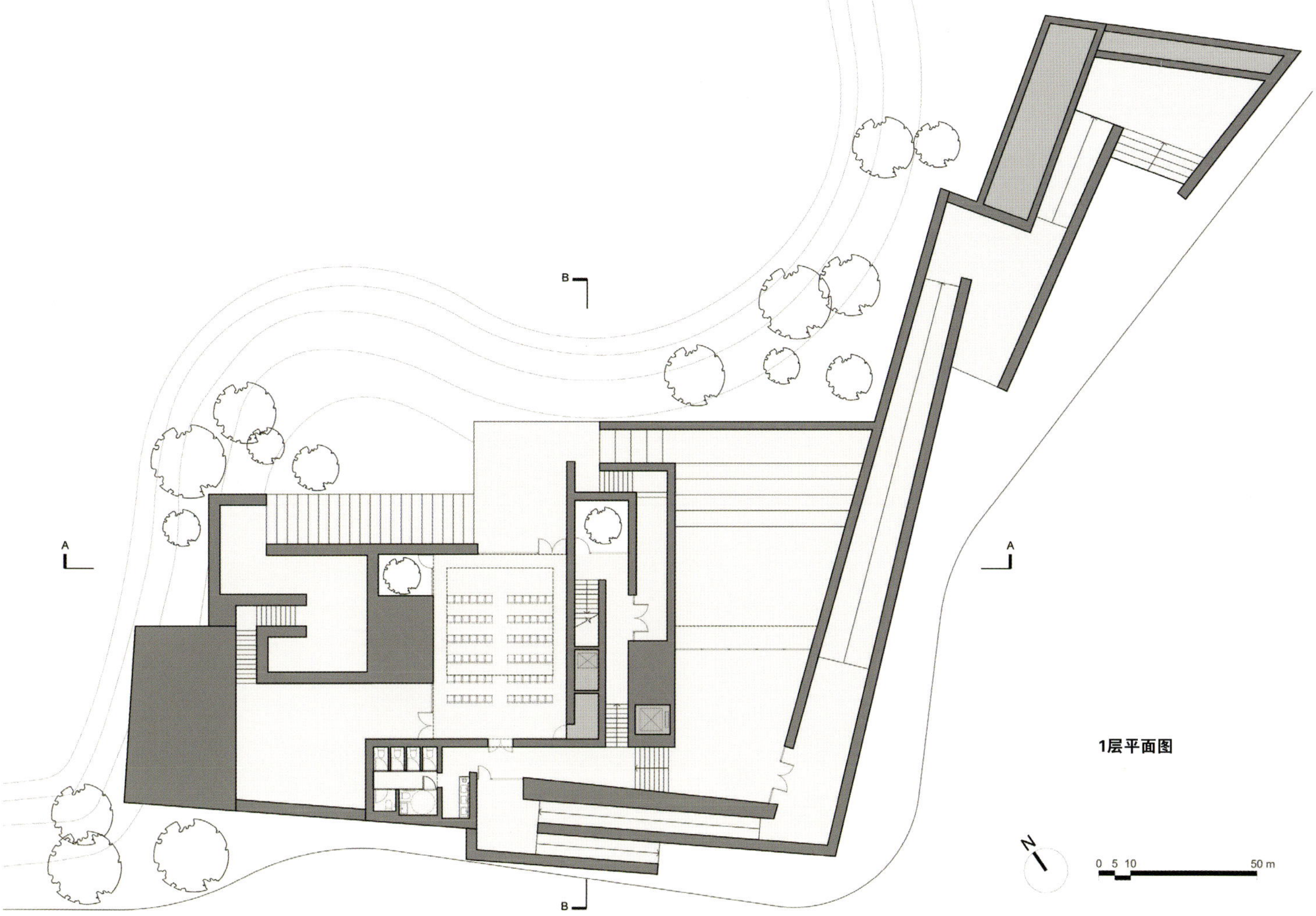

1层平面图

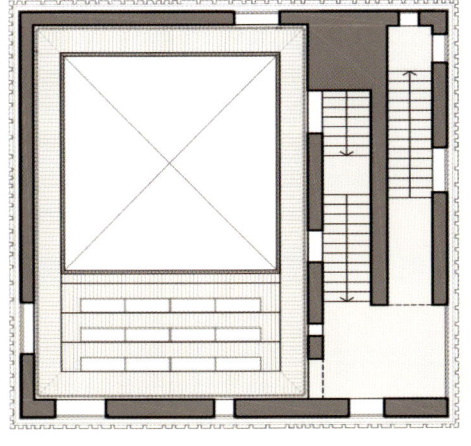
2层平面图

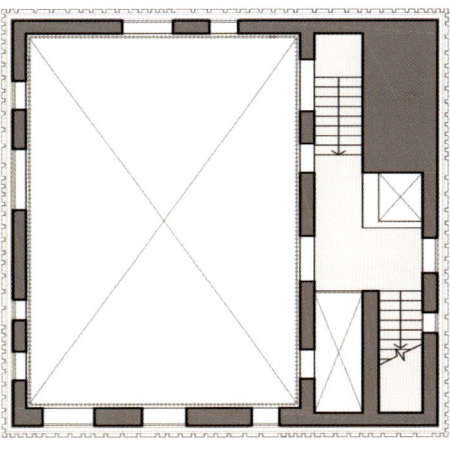
3层平面图

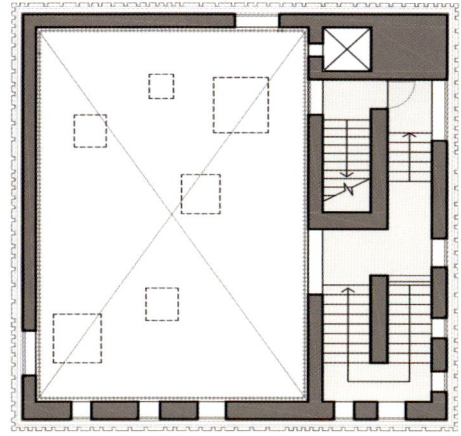
4层平面图

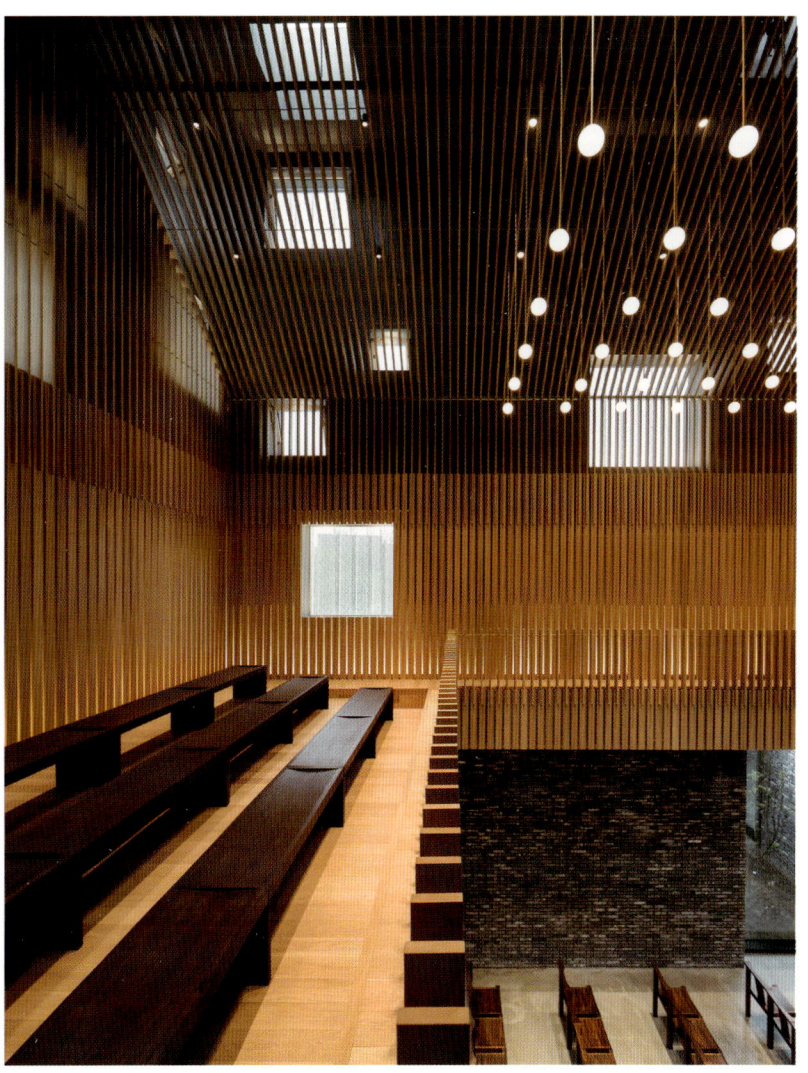

CULTURE ■ 文化

设计单位
军事科学院国防工程研究院
室内设计
王昊、俞煌
占地面积
5,691平方米
建筑面积
55,623平方米
（地下42,451平方米，地上13,172平方米）
主要材料
石材
获奖
鲁班奖、建筑长城杯奖

北京，海淀区复兴路22号院

总后礼堂
Hall of the General Logistics Department

杨韬、郁鹏 / 主创建筑师　军事科学院国防工程研究院 / 摄影

地理位置及周边环境

该工程位于北京市海淀区复兴路22号院，南北和东西中轴线的交点处，由东门进入大院的主要道路的北侧，道路南侧正对礼堂为汉白玉毛主席雕像。总后老礼堂始建于1952年，1955年举办过中国人民解放军的授衔仪式，曾经多位党和国家领导人都在这里主持或参加过重大政治活动。作为部队机关的活动场所，无论是政治活动还是文化生活，总后礼堂都成为举足轻重的时代载体，总后礼堂翻建如何传承历史显得尤为重要。

主要功能

礼堂总建筑面积55,623平方米。地下一层为化妆间、排演厅等礼堂演出配套用房，其余为车库和设备用房；地上三层，局部七层，有观众厅、侧厅、会议室、多功能厅等七个主厅组成。观众厅上下两层座位共计1,503个，其中池座1,043个、楼座460个。礼堂主要用于军队大型会议和各类文化活动的开展场所，同时兼具影院功能，极大地丰富了广大官兵的业余文化生活。

设计理念、灵感

老礼堂在建国初期由当时营房部设计处集合国内老一辈建筑师的心血，结合中国古建筑的古朴、精美、博大深邃和西式建筑的气派、豪华、凝重的特点设计而成。老礼堂将古建筑的精美绘画雕刻工艺与现代建筑完备的功能设计相结合，是建国初期我国著名精品建筑之一。无论在平面布局、外观造型、建筑高度还是结构装饰等方面，都独具匠心。翻建总后礼堂总体以"传承传统风格、体现时代特点、提升使用功能"为原则，充分吸收老礼堂的理念、风格和文化元素，充分运用现代声、光、电等高科技技术，大胆采用新工艺、新材料、新技术，在呈现传统文化庄重大气文化底蕴的同时，又不失时代洗练的文化特征，既蕴含鲜明的军队特质，又呈现与众不同的文化特征。在室内空间的设计上，把握室内室外的协调统一，力求把空间的审美视觉与功能的最佳效果有机融合。

技术要素

· 室内空间采用大量传统文化彩绘弘扬传统文化

· 观众厅空调系统末端采用座椅送风提高舒适度

· 800毫米厚座椅下送风的预应力空心斜楼板，在国内尚属首例

· 现代化的舞台机械和灯光音响系统全面提升了使用功能，极大拓展了文艺创作和演出空间

设计难点及解决方式

1. 传承红色文化的外立面。外立面追溯老礼堂的文化根源，以白黄两色天然石材饰面铣槽处理，开缝安装，质感独特、层次感强，突显典雅、厚重的文化建筑特质，红色壁柱和仿古窗花呈现出庄重、古朴的建筑风格，体现了对中国传统建筑的文化传承。

2. 体现传统文化的内部装修。室内空间通过从老礼堂提炼出的藻井、花式、精致细腻的石材雕花等装饰，营造出含蓄典雅的室内效果，与此同时，前厅浅色墙面与中国红大门形成对比反差，提升了两面的层次感和审美度。前厅采用仿明代金琢墨石碾玉一整两破（吉祥如意云）彩画进行装饰，天花板藻井的灯饰团采用葵花造型。室内新中式彩画具有鲜明的时代特征。

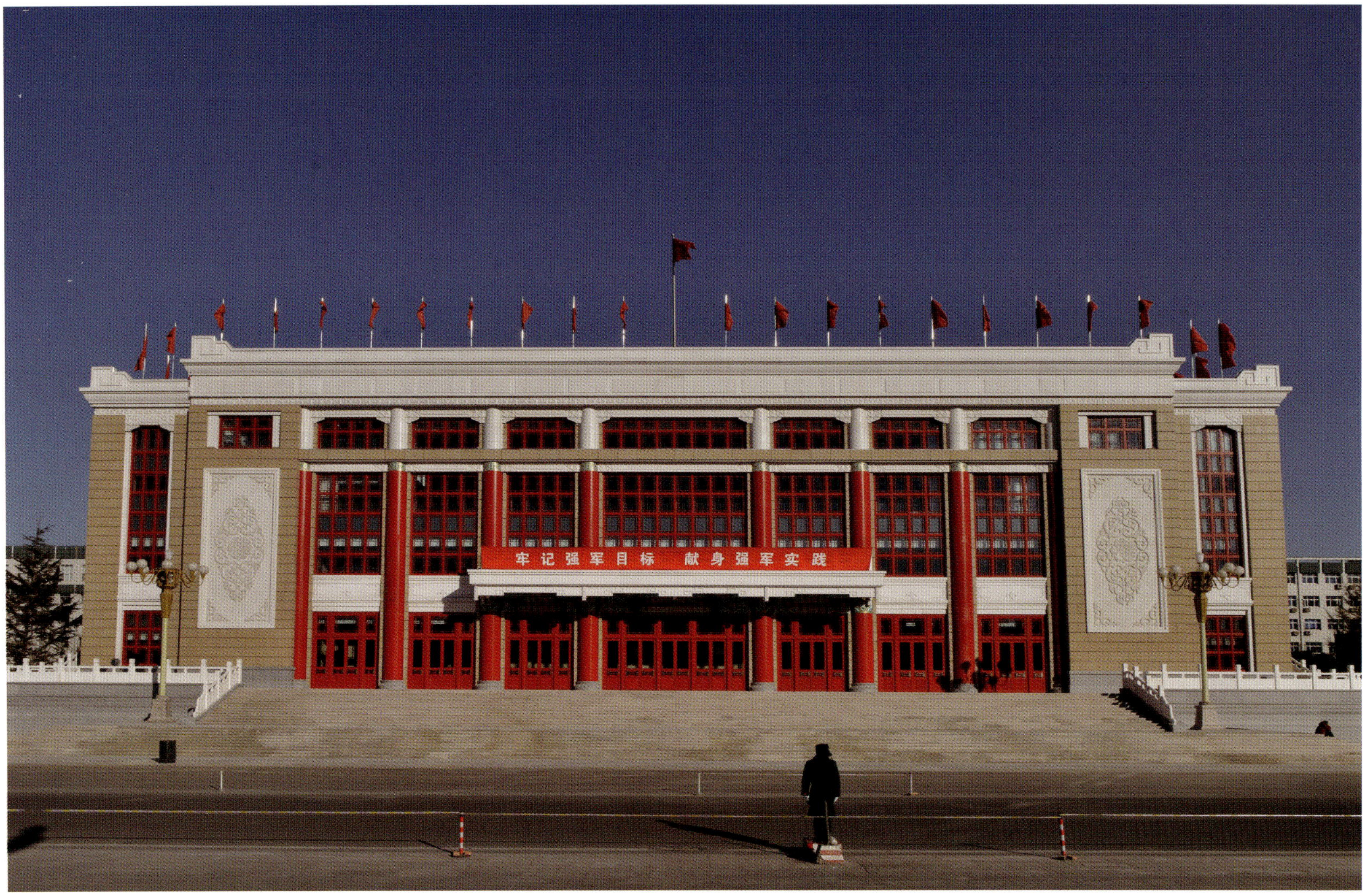
牢记强军目标 献身强军实践

总平面图

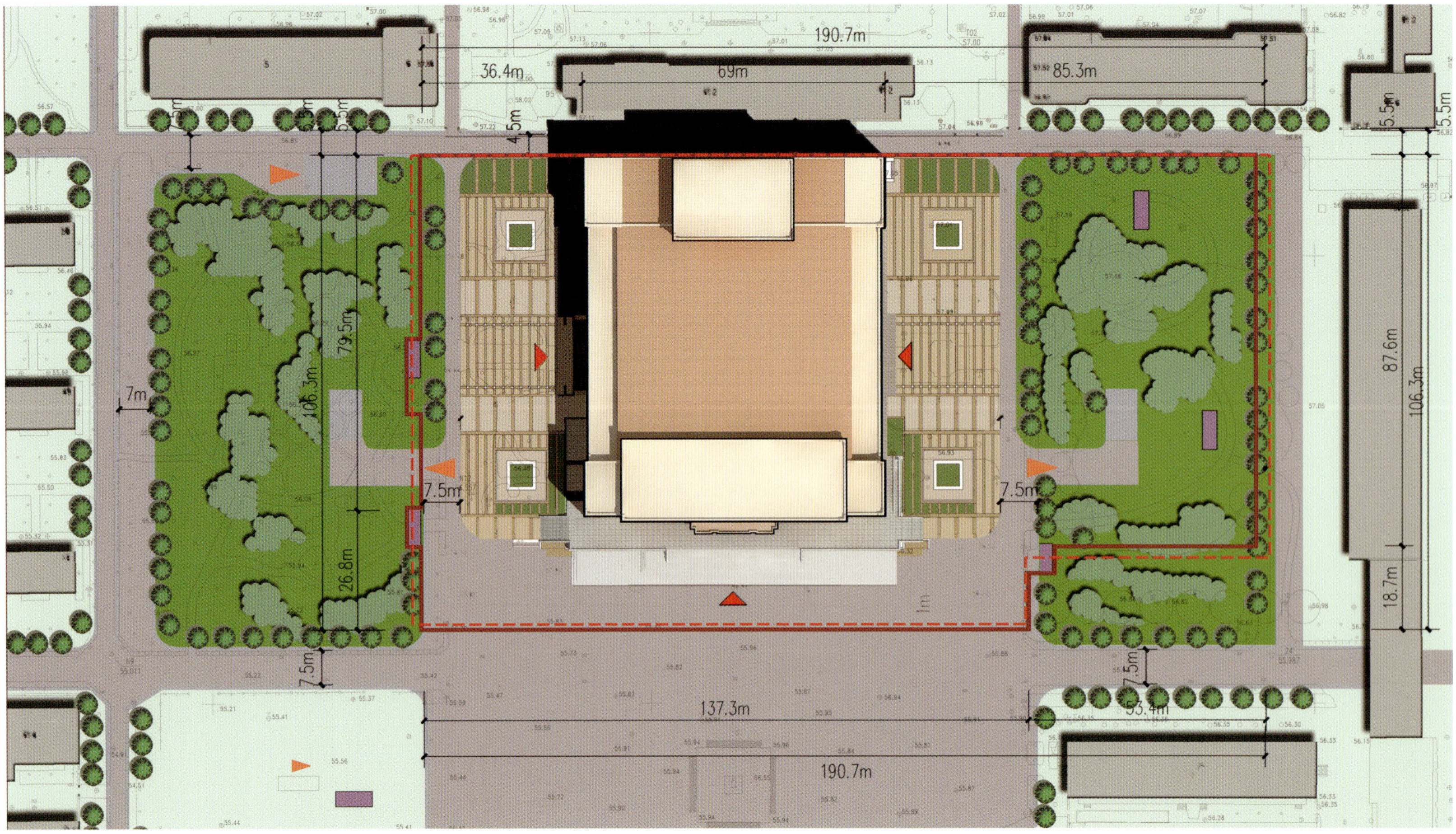
190.7m
36.4m
69m
85.3m
4.5m
5.5m
7m
79.5m
106.3m
26.8m
7.5m
7.5m
7.5m
1m
7.5m
87.6m
106.3m
18.7m
137.3m
53.4m
190.7m

CULTURE ■ 文化

设计单位
华南理工大学建筑设计研究院
景观设计
华南理工大学建筑设计研究院
设计时间
2014年3月–2015年3月
竣工时间
2015年8月
占地面积
5,756平方米
主要材料
钢、混凝土、花岗岩
建筑面积
9,997平方米

黑龙江，哈尔滨

侵华日军第七三一部队罪证陈列馆

The Exhibition Hall of Evidences of Crime committed by Unit 731 of the Japanese Imperial Army

何镜堂、倪阳、何炽立、何小欣、刘涛 / 主创建筑师　姚力 / 摄影

侵华日军第七三一部队始建于1933年，他们犯下了细菌战、人体实验等战争罪行。1945年8月，日本投降前夕，七三一部队败逃之际炸毁了大部分建筑，形成了现在遗址的整体格局。七三一部队基地当时是建在一座机场的旁边，周围是很空旷的土地，而现在周边已经成为很热闹的城市区域中心，这就决定了场地跟周边环境的关系：既要"合"又要"脱"。周围已经很嘈杂了，那么，如何使得这种世俗的生活环境与场地脱离开来？这是我们设计大方向上的考虑，我们希望在还原场地原有（空旷的）大环境的基础上，也能在气氛上有所把握。

我们设计之前对场地进行了调研，发现只有现在建筑所处位置上是没有遗址的，也就是说在这里建设，不会产生任何破坏，而且与原入口广场及司令部形成良好的对位关系。比较巧的是，这块空地恰好又在路边，这样陈列馆不仅适合单独参观，又可以和遗址组合在一起成为整体参观序列的一部分。

在用地西侧，一条南北向穿过场地的铁路仍旧在使用，我们在设计中首先考虑的是如何跨越这条铁路，与遗址建立更紧密的联系，同时也避免破坏场地原有的大环境。我们在总体设计中，首先恢复了原有的路网框架，之后，用混凝土和夯土替换了原来用土坯和铁丝网组成的围墙。除了遗址的部分，我们采用了灰色调子的碎石铺地，从而很清晰地界定了遗址和周边场地的关系。最后，我们还在场地东边设计了一个街边公园，公园在场地与城市间起到了过渡的作用，沿街部分的围墙也能使外界嘈杂的部分得以过滤。由于在场地的入口空间不适合做围墙，为了屏蔽外部的干扰，我们设计了下沉广场，希望借此营造一个相对安静的物理空间，毕竟在这样一个场地中，我们希望来访者的心境能够稍作收敛。

"黑盒子"的概念实际上是对七三一部队的事件进行了一个挖掘。东京大审判的时候，这件事没有被揭露出来，之后，这件事才慢慢被人们发现。这过程相当于飞机失事之后，找出黑匣子去还原失事的过程。所以当时我们就希望用一个"黑盒子"的概念作为一个容器，我们想让这里尘封的事情慢慢展现在人们面前，把日本人这种反人类的罪行揭露出来。在设计上，我们用了一个比较内敛的方式，并不是一个夸张的设计形式，造型简约而又具力量感，我们想表达的东西并不是愤怒的心态，而是希望能够站在一个人类文明的立场上去看待这个事件。

时间是我们最大的难题。2014年9月份开工，第二年8月份（2015年8月15日是抗战胜利暨世界反法西斯战争胜利70周年纪念日）要求开馆，中间又有4个月的冬季是不能施工的。再加上我们还要预留三个月给展陈。在整个项目建造过程中，我们在时间的调配上下了很大的工夫，每个时间节点都要卡着走，这样我们采用了钢结构，可以一边加工，一边安装。地下室我们赶在11月冬季之前提前完成了施工。到了冬天，施工单位还搭了一个内部送暖的大棚，保证冬季施工进度，这是很少见的。所以，在这个项目中，施工方法和时间节点的配合是非常重要的。同时，我们也要用经验去补救一些在设计上时间不足的问题，因为各工种的配合特别得细致，整个施工进度都能顺利完成。

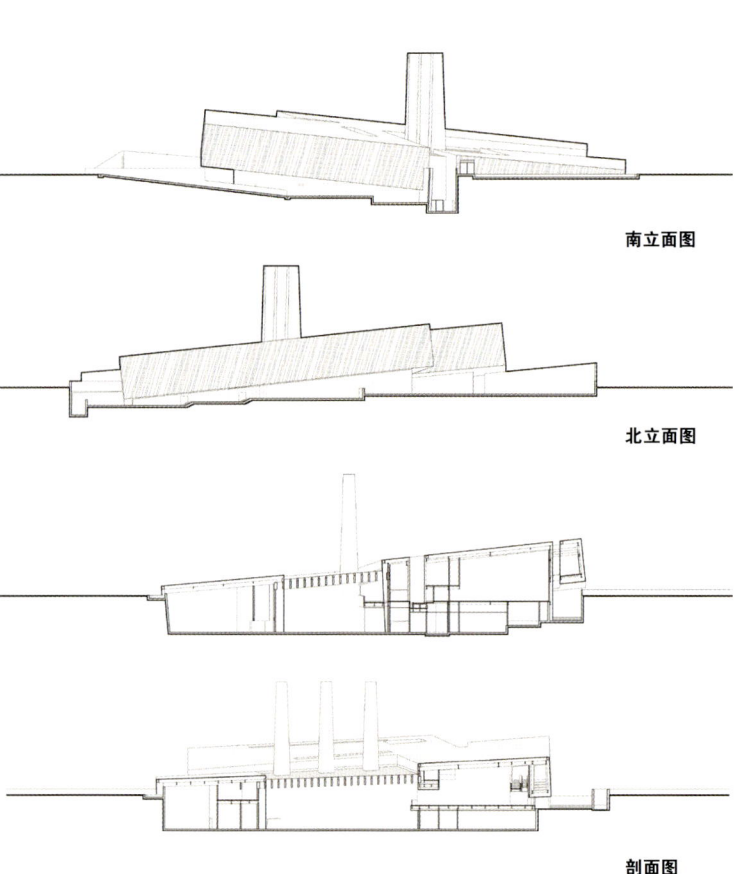

南立面图

北立面图

剖面图

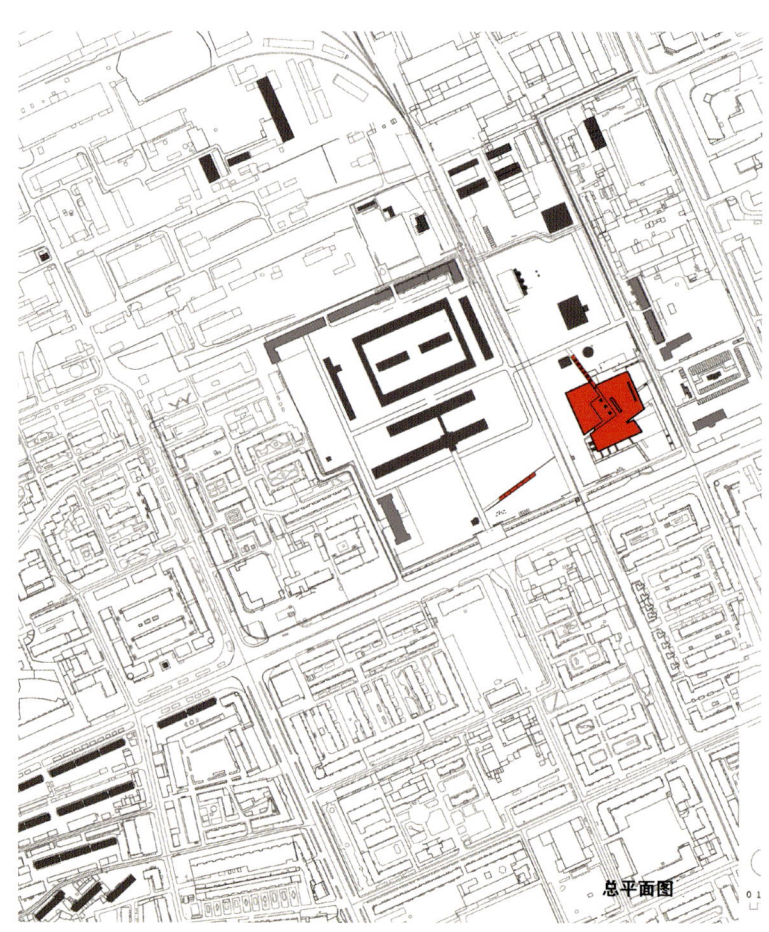

总平面图

CULTURE ■ 文化

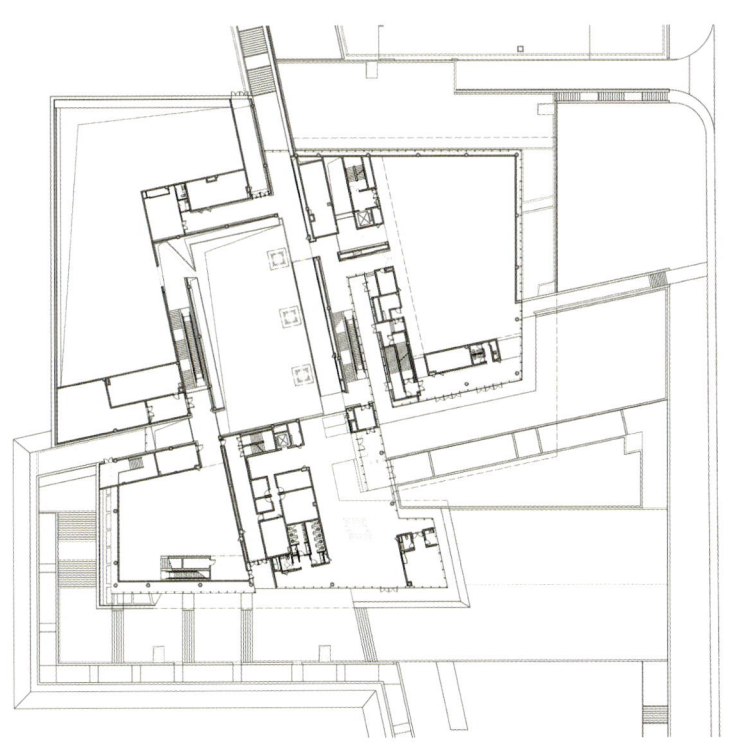

1层平面图

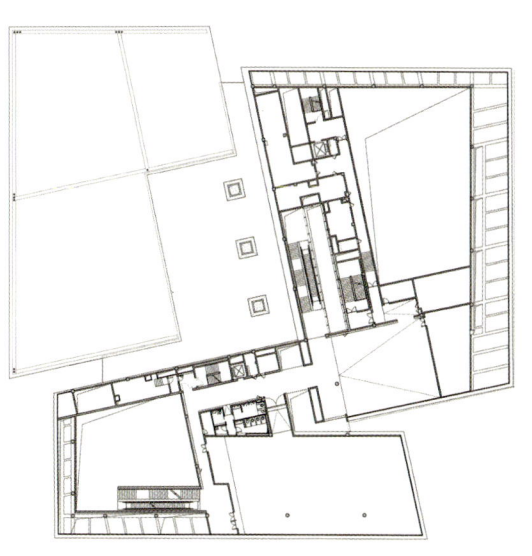

2层平面图

设计单位
蓝天组建筑事务所
竣工时间
2016年
占地面积
21,688平方米
建筑面积
80,000平方米

广东，深圳

深圳市当代艺术馆与城市规划展览馆

Museum of Contemporary Art & Planning Exhibition, Shenzhen

沃尔夫·狄·普瑞克斯／主创建筑师　DM建筑摄影／摄影

深圳市当代艺术馆与城市规划展览馆（两馆）是深圳新市中心——福田区总体规划的重要组成部分。本项目包含了两个独立的但共享同一个建筑的机构，即当代艺术馆和城市规划展览馆，分别作为文化交汇之处以及建筑展览场所。大厅、多功能厅、礼堂、会议室和服务区域将由两者共同使用。

艺术馆和展览馆被设计成独立的个体，强调二者独特的功能和艺术要求，然而在建筑上两者却形成了一个整体，由一个多功能的立面环绕。这个透明的立面以及先进的内部灯光设计概念使人能从外部就看到联合入口处以及两部分之间的过渡区域。同时，参观者可以从内部一览城市的景色，仿佛他们正置身于柔和阴影笼罩下的户外空间，尤其是6米至17米高的完全开放的无柱展览空间更是加强了这一印象。

在两馆入口处的内部，通过斜坡和自动扶梯，参观者来到主层的广场处，这里是参观的起点。广场还通向文化活动厅、多功能厅、礼堂以及图书馆。

广场上闪着银光，形状柔和的云雕塑起到了导向和通道的作用。云雕塑内部的数层空间内容纳了咖啡厅、书店和商店，并且通过天桥和斜坡与艺术馆和展览馆分别相连。云雕塑弯曲的反光表面使它融入空间之中，反映了艺术馆和展览馆二者同处一个屋檐下的理念。

城市设计

两馆是对城市中心规划区域东部的一个补充，并且填补了福田文化区深圳少年宫北面以及歌剧院/图书馆南部的空白。

与本区域的其他建筑类似的是，两馆的主层位于地上10米处，这创造了一个像舞台一样的视觉平台，成为其与周边建筑统一的元素。

表皮、灯光和能源设计

建筑外表皮的外层为天然石材，内层为中空玻璃，起到隔热的作用。这些元素组成了极富张力的外表皮，它与两馆建筑相对静态的空间结构相对独立。这层功能性的外表皮包裹着艺术馆与展览馆、一条垂直通道和云雕塑、公共广场以及多功能底座。

建筑机械设备的选用旨在减少建筑的整体能耗。为了达到这个目标，配置了一系列无排污的太阳能、地源能（包括地源能量制冷）可再生能源设备，而且只有那些能源效率高的设备才被采用。博物馆采用过滤日光进行照明，减少了人工光源的使用。

最先进的技术设备、紧凑的建筑体量、高效的隔热保温措施以及遮阳手段——两馆项目不仅仅将成为深圳的建筑地标，而且也将是生态和环保方面的标杆项目。

新规划的展览平台
现代艺术博物馆展区
新规划展区增加的展览空间
现代艺术博物馆增加的展览空间
开放式广场 +10m
共用服务区 行
政管理
商铺
多功能空间

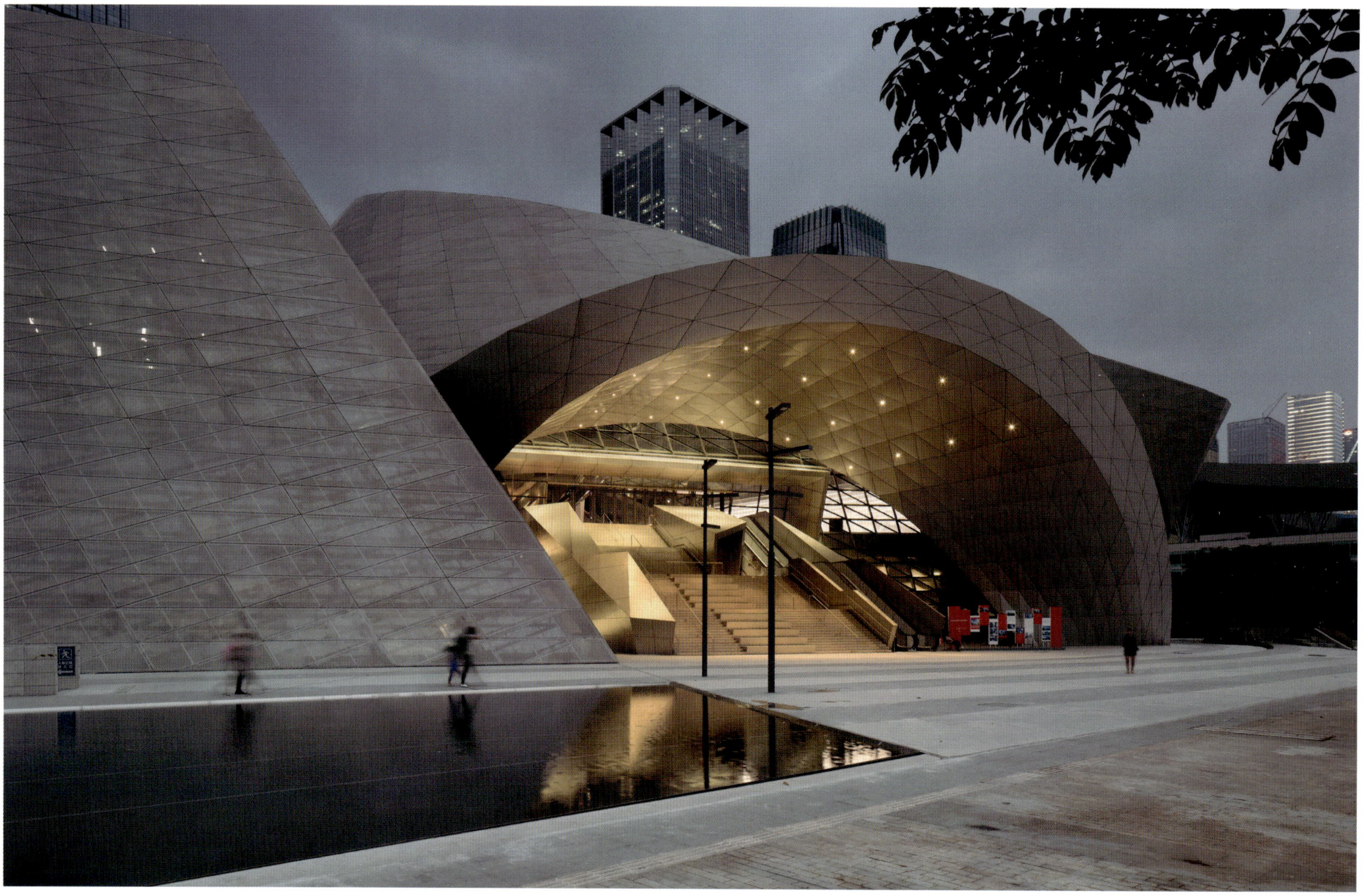

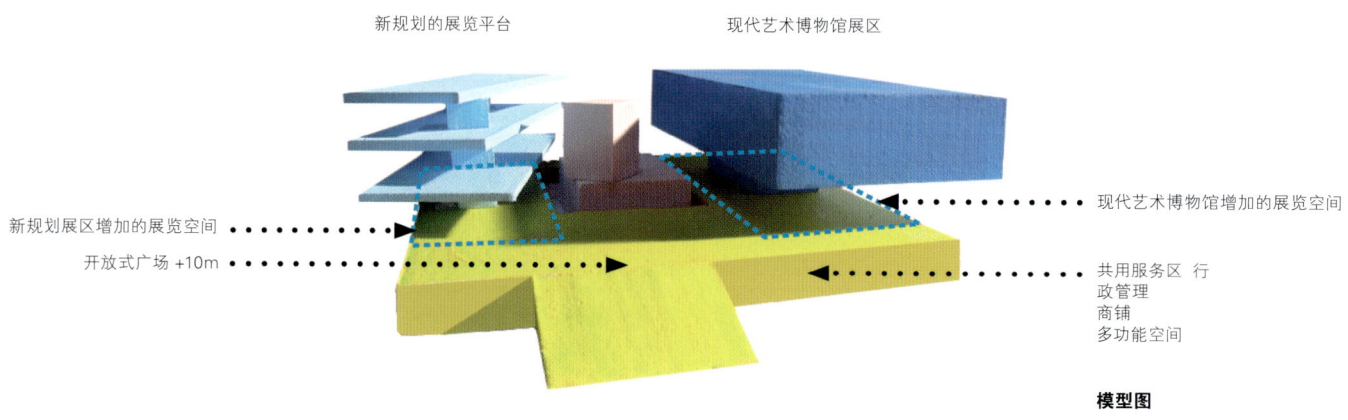

模型图

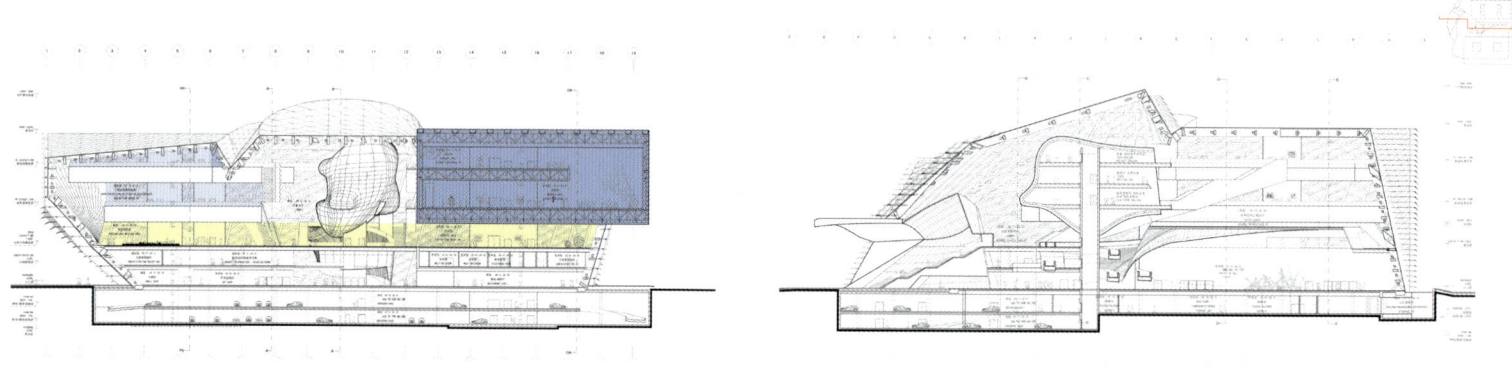

剖面图

CULTURE ■ 文化

■ 现代艺术博物馆
■ 新规划的博物馆展区
■ 交流中心/书店/咖啡厅

■ 现代艺术博物馆
■ 新规划的博物馆展区
■ 开放式广场/多功能区

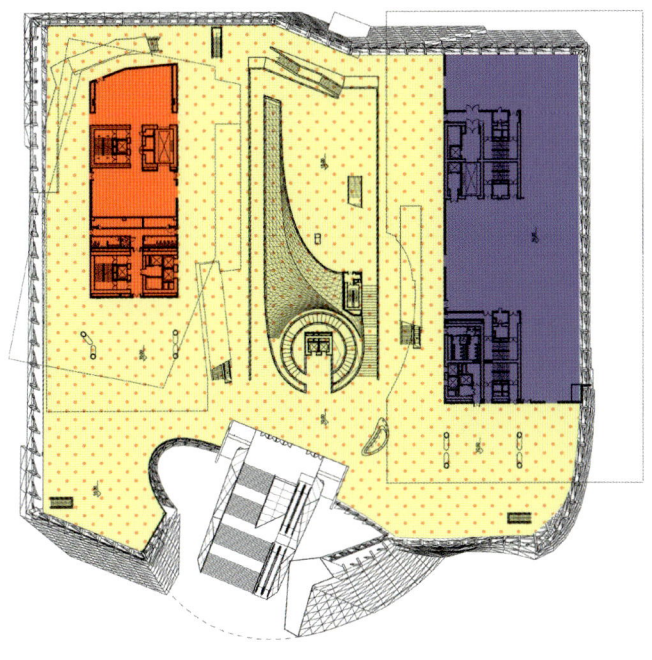

10层平面图

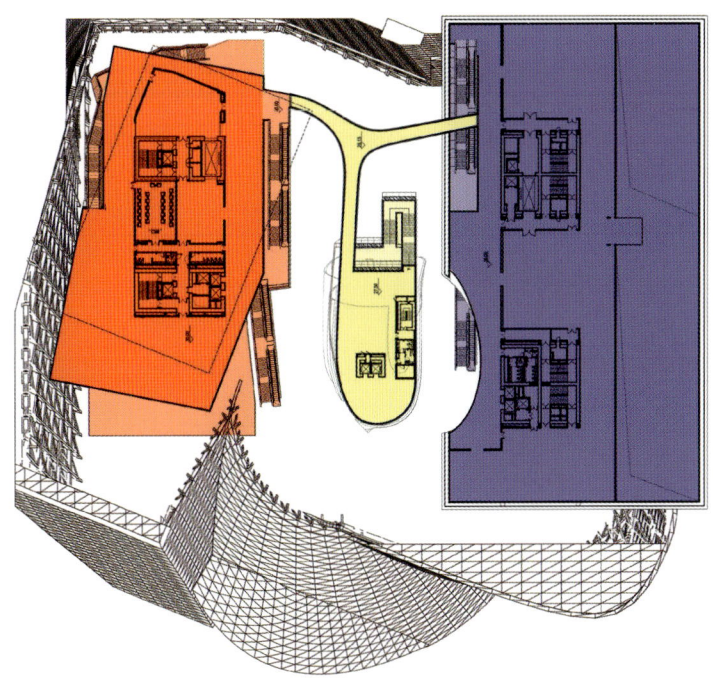

30层平面图

CULTURE ■ 文化

设计单位
同济大学建筑设计研究院（集团）
有限公司_设计二院
参与设计
汪启颖、陈向蕾、潘凌飞、王铮
竣工时间
2017年6月
占地面积
9,393.2平方米
建筑面积
15,527.1平方米
主要材料
花岗岩和玻璃

江苏,常州金坛

金坛市图书馆
The Jintan Library

任力之／主创建筑师　章鱼建筑摄影工作室／摄影

设计概况

图书馆位于市民广场中轴线东侧，与其对称布置的为城市规划展示馆，二者一左一右，隔空组成一个整体，需要统一考虑其二者形象。北面为方正庄重的办公大楼，而四周皆为城市公共空间，需考虑的观看角度为全方位甚至从办公楼高层的鸟瞰视角也必须考量。在多轮比对之后最终采用南北走向的长方体完形体量。

设计理念

与此同时，社会各界对图书馆的形象寄予了厚望，被要求赋予足够的文化象征寓意。设计努力找寻一个能兼顾世俗寓意与建筑自主性的形式：

1.一个方形单体化解为3片横向体量，避免在办公主楼前显得更加压迫。

2.错动的体量自然形成平台和覆盖空间，前者为读者提供不同于传统图书馆封闭式环境的休憩空间，后者使得广场和馆内之间增加了半室外的城市灰空间，同时为局部室内使用空间遮挡了直射阳光。

3.形态抽象，错动体量根据内部功能而厚薄不一，大跨度的悬挑充满力量感，简单原始的形体具有当代立体构成感，而且随着观看角度的改变，构成形式也随之变化。其次在形象化诠释上，我们赋予了"书本堆叠"。

形态肌理

同时，图书馆采用"花岗岩+玻璃"幕墙体系，材质、颜色与办公主楼相近，与之形成呼应，而横向线条又使二者区别。横向肌理根据南北和东西采取微差的处理方式：东西面采用一个长条梯形模块，进行上下左右镜像之后构成了微妙的"褶皱"，而南北面顺应东西面的分隔线生成粗细变化的横线，表现书页的肌理、意象。表皮的形式继承了形体的操作原则，抽象又具有某种可以言说传播的象征含义。

空间理念

图书馆的方案推进并非单向度的从外而内或者从内到外，而是内外纠缠相互限制相互借力。对于内部空间，建筑师钟爱天光，但是不受控制的阳光对阅读并无益处。根据功能需求，将办公、专家阅览、研究室等内部用房置于顶层，挖出3处虚空，形成与两层通高的3个光庭以及与之相伴的露天花园。阳光在经过一个楼层的深度后过滤为柔和的光线到达三层开放式的阅览大空间以及跌落式的中央大厅；露天花园为内部人员提供良好的自然环境，同时身处二层三层的读者也能以非日常的角度观赏到此空中花园。本案建设规模不大，单中心的中庭交通组织模式最为高效，而上述的顶部3处虚空处理、阶梯状空间以及迂回转折的路径化解了单中心的单调，使得主要交通空间可观可游可留。

本案所处的基地环境为国内常见的新城区，原有自然地貌肌理几乎被人工网格化的城市格局所抹去，形式需求意外地成了设计的有力推动力之一，并与功能诉求合理的融为一体，避免了当下新城建设中一味追求新奇的乱象，最终成果在外观形象以及内部空间都达到了一定品质。

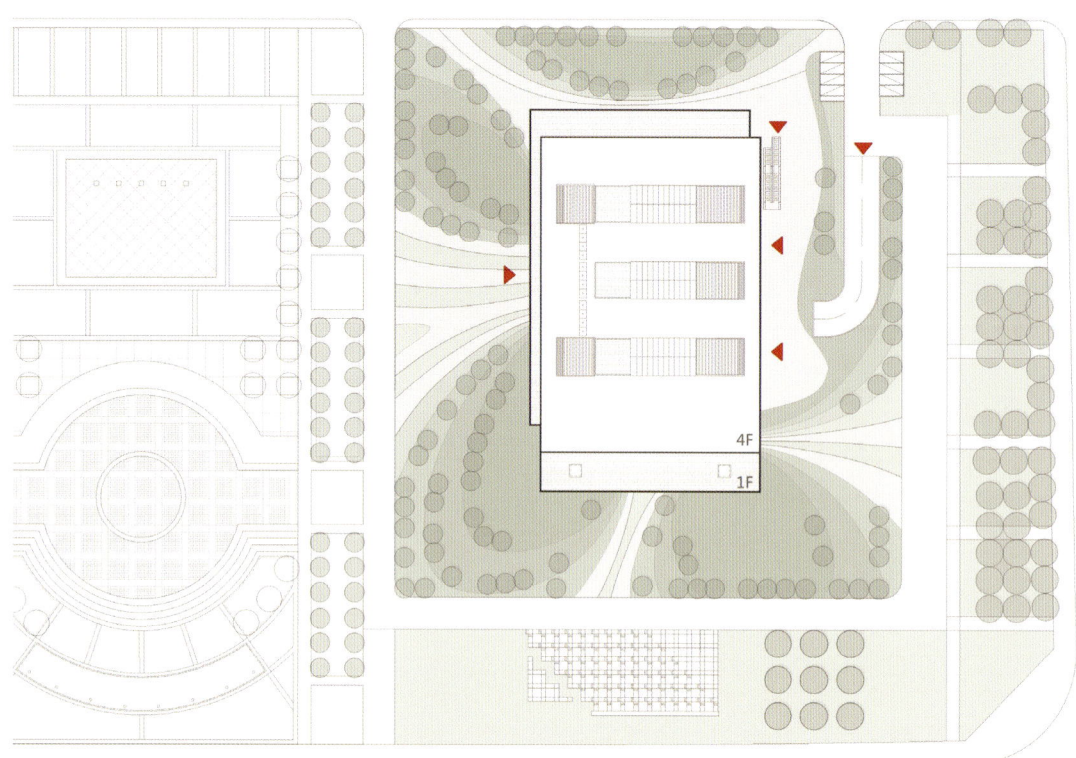

总平面图

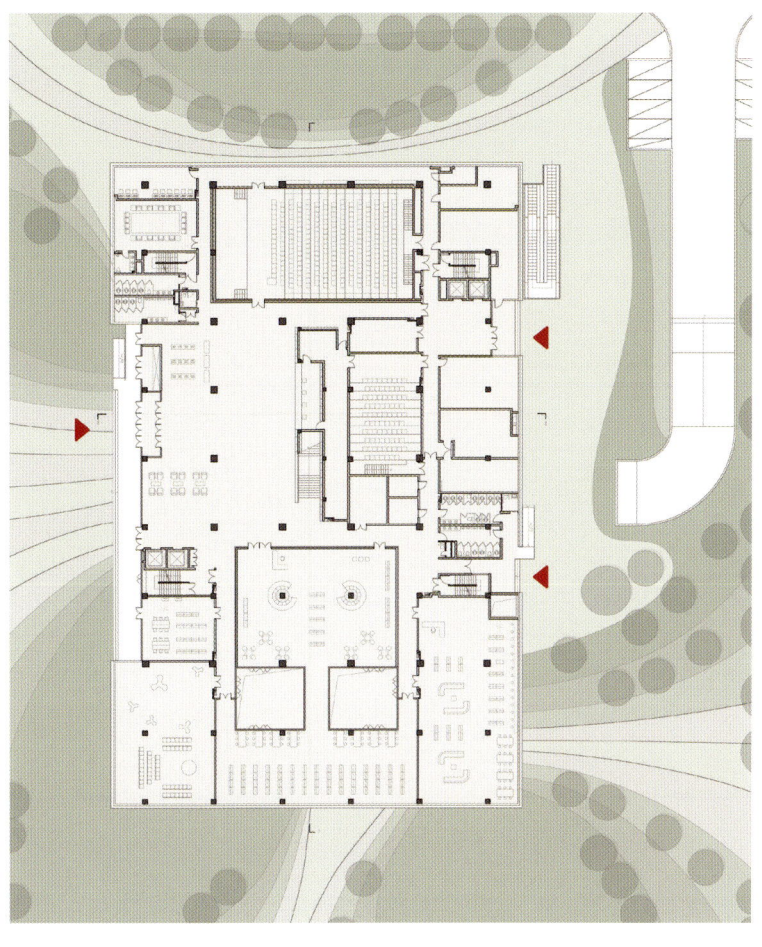

1层平面图

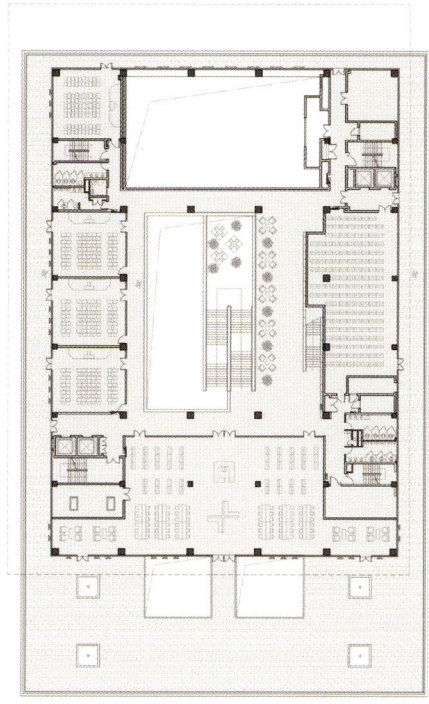

2层平面图

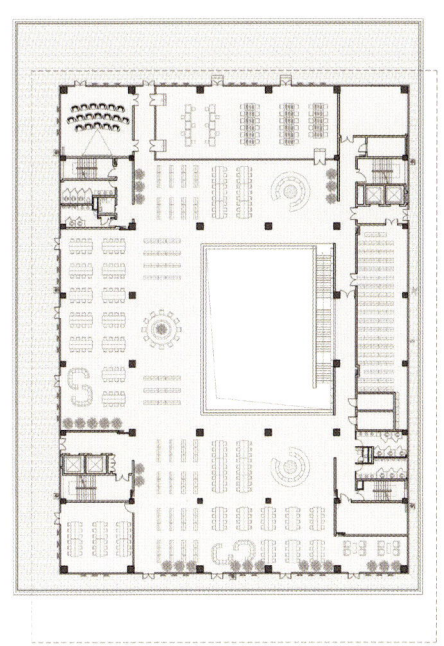

3层平面图

4层平面图

CULTURE ■ 文化

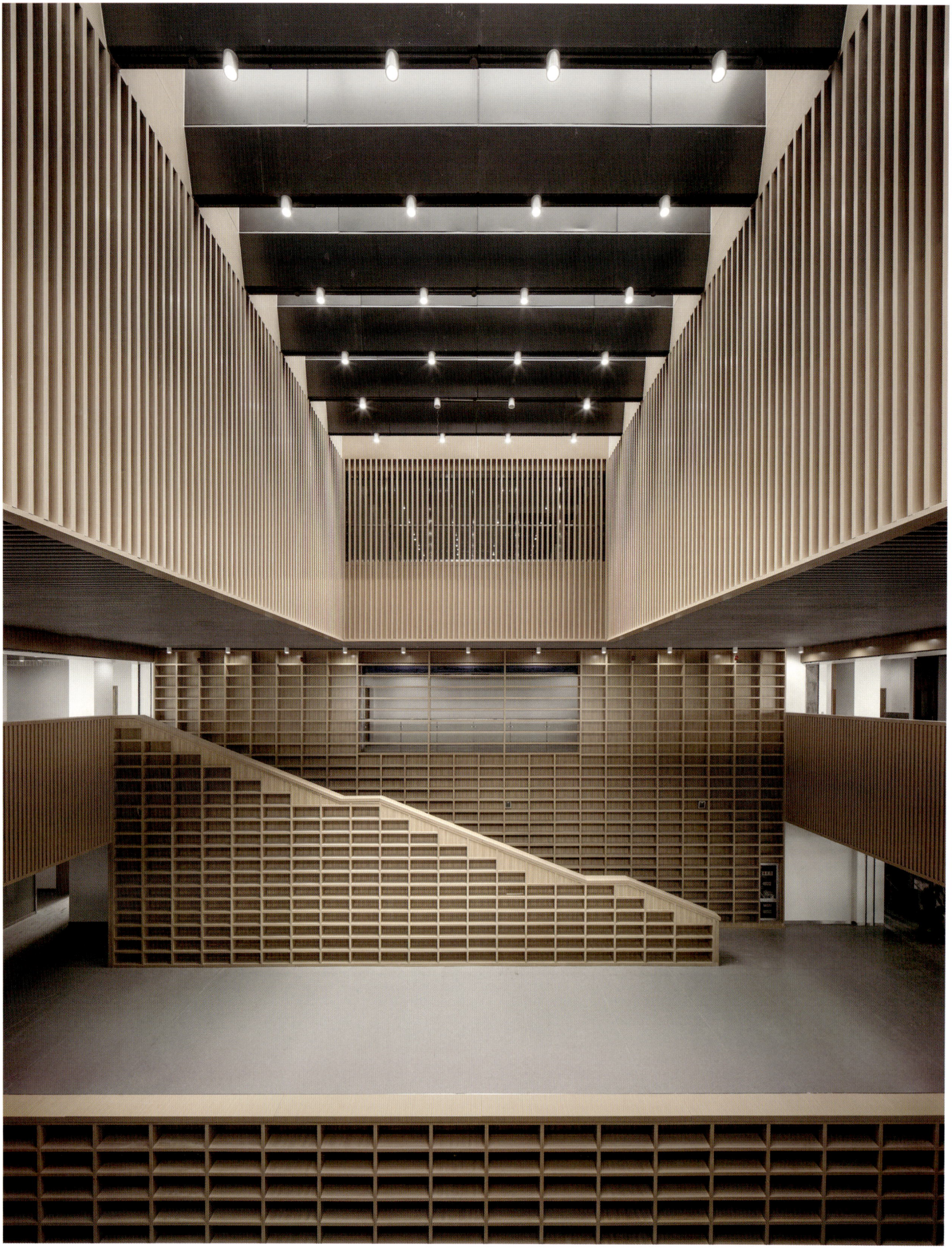

CULTURE ■ 文化

设计单位
卢俊廷建筑师事务所
设计团队
黄惠卿、李嘉修、郑钧、李钟干、
林振歧、简凤萱、吕奇颖、林宜弘、
杨峻维、杨印之、刘朝民、吴承运、
邱姿颖、傅上格、林天永、王塘亚、
黄宇轩、陈健扬
承包商／营造厂
永盘营造工程有限公司
基地面积
1,807.01平方米
建筑面积
1,028.66平方米
总楼地板面积
6,414.68平方米
设计日期
2012年6月至2013年3月

台湾，桃园

桃园市立图书馆龙冈分馆（中坜第三图书馆）

Taoyuan Public Library Longgang Branch (Zhongli Third Library)

卢俊廷／主创建筑师

图书馆位于台湾桃园的中坜龙冈地区。卢俊廷建筑师毕业于龙冈小学、土生土长的中坜人……这是一座建筑师献给故乡在地的图书馆，也是建筑师寻求建筑专业美学与普罗大众感知平衡点的温暖体现。

位于离闹区偏远的巷子的巷子里，基地旁由数棵老榕树形成的老树绿隧道为其特色，延续老树下的常民生活成为本案的必然。而长面大致面对南北，则拥有了先天的舒适。

本案偏向传统型小区图书馆功能，建筑师期望摆脱现有台湾现今主流新图书馆所谓"人性化"之制式框架及一致冷调风格，真正挖掘出人们内心深处对图书馆的根本渴望——温度与人文气息兼具、亲切友善辨识度高、多样且令人愉悦满足的阅读场域等，并融合基地元素，回归阅读、人性、材料及空间的本质，成为常民生活的亲切核心。

一、老树与环境的启发

各功能动线、开放时段虽稍交错复杂，然将需求、涵构及物环等元素，经妥适分析，整体配置、空间、开口策略便应运而生。考虑空间量及功能性，仍采竞图风险高之完整量体，但街角主入口尽量退缩，以低矮亲切的绿意阅报门厅，呼应老榕绿隧道。

二、一书一世界

"每一座图书馆中，都有琳琅满目的书架，而任何一本即将被翻开的书，都可能蕴含着一个宽广丰富而意想不到的世界。"建筑外在以半具象、半抽象的方式诠释了上述话语。以简明易懂却蕴含文化质感的姿态，提供明朗的辨识度及供普世玩味的共通话题。

三、人人阅读、处处阅读

在我们的图书馆中，每一个人，都可以找到属于自己的角落。

如同游走于未知的林木之间，随时都有不同的发现及遇见。

一楼，是来自绿意的序曲。
二楼，是孕育幼芽的续章。
三楼，是枝叶蔓延的奏章。
四楼，湛蓝天空下的宁静。

钻石级绿建筑

太阳能光电系统、雨水回收系统、全热交换换气系统、多联变频节能空调、再生面砖及各类绿建材的运用、省水设备等现代绿建筑基本元素，本案亦有配备，但回归本质，由座向、开口及物理环境出发。"室内明亮但无阳光直接洒入，使用者明显感受到凉爽、通风而舒适""不因评级分数而放弃美感、不因美感而放弃效益"是建筑师对每个案件最根本的期望。而这座由基本元素出发，无特殊绿符号、绿投资的图书馆，也已获得台湾绿建筑最高荣誉——钻石级绿建筑标章的认证。

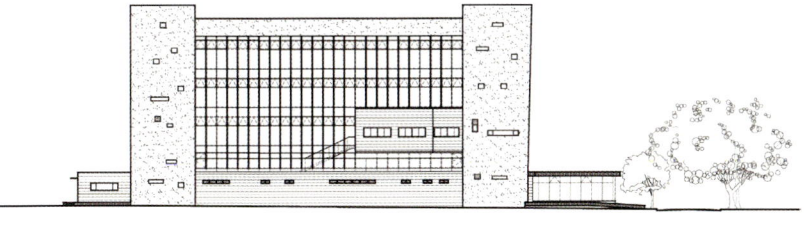
北立面图

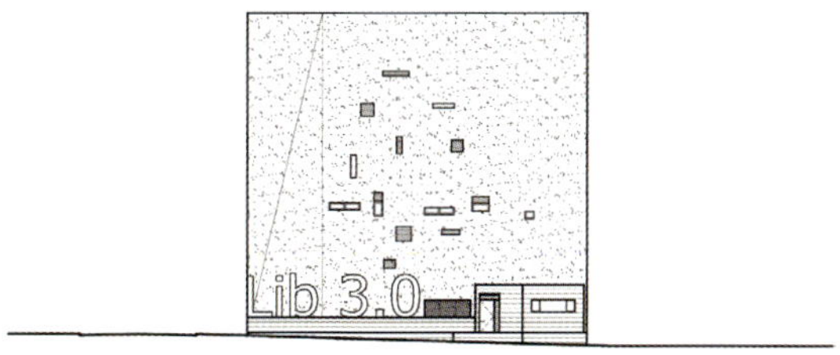

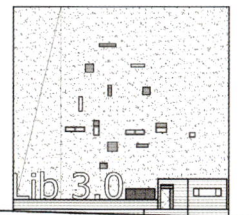
东立面图

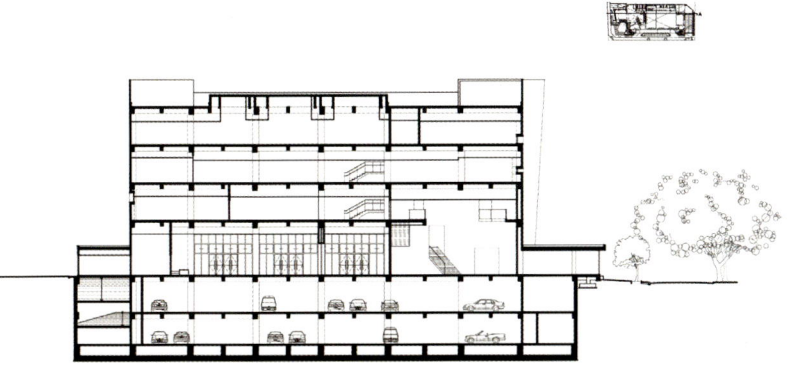

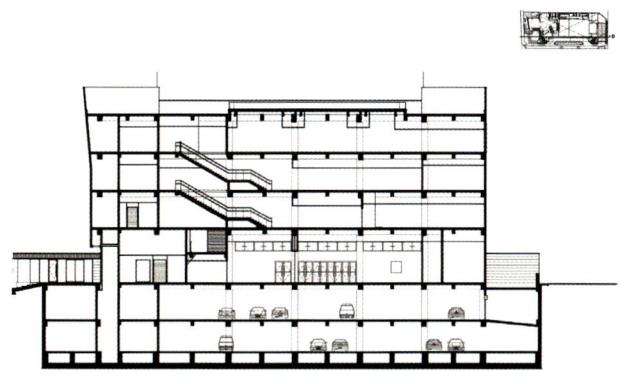

剖面图

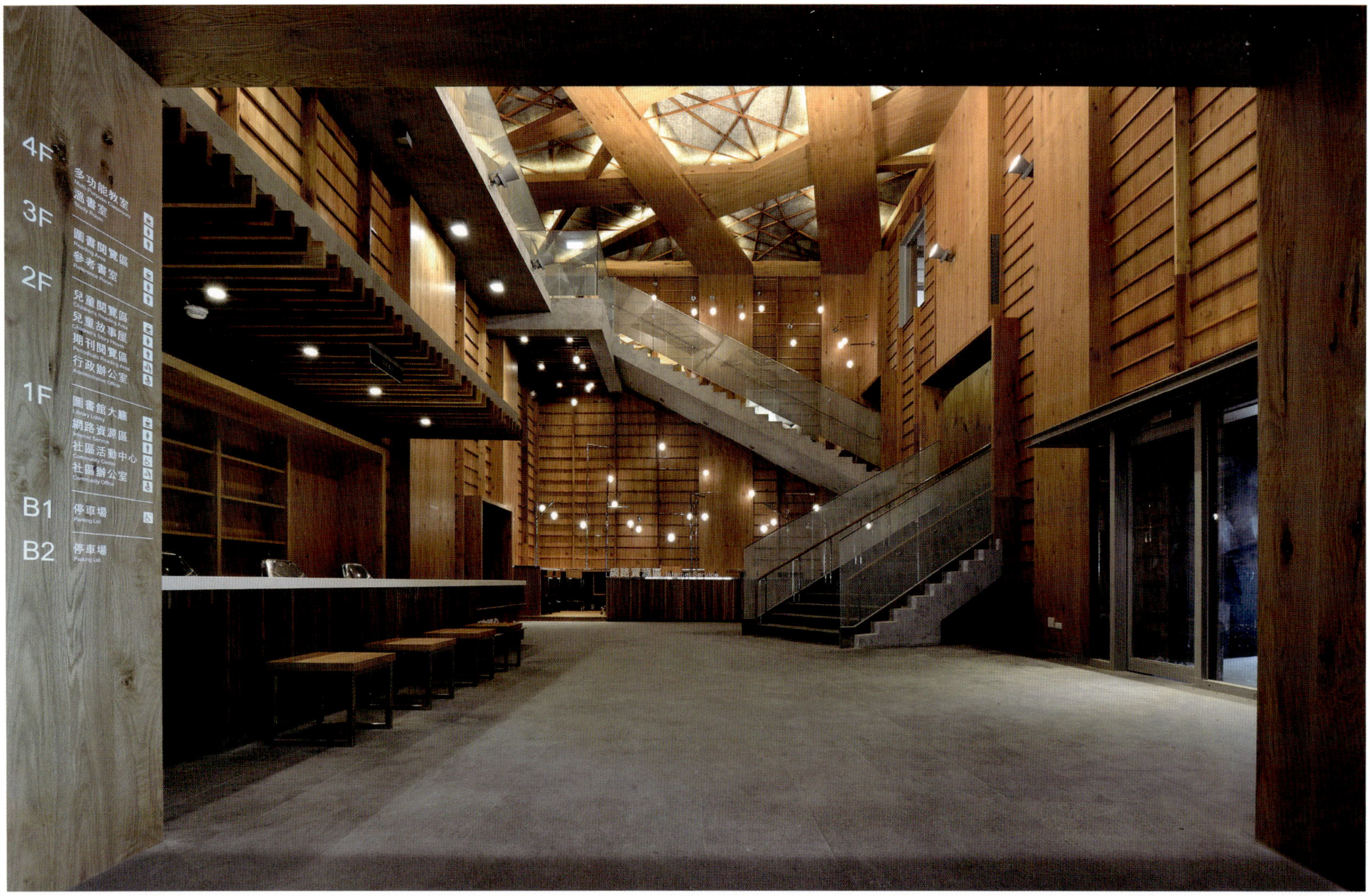
4F
多功能教室
溫書室
3F
圖書閱覽區
參考書室
Reference Room
2F
兒童閱覽區
兒童故事屋
期刊閱覽區
行政辦公室
Administrative Office
1F
圖書館大廳
Library Lobby
網路資源區
Internet Service
社區活動中心
Community Center
社區辦公室
Community Office
B1
停車場
Parking Lot
B2
停車場
Parking Lot

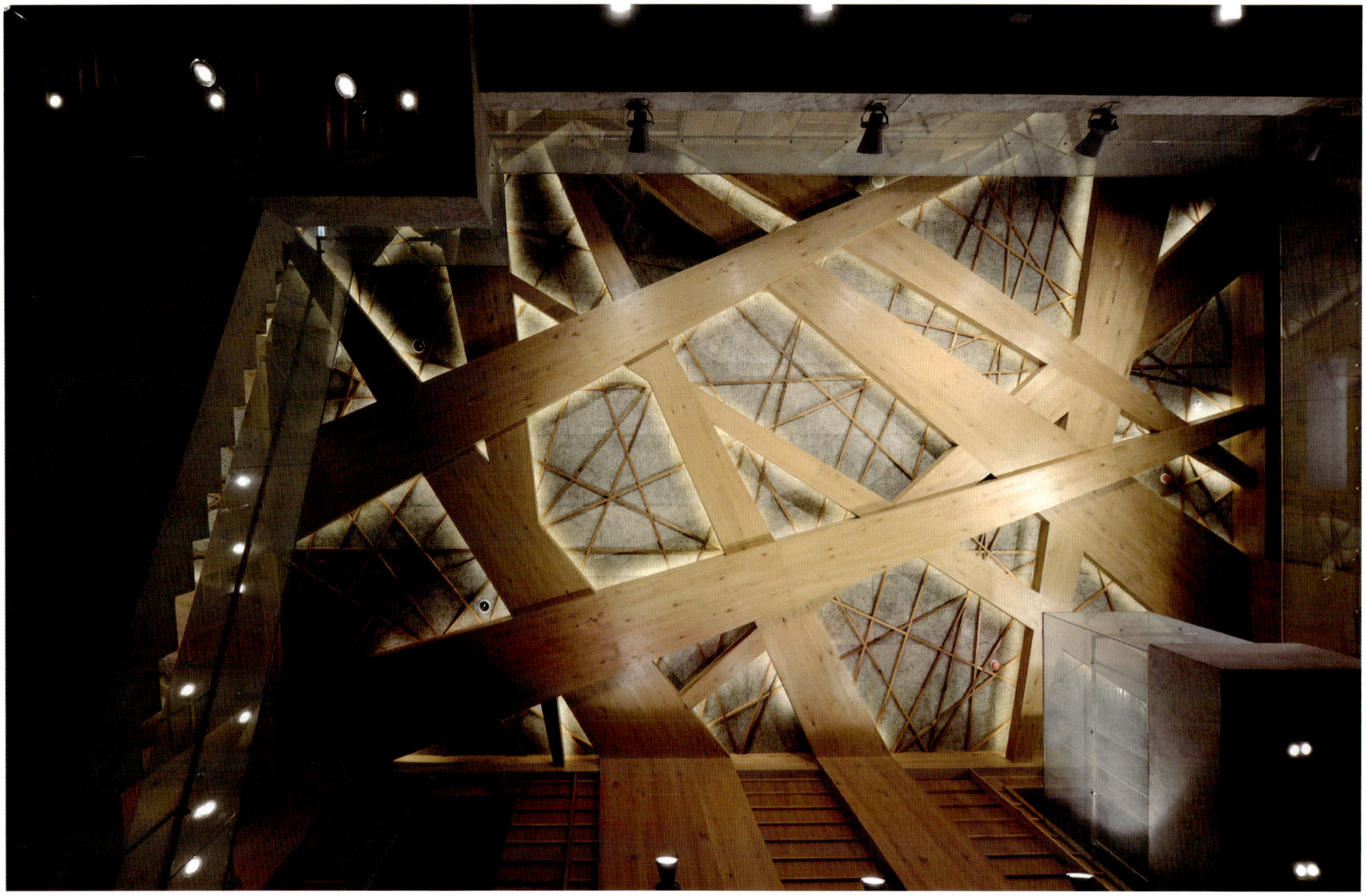

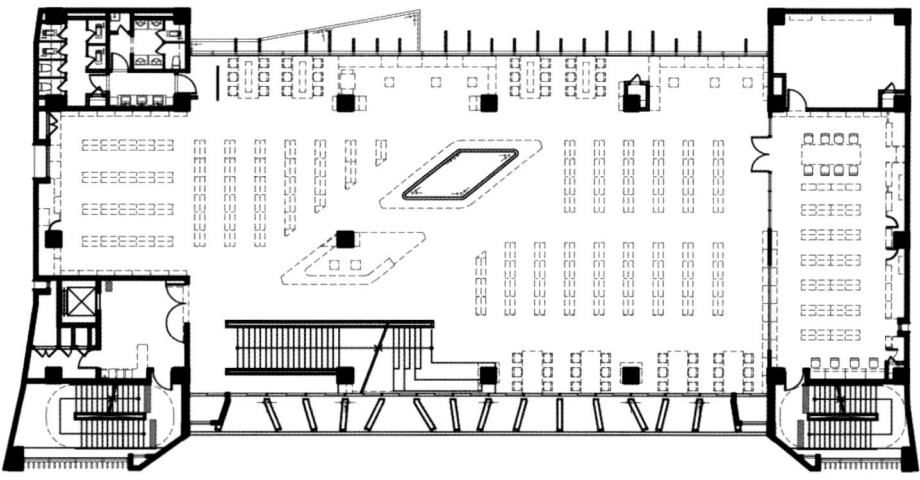

3层平面图

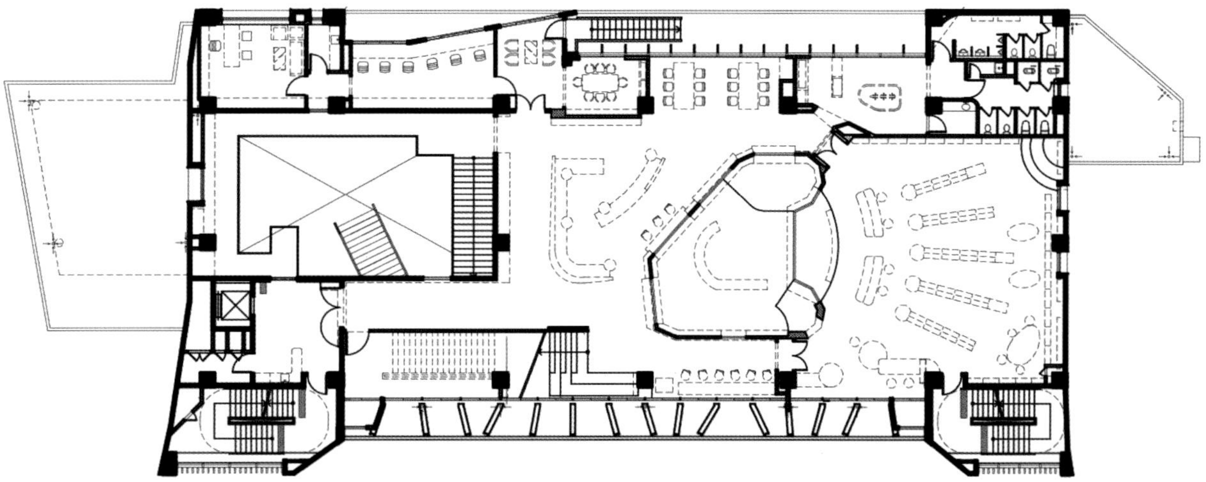

2层平面图

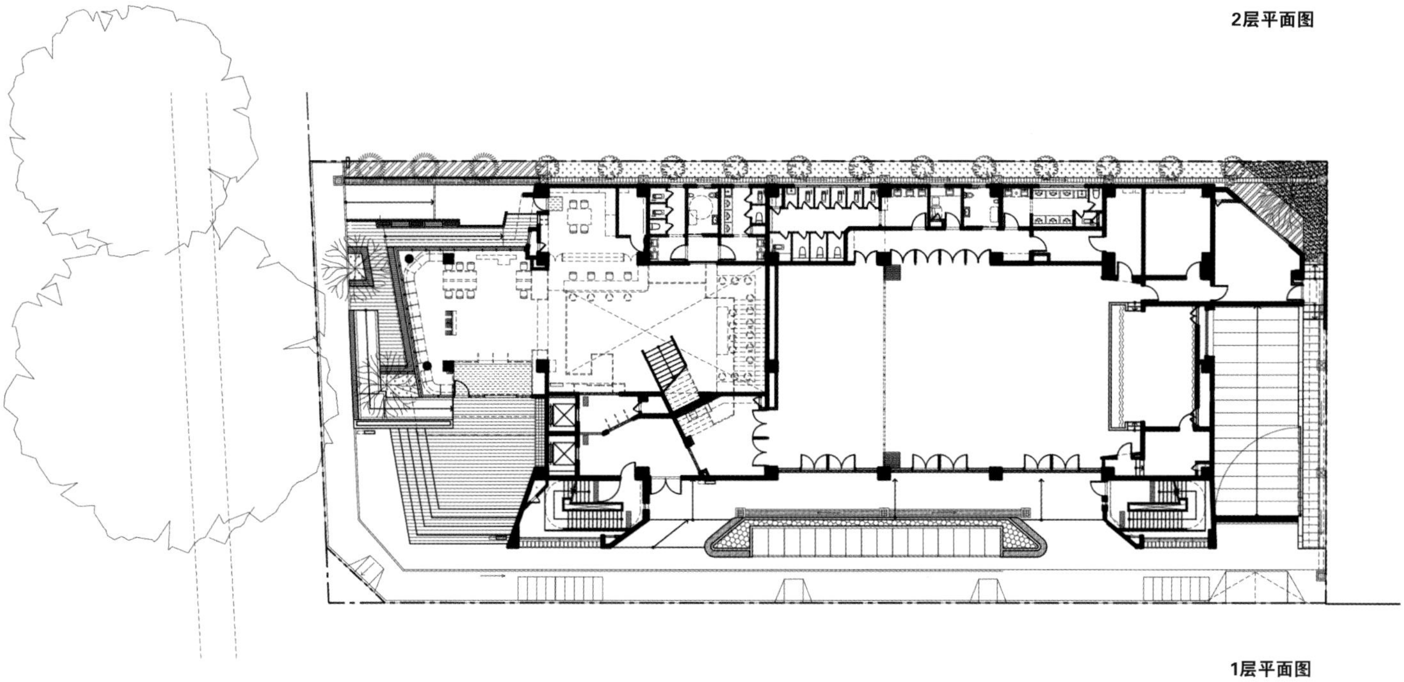

1层平面图

CULTURE ■ 文化

CULTURE ■ 文化

设计单位
同济大学建筑设计研究院（集团）
有限公司_设计二院
设计团队
建筑：魏丹、司徒娅、戴鸣、王怡然、
仲维达
结构：阮永辉、骆文超、朱家孔、
孙野、徐勇
竣工时间
2017年6月
陈设设计
苏州柯利达装饰股份有限公司
上海风语筑展示股份有限公司
景观设计
同济大学建筑设计研究院（集团）
有限公司_设计二院
主要材料
玻璃、铝板、GRC
建筑面积
143,519平方米

江苏，苏州

东吴文化中心
Dongwu Cultural Center

任力之／总建筑师　章鱼建筑摄影工作室／摄影

以流定形

东吴文化中心项目位于苏州南部的吴中区，北依苏州古城区，东连昆山，南接吴江，西衔太湖，是苏州城中一处承古而萌新之所在。苏州缘水而兴，水系分布对交通与功能布局产生重要影响，更为建构城市结构形态的本质要素，决定了依水而生的地域情结。项目作为当代语境下产生的公共建筑，以文化、图书、展示、演出等功能为主导的空间形式具有明显的现代特征，对应的体量尺度与古城传统肌理也有所差异。设计旨在寻求传统意蕴内核与现代生活模式之间的平衡，建立具有切实文化意义而非拼凑符号消费的场所，即以"与古为新"的态度应对传统与革新。

空间整合

基于对系统整体性与空间能效的综合考虑，空间上相对独立的群众文化、图书阅览、档案管理、规划展示、演出会议、少儿活动等"四馆两中心"等功能属性，通过设计整合以更为集中的关联方式，形成会议大厅、观演厅等主要空间为中心并以大堂、中庭、廊道等空间为介质的"整合性空间系统"。领域上分疆而治的单元要素被容纳于连通的腔体之中，单元间衔接与透叠，提高了差异行为的交流概率。

双重界面

作为城市系统的构成元素之一，多元空间整合兼具城市性与自身独立性，在建筑界面设计上体现双重特点——既顺应城市肌理的几何完型又表现内部公共属性的流动性。在北侧与东侧临近道路的界面上，肯定的建筑形体对城市表现出柔软度和渗透性，城市人流的引入与公共活动的发生在引导性的局部空间得到强化。同时，设计从空间拓扑关系上探讨宏观体量完型中最适宜的虚实关系，最终以虚体的广场空间置换原有形体核心，被置换的青少年活动中心部分与方体柔性连接成为外延扩展空间。

符号语义

设计借鉴语构理论中关于符号系统的模式语言，包括符构层面上的符号构成法则、符义层面上的文化表征意义及符用层面上符号与人类行为方面的关联，并转化为视觉的形态表征、空间的情境体验与场所的意向营造。

视觉形态表征上，以雕塑化的体量塑形手法表征对太湖石水的抽象性还原，形成了湖水自雕琢的石体中滑落的视觉意向。内广场界面通过横向铝板截面宽度变化，抽象再现唐寅山水手卷所描绘的景致，通过非图案化的山水符号为玻璃金属包裹的现代空间增加视觉亮点。

空间的情境体验上，传统园林建筑的向心、互否与互含的三种关系，在建筑空间构成中同时体现：轮廓肯定的场馆单元是向心的，由其围合出的虚空的中心广场空间所统领；GRC墙体限定的建筑实体与通透轻盈的幕墙体量之间的差异凸显了建筑的虚实特性；GRC实墙与玻璃、景致与场馆以及内与外、动与静、交互与停滞、开放与封闭等，均为流动的互含的整体。

场所意境营造层面上，通过师法园林的草木栽种、开合曲直的场地路径、明暗交叠的转承关系与自然流转的空间意境表达，以及对江南传统园林、吴越山水文化以及苏式生活的要素提取，塑造出地域性语境下的文化场所。

表皮营造

青少年活动中心的流线型体量为标准化施工带来一定的难度，通过参数化手段对点抓幕墙构成单元进行控制，以及通过角度分类结合球形螺栓的焊接方式实现桁架体系的建构，是施工问题的解决途径。此外，为实现实体外墙水纹肌理的细节处理，设计以GRC水泥板代替传统石材，化解了质地厚重的外墙材料与细腻的波纹肌理在施工处理上的矛盾。

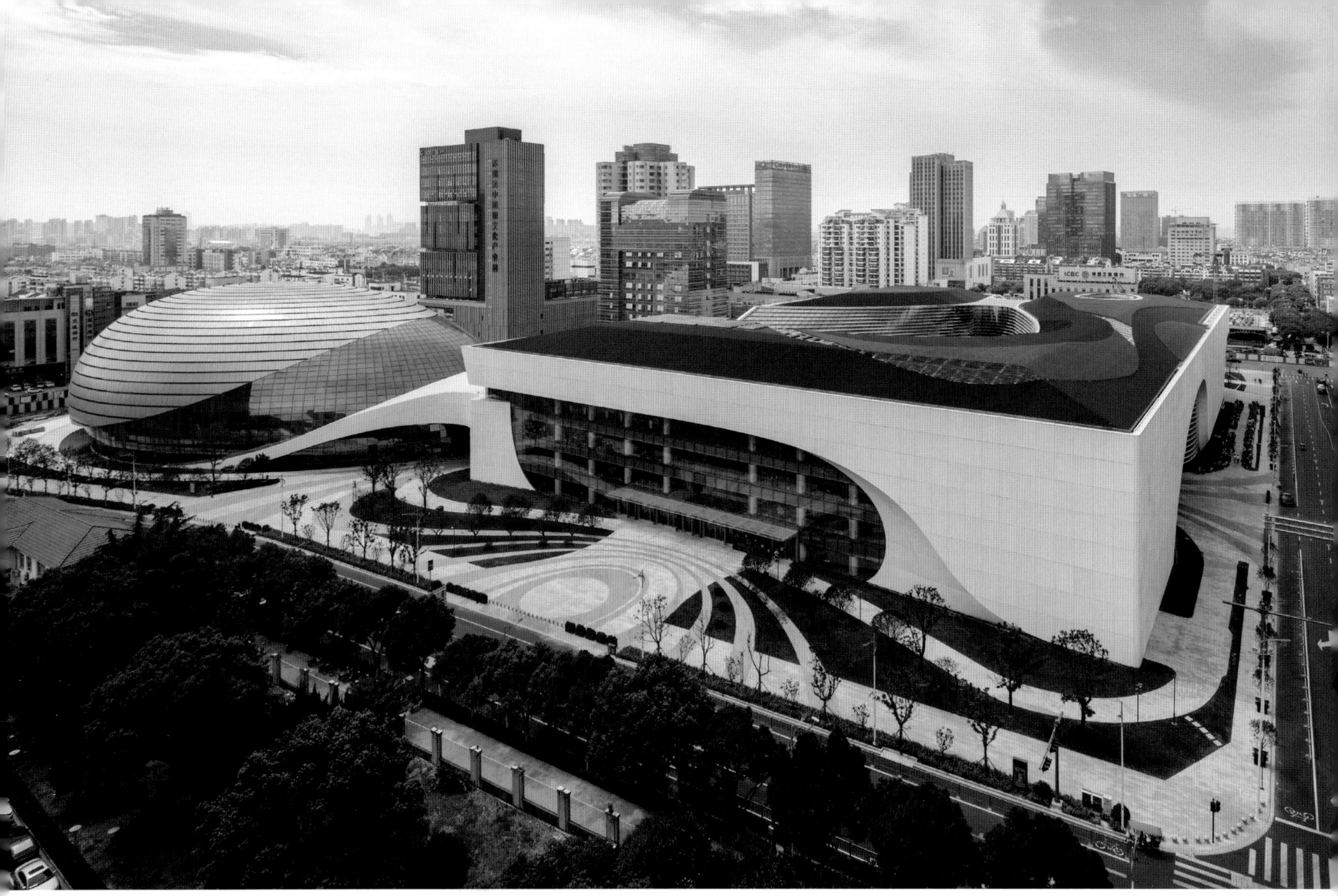

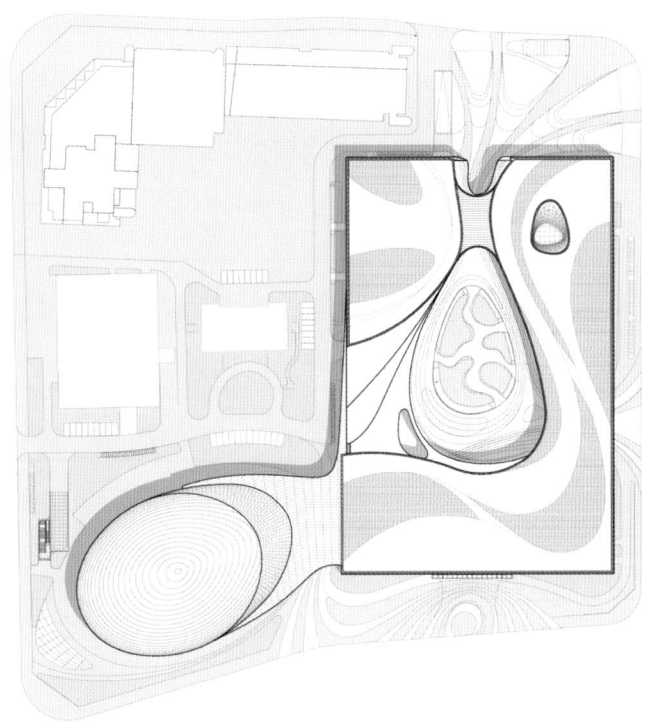

总平面图

CULTURE ■ 文化

1层平面图

2层平面图

CULTURE ■ 文化

设计单位
深圳华汇设计有限公司
设计团队
印实博、何启帆、毛伟伟
设计时间
2016年12月
竣工时间
2017年8月
业主
合肥万科置业有限公司&苏州高新地产集团有限公司
基地面积
9,000平方米
建筑面积
3,400平方米
结构形式
钢筋混凝土框架结构
主要材料
清水混凝土、超白U型玻璃

安徽，合肥

合肥北城中央公园文化艺术中心
Cultural Center of Beicheng Central Park in Hefei

肖诚／主创建筑师　姚力、隋思聪／摄影

好的建筑，生于场地，生成场所。
而人的体验则构成了场所的灵魂。

我们试图在建筑与其外部空间之间建立一种新的关联，从而创造出一种新的场所体验。我们姑且将这种关联称为"多义性边界"。

该项目是建筑规模近100万平方米的北城中央公园居住区文化教育配套的一部分，在前期兼具项目展示中心的功能，后期则作为图书馆和儿童教育营地使用。基地是一个东西宽约260米、南北深约70米的矩形场地。用地南面则是占地面积近4万平方米的城市公园，中央公园项目由此得名。

在空旷的土地上描绘繁华的愿景，几乎成为当下大型项目展示区的共同使命。在中央公园项目这样的场地上，设计面临的挑战一方面是如何形成一个鲜明而有力的城市界面从而与尺度巨大的城市公园相呼应，共同创造一种先声夺人的展示性。另一方面则是如何创造一个具有独特体验的场所以激发人们探索和参与的意愿。得益于项目未来的文化教育功能，我们首先可以赋予它一种既开放又具文化内涵的场所特质，进而在此基调之上演绎功能，组织叙事。回顾中国传统的建筑和园林空间，院落是构成场所特质最强的空间形态之一，它几乎构成了中国传统建筑空间的核心特征。而界定院落的建筑界面则是墙和廊。这两者也使得院落具有了不同的空间特色：一个围合，一个渗透；一个封闭，一个开放。前者多见于街墙和宅邸，后者多见于园林与阔院。而两者又往往结合使用，让院落空间具有了更好的多样性与故事性。

而在我们尝试为界定院落空间创造一种新的建筑原型时，我们最终在墙和廊之间找到了结合点——它刚好是由短墙构成的廊，伴随不同的形态和模数的组合，形成对于院落空间的多样化的界定方式，同时构成多义的场所体验。我们所说的"多义性边界"也由此形成。它的形态如同从建筑的墙体之中游离出来，意在融于室外场所之中。"墙廊"有一个统一的整体尺度——6米高，4米宽，它界定了整个场地的边界，同时创造了一个特殊的"回环景域"。当边界有了可以进入的厚度，日常生活、艺术活动也就有了空间的载体，可以是小朋友放学后捉迷藏的乐园，也可以是社区文化艺术展廊。

墙廊围合的，是中央的水庭，它的主体是一片浅水池。一如中国传统园林，水构成另一种界面，借由镜像创造放大的建筑尺度感和空间领域感，同时也模糊了天地的界限。本与建筑隔水相望的人们，则可以通过一条"弦道"，由场地之外，穿越水面，进入建筑。而这个地坪标高不断变化的"弦道"，则让这个穿越的过程因视线高度的不断变化而产生不同的视觉经验。

轴测图

当人们穿越"弦道",在屋檐之下推开大门,首先来到一个由一片对景实墙界定的门厅,门厅北侧是小展示厅,这是进入中厅的一道转折空间,中厅是更大尺度的展厅,两层高,通过天窗为空间带来自然光,经过屋顶折板的过滤,被塑造成数条光线,落在墙上,在一天之中,可以形成不同方向以及粗细的变化,如日晷般记录时间的流逝。底景是螺旋楼梯和二层的廊桥,廊桥穿越中厅,连接两个不同功能空间,上下两层的人,在这里也能形成交流和对话。

由天窗龙骨与混凝土密肋梁组合形成的天窗构件,两者离缝的设计,在中午时分,能形成粗细不同的两道光线,构件截面的方向和组合方式,能为早上提供更大的入射角,而下午则是较小的入射角,从而遮挡掉大部分西晒。

东面和南面作为侧厅,提供水吧、洽谈和阅览等功能,与外部庭院关联,是室内外空间延续和渗透,尤其是南面的灰空间,作为儿童的趣味性活动场地,进一步加强了这种延续关系。两个侧厅的外墙上,我们适当地将墙柱的设计语言进行引申。整个空间中,我们并没有强调轴线与仪式感,而是利用转折与进深表现空间的流动性。二、三层由大小不同的教室构成,教室围绕两层通高的庭院布置,庭院不仅是室外活动空间,也为教室带来更好的自然采光和通风。

在材料的选择上,我们根据建筑体量与功能进行清晰的划分,一层的清水混凝土和二、三层的U型玻璃,一轻一重,一虚一实。清水混凝土表面光洁,质感朴素而坚实,而我们通过"墙廊"这种特殊的构成方式形成一个既稳健又开放的界面;漫反射的U型玻璃质感温润,而我们则将其作为建筑主体空间的包裹面,使之呈现出一种"半透的体积感"。二者不会形成强烈的反差,却能在不同的光线变换下演绎出丰富的温度和表情。

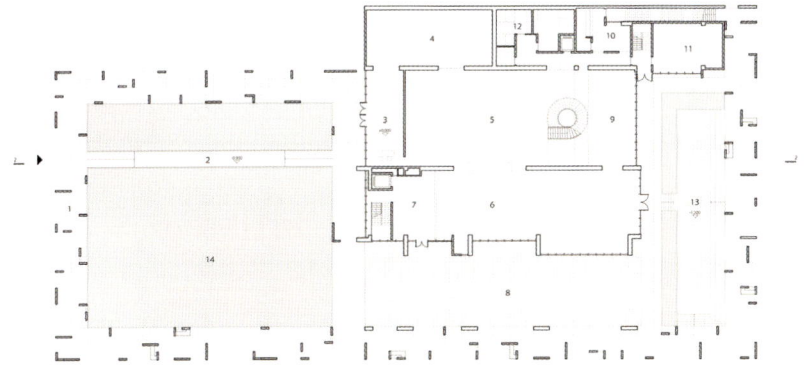

1层平面图

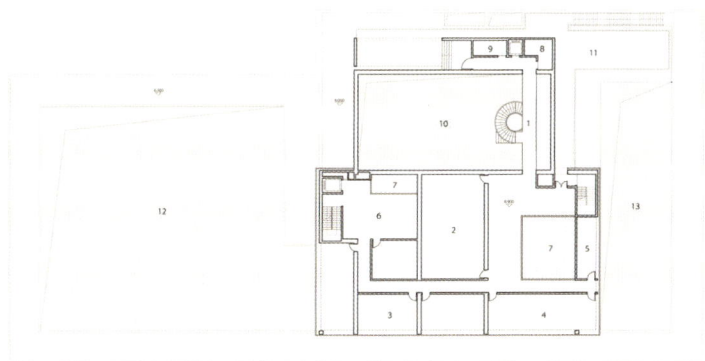

2层平面图

设计单位
华南理工大学建筑设计研究院
设计团队
陈文东、王智峰、佘万里、梁景韶
竣工时间
2016年
占地面积
24,014.779平方米
建筑面积
24,117平方米
主要材料
花岗石、玻璃幕墙
获奖
教育部2017年度优秀工程勘察设计奖建筑工程二等奖
2015年度东莞市优秀勘察设计项目二等奖（建成作品）
2011年度东莞市优秀工程设计方案二等奖（方案设计）

广东，东莞

东莞市长安镇青少年宫
Changan Youth Palace of Dongguan

何镜堂、郭卫宏、陈文东、王智峰、佘万里、梁景韶 / 主创建筑师　陈文东 / 摄影

东莞市长安镇青少年宫位于广东省东莞市长安镇，原为笔迹山公园用地。项目基地呈不规则形状，地势东南较低，西北高起，形成山顶，场地最低点和山顶之间高差约20米。基地南接城市主干道，东面是建设中的高层住宅，西北面为建成的高层住宅。

主要功能

设置了书法教室、音乐教室、舞蹈教室、体操教室、美术教室、展览、报告厅、图书室、普通教室、办公室等功能。

设计理念

项目设计通过思考快速城镇化进程中，自然与城市如何有机关联并协同发展的关系，将青少年宫的功能空间与整体城市格局融为一体，从建筑的最基本元素出发，探讨人与自然、建筑与城市、空间与体验等一系列建筑学的基本问题，以积极的态度提出低技、现实、可行的解决对策。

融入基地

青少年宫整体的外围轮廓形象维持了城市界面的延续，以内空的开放式园林空间保持了山顶公园对场地的控制，以开放对话的方式积极融入了城市肌理。在建筑逐渐密集的都市环境中，经营了一片向自然敞开怀抱的户外活动天地。

1. 维护城市界面，打开对话通道。

为了营造相对安静、内向的空间环境，建筑沿城市界面采用"L"形围合的体量布置，形成对保留山顶向心围合的格局。"L"形围合体量于转角处降低为2层高的入口门厅空间，在城市空间与保留山体之间打开了一条可供呼吸、对话的空间通道。

2. 保留山顶公园，自然渗入庭园。

建成环境以山顶公园为中心，绿化景观由山顶向庭园空间流动渗透。南面折线形的建筑裙房界面与北面山坡之间，形成了带状的"山谷"状室外活动空间，是城市空间联系山顶公园的中介，也是自然环境向建筑空间渗透的过渡。

整合功能

项目设计把功能策划与场地解读、空间效果有机结合在一起，综合考虑"内"与"外"的关系，从而达到"场地规划体现环境氛围、形体设计表达功能特点"的目的。

结合使用需求，将青少年宫的功能进行分解重构，梳理出两套相对独立的功能系统，分别是相对内向、理性、工整的功能和相对活泼、感性、艺术化的功能。理性功能部分包括展览、会议、普通教室、餐饮配套、休息住宿等，布置在"L"形围合的两个较大体量内，响应城市格局，形成与外界对话的部分包括舞蹈、音乐、书法、绘画等，提炼出五个艺术类功能用房（二期建设），散布于儿童公园，响应自然格局，形成与山顶公园融合的关系。对城市、自然的双重响应，孕育出"过渡"空间。空间相互渗透、难分彼此，营造出青少年宫活动场所与山顶公园一体相融的空间格局，吻合环境育人、互动交流、多层次对话的教育理念，突显长安镇青少年宫的个性特色。

体现营园造境精神的创意构思

项目空间营造的主要创新点，在于积极利用曲折变化的建筑形体和外部山体环境等要素，建构出个

性化的户外公共空间系统，供青少年儿童在此学习、交流、活动。设计结合地势，利用地形变化，通过建筑群体的围合，创造出丰富的户外公共活动空间。

1. 围合户外空间。

整体式体量和分散式体量相结合的布置方式，与基地环境有机融合、相映成趣，形成统一的构图，巧妙地处理了户外空间围合、开放、相容、对话等关系。整散结合的总体规划设计，为分期建设提供了便利。

2. 营造现代岭南庭园。

岭南地区气候温和，人们喜好亲近自然的户外活动。主体建筑裙房空间的曲折变化，与山坡自然走势相结合，形成一系列收放开合的户外空间，适应不同主题的户外活动。二期五个艺术类教室完工后，将进一步完善和提升户外空间的围合感和场所感。

营造回归童趣的特色空间

少年儿童天性喜扎堆、共聚，进行小团体活动。适当的扎堆、合作，有利于发展其团结、互助、集体的意识；"扎堆"是青少年朋友的特性，也是容易得到他们认同的行为模式。在建筑设计中，通过建筑体块与环境的相互围合，营造出具有活力和场所感的室外庭园空间。在庭园中，以玻璃连廊公共交通体为背景，以山体自然的高差形成的台地为观众席，形成了完整的户外表演、活动场所，既与建筑有机联系，又与山体空间有机结合，体现"扎堆"趣味。内部公共空间，是青少年宫最具弹性的功能空间单元，可多方位综合使用。设计结合面向内庭园的折线形体量，营造出曲折收放、兼容开放、多元对话、简约新颖的室内空间效果；空间三维上的戏剧性变化以及氛围感知的不可预期性，意在激发来此学习、体验、休闲的青少年朋友的求知欲。

在形式体现功能的基础上，建筑细部设计表达出一定的戏剧性和趣味性。通过规整体量的形体变化、虚实对比，巧妙引入折线、三角形、方形、字母形等抽象符号，既统一又富于变化，使人在简洁的形体中感受丰富的建筑表情，体会变幻的童趣。

设计难点及解决方式

在设计中通过宏观层面关照城市环境、挖掘基地特色，中观层面营造适应岭南地域的户外活动空间环境，微观层面整合功能营造灵动的内部空间等设计手法，表达了立足地域、思考城市与人文的立场。

漫长的建造过程是艰辛而卓有成效的。期间经历了诸多决策、投资预算及使用需求的调整，原本一体化、同步实施的设计方案被人为分为两期，而且二期的建设极可能遥遥无期。所幸的是，最初的概念基本得以落实、基于提升整体空间环境质量的室内外空间环境一体化设计得以贯彻、建成部分的完成度超出我们的预想。虽然远期暂不启动，但现状山体也因此得以更好地保留，它与折线形建筑界面围合出的"山谷"空间仍是积极的室外空间环境，为此我们局部调整了功能用房，以暂时安置艺术类的教室。建造过程中，我们在材料选择、色彩选定、构造细部等方面与幕墙深化及施工单位、室内设计、监理、施工等进行了深入地沟通，确保了一体化的室内外空间效果。项目建成后获得社会普遍认同与肯定。我们相信随着未来二期建设的完成，长安青少年宫必将呈现更整体的形象，向大家讲述完整的"风之谷"浪漫故事。

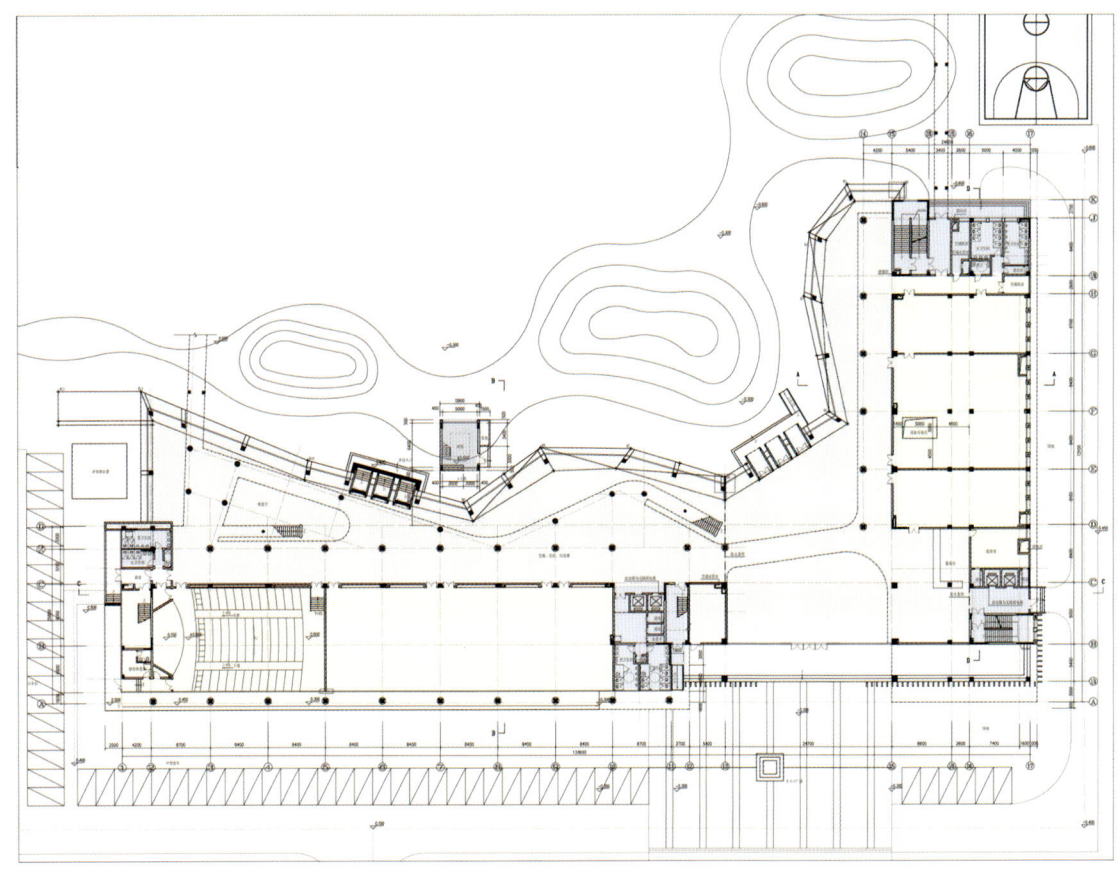

1层平面图

CULTURE ■ 文化

开发设计单位
苏州九城都市建筑设计有限公司
建设单位
昆山市建设工程管理有限公司
建筑面积
37,344.5平方米
设计/竣工时间
2012年12月/2016年8月

江苏，昆山

昆山档案馆
Kunshan Archives Building

张应鹏/主创建筑师　姚力/摄影

昆山档案馆位于昆山市思常路以西，苇城南路以东、震川西路以北，娄江实验学校以南。

设计目标

1. 本次设计力图在昆山的西南门户地带打造一座地标式特色建筑，突破传统档案馆周正刻板的形象，体现昆山百强县之首的活力与包容。

2. 设计中体现以人为本的宗旨，以小政府、大社会的便民、亲民政府办公理念，打造环境友好的公共形象。

3. 通过建筑本身来体现档案事业的核心精神价值，用凝固的时间，保存客观的历史。

外观

该设计是功能和形式统一，一二层主要为公共对外服务和展览窗口，形象透明开放，三、四层为办公用房，五层及以上为档案库房及档案技术用房，形象稳重富有力量感，简洁现代，整体建筑形象大方又不失活泼。

设计中考虑到档案馆这一类型建筑的特殊性，我们将其定义为一座保存时间的建筑，建筑保存的内容——档案就是时间载体，建筑本身也呼应时间的载体这一特性，外立面材质上采用特色石材，随时间变化呈现不同气质。内部空间用一池镜面水来作为主要中庭空间，提供一处别致的静思场所。二层屋面设置户外平台，是大众观展和交流的室外延续空间。水、石、绿这些简单的自然元素共同组成了这座可以保存时间、触摸时间的建筑。

功能

规整的布局，最大化的合理分配场地功能，通过建筑设计，整合空间，使档案管理更加安全便捷，日常办公更加轻松，群众查档、观展更加舒适。

流线

主要出入口根据建筑功能不同进行分流，实现外部人员、办公人员和档案入库的不同流线。沿主楼建筑设置6米宽环形道路，并沿建筑布置停车位，消防车道也沿该环路设置，主要入口进行出入的分流，后期可在此设置岗亭。

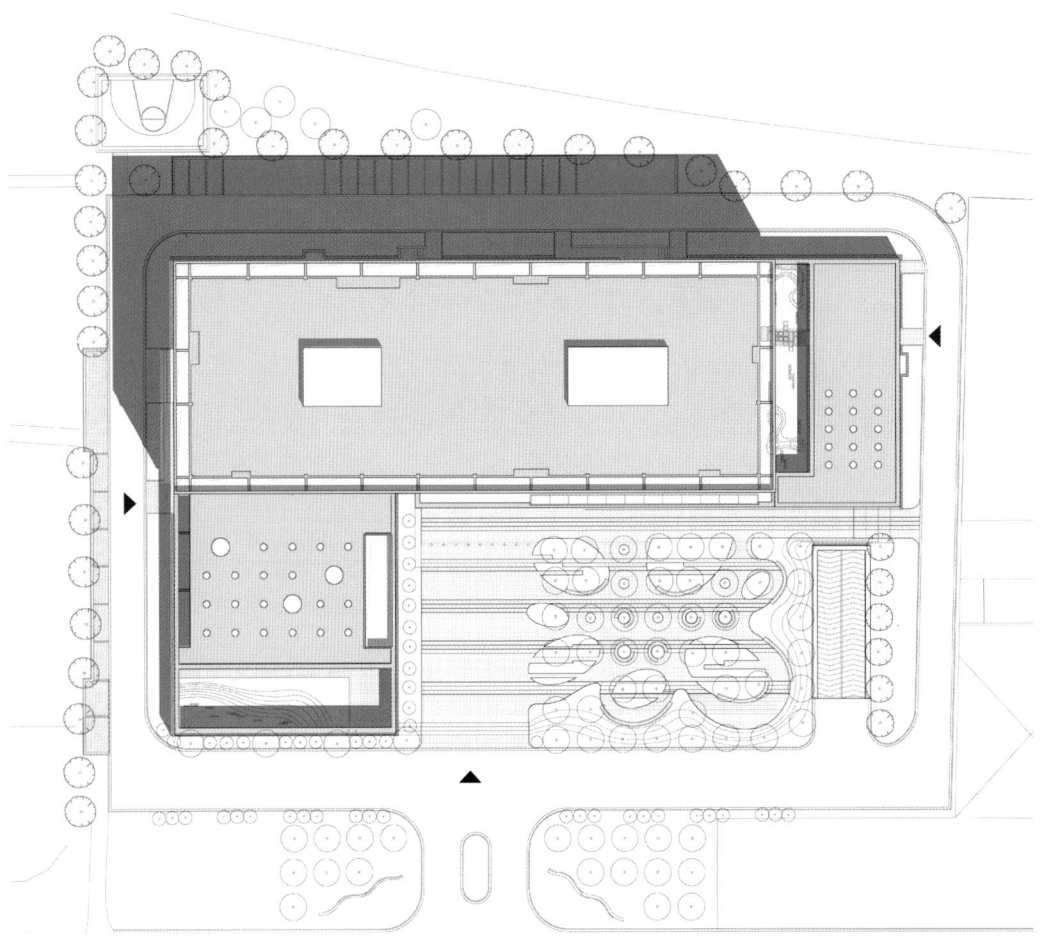

总平面图

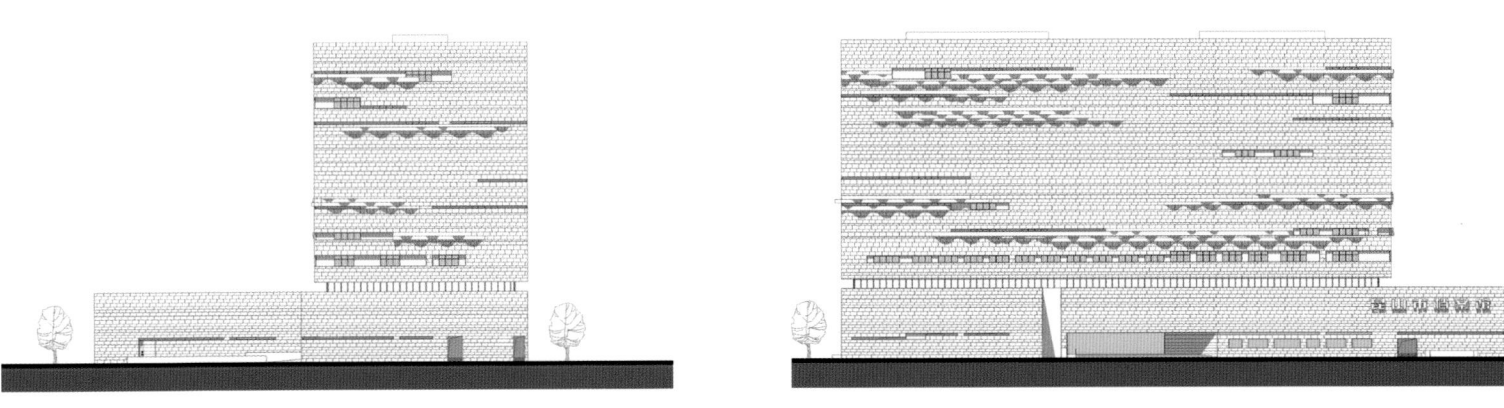

东立面图　　　　　　　　　　　　　　　　　　　南立面图

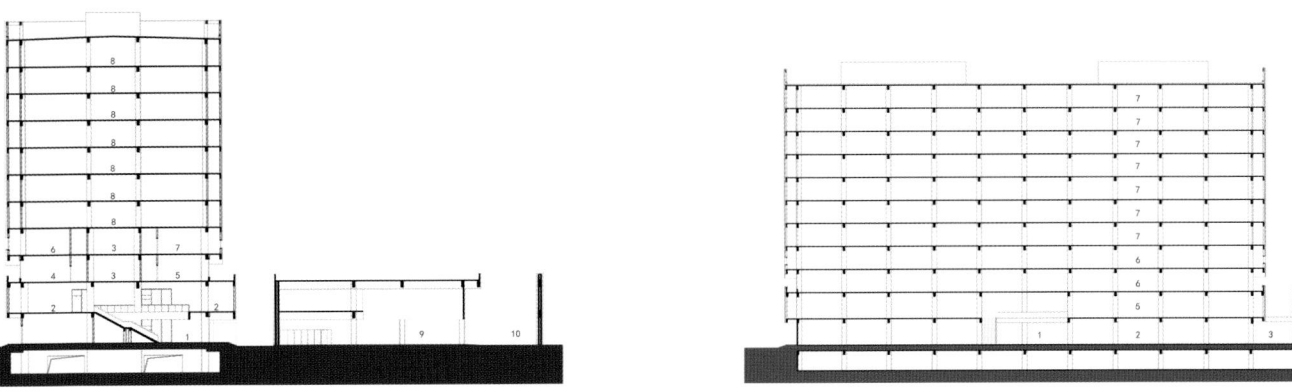

剖面图

CULTURE ■ 文化

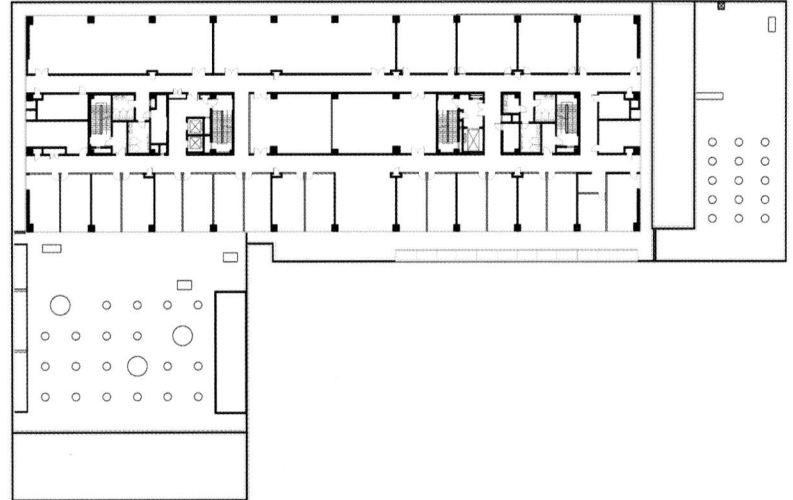

3层平面图

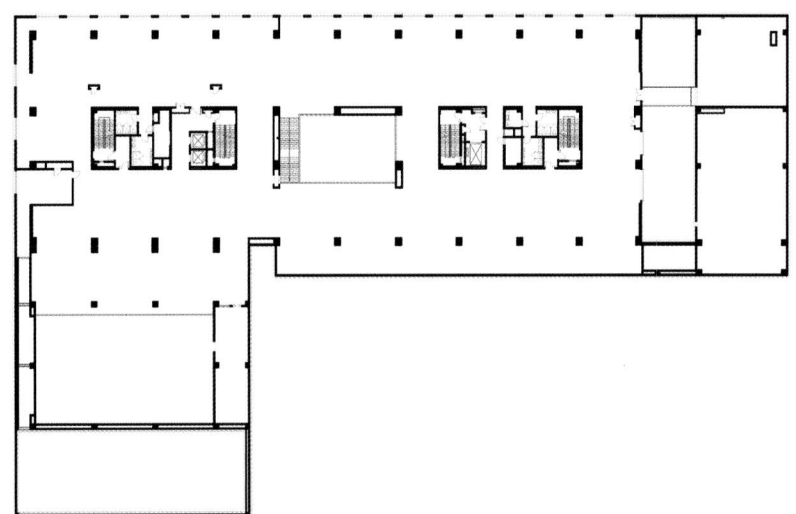

2层平面图

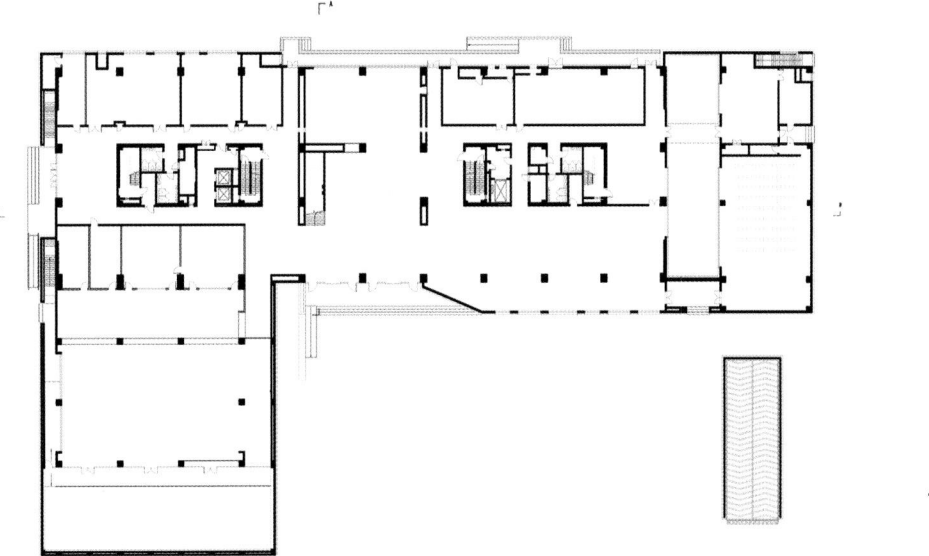

1层平面图

CULTURE ■ 文化

设计单位
贵州省建筑设计研究院有限责任公司
建筑设计
曾松、刘爽、张赟赟、邹思维、
程国杰、江川、李宏图
景观设计
蔡仁盛、王永利、陈霖
室内及陈设设计
季风、娄俊卿
竣工时间
2016年2月
占地面积
54,900平方米
建筑面积
152,803平方米
主要材料
青砖片、石材、金属瓦、金属百叶、
木材

贵州，贵阳

贵阳市孔学堂
Kong Xuetang, Guiyang

刘兆丰、曾松／主创建筑师　刘金星／摄影

贵阳孔学堂位于贵阳市花溪区，是建在城市中心组团之间、紧贴城市湿地公园的一组多功能、复合型文化建筑群，总占地约30万平方米，共分为公众教化区、文化研修园区、文化研修社区等部分，总建筑面积15万平方米。

项目缘起于承续贵阳阳明文化历史遗产，以中国传统文化及其现代发展为主题，打造包含文化普及、典礼、讲会、博展、研究和交流等功能的开放学堂，是立足全国、面向国际、兼收并蓄的学术平台。

项目共分为一、二期，二期于2016年完全建成使用。

一期为孔学堂教化区：由十三个建筑单元依山而聚，集文化殿堂、讲堂群、儒学展示馆、研究院、六艺学校和杏坛为一体，充分利用山地地形，以台地井田形布局衍变，叠构相连。建筑形象循古典风格创新，追求汉唐古典精神的现代表达。

二期是一期的延续和发展，分为三部分：文化研修园区、研修社区、文化街区。

研修园区，由阳明大讲堂、数字图书馆、会议中心、展示中心和16个学研单元组成。采用新地域风格，园林式布局，建筑与园林融为一体，整体风貌雅静质朴，集驻园学研、争鸣交流、研修游学和相关文化产业研发诸功能为一体，是具独创性和地域特色的中华文化研学基地和交流平台。

研修社区，是由文化主题酒店(大成精舍)、博士公寓、教授宾舍、儒林草堂及服务天街组成，以峡谷聚落式布局，新地域主义创作手法，将研修社区和文化主题酒店融为一体，创造一个充满活力的文化共同体式酒店和文化修行微型镇。

文化街区，是集合中国文化符号和布依传统符号的聚落式服务性文化街，是对历史上该区域原有布依村寨的纪念。

本项目设计内容覆盖策划、规划、建筑设计、景观设计、室内设计及软装设计全范围，以新历史主义和新地域主义的建筑创作实践，以及山地建筑空间探索为其鲜明特色。

建成使用以来得到了社会各界的广泛关注和高度评价，现已成为贵阳市首位的市民文化活动中心及国内助推中华民族文化复兴的重要设施典范。

手绘鸟瞰图

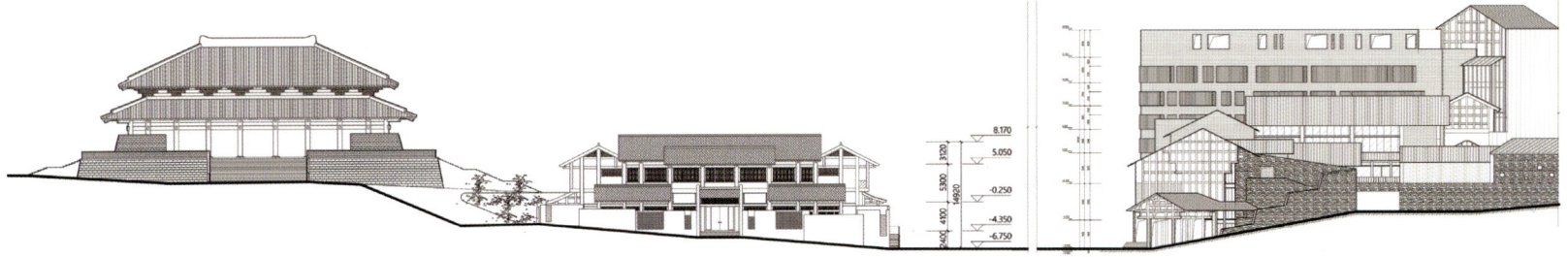

明伦堂、大成殿西立面图

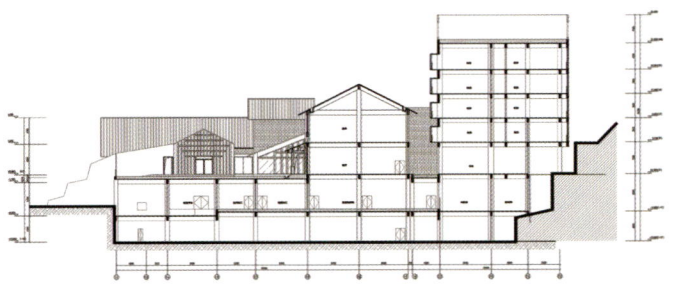

局部剖面图

CULTURE ■ 文化

CULTURE ■ 文化

浙江，宁波

杜岙美术馆
Ningbo Duao Art Museum

波捷特（北京）建筑设计顾问有限公司 / 主创建筑师　楼宇浩 / 摄影

宁波杜岙美术馆由意大利波捷特建筑设计打造而成。此简约当代美术馆地处浙江省宁波市一个众山环绕中的小村庄。该建筑最初是军队粮站，汇港集团收购后，将其改造成一个储存"精神食粮"——艺术作品——的仓库。

波捷特公司的任务，就是在乡村建造一座简约、当代风格的美术馆。

波捷特从项目的地理位置和周边环境出发，将人工建筑与自然环境紧密结合，并最大限度地保留历史遗存和当地文化。

美术馆共有七个分支，由中央区域相连。各分支从建筑中心向不同方向延伸开来，将美不胜收的自然景色与光线收纳入室。每个分支的角度都是根据周边景色分析而成，因此每处风景都独具特色。建筑与周边环境的互动使其成为艺术家寻找灵感、艺术与文化相互碰撞的绝佳空间。

建筑共分三层，各层结构互通，分工明确。

建筑底层设有展示区，竹园和雕塑与绿山丘充分结合，进一步模糊了建筑与自然之间的界限。山丘脚下的室外工作区为艺术家们提供了一个亲近自然、休息与创作的理想区域。中央庭院贯穿建筑的二层和三层，为整个项目增加了更多自然元素。二层主要设有私人房间和花园，各分支末端的大玻璃窗使杜岙美术馆成为观景胜地。三层主要为社交活动设计。露台占据了三层约一半的空间，创造出一个举行音乐会、歌剧表演和社交活动的舒适的露天舞台。露台一角的露天浴缸为整个建筑增添了奢华的氛围。三层还设有会客室和餐厅，以满足私人会客的需要。杜岙美术馆是一处景观生成的建筑，也将成为一个不断生产创意与文化的理想场所。

设计单位
波捷特（北京）建筑设计顾问有限公司
客户名称
浙江汇港电器有限公司
设计时间
2015年
建筑面积
2,700平方米

总平面图

东立面图

西立面图

北立面图

CULTURE ■ 文化

中国，深圳

深圳湾画廊
Shenzhen Bay Gallery

陆轶辰／主创建筑师　罗兰·哈博／摄影

项目负责人
蔡沁文，黄敬璁
建筑设计团队
阿尔班·德尼克、约瑟·席尔瓦、刘子凡、胡辰
合作当地建筑师
悉地国际
机电工程师
悉地国际
景观设计
AECOM
项目面积
1,700 平方米
业主
华润置地

华润|深圳湾后海伯宁花园会所，是为深圳湾综合发展项目北区高端住宅所设计的私人会所及艺术展馆。

设计由虚实呼应相对的南北两个建筑量体起始；北端较为拔高、垂直结合的体块，包含的是一个相对明亮、开放、两层挑高的艺廊空间；而南侧为较低、水平延伸开展的量体，则包含了功能中相对私密而紧实的功能活动。耐候性的穿孔铜板，是结合南北两个体量统一而温暖的外部材料语汇。除了不带痕迹地控制了室内外的景观与视野、光线穿越的多寡与品质，也为整体建筑增加了隽永的纹理与质地感受。

本案规划着眼于沉静空间的序列性展示及体验，由建筑南侧的开放景观地景平台，逐渐引导使用者经过下沉式的条石广场与映水内庭，转折而渐缓的进入建筑。室内的空间序列起始于入口侧的接待大厅及多媒体展示室。而后，则进入由质朴混凝土框架结构及穿孔铜板光线交织的艺廊空间。

在视觉焦点与建筑量体的交叠中，本案设置了一座具雕塑感的楼梯与景观平台；透过这垂直动线的连接，使用者可以选择向北穿越空间中的桥梁通往住宅的景观平台，或持续的进入南侧量体二层的私密中庭。中庭四周为磨砂玻璃，并由安静的植栽装点，将建筑与场地的互动通过景观延伸进室内。游客经由中庭进入签约区，在此可遥望北侧的住宅塔楼。最后，作为参观序列的终点，游客走出建筑，步入景观公园。

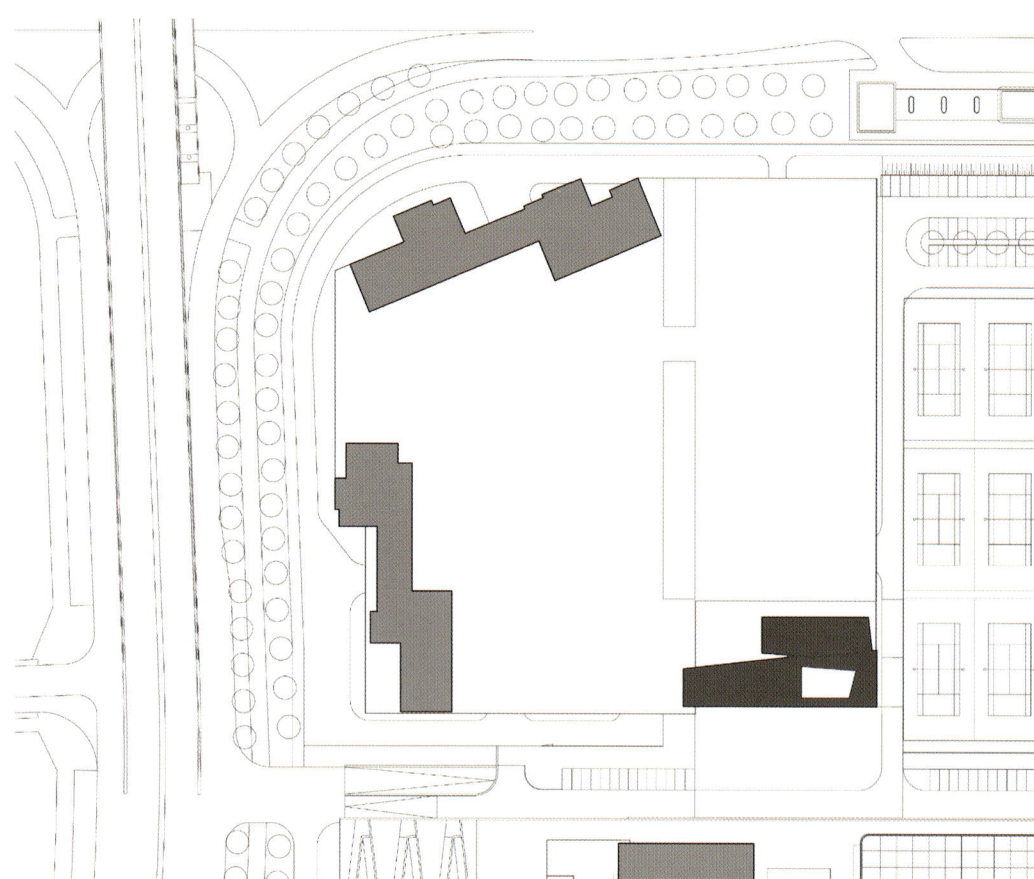

总平面图

设计单位
Wutopia 实验室
施工图配合单位
上海杜鹃工程设计与顾问有限公司
室内设计
上瑞元筑设计顾问有限公司
景观设计
苏州未相景观与城市设计事务所
设计团队
建筑：俞挺、葛俊、戴欣旸
施工图：周猗莲、陈国华、杨雪婷、马欣宇
室内：范日桥、张哲
景观：郭文、倪智超、包宇
室内&景观设计顾问：俞挺
业主
史惠娟
建筑面积
2,000平方米
建筑材料
钢、混凝土、铝板、玻璃

上海，嘉定区

"八分园"美术馆
Eight tenths Garden

俞挺／主创建筑师　清筑影像／摄影

八分园是一个专门展出工艺美术作品的美术馆，空时可以作为发布会的场地，有咖啡和图书室、办公、民宿，此外还有餐厅、书房和棋牌室，是一个微型文化综合体。它原本是售楼中心。售楼中心是街角三角形的两层建筑其中的一栋和嵌在其上的四层圆形大厅，入口在三角形内院。楼的一侧是居委会。另一侧用作沿街商铺。

业主先生是上海著名搪瓷厂的最后一任厂长，搪瓷是曾经主宰中国日常生活最重要的日用品，如今则几乎不稳。这些年他收藏了大量的搪瓷，质量和数量惊人。搪瓷可以成为这个微型文化综合体的文眼。随着八分园的建造，厂长的公子从米兰留学回来，创办了一个时尚的搪瓷品牌并入驻八分园，这才是技术和家庭传统的新生。因为内院园子占地约400多平方米，恰好八分地而得名八分园，再者这八分也可以提醒做事做人八分不可太满。

设计师希望建筑能展现出上海性，基于生活的上海性是一种让人愉悦但克制的丰富。这2,000平方米的建筑在空间上要显得变化丰富但彼此有联系。建筑师既不希望强迫症一般的极简主义，也不喜欢浮夸的场景并置却毫无联系。设计的部分和商铺在建筑上粘连在一起。内院里除了园厅，其余两面都是其他功能的背面，挂满了空调和各种管子，建筑师用一道帷幕作为围墙将杂乱的环境和八分园剥离开。

建筑师用对偶展开空间关系。园子是外，形式感复杂，建筑是内，呈现朴素。但这些朴素又有些不同，美术馆要朴素有力，而边上的书房和餐厅要温暖柔软，三楼的联合办公就要接近简陋，而四楼的民宿则回到克制的优雅，还要呈现出某些可以容易解读的精神性，在屋顶通过营建菜园向古老的文人园林致敬。四层的民宿是隐藏在整个八分园的惊喜和高潮。每间民宿都有一个空中的院子，公共区域有一个四水归堂的天井。每个院子都是当代的中式庭院，取材于仇英的绘画而加以提炼，是一次关于垂直城市的实践，试图打造一个真正意义的空中别墅。

在围墙上设计师先后尝试了波形阳光板、琉璃瓦、穿孔铝板（花纹是像素化的千里江山图）、铝格栅加垂直绿化，设计师拒绝了爬藤绿化墙。围墙的样式不重要但必须有而且不能完全封死，必须是黑色。这样的围墙把周边环境疏离在八分园之外并成为八分园的对比，使得八分园成为贴着旧物而新生的场所。设计师回答是的。镀锌框架也是旧物的一部分，而黑色格栅则是新物，至于什么花纹都是可以的，但花纹的最后尺寸决定审美的细致则不可放松。至于黑色才能有力把围墙和旧物切开并谦虚地成为背景是中央那个华丽圆形帷幕的下句。建筑师们用穿孔铝板以折扇的方式在立面上形成面纱。这面纱不是气候边界，它背后有玻璃幕墙，有院子也有阳台。建筑师们在立面和气候边界之间创造了一个模糊地带。

设计师们希望建造一个园子，向20世纪70年代的上海街道公园致敬，向当地的园林历史致敬。让园子和建筑彼此合为一体。八分园免费向周边居民开放，他们珍惜这个园子，安静地在园子走几步，满足。这也是建筑师把前院设计纳入城市微空间复兴计划的原因，这个街口一度沦为简单的过道，原本的景观破败不堪，但一个前院就改变了这个街角，使得它又活泼起来。建筑学的社会学意义显现出来。

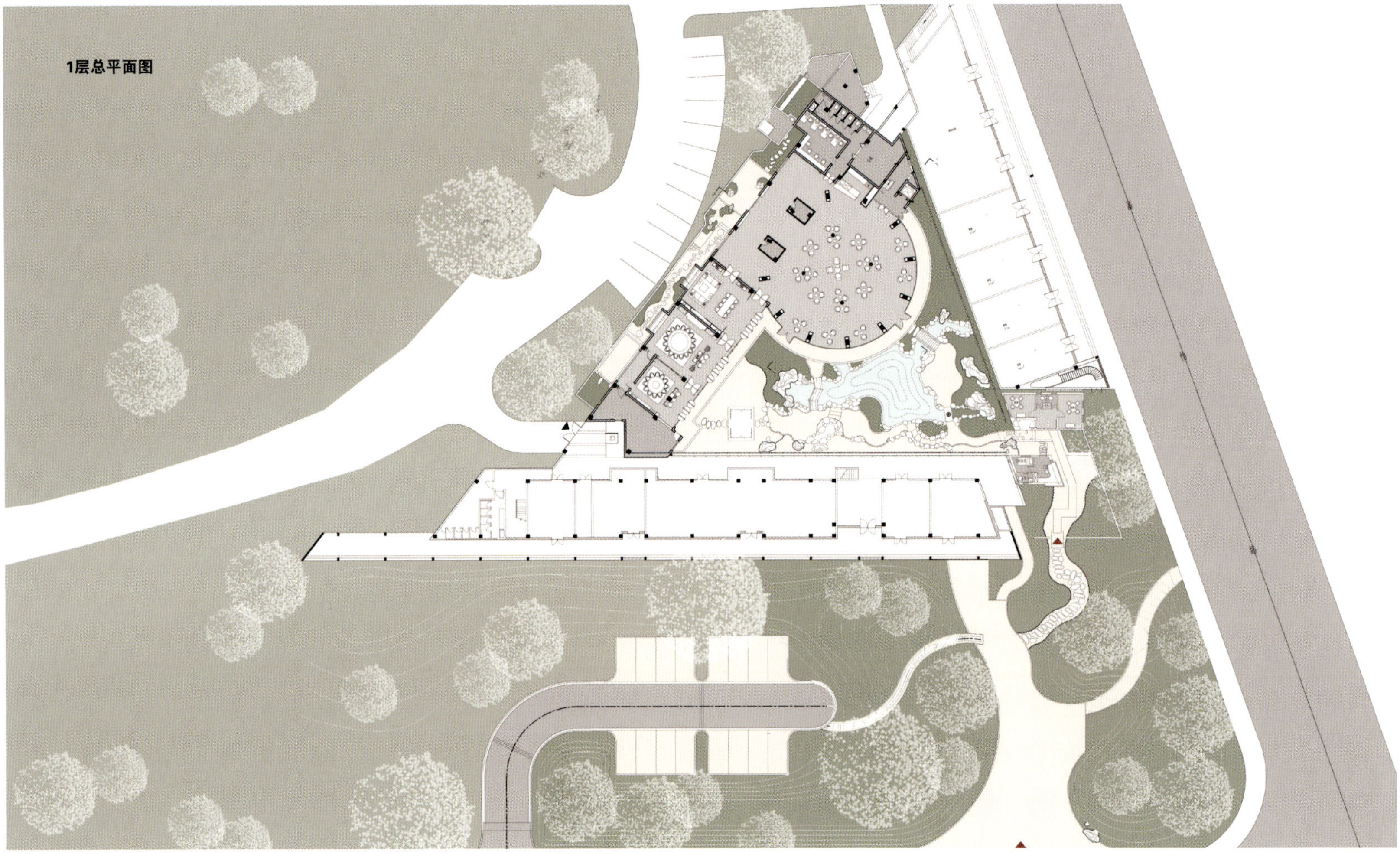

1层总平面图

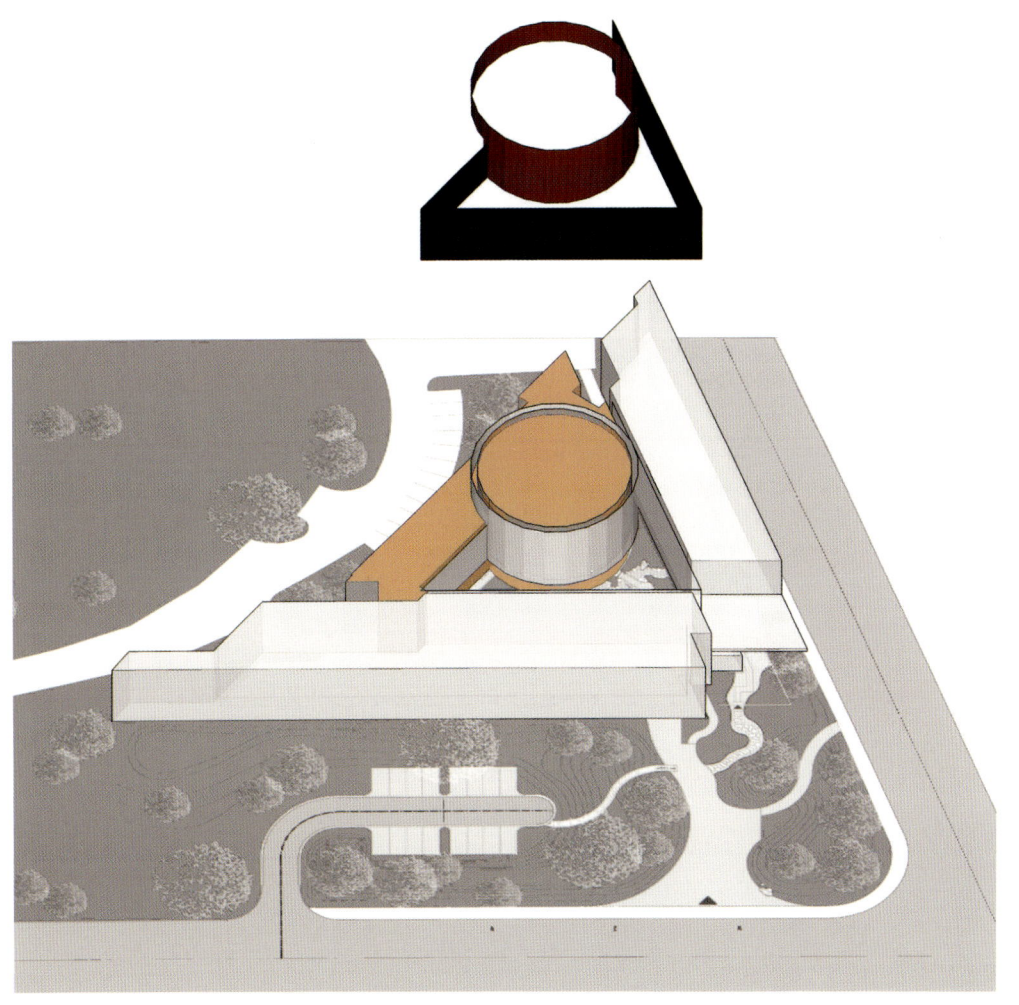

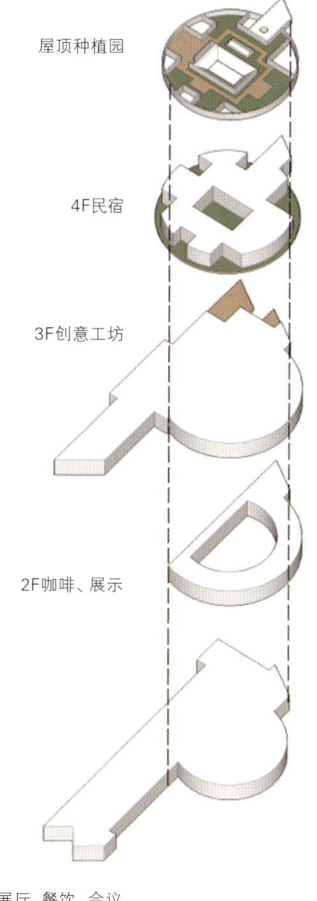

屋顶种植园

4F民宿

3F创意工坊

2F咖啡、展示

1F展厅、餐饮、会议

轴测图

CULTURE ■ 文化

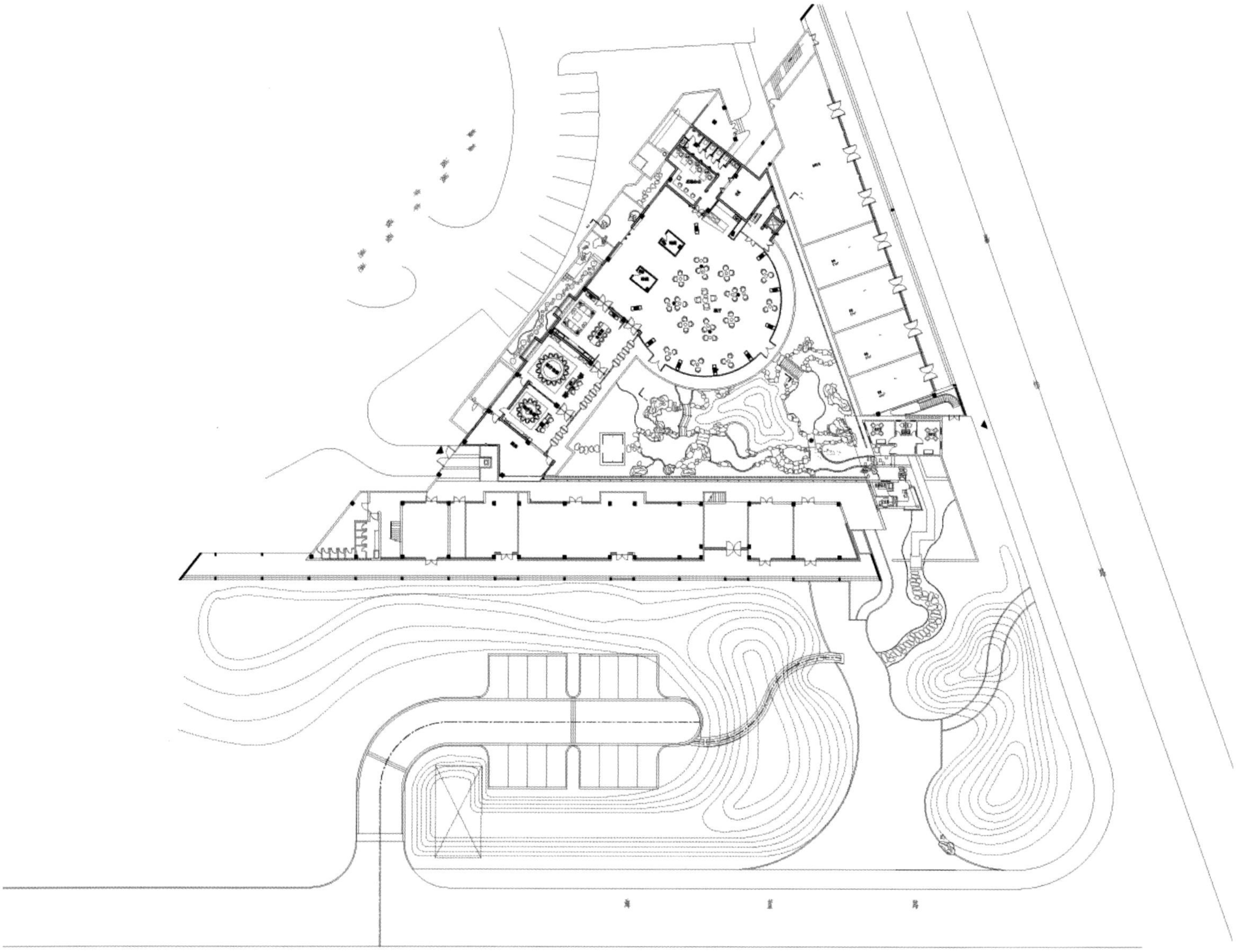

1层平面图

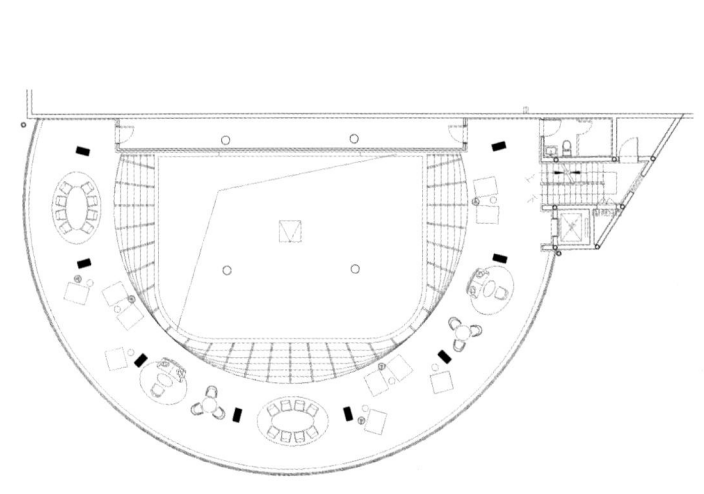

2层平面图

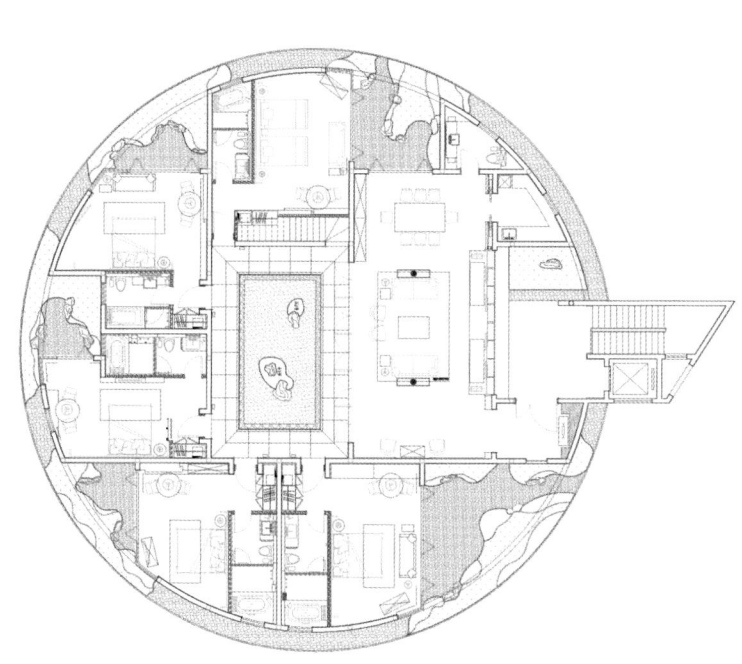

4层平面图

CULTURE ■ 文化

CULTURE ■ 文化

| 设计单位 |
| gad建筑设计 |
| 建筑面积 |
| 1,255.68平方米 |
| 设计时间 |
| 2016年 |
| 建成时间 |
| 2016年 |

浙江，杭州

涌清府当代流艺术馆
Museum of Contemporary Art of Yong Qing Mansion

孟凡浩 / 主创建筑师　黄金荣 / 摄影

　　涌清府当代流艺术馆位于两垂直道路交叉口，直面城市干道，周围繁华喧嚣，为沿街不规整边角用地。当清雅高冷的艺术馆遇见繁华的都市，两者似乎始终难以相融。设计反其道而行之，以蓝灰色的清冷主基调，与喧闹的城市界面形成强烈反差，以"戏剧化"的方式反衬出一座当代艺术馆的高冷特质。

　　作为城市的重要展示节点，我们先设置一个"L"形体量，并在转角处对体量进行45度切割，形成建筑主要的前场空间和重要的展示面。建筑与城市间，以浅浅的水面适度隔离消极的城市界面，整体呈现冷而不峻的特质。

　　片墙无疑是整个建筑的主角，层层退后的墙体逐渐向两侧延伸，在隔离消极的场所因素的同时，界定建筑自身的功能空间。玻璃盒子与大块面伊朗蓝眼睛石材相互穿插，将内部空间渗透到城市界面中去。二层白色彩釉玻璃盒子在夜空中形成半隐半透的灯箱效果。

　　多种材质的拼接和精细化的细节处理，将建筑技艺运用到极致。片墙石材间15毫米的离缝做法，强调立面纯粹感，强调片墙自身的韵律感和延展性。20毫米厚不锈钢钢肋为支柱，与超白玻相结合的隐框幕墙的结合，突显玻璃盒子的轻盈感。

　　作为一座地理位置并不优越的当代流艺术馆，我们摒弃"争"喧的架势，而表现出"让"的姿态，以片墙为主线，借现代化的建筑语言进行串联，以精而不奢的细节处理，谦而不逊、疏而不离的姿态和极具"戏剧性"的反差美学原理，实现建筑与城市的对话，以积极的设计策略化解消极的空间因素，实现gad建筑设计对建筑与城市空间的又一次探索。

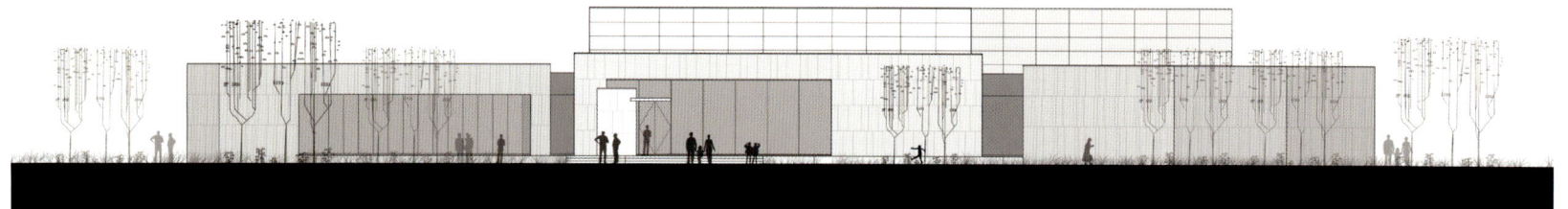

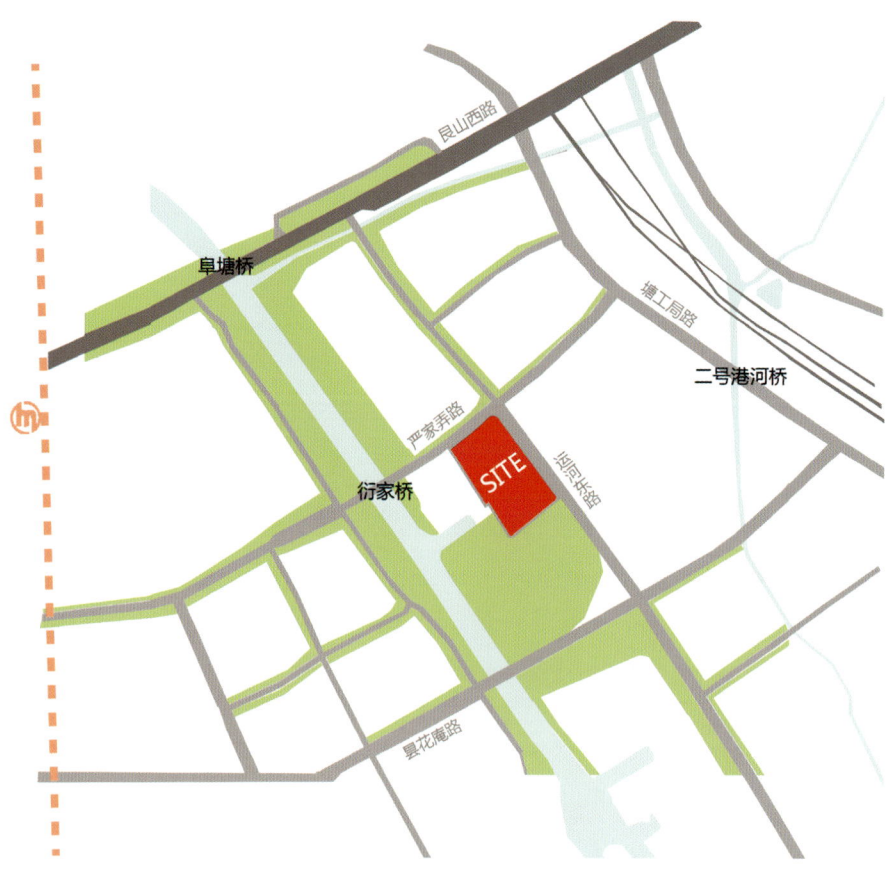

区位图

CULTURE ■ 文化

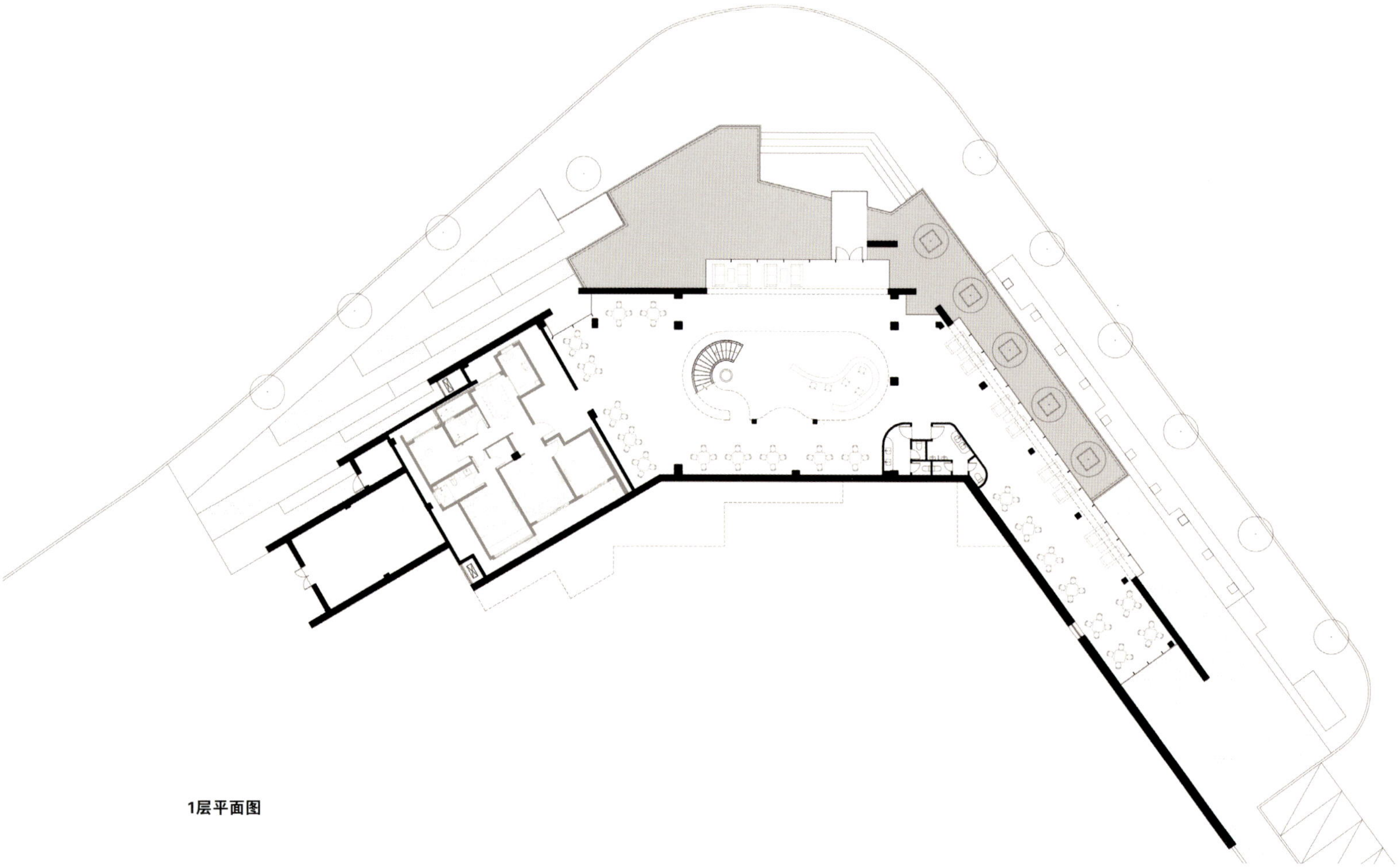

1层平面图

CULTURE ■ 文化

设计单位
军事科学院国防工程研究院
室内设计
王昊、俞煌
占地面积
约8,230平方米
建筑面积
约1万平方米
主要材料
石材、玻璃

澳门，凼仔

中国人民解放军驻澳门部队军事展览馆

Military Exhibition Hall of the PLA in Macao

杨韬、宫娜、赵倩 / 主创建筑师　军事科学院国防工程研究院 / 摄影

地理位置及周边环境

驻澳部队凼仔营区位于澳门凼仔望德圣母湾大马路708号，拟建展览馆及礼堂位于驻澳部队营区东南角，南侧、东侧紧邻城市道路，西侧、北侧为营区内院，西南角和东南角分别为澳门著名赌场"银河"和"威尼斯人"，南侧为城市高架道路，用地较为紧张局促。

主要功能

军事展览馆建筑面积约1万平方米，是集展厅、观演厅、外事活动、文化活动等功能于一体的综合性建筑，每年定期向澳门市民及外界开放，是澳门市民了解中国人民解放军的窗口。

该建筑根据开放属性和使用对象不同分为三个部分，西侧为军事展览区、东侧为文化活动区、中部由公共活动区相分隔，实现不同对象、不同时段的开放展示和休闲活动。

① 军事展览区

一层为驻军军史馆、部队安检站；二层为展览馆大厅、解放军主题展和室外展场；三层为解放战争时期军史展、新中国成立以后我国军事成就展和互动展区；四层为序厅、革命战争时期军史展（1921年至1937年）和抗日战争时期军史展（1937年至1945年）展区。

② 文化活动区

一层为文化活动中心；二层为主要出入口大厅、礼堂、外事用房等，其中外事用房兼做礼堂和射击馆的接待室，贵宾可通过电梯直达；三层为礼堂台座和图书网络阅览室；礼堂通过面向营院内部的大踏步进入，内部空间采用跌落式设计，参会人员主要从平台层进入中部区域，两侧跌落层通过楼梯由三层后平层进入，礼堂可容纳715人。通过两层四个出入口解决了礼堂瞬时人流的疏散问题。

③ 公共活动区

公共活动区室外平台总面积530平方米，围绕一层室外庭院设置的回字形室外平台及休闲娱乐区，可根据需要拓展为室外展区或举办各型招待酒会，形成丰富的建筑空间。该区域同时也作为东西两侧的分隔缓冲带，既可在两侧不同对象使用时，起到相对分隔的作用，还能将阳光、绿色景观引入室内，体现人与自然和谐相处的理念。

设计理念、灵感

中国人民解放军驻澳门部队军事展览馆设计以实现对外展示、交流，对内开展集会、观演等活动为建设目标。汲取现代文化建筑理念，结合驻澳部队独特的任务性质和地域人文特征，着力表现军队文化建筑应具有的威严、庄重、开放、大气的内涵。

军事展览馆是凼仔营区的标志性建筑，是澳门人、外国人了解驻澳门部队、了解中国人民解放军的

前哨,是履行"源于澳门、用于澳门"承诺、回馈澳门市民的重要场所,也是对外联系的纽带。其外观设计理念突出"柱石""窗口"的概念,突显履行防务、宣示主权的职能作用。

底部厚重的基座和南立面高大的立柱,寓意军队是维护国家安全和保卫国土的坚强柱石,突显履行防务、宣示主权的职能作用。展览馆中庭为25.6米宽、18米高的"窗"洞,实现营区内外的有效交流,将军营、军队全方位地展现给澳门人、外国人,既体现了有容乃大的博大精神,更展示了驻澳门部队的窗口作用。

技术要素

①观众厅空调系统末端采用座椅送风提高舒适度。

②入口大悬挑结构。

设计难点及解决方式

驻澳门部队地理位置十分重要非常特殊,营区建设受地幅的限制,加上该划拨土地原为市民活动场地,敏感度高,对军事展览馆的建设提出较高要求。设计通过建筑间的借景关系,采用多层次的空间承接与过渡,很好地融合了营区内外空间,消除了周边环境带来的压抑感。军事展览馆立面采用麻灰色石材配以黑色火山岩及深灰色框玻璃幕墙,彰显大气、现代的军队特色,秉承了营区现有建筑庄重、简洁的风格,在澳门当地获得较好的反响。

结构分析图

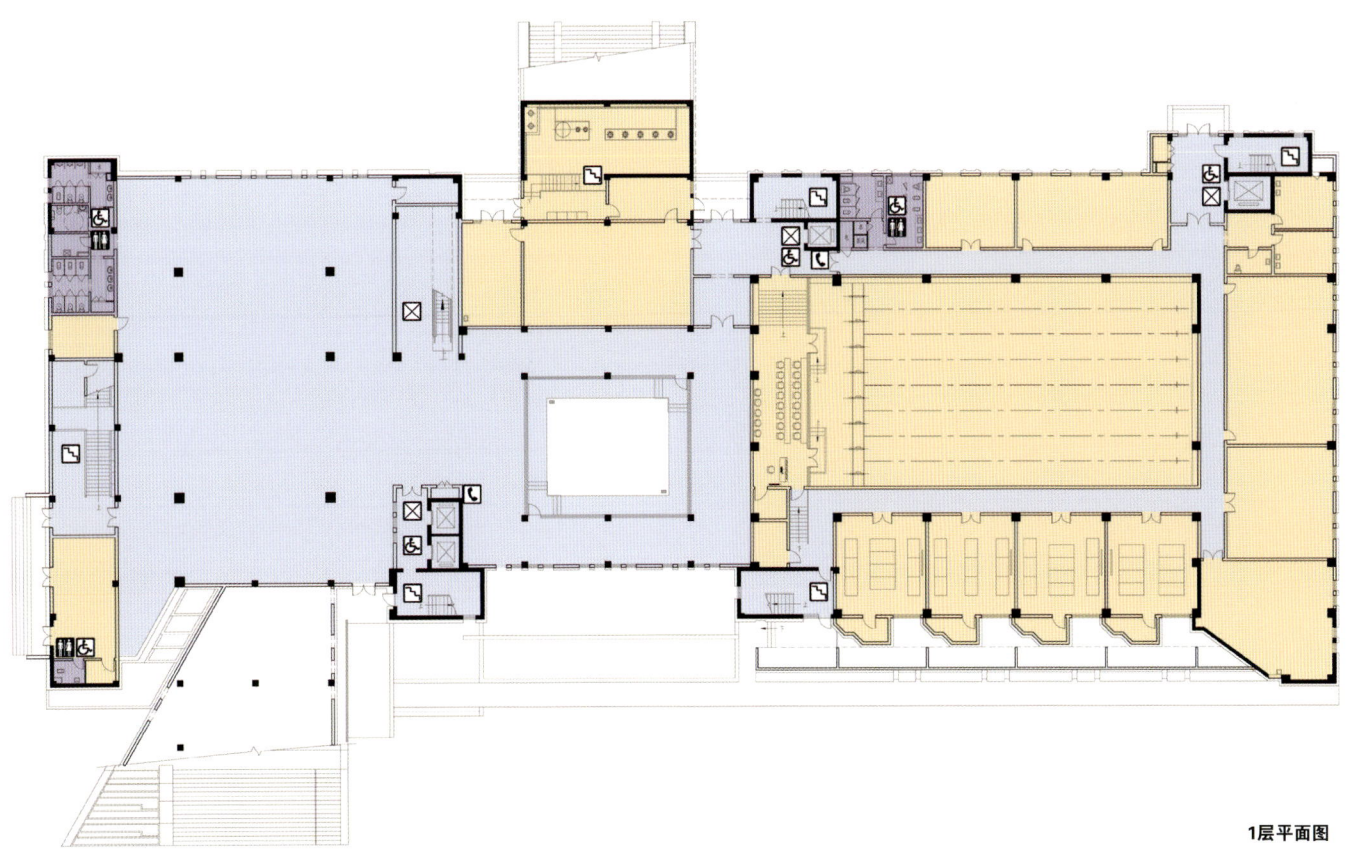

1层平面图

CULTURE ■ 文化

设计单位
清华大学建筑设计研究院有限公司
设计团队
崔光海、揭小凤、杨帆、李京、
董立军、姜文博
占地面积
8,150平方米
建筑面积
3,580平方米
主要材料
清水混凝土及青石
获奖
2017年度教育部优秀工程勘察设计奖
建筑工程类一等奖

辽宁，阜新

阜新万人坑遗址保护设施工程
Fuxin Mass Grave Site Protection Construction

崔光海／主创建筑师　五季／摄影

1966年阜新矿务局在阜新孙家湾南山万人坑遗址区域发掘了埋葬死难矿工的3个群葬大坑，并在遗址发掘现场修建死难矿工遗骨馆和抗暴青工遗骨馆，但因年代较久，馆舍设施设备较为陈旧，部分馆舍极为临时简陋。为更好地保护重要遗存，按法律程序报批文物部门后，重建了死难矿工遗骨馆和抗暴青工遗骨馆。其中死难矿工遗骨馆保留了原有20世纪50年代风格的大门。

死难矿工遗骨保护大棚为地上一层建筑，首层平面围绕东西两个遗骨坑布置，从保留的原有门楼（主入口）进入序厅，由序厅的纪念空间进入东、西侧遗骨展厅，或由门楼西侧的门进入西侧展厅，通过沉思走廊进入东侧展厅，随后回到入口处的序厅，完成参观历程。在东侧遗骨厅的东侧布置管理服务用房与设备空间。

抗暴青工遗骨保护大棚为地上一层建筑，平面布置从北到南依次为入口门厅（祭祀）、沉思甬道、遗骨厅和多媒体厅及设备用房。

创作理念

针对原有馆舍存在的问题，本次设计首先需要解决的是遗址的保护问题，因此新的设计充分考虑了遗址对于空间及其他保护设备运行的要求，适当扩充面积，为遗址的日常保护与设备运行提供了充足的空间。

其次，本次设计在保护的前提下，充分考虑了展示的需要，在空间处理与流线布置上使保护空间与展示空间有机结合。

最后，在建筑风格与色彩运用上，充分考虑了遗址所呈现出的庄重、肃穆的气氛，建筑采用简洁有力的形体、沉重压抑的深暗色调，以呼应遗址的氛围要求。

死难矿工遗骨馆
设计构思。死难矿工遗骨馆室内原有两处群葬大坑，双坑尺度略有差异，与1968年保护棚门楼也未形成对称关系。重建建筑主要朝向尊重原有门楼与之平行，平面模数以25、24、9的直角三角形为基础，将遗骨坑适当放大并调整，从而对称分布于保留门楼两侧。调整后的建筑表现为纯净的几何形体，在巍巍青山的映衬下对比出简洁的力量感。新建建筑将原有主入口门楼作为建筑入口的重要元素进行处理，形成内凹入口虚空间，继承之前的记忆并可作为祭祀场所。门厅兼设祭厅。参观空间按需求的最小尺度围合墓坑布置，尽可能减小建筑体量。

立面材料。主要立面的建筑材料采用清水混凝土及不同规格的青石，在色彩上进一步强化肃穆庄重的性格。青石表面凹凸变化，使建筑在近人尺度有着细腻的表面肌理。主立面上六种尺度的青石上下叠压错动出大小不一的孔洞，孔隙率自上而下逐渐

变大,表示光明终会到来,同时给室内带来迷蒙的光影效果,并逐渐融于整齐划一的背景中,象征着不同的个体,用铮铮铁骨组成一个强有力的整体。

抗暴青工遗骨馆

设计构思。建筑体量同样为长方体,延续和尊重了原有遗骨坑保护棚的外形比例,兼顾参观展示要求适当放大。建筑空间强化了中轴对称的纪念性,入口—甬道—墓坑的路线上体现亮—暗—微亮的变化,渲染矿坑及墓室幽暗深远的氛围,塑造强烈的祭祀空间。

立面材料。建筑外部采用灰色干挂石材幕墙,犹如矿井环境,形成庄重肃穆的建筑外观。

主要指标

死难矿工遗骨馆长约100米,宽约36米,高度6.3米,平面呈八字形布置,面积约3500平方米;抗暴青工馆,长65.3米,宽18米,高度6.3米,平面呈一字形布置,面积约2,380平方米。

技术成效与深度

建筑专业。为营造纪念性建筑庄重肃穆的氛围,建筑外墙由不同大小的青石砌筑。部分墙体镂空,内层配以双层中空保温隔热玻璃幕墙,既兼顾实际使用,又在室内造成另一层次,赋予室内丰富的光影效果。青石墙体在结构上采用经济型圈梁构造柱做法,青石之间由结构胶混合水泥砂浆粘接,砖缝极细,保证了整体结构的稳定性及室内外界面的美观。山墙面材料转换成清水混凝土(由钢板控制成型),与青石墙之间在质感上有着细腻的对比,但又统一在灰调的纪念性氛围中。为隐喻矿坑通道,纪念甬道在屋面开设4~5米通长天窗,两侧的清水混凝土墙体如雕塑般转折突变。设计中细致建模,通过多个大样图纸精确传达出设计意图并指导施工。施工过程中的及时沟通,减少支模难度,最终保证了这一复杂空间效果的实现。

结构专业。本工程为迎接抗日战争暨世界反法西斯战争胜利70周年而修建,具有重大的政治意义。由于时间紧任务重,在充分考虑文物保护要求和建筑效果要求基础上,为保证能按时保质保量完工,经综合平衡后采用钢结构框架方案。本工程局部跨度较大,为保证净高要求,通过焊接工字钢来解决,钢框柱在桩基承台生根,采用外包式刚接柱脚。桩基紧邻遗址,为保证施工中不破坏遗址,需先对遗址进行临时保护,本着"对遗址最小干扰"的原则,为降低施工扰动,基础采用大直径人工挖孔桩,桩径800毫米,端部进行扩底,由于框架跨度差异较大,造成框柱受力极不均匀,根据框柱受力大小,将挖孔桩扩底直径分为1200毫米、1400毫米和1600毫米三种。桩基础持力层为强风化岩,桩长约6米或8米,进入强风化岩层长度不小于1米或2米,单桩承载力特征值最大为3,100千牛。

针对本项目上述特点,为确保工程顺利实施,采用以下措施:

针对本工程时间紧任务重的特点,采用钢结构较好地解决了施工工期紧张的问题。在现场做桩基的同时,钢结构在工厂进行放样加工;钢构件到现场后通过吊装机械快速进行安装,大大加快了施工进度。项目所在地冬季气温较低,为保证钢材的焊接性能和低温性能,采用Q345C钢材。对跨度较大部位的钢梁采用焊接工字钢,通过调整钢梁翼缘的宽度和厚度来满足受力要求同时满足净高要求。为降低对遗址的扰动,采用人工挖孔桩基础,桩基础承台之间通过拉梁进行拉接,增强结构整体性,通过调整桩长和扩大头尺寸来满足不同的单桩承载力要求。

CULTURE ■ 文化

162 ■ 163

CULTURE ■ 文化

	设计单位
	北京市建筑设计研究院有限公司
	主要设计人员
	周虹、王伦天、宋晓鹏、刘刚、巨学兵、肖传昕、常青、孙磊、王荣芳、陈岩、王琳、崔玥、罗洁、师宏刚、马晶、张勇
	竣工时间
	2017年1月
	占地面积
	6.72公顷
	建筑面积
	71,003平方米
	主要材料
	石材幕墙、玻璃幕墙、金属幕墙
	景观设计
	滨州市规划设计研究院

山东，滨州

滨州市科技中心
Science and Technology Cenre, Binzhou

窦志、宋晓鹏、朱勇、刘晓楠 / 主创建筑师　陈鹤、王恺 / 摄影

地理位置及周围环境

基地位于奥林匹克公园东北角，北侧紧邻黄河十二路，与西侧滨州市文化中心，南侧奥林匹克公园组成市民活动中心，成为当地标志性建筑。

主要功能

科技馆、影院、展览馆、办公、职工之家接待（按酒店标准）及附属配套设施。

设计理念/灵感

本方案借用仿生学的理念，采用"蝶"形结构形成的建筑空间，不仅满足了建筑"三位一体"的功能要求，也自然衔接了本项目与奥林匹克体育公园的城市空间，同时犹如飞虹一般的室外坡道及四季常青的绿化屋顶，形成了城市会客厅，为市民提供了舒适的室内外交流场所，也为下部建筑提供了生态、环保的屋面构造。此外，仿佛飞碟的科技馆藏秀于内，前卫的造型给人出乎意料的惊叹。

两侧围合的建筑形体简洁、大气，通过石材与玻璃幕墙的材质对比，创造了一种完整的、细腻的体量张力。建筑群中央的双曲面椭圆体运用模拟参数化手段设计完成，银色金属板立面使人产生科幻与未来的联想，先进的节能、降噪维护结构，同时解决了建筑自重与底部悬挑支持的矛盾，使飞碟造型更加轻巧生动。同时与底层轻透的玻璃幕墙搭配，科技感十足，给予周边方正的围合建筑形体灵动的美感。

开放引导性的整体布局，力图将创造这座新城区的广大群众吸引到这个复合的社区，参与到整个城市的文化教育活动中去，同时共享城市的优质景观资源。如此，建筑以开放的姿态激活了新的城区，成为城市活力的源泉。

技术要素

本工程建筑地上五层，局部地下一层，建筑高度23.95米（室外地面至屋面面层最高点），结构形式为框架剪力墙结构,局部钢结构。

设计难点及解决方式

滨州市科技中心（一馆三中心）由三栋独立部分组成，包括西部Ⅰ段的职工、妇女活动中心，中部Ⅱ段的科技馆、青少年活动中心，东部Ⅲ段的职工之家。建筑师巧妙地通过二层架空平台将三组独立的功能相连，并借助围合之势，将方圆形成有机整体。此外，飞碟造型的科技馆也采用了两组混凝土束筒+单层钢网壳的结构，实现了无柱的全通透展陈空间，使得外在的独特形象和内在空间的灵动感、科技感相互辉映。

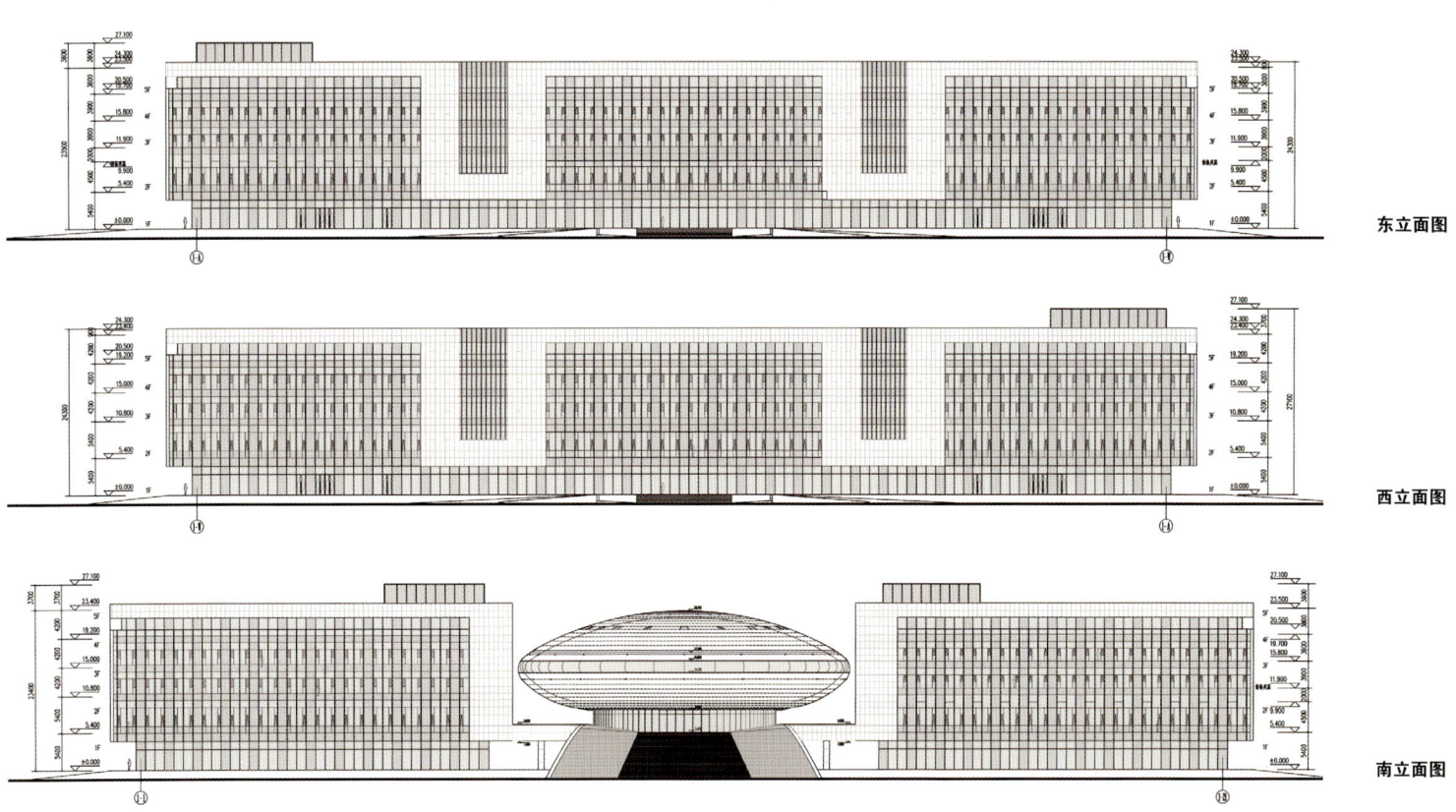

东立面图

西立面图

南立面图

CULTURE ■ 文化

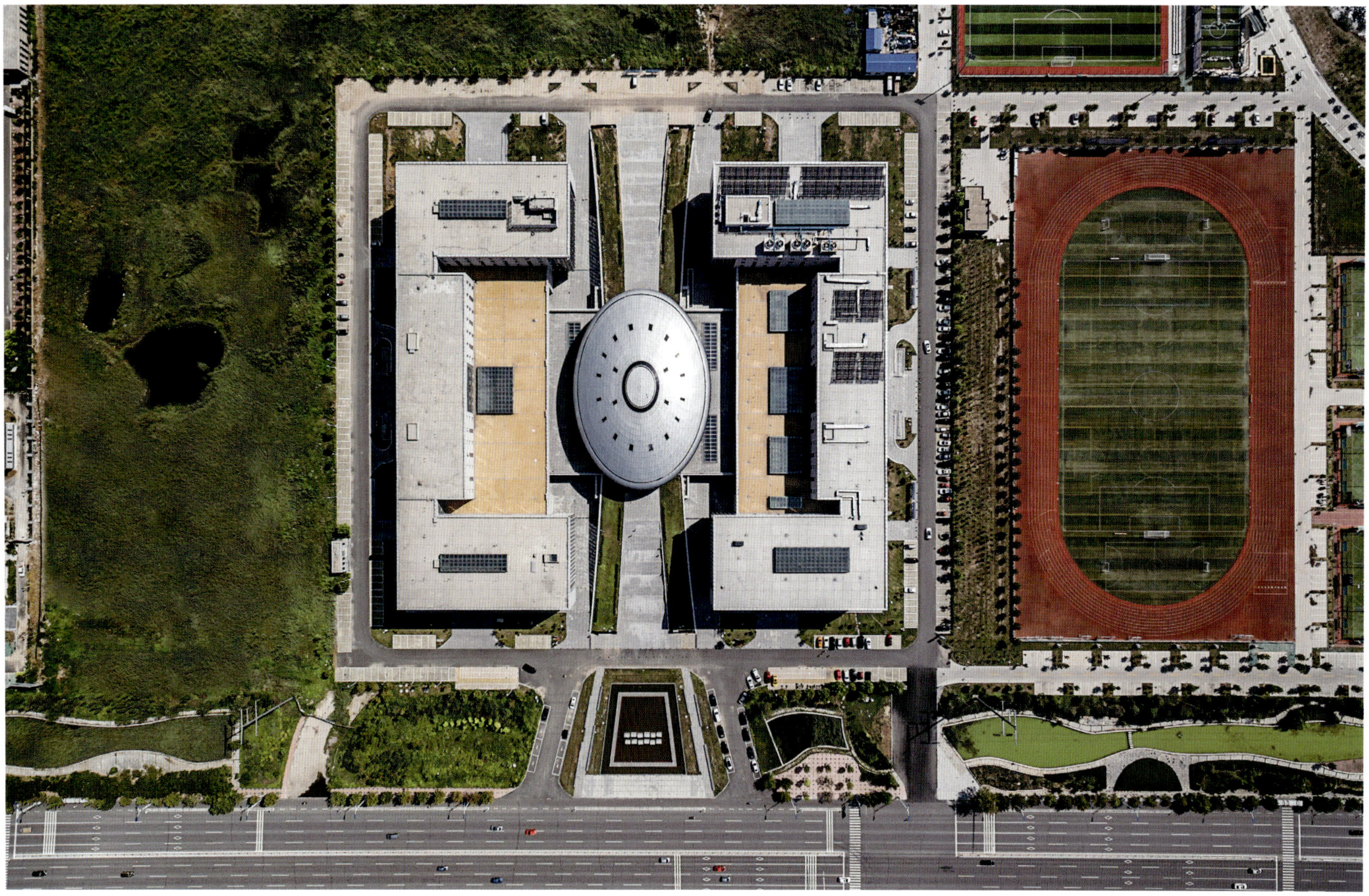

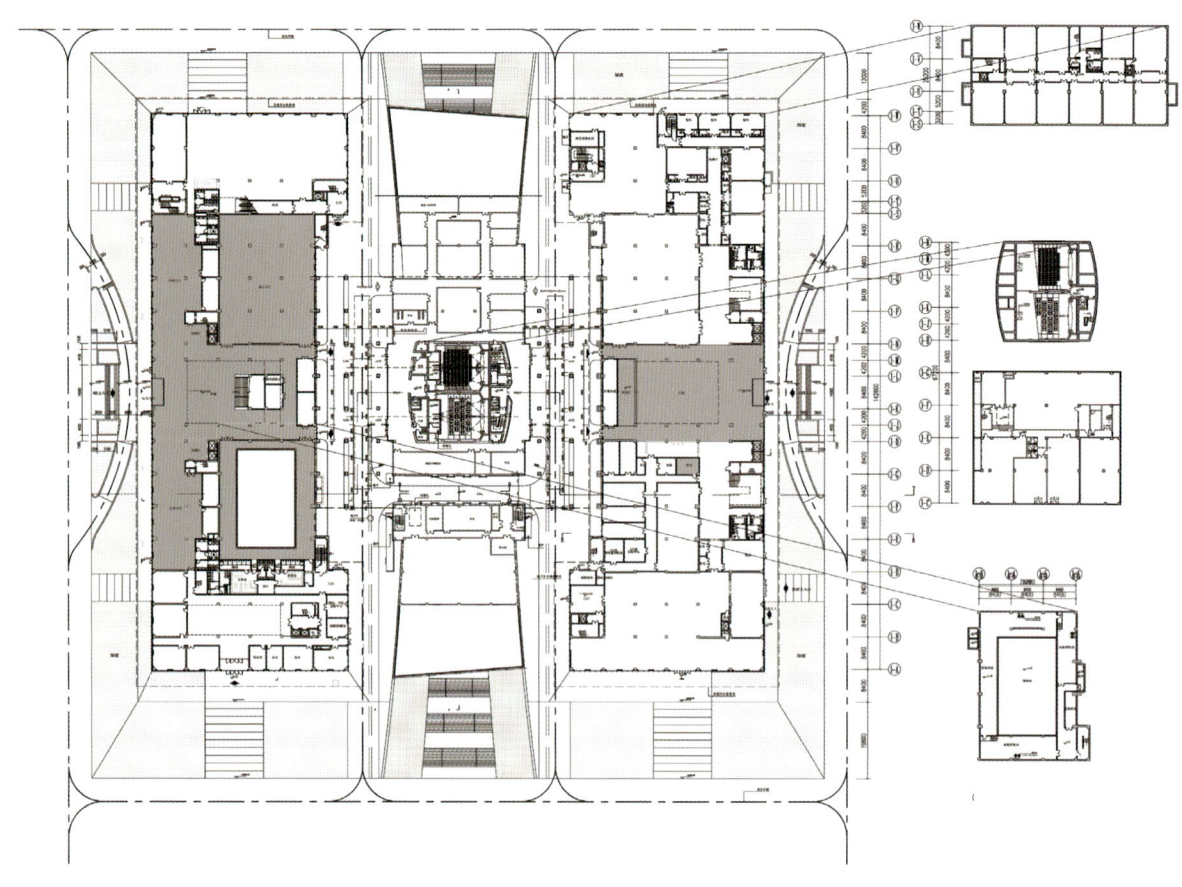

首层平面图

CULTURE ■ 文化

设计单位
MBA建筑事务所、ASS建筑事务所
中方建筑设计单位/工程设计
中国建筑研究科学院
委托方
清华大学
竣工时间
2016年
占地面积
1.6万平方米
使用面积
3万平方米
体量
15.6万立方米

北京，清华大学

清华大学艺术博物馆
Tsinghua Art Museum

马里奥·博塔／主创建筑师　恩里科·卡诺／摄影

　　清华大学艺术博物馆由世界著名建筑设计师马里奥·博塔担纲建筑设计，总建筑面积3万平方米，集收藏、展览、研究和教育等功能于一体，意在打造一座广大师生身边的艺术殿堂，同时面向社会开放，成为传播艺术、交流文化的重要场所，于2016年9月正式向公众开放。开馆首展包括"对话列奥那多·达·芬奇——第四届艺术与科学国际展""尺素情怀——清华学人手札展""学院传薪——清华大学美术学院艺术作品展""清华藏珍——清华大学艺术博物馆馆藏展"和"竹简上的经典——清华简文献展"等。

　　作为高校博物馆，清华大学艺术博物馆的藏品绝大多数来自美术学院的前身——中央工艺美院自1956年建校开始的历年收藏，部分来自校友及各界人士的捐赠，现有书画、染织、陶瓷、家具、青铜器及综合艺术品六大类1.3万余组/件。

　　本案是清华大学艺术博物馆2002年设计竞赛的中标方案，由MBA建筑事务所（Mario Botta Architetti）和ASS建筑事务所（Ass. LLC）联合设计。项目用地位于清华大学校园内，于2016年9月正式揭牌竣工。

　　整个建筑是一个狭长的平行六面体结构，西边是校长办公楼，东边是校园的边界路。外立面覆以肉粉色横条花岗岩。建筑共四层，布置展览空间。外观以大体量的柱廊结构为特色，高大的立柱面向南侧宽敞的空间，形成开放式的格局。

　　穿过柱廊，来到大厅。大厅里楼梯恢宏壮观，纵向贯穿整个建筑，通向上面各个楼层。楼梯形成一个宽敞的中庭空间，是这栋建筑的核心和特色。这里仿佛是建筑空间的一个休止符，让游客驻足欣赏地面和天花之间的空间美学。一系列天窗的设计让阳光能够洒满每一间展室。室内可以根据展览活动的需求进行灵活的布局，划分交通动线。这栋建筑为清华校园营造了室内与室外之间的平衡关系，柱廊的架空式设计削弱了建筑存在感，整个环境仿佛一个开放式广场。

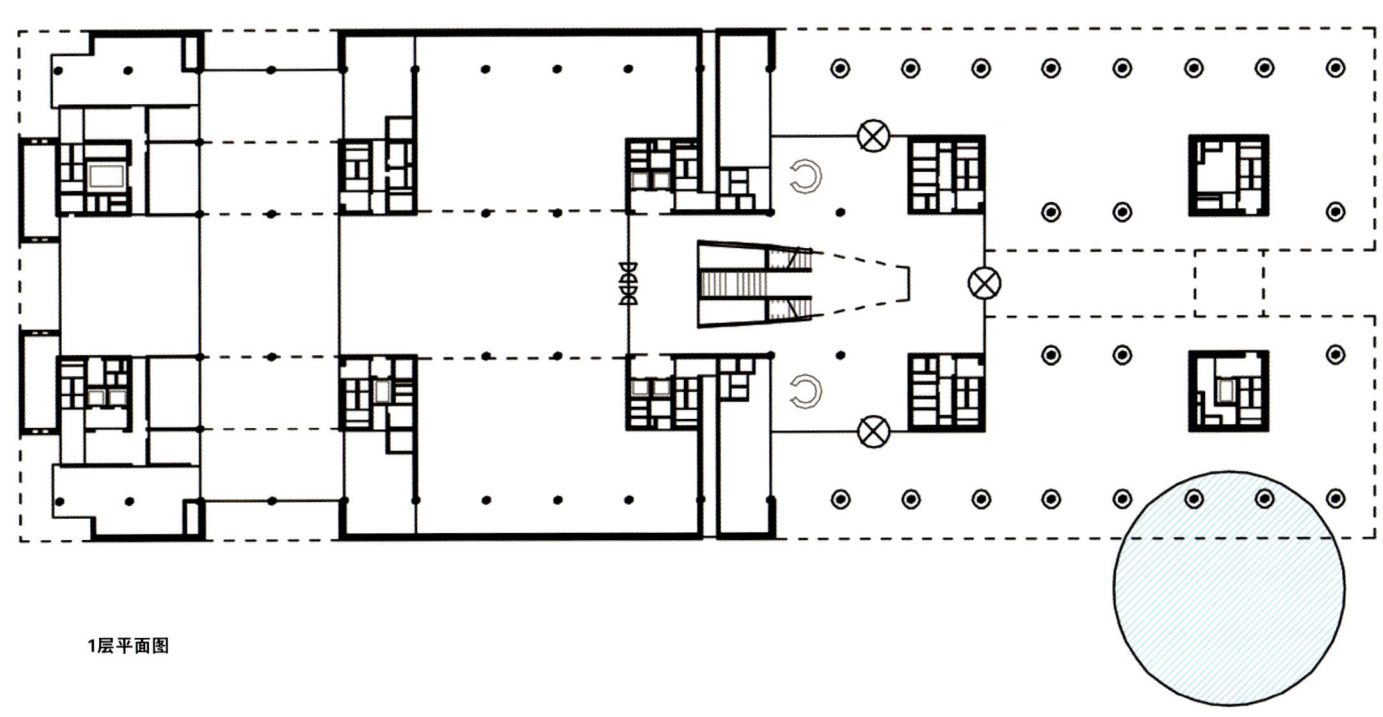

1层平面图

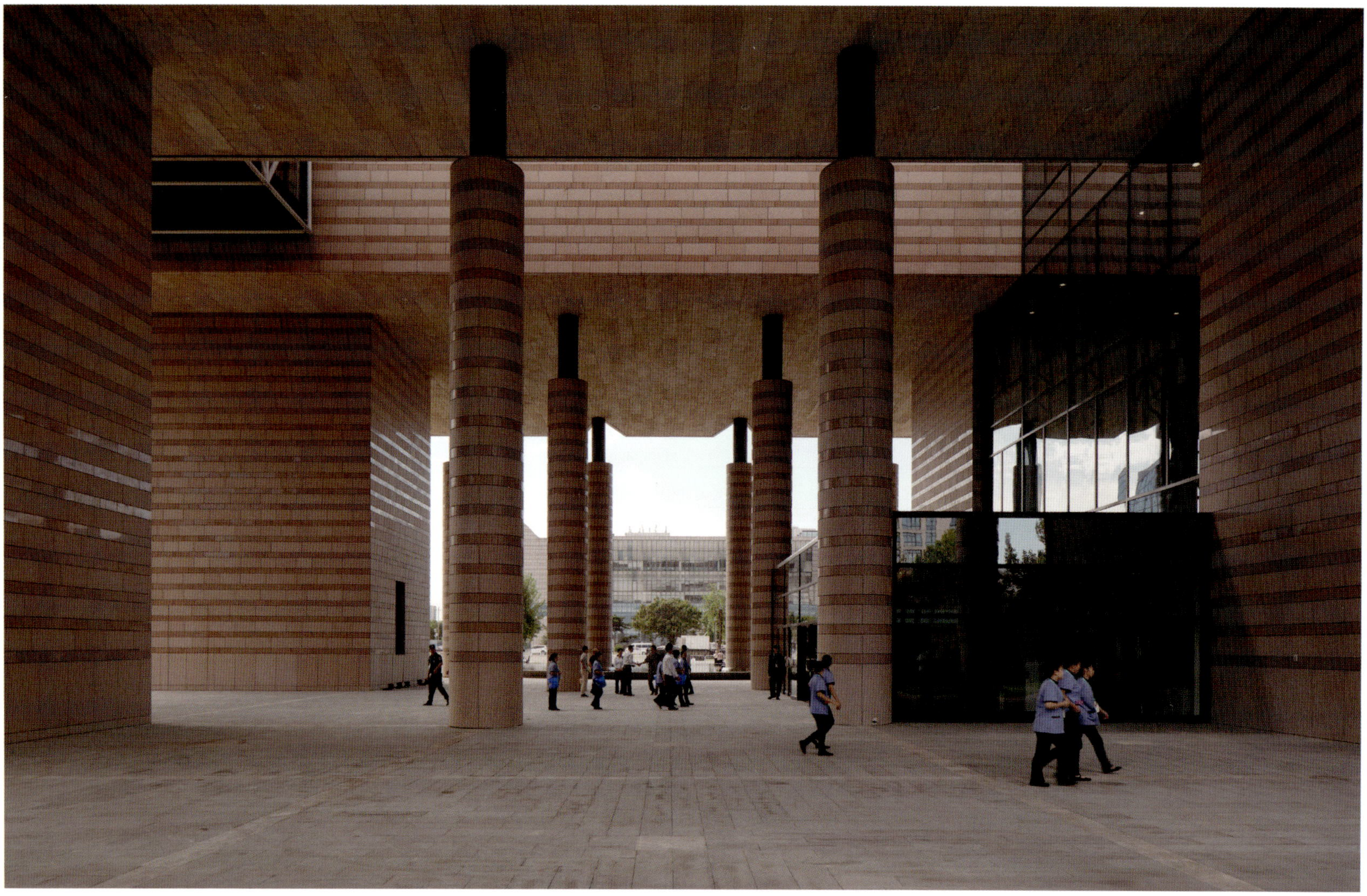

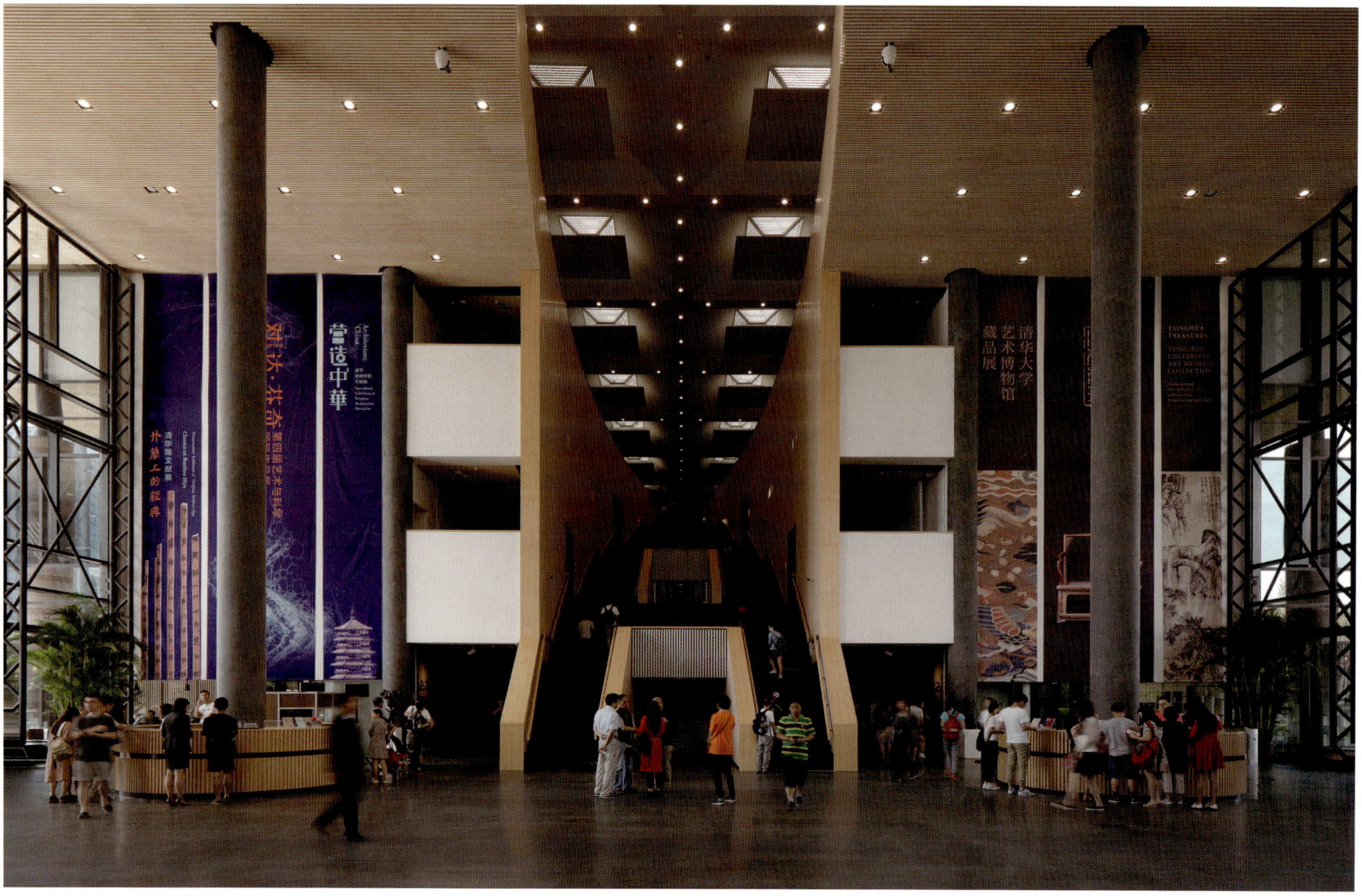

172 ■ 173

EDUCATION ■ 教育

设计单位
清华大学建筑学院素朴建筑工作室
清华大学建筑设计研究院有限公司
北京中元工程设计顾问有限公司
设计团队
王丽娜、孙菁芬、解丹、陈晓娟、
张小龙、任飞、杜爽、蒋炳丽、
刘召军、吴晓燕、费洪凤、金虎、张跃
建筑面积
21,000平方米
占地面积
6,380平方米
建成时间
2015年

中国，北京

清华大学南区学生食堂
Central Canteen of Tsinghua University

宋晔皓／主创建筑师　夏至／摄影

各向开放的校园活动场所

清华大学南区学生食堂及就业指导中心项目，是对清华中心校园环境的一次修补更新。项目位于校园南北干道学堂路与东西干道至善路的交叉口，三面临路，一侧面向广场，是校园中心区的一处重要公共空间节点。整体设计利用地形东西两侧场地高差，为公众设置了一条具有中式巷道空间意味的室内立体街道，不仅联通了东西两侧高差2米的场地，实现了建筑各个界面的平层入口，更通过交通组织让建筑底层成为有围墙的开放空间，为来自校园各方向的师生提供公共活动的场所。

精心延续的场地环境文脉

场地内的原始地形、西北角标志性的绿化草坡、东南角的悬铃木都在建筑和场地设计中作为文脉的延续被保留和尊重。为保留东南角的悬铃木，建筑在体型上做了退让处理，在首层设置树下咖啡平台，在二、三层设置观景阳台，让人们更好地享受保留的绿色校园的怡人环境。

建筑本体的可持续设计

可持续设计策略，尤其是与建筑空间结合的被动式设计策略，不仅让校园建筑室内空间舒适怡人，更降低了建筑的造价与运营能耗。建筑的地上部分借由公共中庭，被分为独立运营的餐厅区与就业指导中心。中庭内的立体街道衔接了两功能区的各楼层，如同共享的内庭院。顶部7个蛋形天窗，为室内带来充沛的自然光，每个天窗顶部侧壁设通风口，以便三层通高中庭内夏季热压及风压通风。为中庭引入自然光影的同时，避免了夏季过热的问题。建筑的东西向进深达40米，为改善公共区及南侧办公区的自然采光通风条件，在建筑中庭南端设置了屋顶庭院，不仅庭院周边获得了采光通风面，也利用与屋顶庭院地面齐平的天窗为底部报告厅引入天光。

技艺合一的手工砌筑工法

早期清华大学建筑，均以砖为主要材料，既有灰砖建筑，也有红砖建筑，形成了清华大学特有的建筑文化氛围，而这种氛围，历经百年，随着校园环境的整体认同，越来越多地得到了人们的认同。在百年清华校园里建造一个砖的房子，既是延续校园百年文脉，向美丽的清华园致敬的机会，也是一个在实践中重新认识，理解这一古老材料的绝佳机会。今天的砖，更多的具有砌块的属性，而不是传统黏土砖的概念了。因此今天在校园建造一个砖建筑，面临的问题已经大大不同于百年前。

首先，最纯粹表达砖特色的结构和建筑合一的建筑类型，已经难以满足日益完善和严格的抗震规范等要求，实际上在北京这样的高抗震设防地区，即便以砖作为不承担结构作用的可以称之为表皮性的建造，同样面临严苛的技术和规范上的挑战。其次，作为砖这个材料主体，也已经不再是清华百年老建筑中常用的黏土烧结砖，更多的是一种满足环保可持续要求的，几何尺寸为传统黏土砖规格的砌块。

从建构角度来看，唯一相同的是砌块之间砌筑的连接方式，仍然没有什么变化，尽管增加了穿

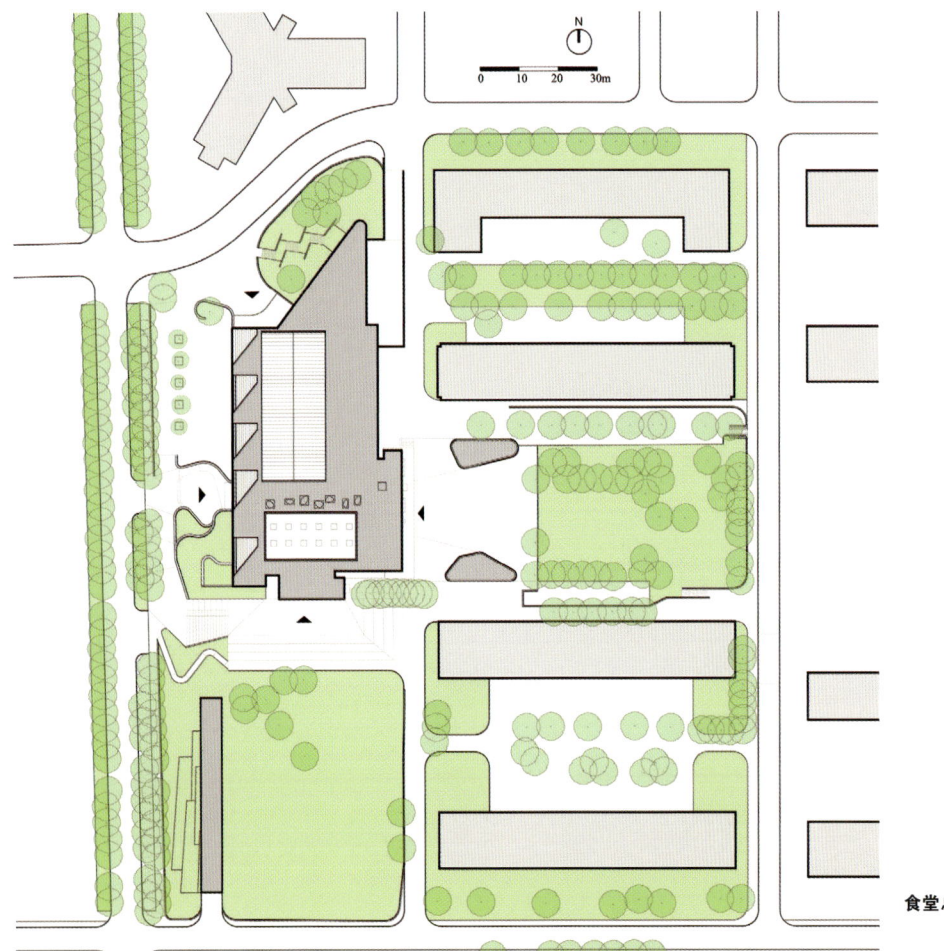

食堂总平面图

筋和垫钢片这样的结构安全应对措施。虽然有着这些变化，实际上从外观看来，又可以最大限度地延续百年清华砖建筑的历史和文化脉络，在构造和细部设计中传承手工砌筑工艺的多种模式，例如清水砖的构造做法至少有5种方式：常规砌筑、花砖格栅砌筑（立面遮阳及通风口）、凹砖花墙砌筑、凸砖花墙砌筑、齿状花墙砌筑等。这些做法为外墙面带来生动的肌理，同时也适应了不同的功能需求。

例如，花砖格栅砌筑主要应用在需要通风和采光的地方，花砖构成了通风孔，同时也是很好的固定遮阳构件，成为低建造和运营成本的可持续设计策略的重要组成部分。为丰富花砖格栅的艺术效果，设计了砖缝间距的疏密变化，工匠按图放线，在拉结钢片上定位焊筋，砌好最底层一匹花砖，往上砌筑就便捷熟练了。凹砖花墙砌筑，主要作为特殊空间的标识，比如用于西北角户外楼梯处，实际上暗示着校园生活的一个场景：作为合影的背景墙，可与学生密切互动。240毫米厚的凹砖墙，排砖砌筑全用丁砖，凹洞处采用160毫米厚切割砖。让传统工艺回归现代设计。凸砖花墙砌筑，主要在东南立面转角和东立面廊下，同样体现了设计的一个重要出发点：建筑，与艺术品是一体的，建筑的部品是可以做成设计过的艺术品的。尤其是严谨的工匠手工砌筑砖的过程，本身就具有艺术创作的属性。凸

砖的点位，实际上是经过十多轮方案比较才最终确定，其目的在于同非常波普的超大的砖砌与贴膜共同构成TSINGHUA字母相匹配，是由清水砖砌块点阵构成的艺术品。其中5块砖砌块，特意包上了专门设计的紫铜砖套，可供人触摸，成为砖墙与人互动的媒介。齿状花墙砌筑主要用在东侧广场中的两个出入口，通过这种看似随机，实际上技法要求最高的在曲面墙体上的砌筑，构成两个吸引视线的景观小品，控制住东侧广场和东侧门廊下的空间。借助砖墙丰富的语汇，让建筑各界面有了更生动细腻的表情，周边公共空间的氛围，校园生活的场景，也借此展开，随时间而延续。

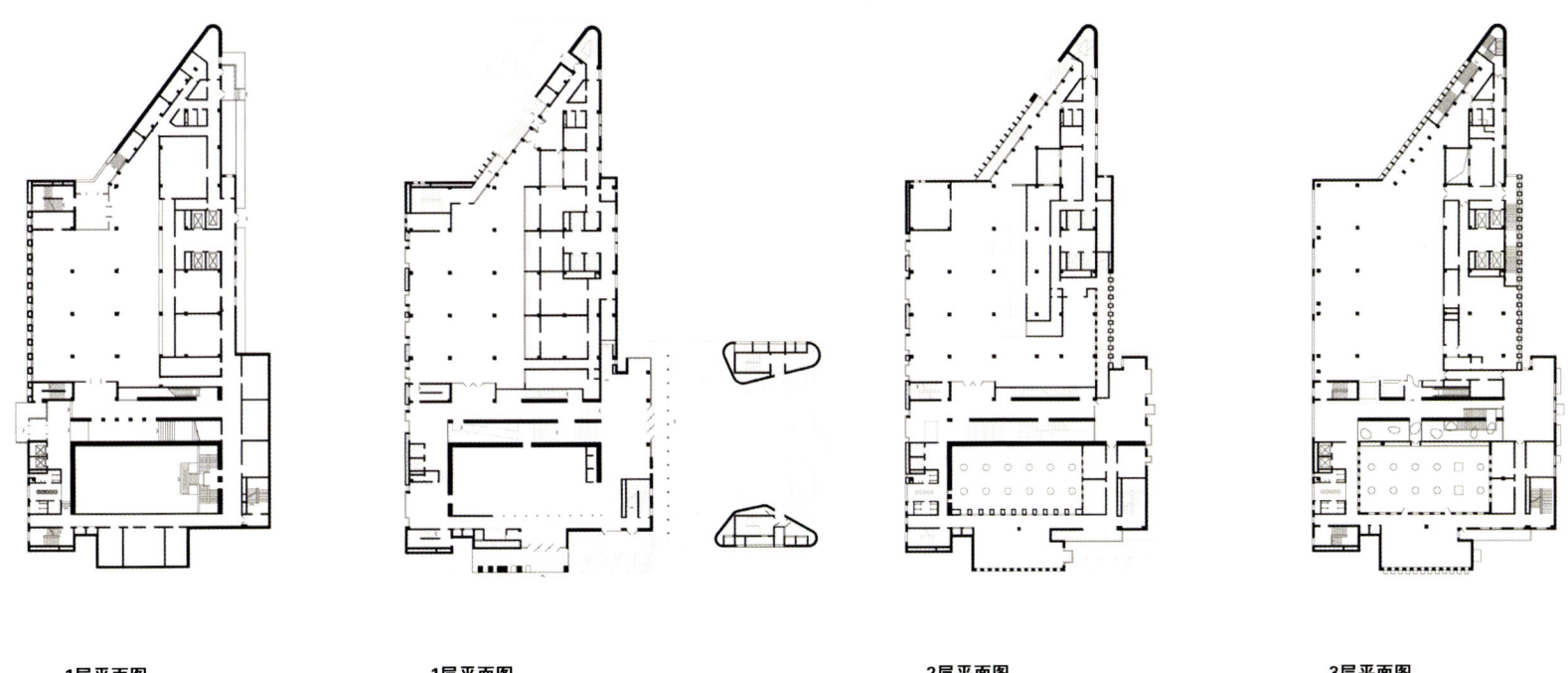

-1层平面图　　1层平面图　　2层平面图　　3层平面图

EDUCATION ■ 教育

北京，清华大学
清华大学苏世民书院
Schwarzman College Tsinghua University

罗伯特·斯特恩 / 主创建筑师　彼得·亚伦(Peter Aaron) / 摄影

2012年，金融家苏世民（Stephen A. Schwarzman）邀请纽约RAMSA建筑事务所(Robert A.M. Stern Architects)设计他正在筹建的清华大学苏世民书院。苏世民书院以1902年牛津大学创立的"罗氏奖学金"（Rhodes Scholarship）模式为蓝本。不过，与罗氏奖学金不同，苏世民书院有一个独立的环境，在一个风格统一的建筑结构内，有自己的学术和社交空间，并为教师、访问学者和200名学生提供宿舍。

清华大学之前由美国建筑师亨利·墨菲（Henry Killam Murphy）设计的建筑物大多是古典风格。二战后，清华建筑体现了俄国社会主义风格。不过，校园内最别致的部分还要数"工字厅"，建于18世纪，是一系列低矮的瓦房，以拱廊相连，形成一个小院，现在用作校长办公室和贵宾正式接待处。传统文化在当代中国正在迅速消融，鉴于此，设计师和委托方都相信，设计一座能体现中国传统风格的建筑，会对苏世民书院有所助益。

为此，苏世民书院的设计围绕两个庭院进行布局。第一个庭院的入口设置在一面矮墙间，与之相对的是两层通高的多功能论坛室的入口。论坛室的设计旨在营造一种轻松舒适的氛围，鼓励沟通和交流，旁边有图书馆和餐厅。单人卧室以八间为一组布置，八间共享一个公共活动区。露天拱廊环绕着一个下沉式花园。这是一个植被繁茂的庭院，下方的地下室里有教室和会议中心，阳光能够射入。庭院正下方是礼堂，室内采光井的设计让礼堂的前厅能够实现自然采光。

设计借鉴了工字厅和不远处贝聿铭设计的香山饭店，外立面也采用具有北京建筑特色的灰砖，搭配当地石灰岩和木工构件。外悬的红瓦屋顶缩小了建筑的视觉体量，并以中国传统建筑特有的方式凸显了建筑的边线。

设计单位
RAMSA建筑事务所
项目团队
罗伯特·斯特恩、梅丽莎·德尔维奇奥、格雷厄姆·怀亚特
竣工时间
2016年

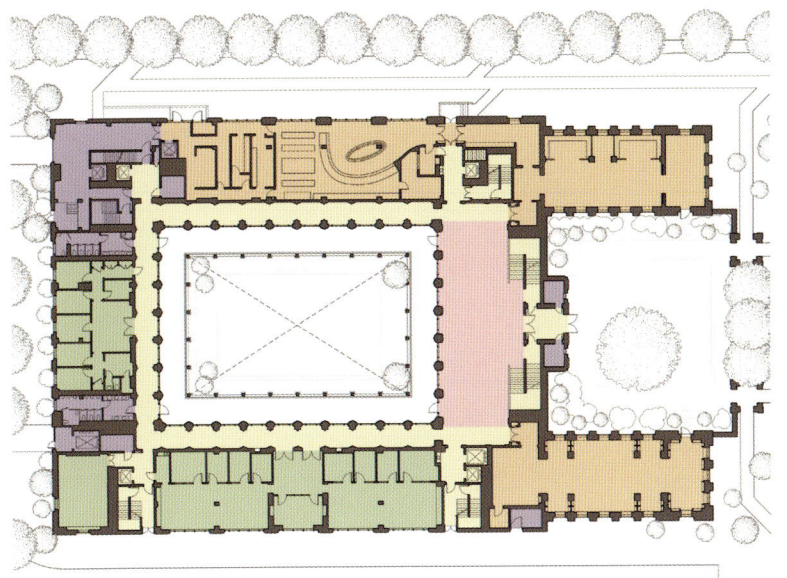

1层平面图

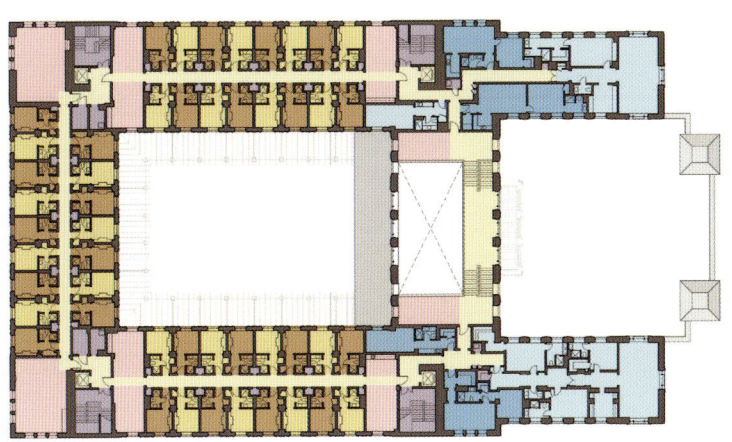

2层平面图

EDUCATION ■ 教育

EDUCATION ■ 教育

设计单位
江苏省建筑设计研究院有限公司
设计团队
建筑：周红雷、章景云、蔡蕾、颜军、
胡欣、顾苒
结构：李卫平、王金兵
给排水：李进、刘燕
电气：单莉
暖通：邱建中、朱琳、李智
景观设计
刘青、吴小宁、汤勤
建筑面积
3.3万平方米
主要材料
陶板、石材、铝板
获奖
2017年度全国优秀工程
勘察设计一等奖
第五届全国民营工程设计企业优秀工程
设计华彩奖金奖
2016年度江苏省城乡建设系统优秀勘察
设计二等奖

江苏，泰州

泰州医药城教育教学区图书馆

The University Town Library of The Medical High-tech Industrial Park, Taizhou

周红雷、颜军、蔡蕾、胡欣／主创建筑师　高峰／摄影

地理位置及周围环境

工程位于泰州医药城教育教学区，基地面积20,656平方米，东侧紧邻校区湖面，周边为多个学校的教学功能区。

主要功能

主要功能为图书馆，总建筑面积3.3万平方米，其中地下一层面积8,520平方米，为汽车库、非机动车库、设备用房。地上五层面积24,480平方米，设有书库、各类阅览室、视听室、专题研读室、展示厅、学术报告厅、业务和行政用房、辅助服务用房等。图书馆设计藏书量150万册。

设计理念／灵感

建筑合理布局，有机融入环境。图书馆"滨水而生，混沌正开；虽为人作，宛若天成""如璞玉静卧池畔，似慧智滋润懵懂"。既充分利用东侧面向园区中心景观区的人工湖，使景观特征得以充分展现，又通过建筑一层架空层形成视觉通廊，连接东面水体和西面的学生活动中心，使校园空间更具层次感。建筑以现有校园主干道及临水面为主界面，于不对称中求得在环境中的平衡，并形成统一完整的外部形象，同四周场地形成有序、有机的空间契合。在空间意向上采用整中有隙的手法使各功能建筑以符合环境尺度的体块整合起来，在各主要朝向处均保证有简洁完整的整体形象。图书馆功能布局合理、交通流线简洁流畅。外立面采用干挂砖褐色陶土板、中空LOW-E玻璃、金属屋面板等材料，塑造使用功能、建筑形象、人文气质与经济性兼顾的独特的高教区图书馆。

设计要素

人性化、灵活通用的阅览建筑空间、塑造面向未来的校园图书馆建筑。建筑相对功能多元的公共部分把阅览、自修、宣教、研究各部分有机联系，形成一组集中式的建筑综合体，各功能空间在一定程度上具有可调配性，以满足使用中根据阅读空间分布变化、功能组合改变及阅读媒体发展或设备配置变化而作的布局调整。建筑退在用地西南部顺水面布置，结合内外庭院围合出内外有别、相互渗透的教学园区空间地块，周边空间完整而丰满，东向做适当退让，使在校园主干道上有充裕的观赏角度。体现现代建筑科技。采用全智能办公、控制系统；在造型上将环保理念与立面设计、功能使用相结合，南北开架阅览室设较大通透面、东西则通过密排大进深竖向建筑百叶遮挡过度日照，创造技术与情感、节能与艺术相融合的现代的人性空间。

设计难点及解决方式

建筑物四个角部由于上部柱不能落地，结构设计采用钢桁架进行悬挑转换，悬挑桁架伸入落地框架内，与钢桁架相连的框架柱均采用型钢混凝土柱。型钢混凝土柱与钢梁或型钢梁节点处预留套筒或焊接加劲板便于型钢柱纵筋贯通和箍筋封闭。

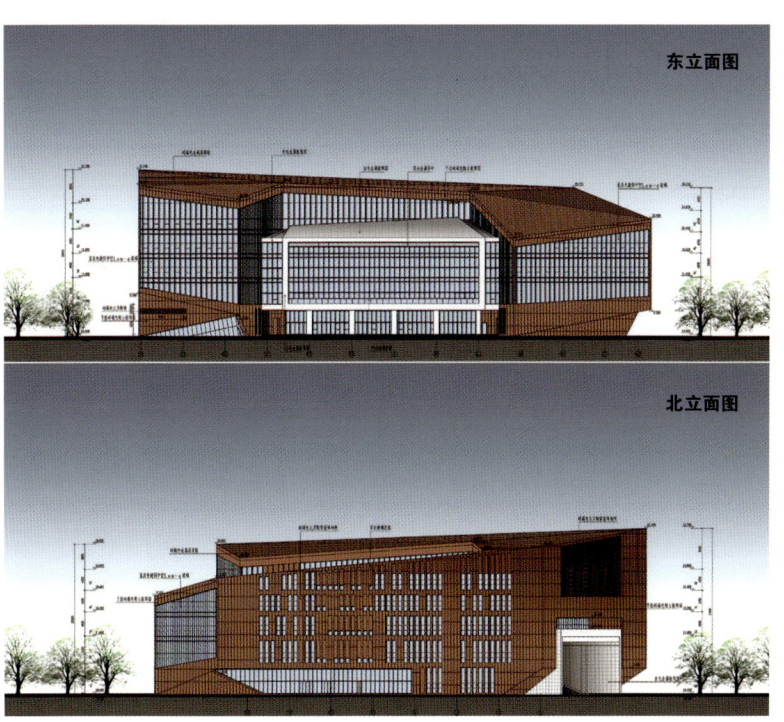
东立面图

南立面图

北立面图

西立面图

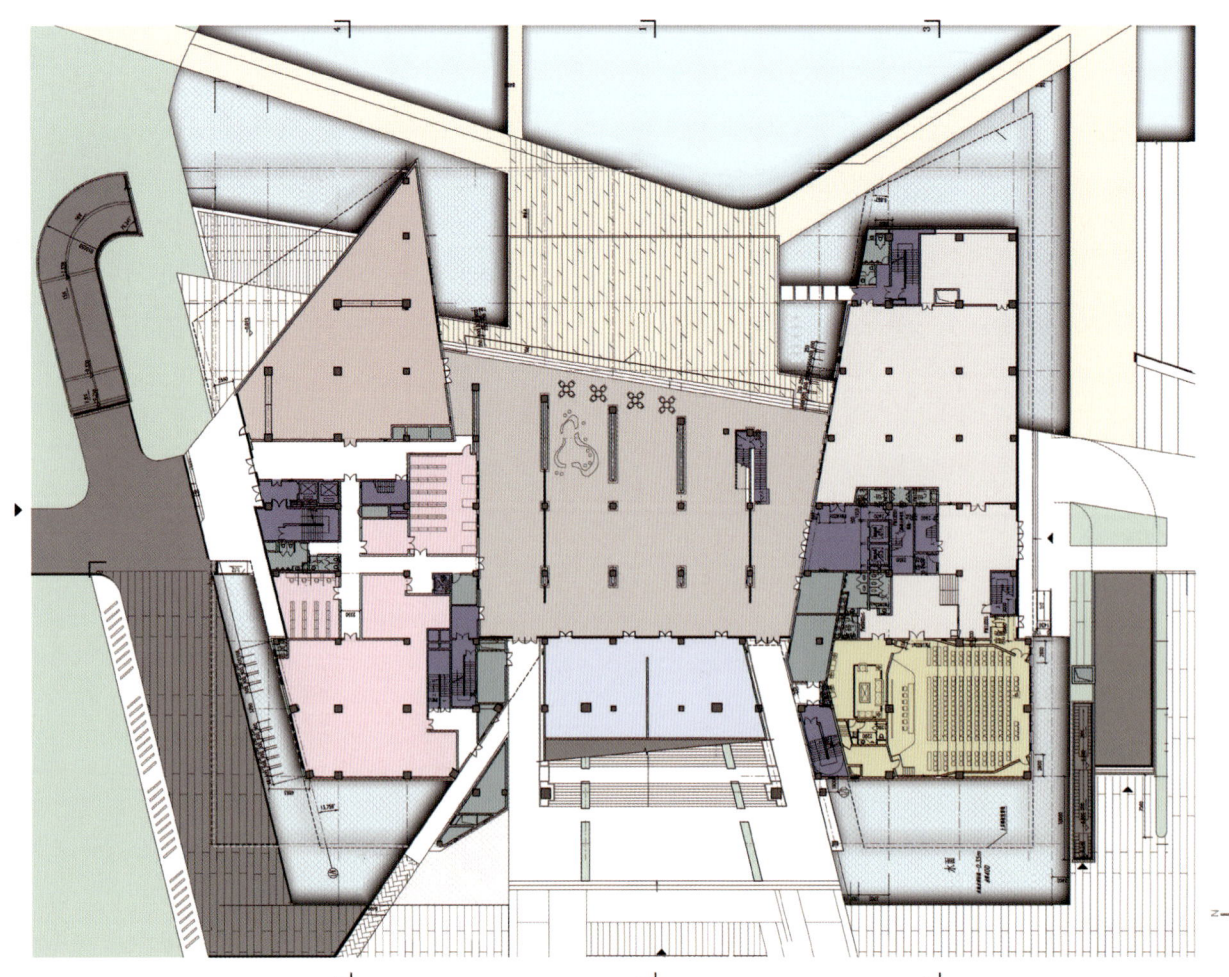

1层平面图

EDUCATION ■ 教育

设计单位
清华大学建筑设计研究院有限公司
建筑面积
21,298平方米
获奖
2017年度教育部优秀工程勘察设计奖
建筑工程类二等奖
2017年度全国优秀工程
勘察设计行业奖一等奖

新疆维吾尔自治区，阿克苏地区

新疆大学科学技术学院—图书馆

Xinjiang University Institute of Science and Technology Library

卢向东 / 主创建筑师　杜一鸣、邱凯 / 摄影

项目概况

新疆大学科学技术学院位于阿克苏地区温宿县新城区学府路1号，校园占地面积190.4万平方米，规划建筑面积68.7万平方米，分三期建设，其中一期占地面积113.3万平方米，建筑面积近27万平方米，共投入建设资金15亿元，规划在校生6,000~8,000人。二期规划建筑面积21.7万平方米，远期规划建筑面积17万平方米。远期规划在校生15,000人。学院包含教学楼、图书馆、实验楼、工程实训中心、学生宿舍、风雨操场、会堂、学术交流中心、行政楼及后勤楼等。图书馆建筑在校区规划中位于主校门正对的中轴线上，成为整个校区的核心建筑。根据校方的需要，图书馆的建筑规模为21,298平方米，包含藏书、档案、阅览、研究等功能，此外，还将学校的信息中心也安排在此图书馆建筑中。

技术特色

在设计概念上，回溯图书馆建筑类型的历史，从中寻找启发。设计者借用了中国的传统高台建筑的大台阶，以表达一种中式的对于建筑神圣的理解和形式语言。从南面看整个建筑像是供奉在巨大台阶上的一本厚实的书卷。

在空间组织上，设计者引入了"书卷"的概念，将通常的楼层叠加空间转化为一个连续折卷的空间。同时，"书卷"的概念能够契合图书馆概念，增加设计的内涵和趣味性，尤其能跟国人善于直观联想的认知特色结合，设计取得了广泛的认同感。在"书卷空间"的内部中央设置了贯穿的中庭空间，这样，折叠空间的不同层面，都在这个垂直的中庭空间的切分下得到重新地直接联系。在"书卷空间"中添加了一些异质的空间类型，一方面调节空间的单一感，另一方面适应特殊的功能需要。比如，在西侧的内部，添加了一个报告厅的圆柱体盒子，还有一些交通疏散的楼梯也直接插入到了各层空间……所有这些都成为新的空间调剂，增加了原来的"书卷空间"的趣味性和复杂性。

在立面设计上，在"书卷空间"这一概念的基础之上，恰当地处理这个基本空间与形式设计在立面的差异。从传统中国建筑中的彩画、景窗出发，结合现代的穿孔图案设计，将南立面外皮处理成新疆阿克苏地区著名托木尔峰的长幅穿孔图案，由于托木尔峰是当地的地标，将其图案设计在这个图书馆的立面上，得到社会的广泛认同。建成后，当天气晴好时，能在场地看见远处真实的托木尔峰，与建筑的图案相映成趣。在内部的功能安排上，需要强调的是，设计者将更多的关注放在了如何满足校园图书馆的使用特殊性和当代图书馆设计趋势的结合。主要体现在满足师生为主体的使用人群在图书馆的行为，为此打造了一系列的阅览与自修、研究的空间，尤其重视营造一系列穿插在各处的休憩、讨论的空间：这些灵活的空间包括室外的廊下空间、东西两端的户外挑台、室内的中庭环廊、室

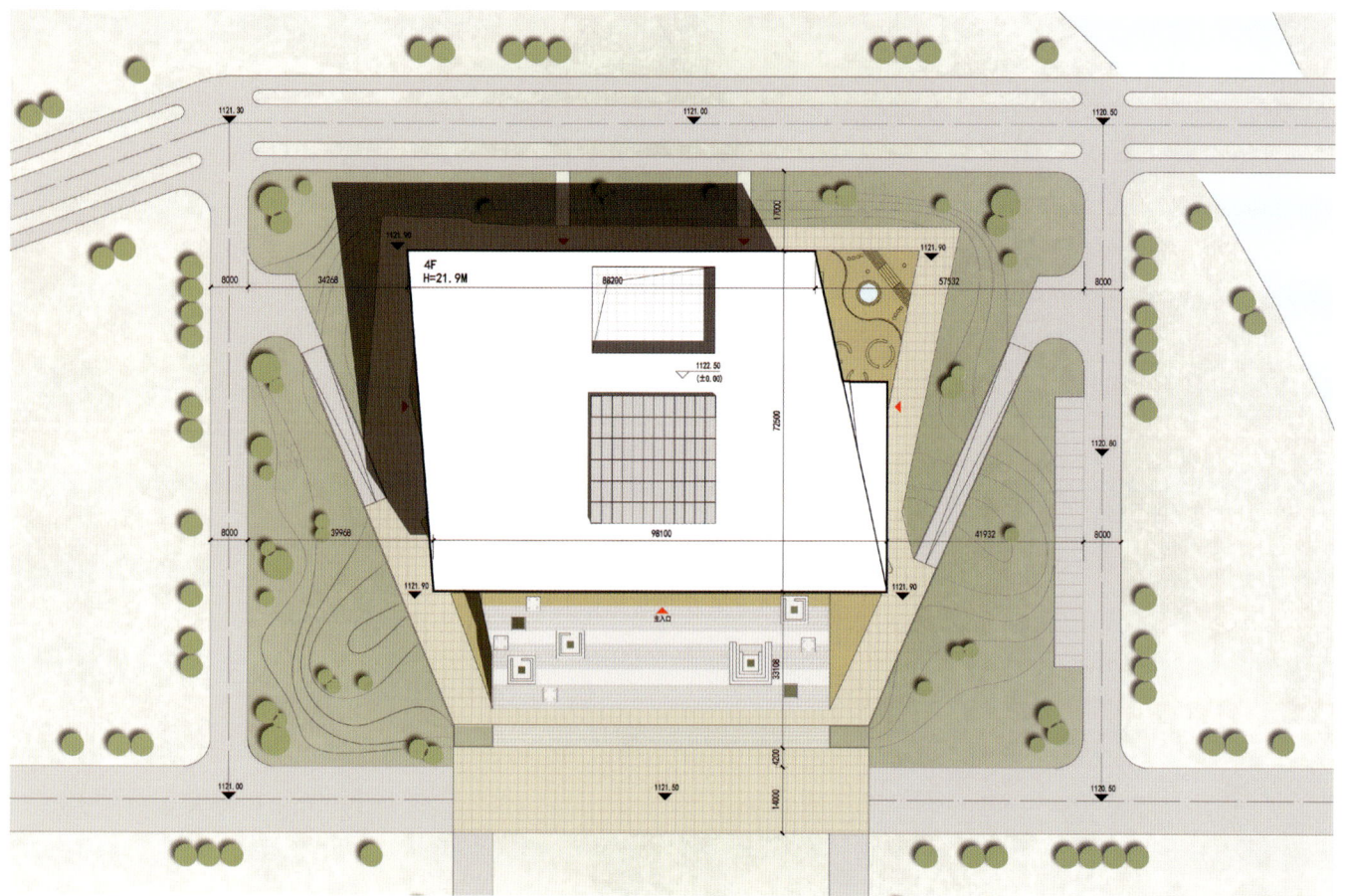

总平面图

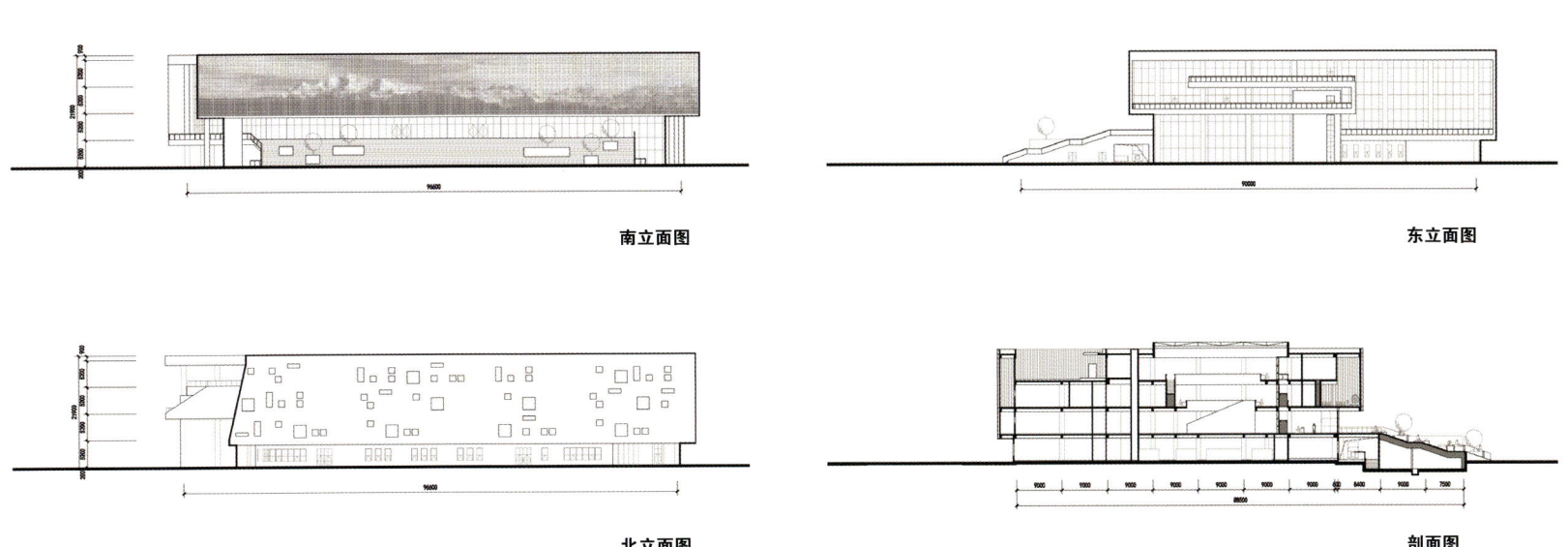

南立面图 东立面图

北立面图 剖面图

内的局部屋顶平台等。

在景观设计上，图书馆南侧室外大台阶与坡地结合成为这个地段最为显著的室外景观，设计者努力让这个可能带来消极影响的高差变成一个更加让人舒心的户外公共空间，通过绿化、小品来减弱其巨大的尺度和高度。

技术成效与深度

1. 场地设计。图书馆所处的地块自然标高比周边较高，同时由于该场地的地下水位很高，加之用地富裕，甲方不愿意设计地下室——那样会带来额外的工程投资。

2. 空间组织。设计者引入了"书卷"的概念，"书卷空间"成了基本的空间组织的架构，但是，图书馆的多样复杂的功能需求不可能完全采用这个单一"书卷空间"来满足所有的需要，必须有一些调整、妥协。

3. 立面处理。立面是传达建筑形式与空间的重要建筑要素。设计者尽可能将建筑立面作为图书馆形式空间坦率的呈现，但是，显然不能回避立面的相对独立的意义、价值的存在——除了空间和形式的意义之外，它可以表达额外的视觉、文化意义。

4. 中庭回廊空间的消防灭火设施。针对本工程中庭的特点：高度较高（超过12米），面积也较大，发生火灾时多为某一点突然着火，属于中危险II级，不属于那些火灾蔓延比较快、可燃物较多的场所，所以，设计时选择了标准型自动扫描射水高空水炮系统：系统的灭火装置采用ZSS-25水炮。高空水炮技术参数：射水流量5L/s；工作压力0.60MPa；保护半径20米；安装高度6～20米。

5. 空调系统。本工程位于新疆阿克苏地区，阿克苏地区具有典型的暖温带大陆性干旱气候特征，干燥炎热、降水少。针对本地区的气候条件，图书馆项目空调系统采用干空气能多级蒸发制冷空气处理机组和变频/定频排风机。

6. 智能化系统设计。本项目进行了创新、发展、节能的设计，并在设计过程中充分考虑了项目地区的主要特点，为将来教师、学生使用提供方便、舒适、安全的工作和学习场所，具体智能化系统设计包含图书馆数字化教学统一视频服务平台系统，安全技术防范系统，及信息机房。

EDUCATION ■ 教育

| 设计单位 |
| 群蜓联合建筑师事务所 |
| 设计团队 |
| 林可望、黎欣洁、蔡宁、蒋蕙芳、陈丽玲、陈雅婷、陈青昀、郭斯宗 |
| 建筑面积 |
| 1,157平方米 |
| 层数 |
| 地下二层、地上五层 |
| 竣工时间 |
| 2016年5月 |

台湾，台南

成功大学海工教学大楼
Building of Marine Engineering, NCKU

汪裕成、曾凯仪、柯俊成 / 主创建筑师　何贵祥 / 摄影

2014年，成功大学因应全球暖化造成的极端气候及灾害，由水利及海洋工程学系成立发展灾害防治研究中心并整合水科技及水土保持生态工程研究等各中心，以配合产业发展需求。

都市校园新界面

现代校园除了学生学习活动外，也是都市民众活动及休憩的场所，校园与都市的边界不再需要清楚的划分时，反而有更多可能性的发展。为了让校园与都市开放空间进一步的连接，适当的退缩建筑量体，创造舒适的人行空间及活动广场；民众可借由一条创造出来的路径，由半户外的广场进入，绕过老树、水瀑阶梯再进入校园，体验多层次空间感。

空间组织

本项目地下二楼为停车场，以达到人车分道及无车校园的概念；地下一楼与一层为试验场，为减轻试验场潮湿闷热的环境问题，设置大面积的开口及挑空，让阳光及空气可以进入室内，创造舒适的作业空间。

主要的教学研究空间集中于二至五楼，二楼为大厅、阶梯教室等公共空间，为让各楼层的活动能产生互动，在此采用帷幕玻璃引进光线与挑高空间，使南北两侧的绿意可相呼应，提供多样的空间变化感受。

外观造型

建筑造型将阶梯教室、大厅、水瀑阶梯与景观串联在一起，同时暗示着人移动的路径，形成一条流动连续如流水的造型曲线，建筑量体则利用各层变化的阳台与具有良好延展性的铝金属网，产生如波浪状的曲面，轻柔包覆在整个建筑外观，响应了水利及海洋工程学系"上善若水，水善利万物而不争"的精神，试图以坚硬的钢筋混凝土形塑具有流动感及柔软如水的建筑表情，并能同时创造崭新的成功大学校园街角意象建筑。

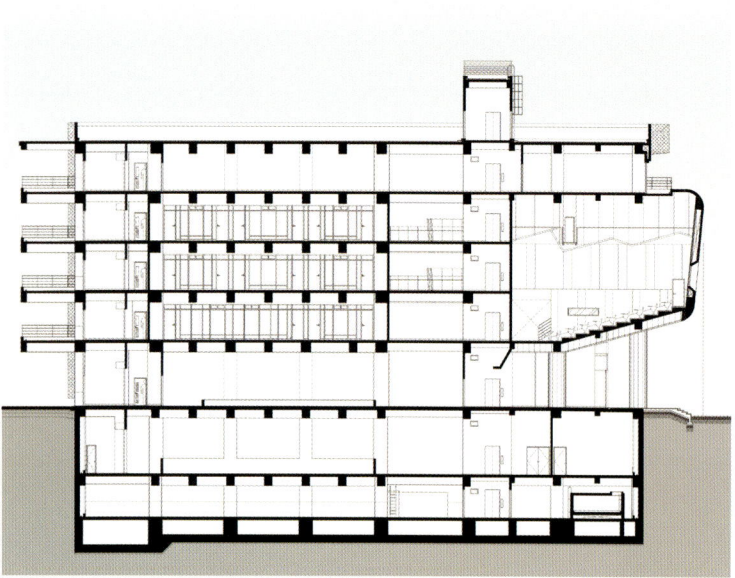
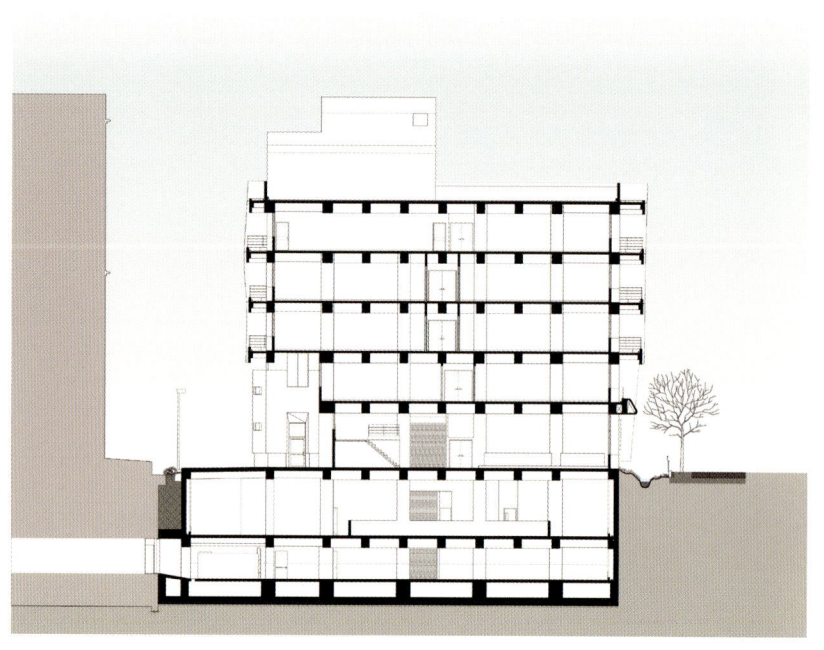

横剖面　　　　　　　　　　　　　　　　　　　　　　　　纵剖面

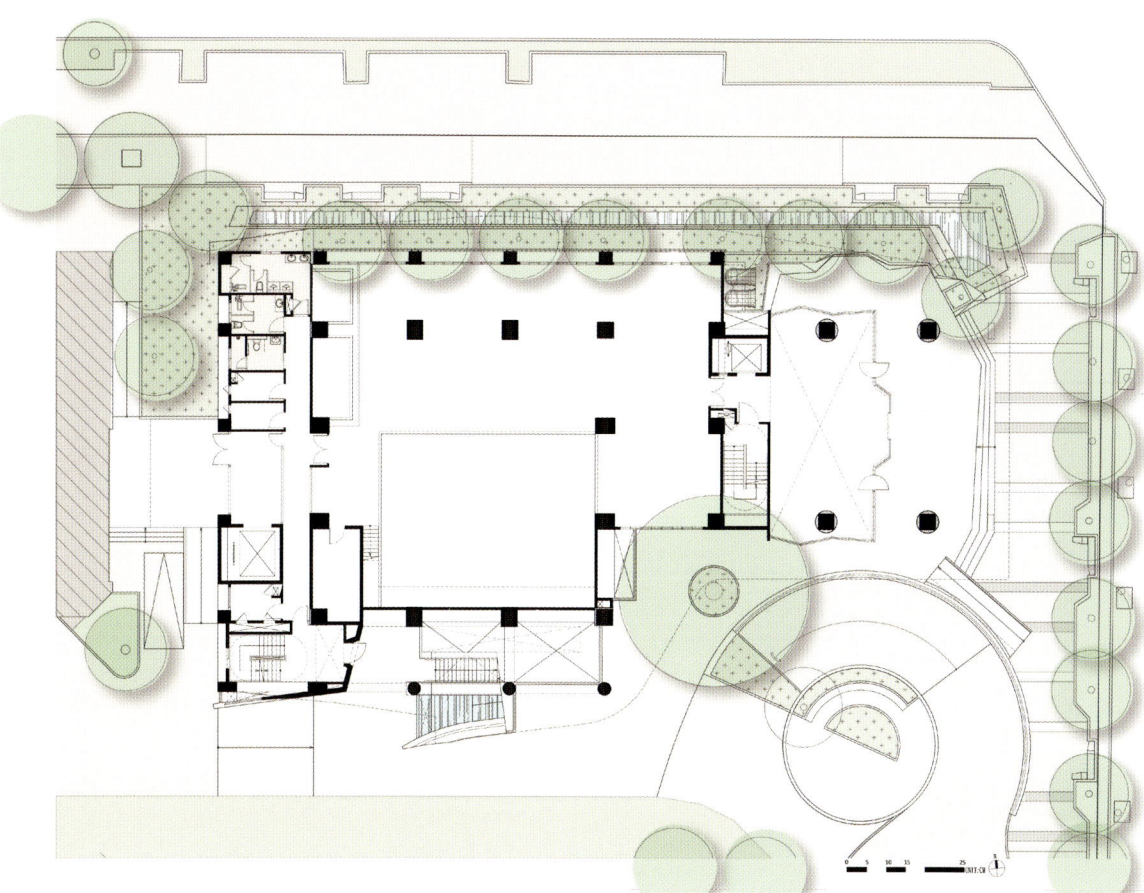

1层总平面图

EDUCATION ■ 教育

设计单位
军事科学院国防工程研究院
占地面积
200公顷
建筑面积
约50万平方米
主要材料
石材、玻璃、钢结构
荣誉
军队优秀工程设计二等奖

中国，重庆

中国人民解放军后勤工程学院新校区规划
New Campus Planning and Design for Logistical Engineering University of PLA

靳瑞君、宫娜、朱静、冯亚光、何炜 / 主创建筑师　军事科学院国防工程研究院 / 摄影

本项目建设地点位于重庆市沙坪坝区陈家桥镇，重庆大学城北部发展用地东南侧。用地面积200公顷。设计规模一期为在校生8,000人，教职工1,200人，二期在校生达到12,000人，教职工达到1,800人。

把基地视为生命体，那么可持续发展就意味着维持生命体"新陈代谢"的平衡，自然地貌往往是几十年甚至上百年平衡的结果。所以在项目建设中多保留原貌，恢复"平衡"则是对环境的最大尊重。

在教学区的东区结合低洼地开辟出的水面湿地，不仅是景观构成的重要因素，技术上也具有中水回用、发挥湿地自洁、过滤污染的重要作用。采用生态方式处理人工水面技术，增加水体自身调节能力，通过自身的生态循环来进行水质波动的调整，营造自然优美的生态水景。规划中保留丘陵地貌、适当的拓展水域，不仅是规划景观、创造空间为我所用的手段，更是让我们建设的校园"生于斯，长于斯"的唯一途径。

设计难点及解决方式

在对环境的分析中，我们抽取出原有基地的几个主要景观元素。

丘陵：基地内有7座主要丘陵，大小不一，分布不均，高度在20~30米之间，没有形成平缓易用的完整地块。因此，在尽量保留多数丘陵减少工程土方量的前提下，平整最北端一座丘陵，其他在维护现有自然状况的前提下进行景观设计，使这些主要丘陵成为校园的绿色制高点及景观节点。

水面：用地东邻城市生态旅游开发区，具有良好的湿地生态环境和气候条件，因此我们在设计中延续了城市景观要素，并结合现有基地内的水面，把水系引入教学区和生活区。依据当地的气候条件，环境特征，创建以湿地、水面相结合的山水校园，提高了校园的景观环境质量。

地势：高差的不同，使基地由西往东分为低、高、低三个台地。中间地势较高，由较居中的几座丘陵拥簇而成，刚好位于200米的保密线以内，考虑我校军事管理的要求，将教学、实验、办公等有保密要求的功能区布置其中，借由丘陵的半围合形成隔离带，巧妙利用地势特点自然而然形成具有军队院校特点的教学区。同时，利用东西地块的高差，形成平跨城市道路的联系广场和通廊平台，使东西地块自然形成一个整体，统一规划。

根据以上分析，我们认识到利用丘陵地形，地势高低，适当地引入水面元素，因地制宜地组织建筑布局，能够在校园景观中延续重庆山地建筑特征，创建以人为本，以军为主的特色校园，将成为规划是否成功的关键。

中国人民解放军后勤工程学院

总平面图

EDUCATION ■ 教育

设计单位
雅克·费尔叶建筑事务所（JFA）
建筑设计团队
法国雅克·费尔叶建筑事务所（JFA）
法国SCS感性城市工作室
波林·马尔凯蒂
景观设计
法国岱禾景观事务所
业主
北京海外教育署(AEFE, Paris)
北京法国国际学校(LFIP)
项目负责
CAG设计公司
中标时间
2009年6月
竣工时间
2016年5月

中国，北京

北京法国国际学校
International French School of Beijing

雅克·费尔叶、波林·马尔凯蒂／主创建筑师　吕克·博埃古力（Luc Boegly）／摄影

　　法国雅克·费尔叶建筑事务所（Jacques Ferrier Architecture）设计的北京法国国际学校，是北京一处全新的城市景观。学校新校址邻近首都机场高速公路，因为周边曾经是一片果园，所以这里也叫作"果园区"。直到最近，新一轮的高档住宅项目开发和一些国际学校建筑的引入，低密度的居住社区和丰富的绿化空间才彻底改变了街区的现状。

　　建筑在用地上呈折线分布，富于变化的内部走廊与周边街道平行，形成连续而统一的整体空间。这样的格局围合出多样的开放式空间和庭院，无论从哪个角度看，背景都是绿意盎然的景观。建筑首层是开放的共享空间。不同学校之间的交流空间和室内活动场地交替布置。所有的室外活动场地都朝向餐厅的果园和体育设施。

　　建筑主体功能分区明确，报告厅和图书馆位于学校主入口处。针对从小学到高中不同学龄的学生，分别设计不同的入口和动线，教职人员的动线却始终保持连贯。

　　从第二层开始，教室布局兼具合理性与灵活性。层层木质格栅仿佛飘浮于立面之上，形成一层有机的肌理。木质格栅间隙疏密有致，兼顾采光，视野通透，能够有效防止室内阳光曝晒，同时为室内活动提供人性化的私密保护。这些木质格栅的选材灵感来自中国传统建筑，外形新颖独特，为校园营造一种宁静祥和的氛围的同时，也极大地提高了学校的辨识度。

　　运动场西侧果树成行，延续场地原有的文脉，同时也形成了一个独特而令人难忘的、可持续的学习空间。餐厅和体育馆矗立于果园中，宛若林中亭台。立面选用镜面金属板，映射出场地景观以及周围的校园建筑。

　　木质隔栅不经涂饰，保留原木色泽，与周边主要建筑的光泽感立面相辅相成，恰到好处。经年累月，木质表面会变得愈发素雅，赋予建筑物历史感和文化底蕴。

　　北京法国国际学校的设计符合时代特征，但又不盲目追求流行。设计立足长远，能够适应未来的发展，建筑营造的舒适感受和惬意氛围会随着时间推移越发隽永。

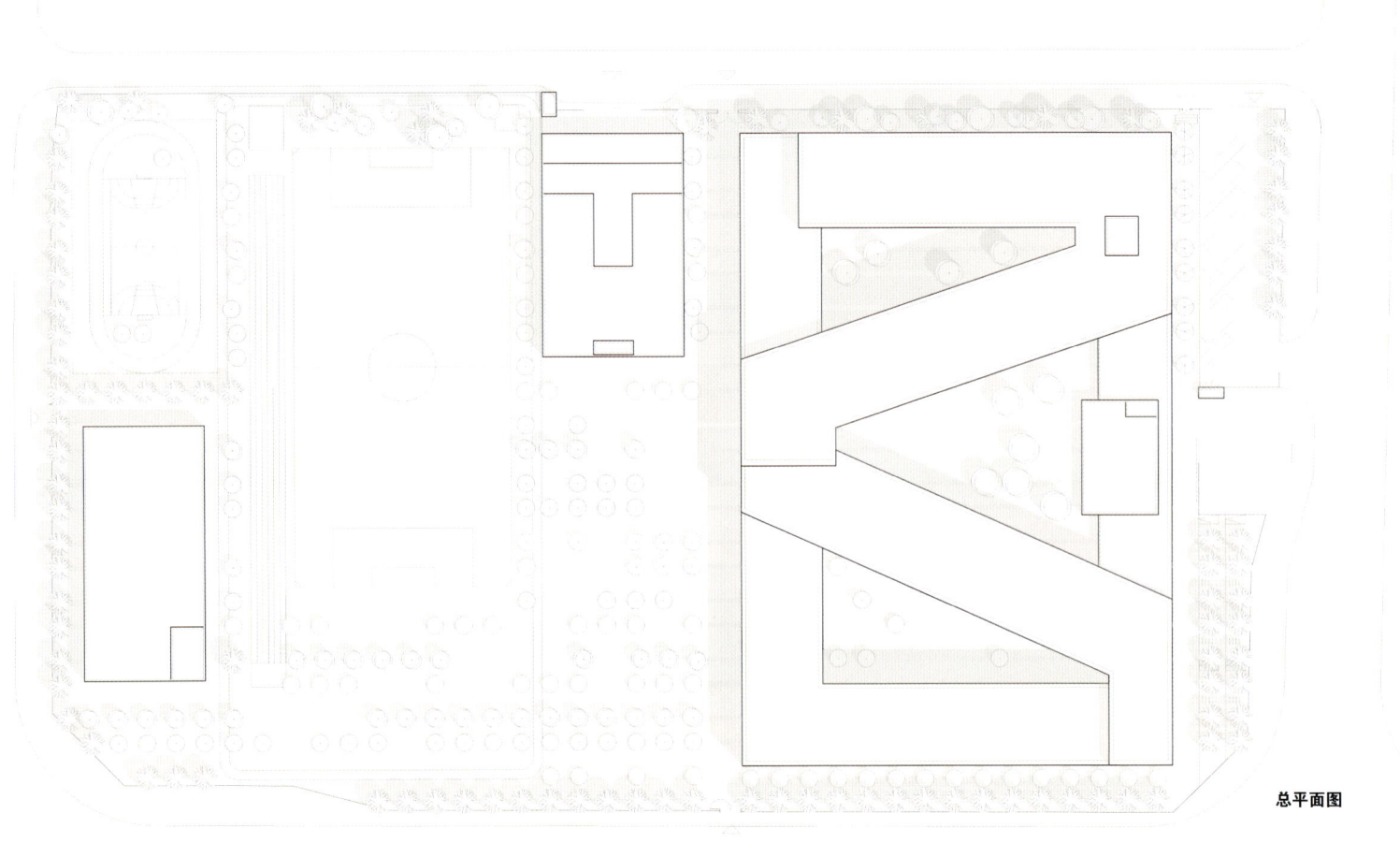

总平面图

EDUCATION ■ 教育

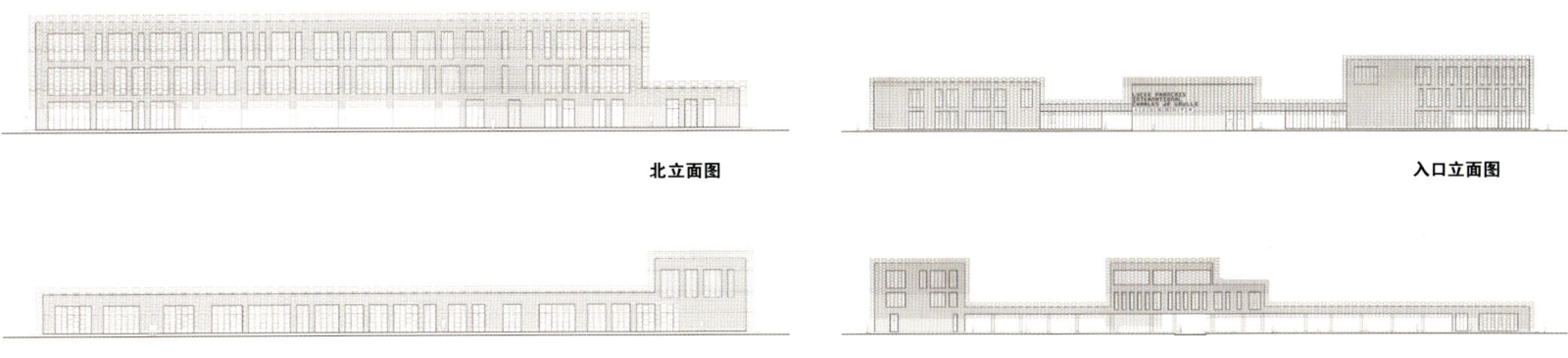

北立面图

入口立面图

南立面图

西立面图

EDUCATION ■ 教育

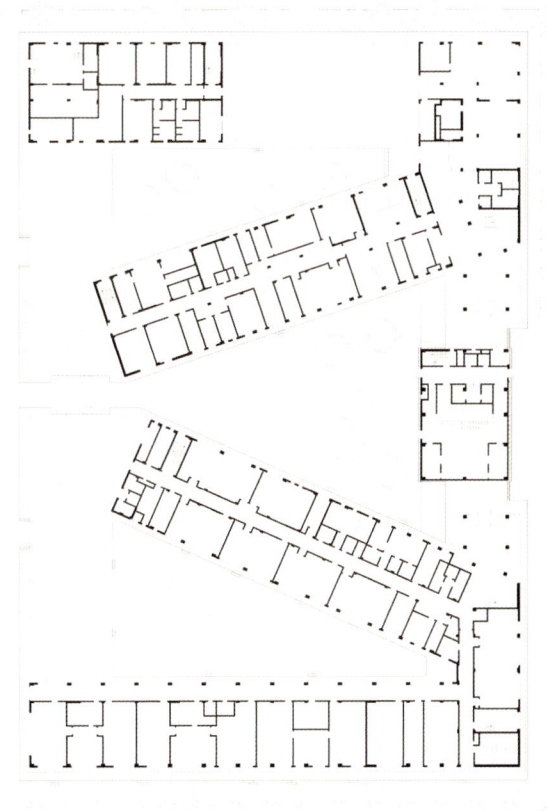

1层平面图

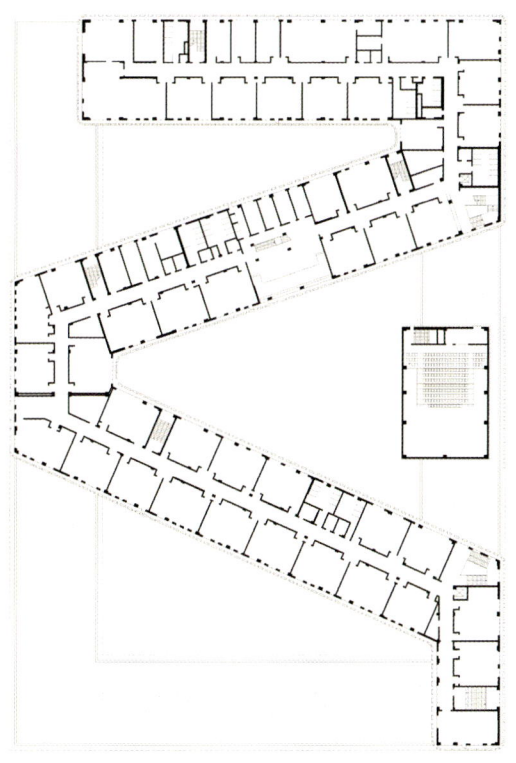

2层平面图

EDUCATION ■ 教育

设计单位
吕元祥建筑师事务所 (RLP)
委托人
汉基国际学校
占地面积
9,799 平方米
建筑面积
33,182 平方米

香港，北角

汉基国际学校新科技大楼扩建及图书馆重建项目
Expansion of Chinese International School

张文政／主创建筑师　何贵棠／摄影

汉基国际学校新科技大楼扩建及图书馆重建项目刚刚圆满完成。这个新落成的大楼为全校中小学生及老师提供了一个更加舒适和高效的学习及工作环境，体现了吕元祥建筑师事务所 (RLP) 在数码时代中应用于教育环境／学习空间的创新设计理念。

汉基坐落的北角宝马山顶是香港一个环境清雅的小区和校园集中地，校园里可以俯瞰美丽的维多利亚港海景和周围优美的山景，既拥抱葱郁的绿地，又不远离繁华闹市。这所提供中英双语课程的国际学校以激励学生终生爱好学习、追求知识为办校宗旨，努力营造友好、愉快的校园氛围。RLP 在设计这所新科技大楼及图书馆的过程中，充分考虑了学校所在地理环境的特点以及办校宗旨和目标，并融入事务所先进的学校设计理念，打造了一个愉快、舒适、促进学习兴趣的校园空间。

新科技大楼高 11 层，为了让学生的身心得到适当的发展，大楼除了课室外，还包括体育厅、健身室等多种设施及服务。新图书馆建在原有的行政办公楼范围中。为了在有限的空间内尽量提供多种用途，RLP 为现存的体育厅采用了弹性设计，只需简单的调整，就可在篮球场、排球场等设施间转换，这样的安排充分利用了建筑空间，为学生提供了宽敞的运动环境，同时也为学校提供了更多的活动场地。

健身室采用了整面墙的落地玻璃，充分利用自然光，减少电灯的使用，达到节能减排的环保目标。窗外的绿色景观为师生带来良好情绪，令锻炼效果事半功倍。课室也具有极佳的采光效果，桌椅之间间隔宽松，可移动式的一字形及 U 形的摆放方式除去了传统矩阵式排列方式的挤迫感及视线遮挡问题，让学生在轻松的氛围中听课、学习，鼓励讨论，刺激创新思维。

RLP 在学校设计中的一个重要的理念就是良好的公共空间设计，这个理念也被融入到汉基国际学校的新科技大楼扩建及图书馆重建设计中。大楼间的开放空间拥有良好的采光及通风，为学生间的交流互动提供了舒适的平台，打破了单一及被动学习方式的局限。或一大群学生席地而坐聆听老师声情并茂的讲解，或三五个好友聚在一处讨论功课，甚至可举办轻松的课外活动，学习不必再拘泥于四面墙内，而是变为整个校园随处可学的良好氛围。大楼顶层的天台也是一个供学生阅读、休憩、远眺、交流、表演的极佳场所。天台和其他露天空间的顶部设有玻璃挡雨板，无碍师生在下雨天继续进行室外活动。有别于其他教育设施，整个大楼及走廊的外墙大面积使用了玻璃材料，让师生充分享受自然光及窗外的天然景致，提升空间的宽敞观感，同时也让大楼拥有一个更现代化、更时尚的外表形象，为学校增加品牌价值，更让学生对学校产生了深厚的归属感。

RLP 利用四十年的专业经验和与时俱进的创新设计理念，为汉基国际学校的新科技大楼及图书馆营造了一个舒适的学习及活动空间，一个促进互动交流的平台，一个鼓励学生积极参与和表现的校园环境。它还让师生有更多的机会接触自然，在绿意中学习、工作和生活，促进身心的健康发展。对学生来说，汉基国际学校的校园不仅是小学、中学阶段的求学场所，更会成为他们终生难忘的美好回忆。

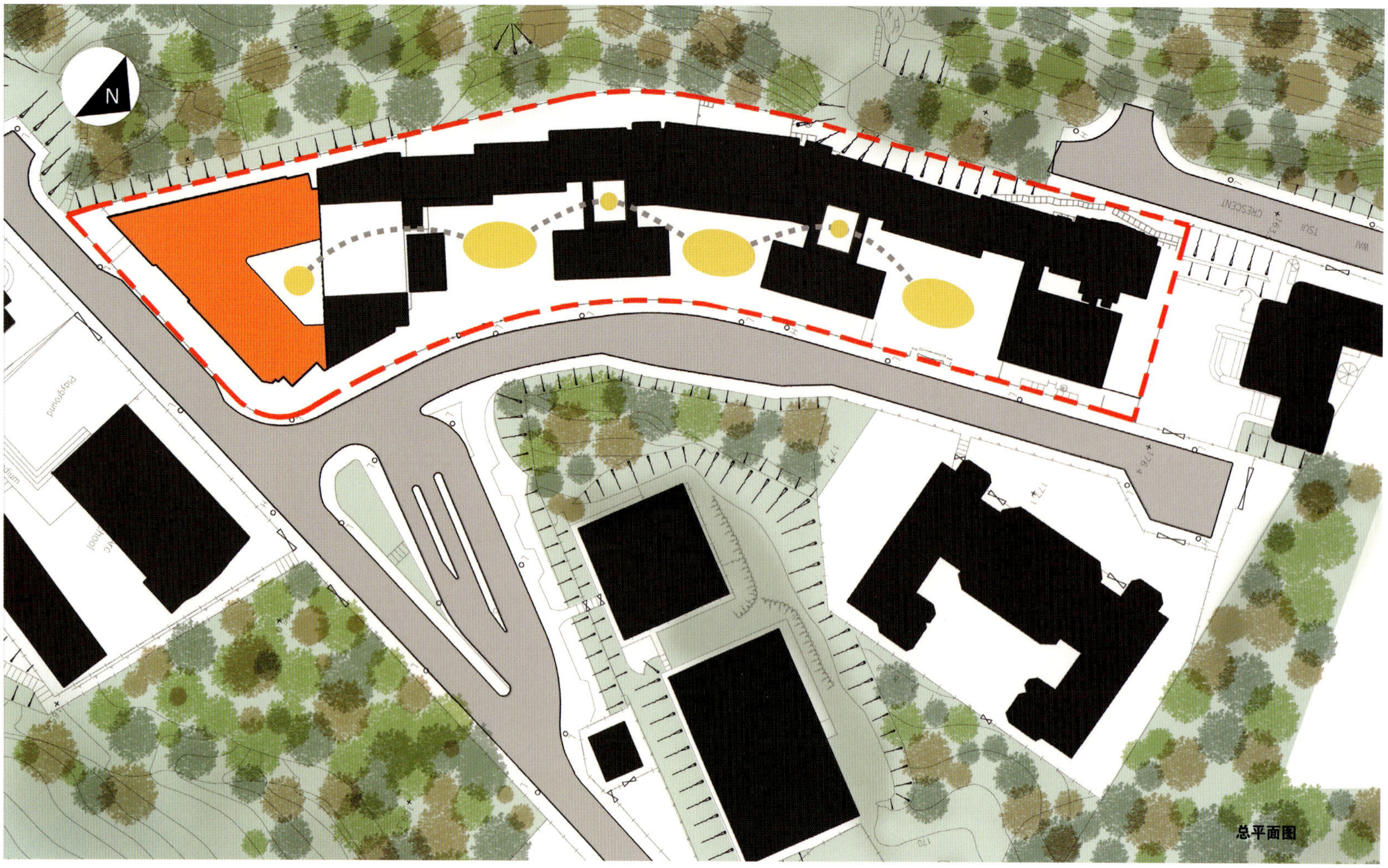

总平面图

EDUCATION ■ 教育

设计单位
华南理工大学建筑设计研究院
建筑面积
35,581平方米
主要材料
外墙砖
竣工时间
2016年1月
获奖
2016年7月，入选新版的《建筑设计资料集——中小学优秀案例》
2016年3月，获2015年度东莞市优秀勘察设计项目二等奖（建成作品）
2012年1月，获2011年度东莞市优秀工程设计方案三等奖（方案设计）

广东，东莞

东莞市长安镇实验小学
Experimental Primary School of Dongguan

何镜堂、郭卫宏、陈文东、王智峰、曾健全、佘万里 / 主创建筑师
战长恒、陈文东 / 摄影

东莞市长安镇实验小学位于东莞市长安镇莲湖路326号，镇中心广场西北方向的城市新区内。该学校配置了教学楼、体育馆、艺术楼和400米标准运动场等，共36个班。

追求融入山林环境的总体理念

长安镇实验小学校园用地南半部相对平坦，西北部有一小山包，中部偏东有一小鱼塘，环境自然宁静，林木茂盛，山水相融，是自然环境较好的所在。这里建设小学后，新功能的介入，必然会打破场地原有的安静。设计意图保留一些原有场地元素以存留场所记忆，加以改造利用，使其发挥环境育人的功用。建成投入使用的实验小学，基本达到最初的追求融入山林环境的意图，二期艺术楼及体育馆完成后，整个校园将会更加完整。

适应岭南地域气候环境、塑造现代小学教育建筑形象

1. 适应地形及气候条件的造型策略——尽量低矮紧卧大地、尽量轻巧通透自然通风、尽量设置遮阳构件减少热辐射。在满足小学教学楼层数规定的基础上，我们尽量压低建筑层数和体量，既便于孩子日常使用，又通过低矮手法呼应原有山林环境，除了北部北面山脚教工休息楼七层外，其余平均四层，不超过五层。设计上利用南北高差营造台地建筑效果，使南面四层的房子在北面庭院看起来只有三层。我们希望房子与环境及功能较为紧密地联系起来，表达出城市近郊绿色山林校园的特色。

2. 塑造小学建筑形象策略——运用简约的经典三段式构图、分化体量贴近儿童尺度、多层次的内外空间创造出丰富的小尺度亲人空间。在造型追求三段式构图的前提下，我们尽量选择轻巧通透的建筑元素，营造既有山林书院的典雅端庄，又有城市学堂灵活轻松特质的现代小学校园，例如连廊顶盖、垂直遮阳、不锈钢栏杆等建筑构件注重轻巧细致，同时利用太阳光影刻画尽可能多的形体立面细节。强烈阳光下绿树掩映中的实验小学，是独具魅力的场所，既经典传神，又现代简约。

营造寓教于乐、环境育人的校园氛围

东莞市长安镇实验小学是容纳教育活动的空间实体，我们希望在实体空间营造之外，从素质教育和环境育人的角度出发，更多地营造出激发学生学习乐趣的校园空间氛围。

低技术绿化手段营造满眼绿色的校园景观

2009年开始构思东莞市长安镇实验小学的时候，基地现场满满绿色，一派祥和的农家田园风光，把绿色留住，便成为这个容积率仅为0.5的校园最初的愿望。景观设计配合规划营造高低错落层次丰富的岭南绿色植物，建筑设计则在外走廊处种植绿化植物，将绿色引入不同标高的楼层。校园绿色将会与孩子一起成长，环境更加舒适宜人。

明 德 楼

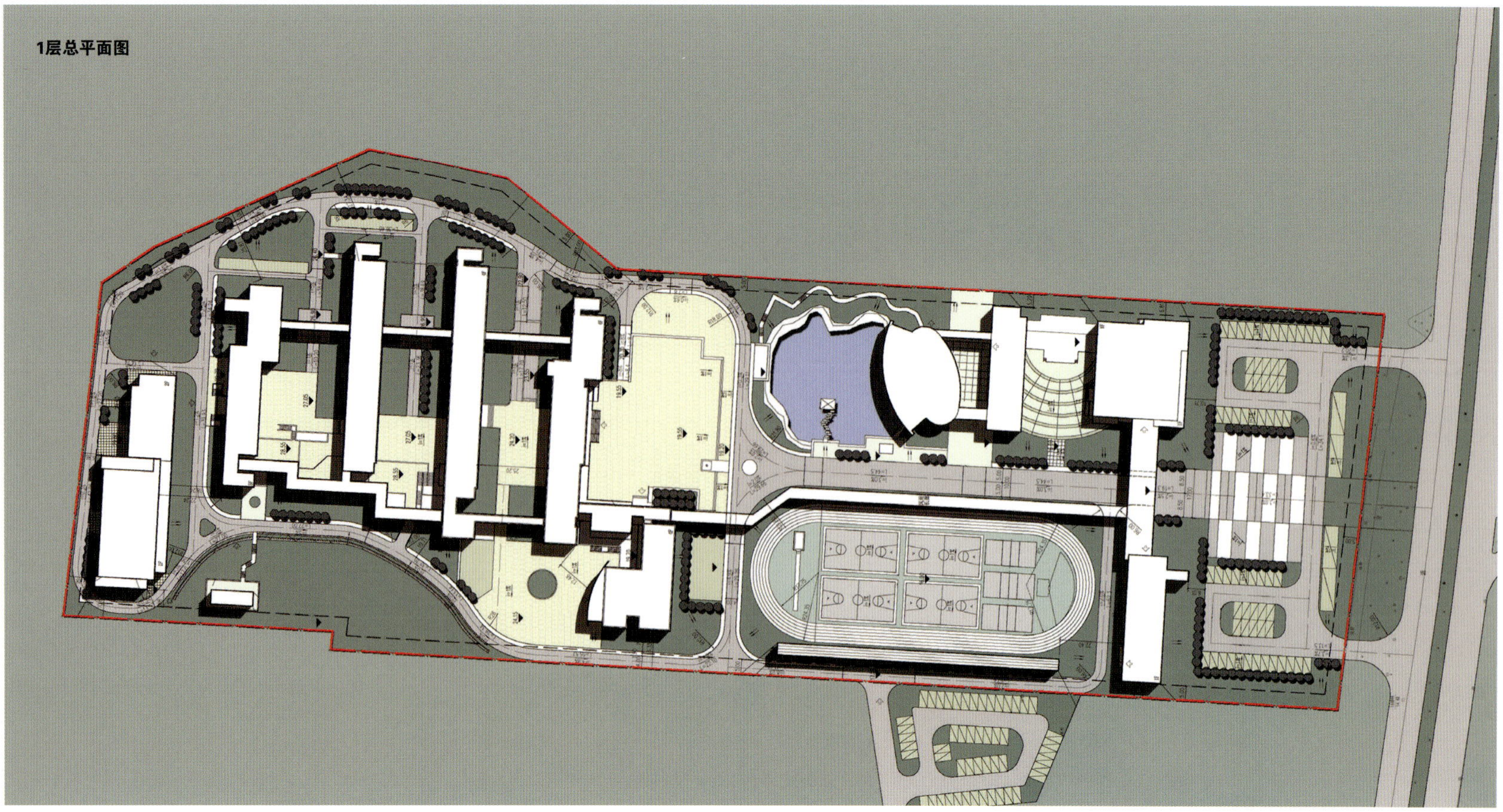

1层总平面图

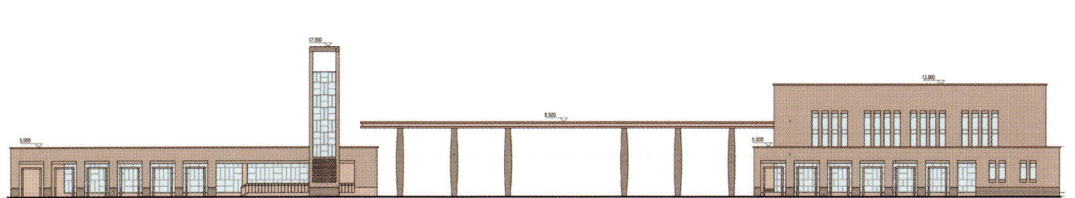

门房、体育馆立面图

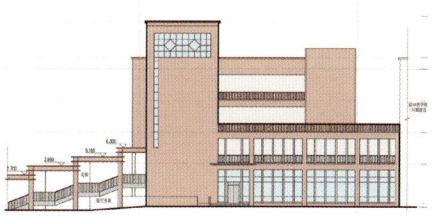

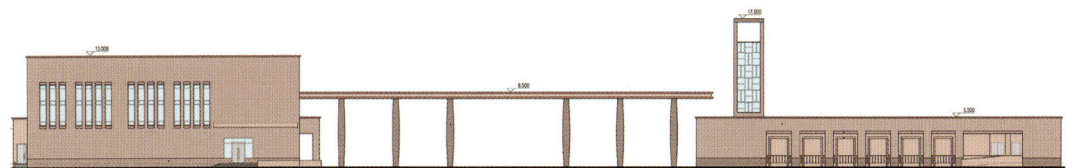

图书馆立面图

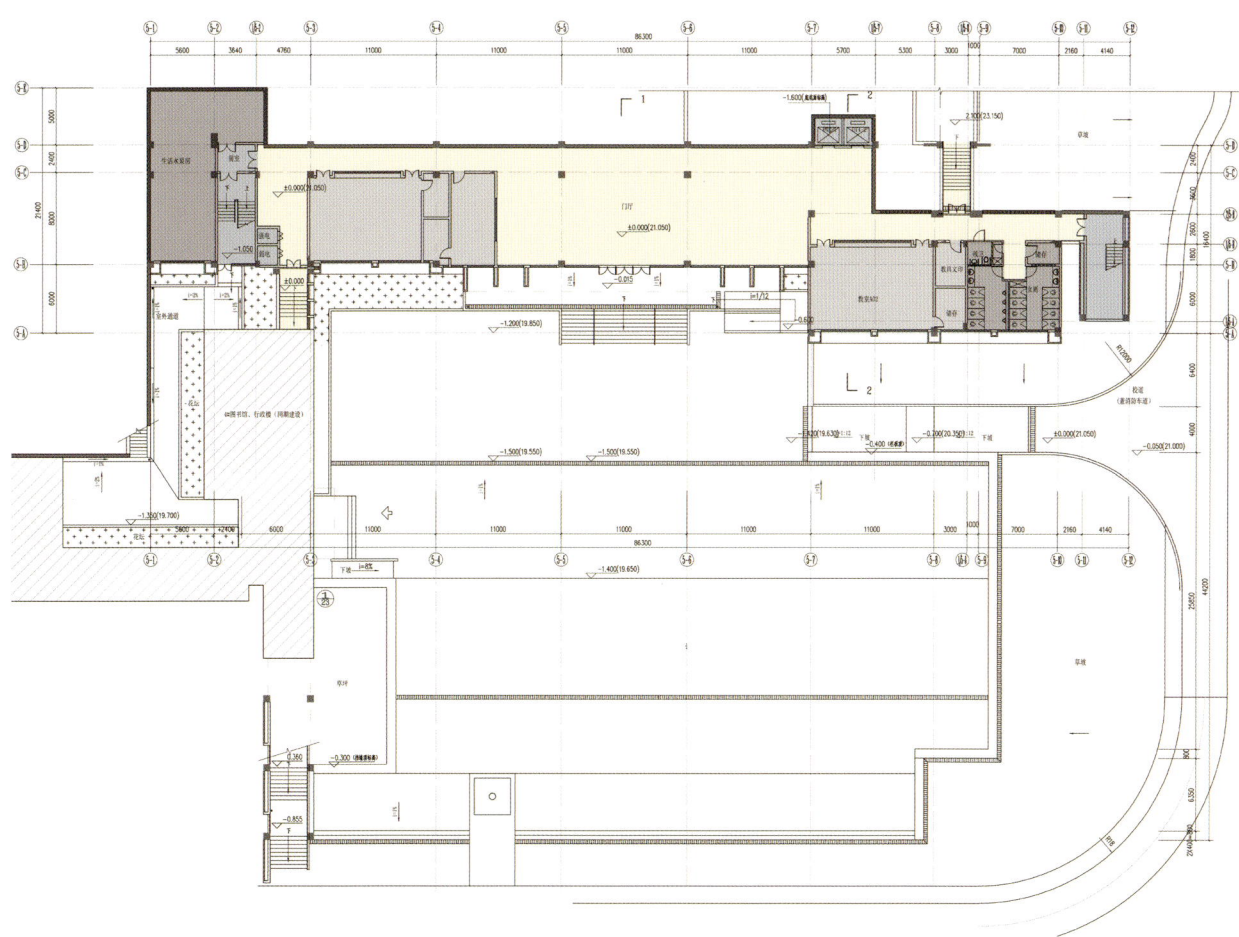

教学楼1层平面图

EDUCATION ■ 教育

设计单位
苏州九城都市建筑设计有限公司
建设单位
江苏省吴江实验小学
建筑面积
69,974.65平方米
竣工时间
2016年9月

江苏，苏州

苏州湾实验小学
Experimental Primary School of Suzhou Bay

张立鹏 / 主创建筑师　姚力 / 摄影

苏州湾实验小学项目位于开平路以北、夏蓉街以西、春兰街以东，占地面积约76,266.67平方米，其中小学占地面积约63,266.67平方米，幼儿园占地面积约13,000平方米。

学校建筑综合体

建筑整体设计成教学综合体的模式，既节约用地，保证了内部空间的使用效率，又提供了最大的户外空间。由于本项目两块用地均呈南北进深小、东西向面宽大的特点，其中小学部将各功能区进行重构、整合，从西到东分成普通教学区、专业教学区、食堂、报告厅、体育馆综合楼以及400米标准运动场四个区，通过风雨廊、中庭、多功能通道等连接，共同形成学校综合体；幼儿园部位于小学部的西北角，从西到东分成以食堂为主的生活区、教学区、公共活动区。

提供素质教育的建筑场所

学校的公共空间，如小学部的校园展示、社团活动、音乐、绘画、图书馆、体育馆等位于校园的入口等核心位置，并紧临主要的交通空间，以空间优先的方式强调素质教育的地位与特点；幼儿园在入口设置了一非功能性功能空间（中庭）：彩色的台阶、通透的采光屋顶、充满童趣的内墙共同组成可供小朋友感知、感悟的建筑空间。

人性化关怀的入口空间

小学、幼儿园的主入口处均设计了可供接送孩子的家长休息等待的空间，家长们可在这里相互交流，也可实时了解学校发布的各种信息，加深对学校的良性互动；地块中央多功能通道的设置，为解决上下学家长接送车辆的拥堵以及全校性活动的开展提供场所。

运动广场

拥有2,000多学生的小学，需要有足够的集散和活动广场。运动广场由体育馆、风雨廊以及可与风雨廊相连的看台围合而成，让户外活动空间更加积极。在运动与交往中，校园展示活力，青春飞扬。

具有与城市尺度相符的建筑形体

运用城市设计手段，充分考虑地区特征和现状环境特征，加强景观风貌设计，塑造一个具有鲜明标志个性和现代化时代气息的学校建筑。

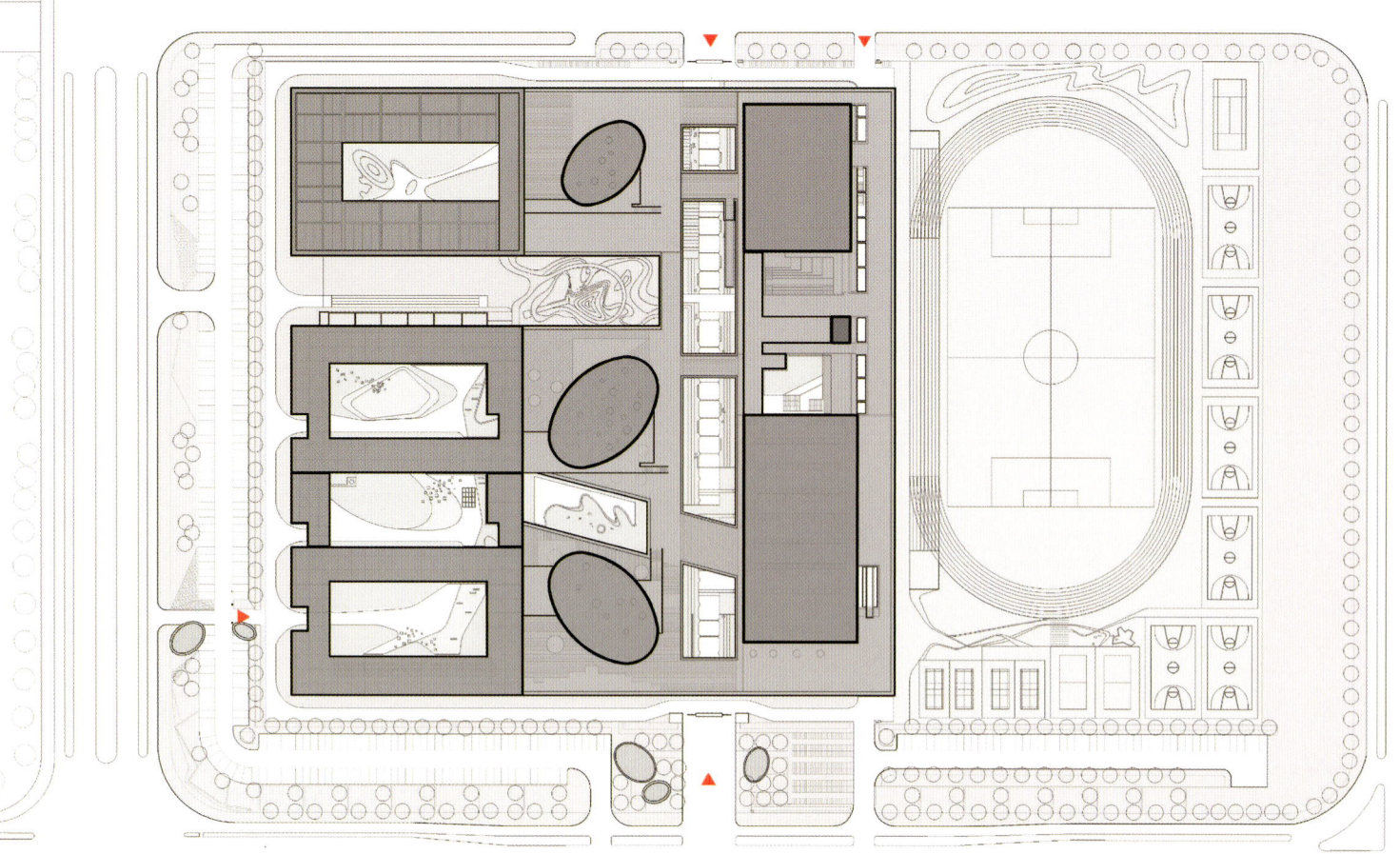

教学楼1层平面图

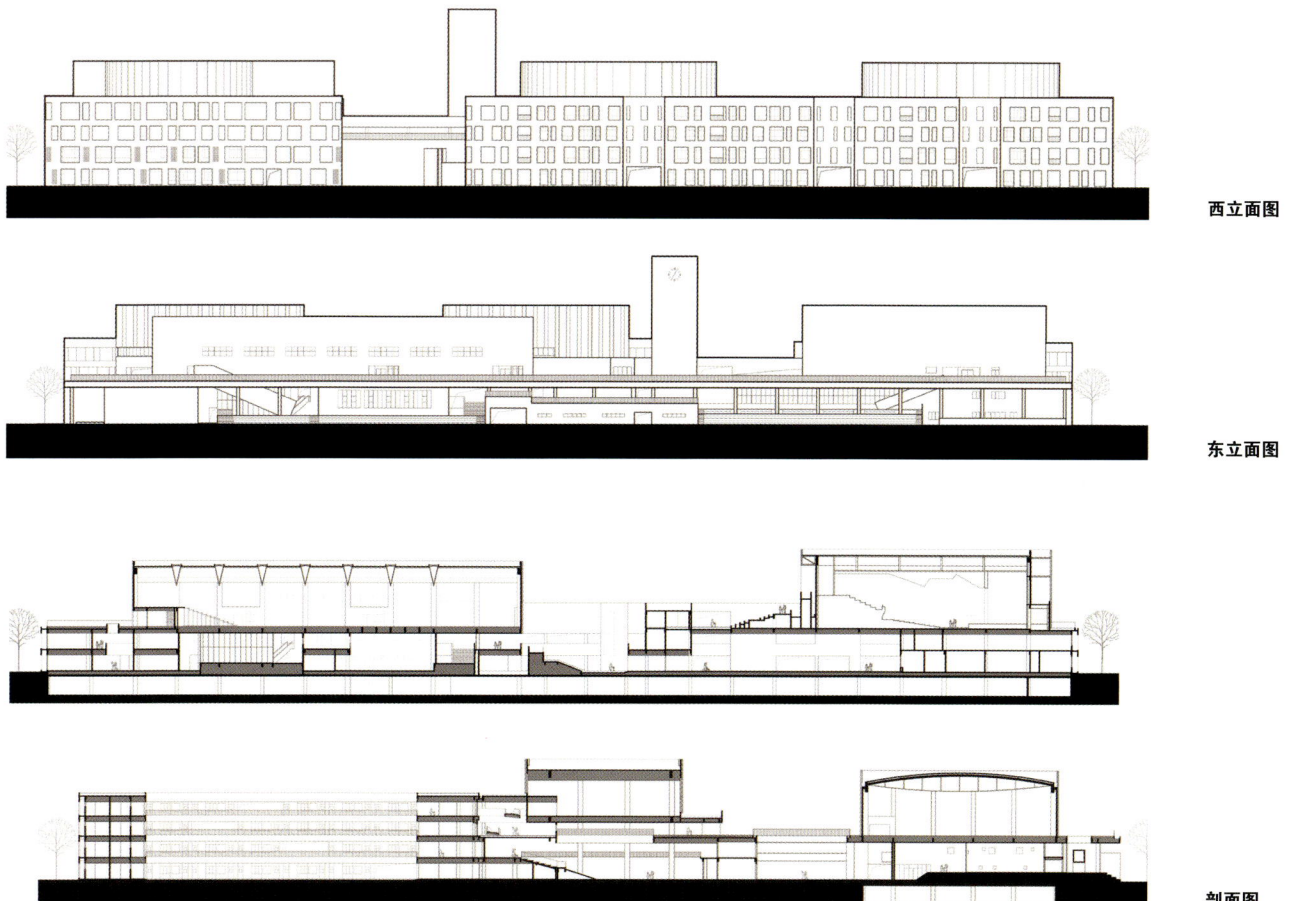

西立面图

东立面图

剖面图

EDUCATION ■ 教育

EDUCATION ■ 教育

江苏，张家港

张家港凤凰科文中心、小学及幼儿园

Primary School and Kindergarten of Zhang Jianggang

于雷／主创建筑师　姚力／摄影

设计单位
苏州九城都市建筑设计有限公司
建设单位
张家港市凤凰镇人民政府
建筑面积
47,508.69平方米
竣工时间
2016年9月

　　张家港凤凰科文中心、小学及幼儿园是一所实现学校与社区共享理念的示范性教育建筑综合体。

　　综合体形成三组相互平行的建筑关系，与周边社区共享的科文中心在最北侧，其外围空间完全向市民开放，并结合城市河道形成滨水步道，市民在开放的时间可以由此自由进入所有共享的文体设施；小学在中间与科文中心共享一条步行街，这里是相对开放的区域，在学校上课期间不对外开放，学生可以在此自由活动。

　　街两侧的展厅、图书馆、音乐舞蹈室均朝街道开放，为学生提供一个非常有活力和社会化的空间。

　　科文中心与教学空间之间通过天桥相连，方便师生平层使用各层教室；幼儿园布局在最南侧相对独立，小学与幼儿园之间布置了绿化的停车场。

　　三座建筑长短不同，其西侧留出的空地形成了连片的运动场区。

　　凤凰科文中心、小学及幼儿园的建筑造型采用了深色直立锁边坡屋顶和仿石喷涂白色墙面相结合的形式基调，呼应了凤凰镇总体规划中关于江南地域风格"黑白灰"的要求，在细部上增加了轻质高强的玻璃钢格栅作为"黑白灰"中灰的部分，同时也起到很好的遮阳作用，降低了建筑能耗。

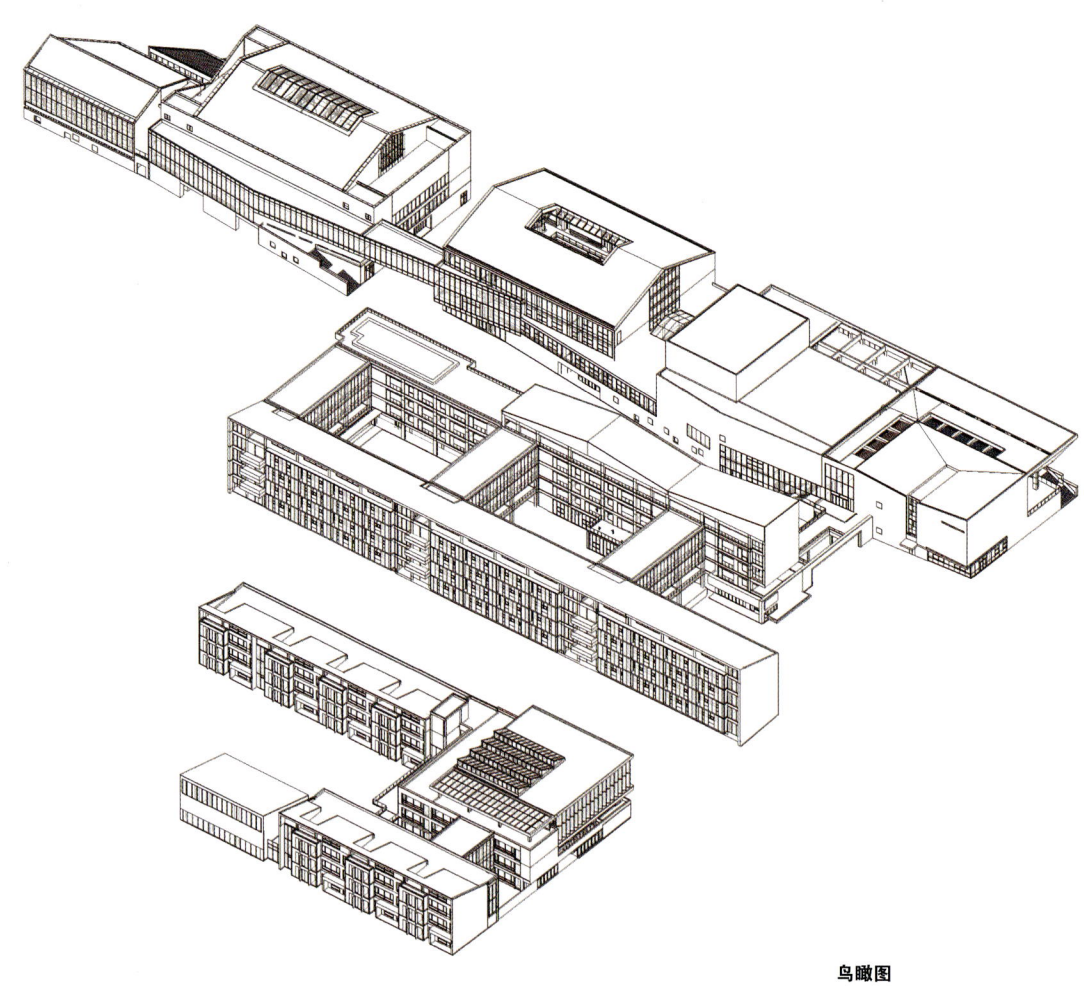

鸟瞰图

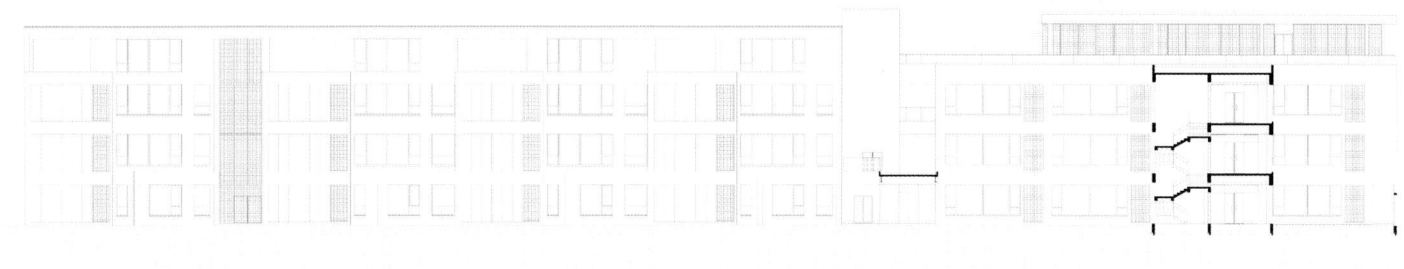

幼儿园立面图

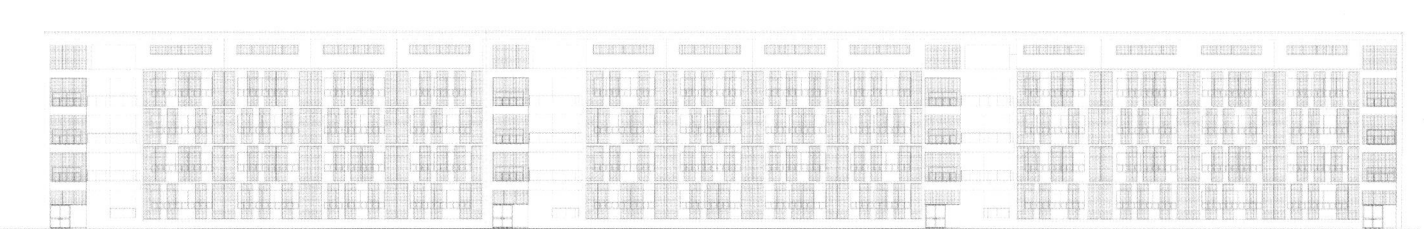

教学楼立面图

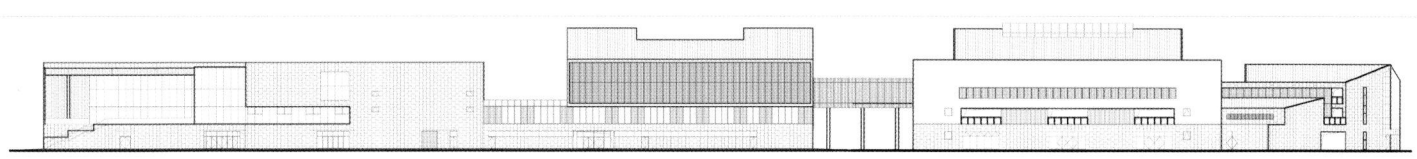

文科中心立面图

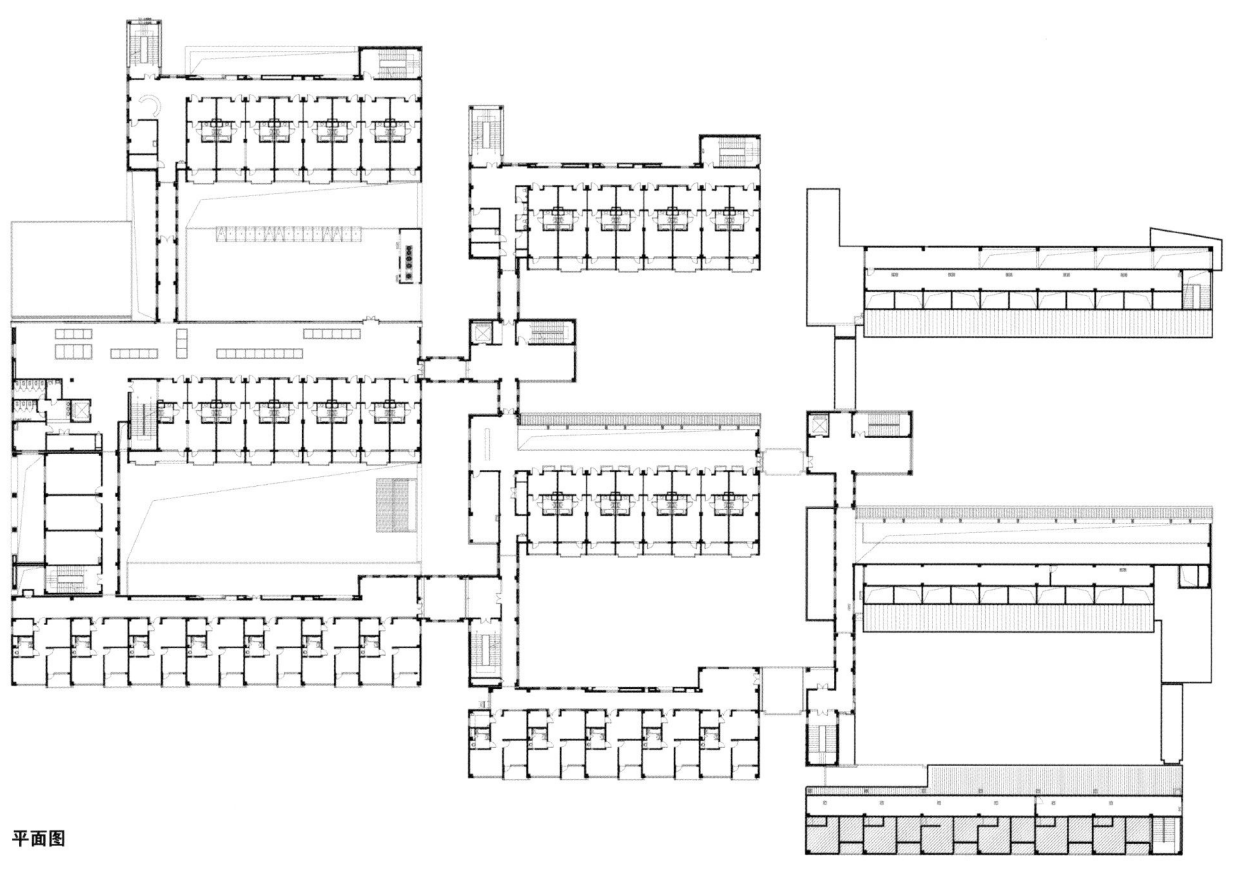

平面图

EDUCATION ■ 教育

设计单位
致正建筑工作室、
大正建筑工作室
项目建筑师
陈颢（方案＋扩初）、丁心慧（竞赛）
设计团队
吴人洁、张金霞、谢林波、徐家金
合作设计
中铁工程设计院有限公司
建设单位
苏州科技城社会事业服务中心
施工单位
苏州建鑫建设集团有限公司
占地面积
14,478平方米
建筑面积
53,422平方米
结构形式
钢筋混凝土框架，局部钢结构
主要材料
面砖、涂料、烤漆穿孔铝板、烤漆铝板、
铝型材、铝镁锰板、型钢、平板玻璃

江苏，苏州

苏州科技城实验小学
Experimental Primary School of Suzhou Science and Technology Town

张斌、李硕 / 主创建筑师   陈颢、夏至 / 摄影

苏州科技城，如同其他高歌猛进的城市开发一样，依照当代城市高效运转的原则，将土地分割成尺度相近，属性不同的网格。唯一具有差异化的是，整个规划对于宏大的自然地貌做了适时的避让。学校的用地则是这一状况的一种极端体现，场地的两个界面完全是对立矛盾的。一侧是由河道、湿地和山体组成的尚未被"侵占"的视线舒缓的自然界面。而另一侧则是近乎数学公式一般的高层高密度人才公寓。

布局

我们想据此提出一个更为积极和谐的系统。首先，我们将学校的功能作了区分和组合。把用于普通教学的标准化教室，以效率最大化并满足间距要求的原则，组合成三个相对独立的教学院落，满足基本的教学需求。把教师办公和行政管理、讲堂、图书馆和合班选课教室、风雨操场和食堂等对于面积、形态、体量要求各不相同的功能，以分组退台跌落的方式组织起来，户外运动场也布置在基地东侧，与建筑的退台肌理相呼应。其次，我们通过一个脊椎状的公共空间系统，将东西两侧氛围不同的空间串联起来。它既是连接整个学校南北向功能的必要通道，也是东西两侧标准教学功能和交流体验功能转换过渡的空间。入口中庭北侧是和讲堂的地形变化相延续的、带有不规则分布的圆形天窗的多功能半室外剧场，是激发师生自主交流活动的空间装置。再往北侧则是一段宽大的多层连廊联系东西两侧。最终，我们在这样一个用地紧张的基地上，通过高密度的水平与垂直相结合的空间模式，构建了一个亲近自然的多层次的交往空间，提供了一系列灵活多变的教学场所，鼓励学生在此漫步、玩耍、相遇，形成了多样的教学模式，同时其公共属性也有益于培养学生的社会能力。园林般的空间体验延续了这个城市的文脉，而将其在竖向叠加的做法有效地解决了本项目校园活动空间不足的缺陷，形成了一个垂直的书院。

景观

儿童的生活环境和学习习惯直接影响他们的行为与记忆能力。自然景观、阳光、丰富宽阔的视野都能增强学童的记忆力。在这一新校园中，水平方向形成园林般的空间体验，垂直方向有层次丰富的共享空间，并沿景观面有宽阔的活动平台，既使自然空间得以最大化，同时也使课室和交流空间得以延伸。师生漫步其中，感受着对面山体轮廓的步移景异的变化，学校有如环绕在自然环境当中，退台也为观山提供了多样的视野。

交往

我们在这一校园里注入了大量的社会交往空间。这些空间拥有不同的进深和尺度、不同的公共/私密层级和丰富的情感内涵，可以适用于多种的课外教学功能。这些社交空间鼓励使用者的自主使用和参与，并在不同的高程布置乔木，似乎实现了能在树下教学的理想模式。

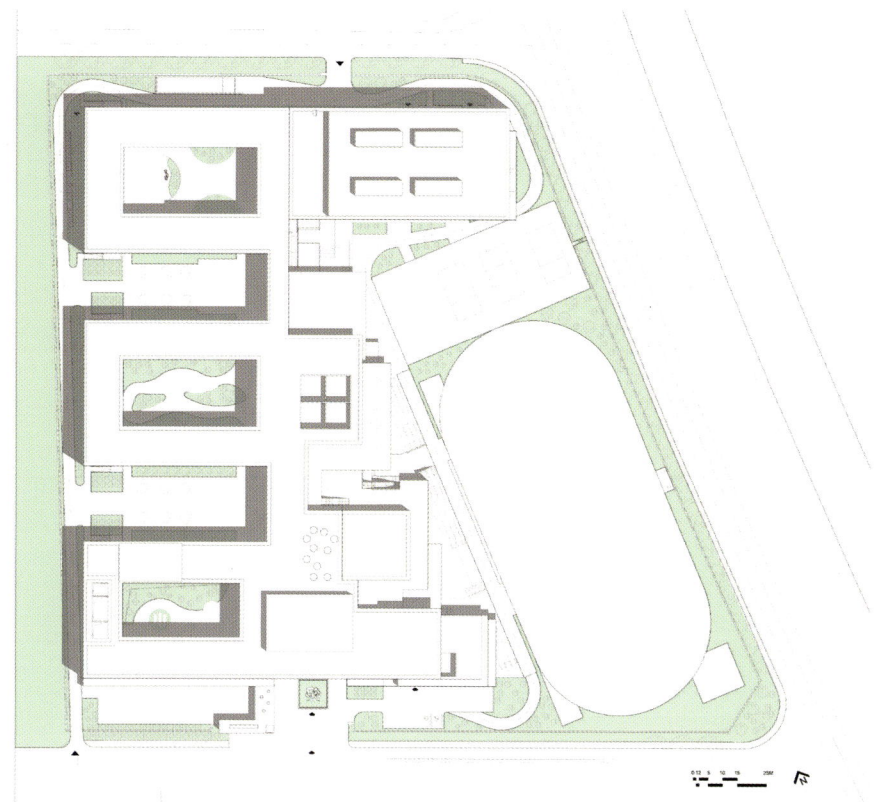

总平面图

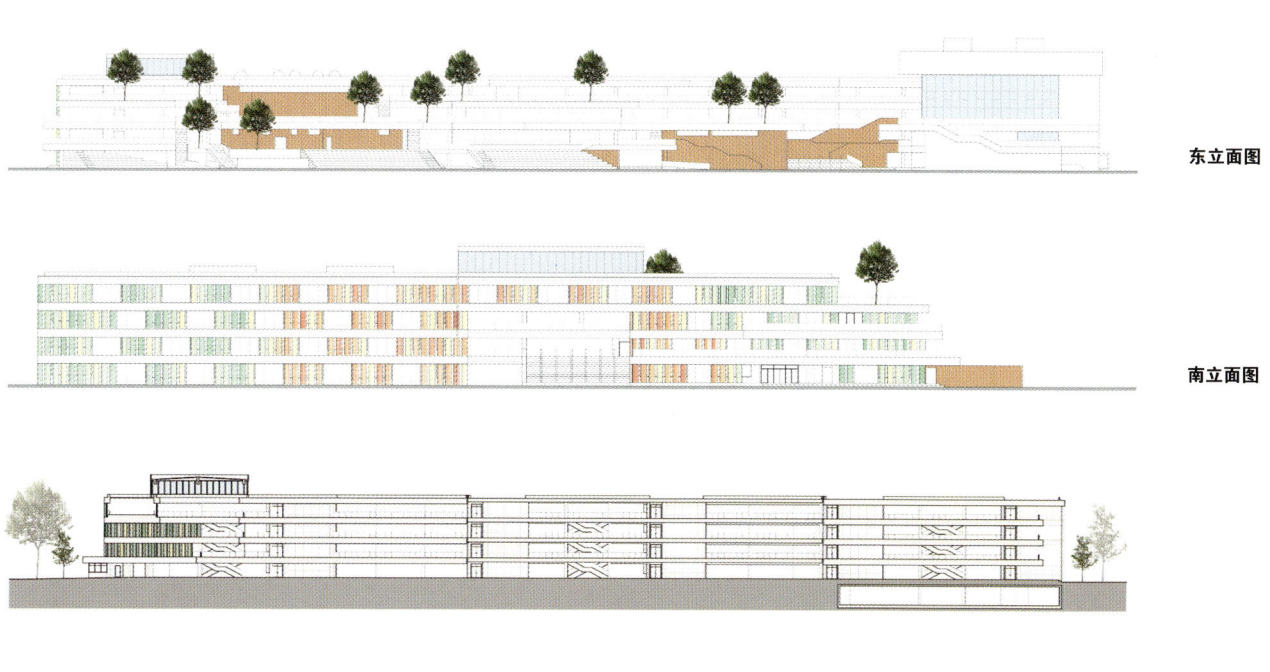

东立面图

南立面图

剖面图

EDUCATION ■ 教育

242 ■ 243

EDUCATION ■ 教育

244 ■ 245

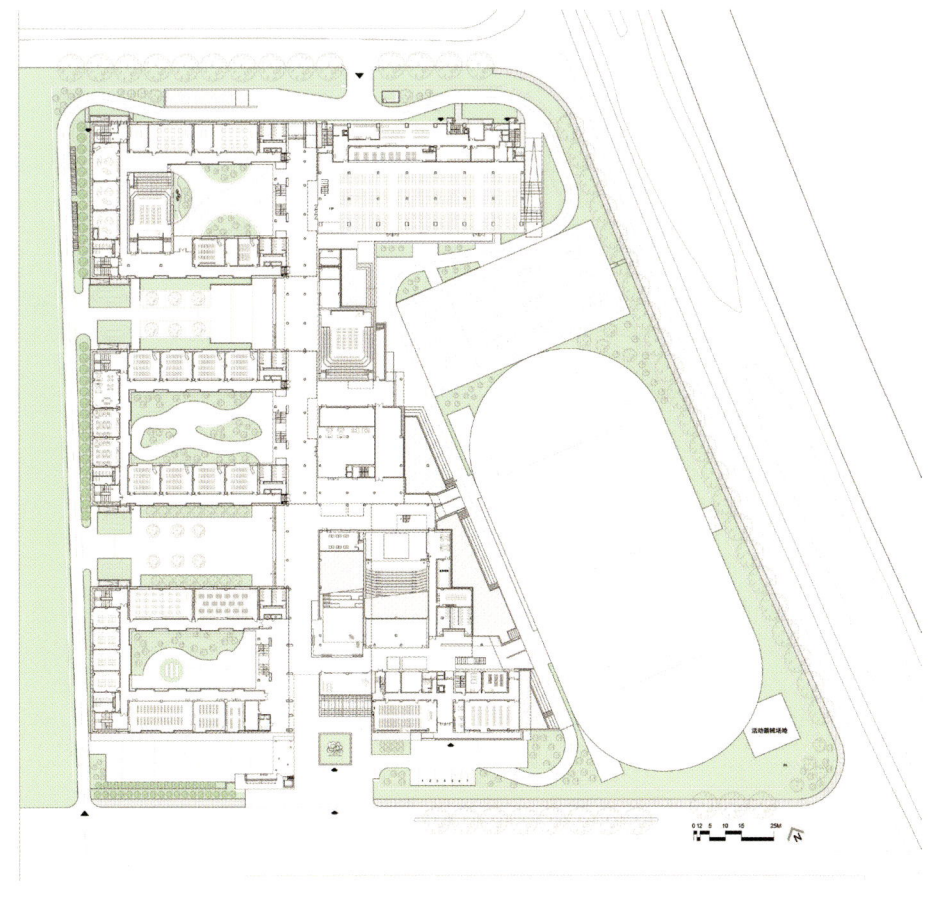

1层平面图

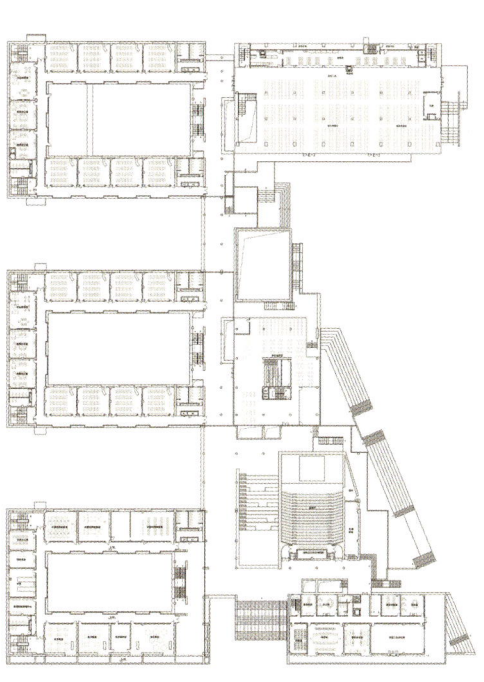

2层平面图

EDUCATION ■ 教育

设计单位
大舍建筑设计事务所
结构机电设计
北京通程泛华建筑工程顾问有限公司
业主
壹基金
项目面积
1,500平方米
竣工时间
2017年1月

四川，天全县

壹基金援建天全县新场乡中心幼儿园

Xinchang Village's Central Kindergarten in Sichuan
Sponsored by One Foundation

陈屹峰、柳亦春 / 主创建筑师 苏圣亮 / 摄影

天全县新场乡中心幼儿园共设六个班，是2013年芦山地震后壹基金向灾区援建的十多所幼儿园中的一所。项目用地位于新场乡丁村西北侧一块不大的台地上，四周群山环抱。基地向西遥对着一个山口，让人在大山之中仍能感知到远方的存在。附近的村落与自然紧密依存，又和它微妙地对峙着，气氛安宁而静谧。为了保持乡村的知觉宁静，新建筑的介入应该契合这种家园氛围。

整个幼儿园被设想为一个"村"，面积约为1,500平方米的建筑体量按功能组成被分解成九个彼此游离的"村舍"，布置在基地的东、南、北三面，围合出一个向着西侧山口完全打开的U形内广场。广场的铺装和建筑外墙都采用当地生产的页岩烧结砖，构筑了一个具有强烈人工意味的场所。这个场所一方面自立于周边的自然环境之外，另一方面又和天空、台地、近处的村落以及远方的山口组成一个密不可分的整体。

在这里，有着确定的空间尺度和时间尺度，自然的呈现是受控的，和场所的起承转合息息相关。内广场是整个幼儿园的核心，也是场所方位感和识别性的关键所在。孩子们每天在广场内嬉戏，他们对幼儿园的认同和记忆会从这里开始，内广场由此也将成为场所归属感的一个源头。

幼儿园场所的营造也充分考虑孩子们的心理和生理特点，尽量实现空间类型的多样化和可游戏性。雅安地区多雨，幼儿园各单体建筑以及主入口借助曲折的外廊系统连为一体。外廊顺应着场地标高的变化，结合坡道、台阶，在内广场与两侧建筑之间增添了一个富有亲和力的尺度层次和空间层次，也为孩子们的日常活动提供了更多的可能。

幼儿园面临着相对严苛的造价制约，设计亦须充分顾及当地的施工能力和工艺水平，周边村舍建造的真实和自主因此便成为一个很好的研究范本。

当地年降水量多达2,000毫米，防水构造对建筑外观产生了重要影响。幼儿园单体规模不大，单坡屋面能迅速排除雨水也便于施工。建筑外墙面采用在框架填充墙外侧砌筑一皮页岩烧结砖墙作为防水措施，页岩砖远比普通外墙涂料耐雨水侵蚀，在周边村舍的建造中被广泛使用。幼儿园的外廊采用便于手工搬运轻钢材料，也为具有浓重手工意味的砖砌场所增加了一抹工业化的色彩，让幼儿园的表达和村舍保持一定的距离。

新场乡中心幼儿园的设计并不为了探究川西乡村的原真性，也无意去营造一个乡村乌托邦。在尊重项目投资限制，符合当下建设程序和适应当地建造能力的前提下，除了满足使用要求，建筑师想要尝试的是让新建筑进行自我调适，以契合川西乡村的家园氛围，同时又能实现某种程度的自主。

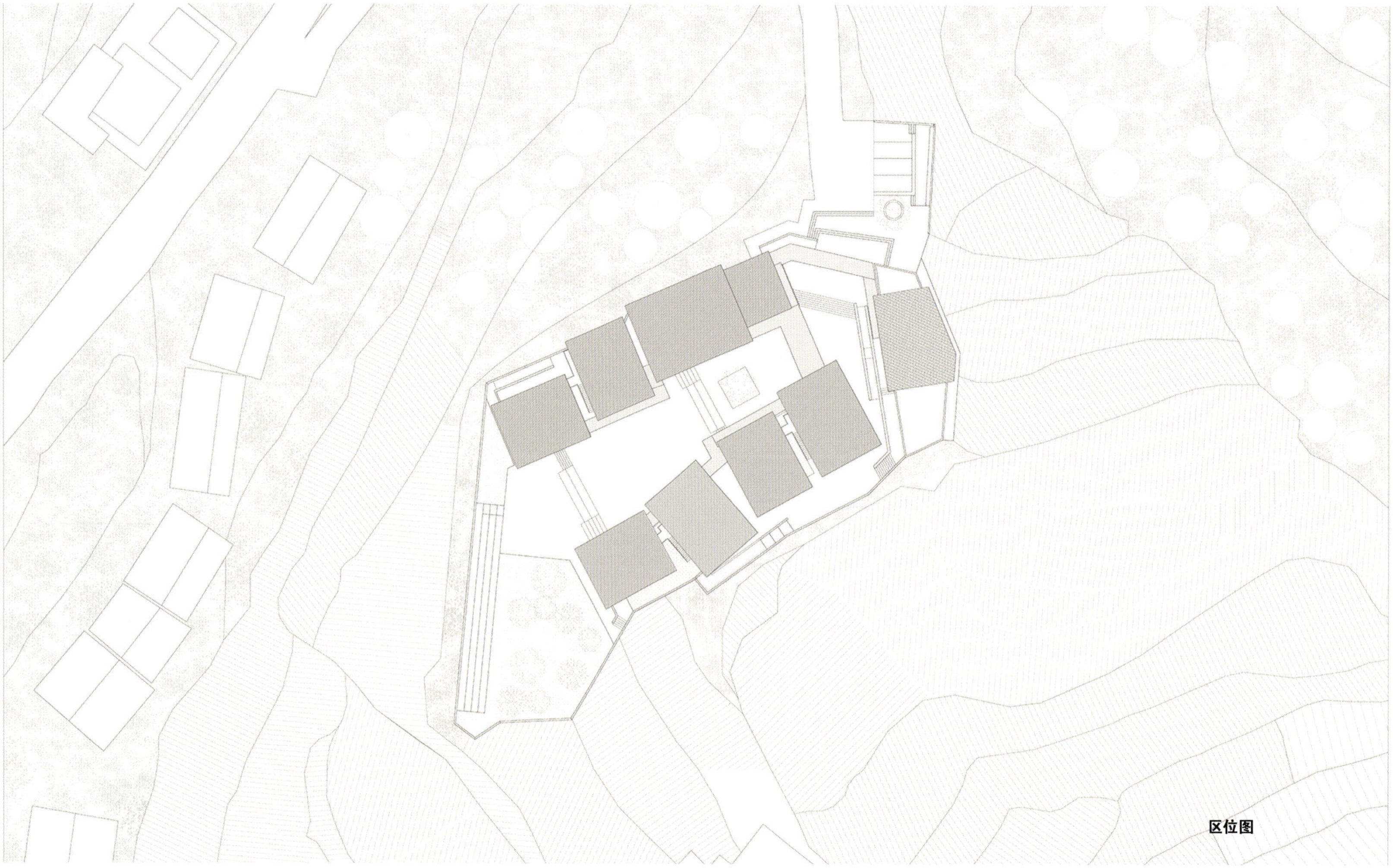

区位图

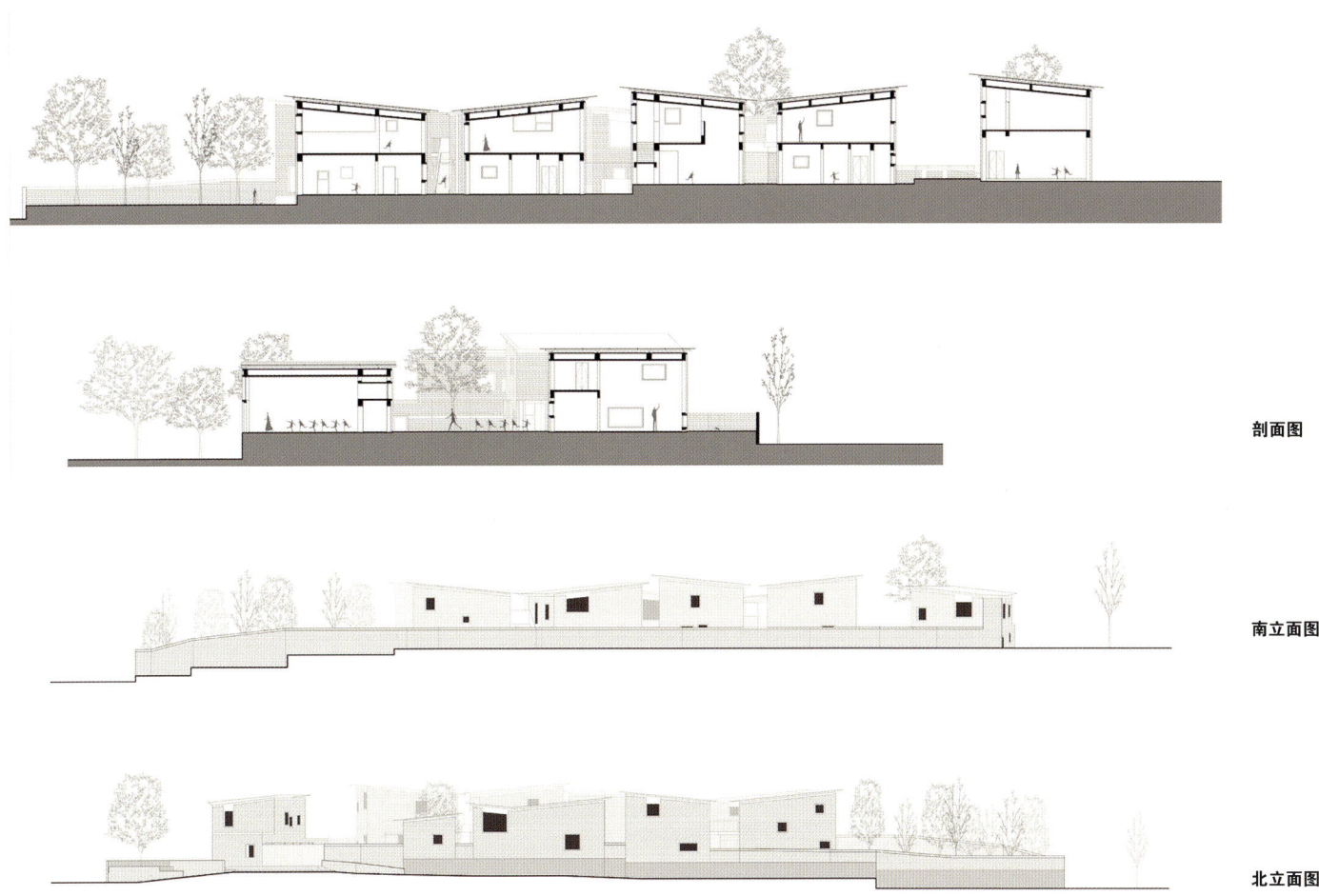

剖面图

南立面图

北立面图

EDUCATION ■ 教育

1层平面图

2层平面图

EDUCATION ■ 教育

江苏，苏州

苏州星韵幼儿园
Xingyun Kindercarten, Suzhou

张应鹏 / 主创建筑师　姚力 / 摄影

星韵幼儿园位于苏州滨河路以西，横山路以南，东临美田山水之恋小区，北侧为在建小区，南侧临河，西侧为规划道路；用地面积5,429.9 平方米。

幼儿园南侧面向山体，景观视线良好，北侧则被高层建筑围绕。将幼儿园生活用房与各类专业用房清晰归类，生活用房群组形成半圆形体量面向山体，其他专业用房以色彩丰富的体量穿插于主体之上，形成了犹如母亲怀抱孩子的总体布局。

整个场地西侧临道路为入口功能空间，合理组织广场式入口空间，退让小广场的处理方式缓解幼儿园上下学时段的不利影响。同时在广场一侧设置长廊，方便家长接送孩子。建筑内部设中庭空间，功能南北两分，南侧二、三层以上设置主要学习、游戏功能，景观和日照均最大化，一层设图书、劳技等专业教室；在地块北侧设置食堂、厨房、多功能厅、教师办公等公共功能，交通便利，流线清晰，以利于到达。

在主入口处设置广场硬质铺地景观延伸至入口门厅，强调室内外视线的联系。场地内设置了丰富的室外庭院景观，地块南侧公共活动区提供学校全体出操的场地，沿河挡墙一侧设置带状绿化，并将挡墙本身景观化处理，形成一个理想的室外活动场所，也给广场增加了些趣味。

建筑造型为整体式布局，建筑立面强调建筑体块感，开窗方式强调虚实对比，使建筑极富立体感；为体现幼儿园建筑活泼的独特形象特征，在南立面上运用玻璃幕墙和彩色铝板遮阳，椭圆形主体采用白水泥砌块，北侧体量运用彩色穿孔铝板，整体造型简洁明快，突出大气而不失活泼、高效、现代、美观的新时期幼儿园建筑气质。

设计单位
苏州九城都市建筑设计有限公司
建设单位
苏州国家高新产业开发区狮山街道办事处
建筑面积
9,241.58平方米
竣工时间
2016年8月

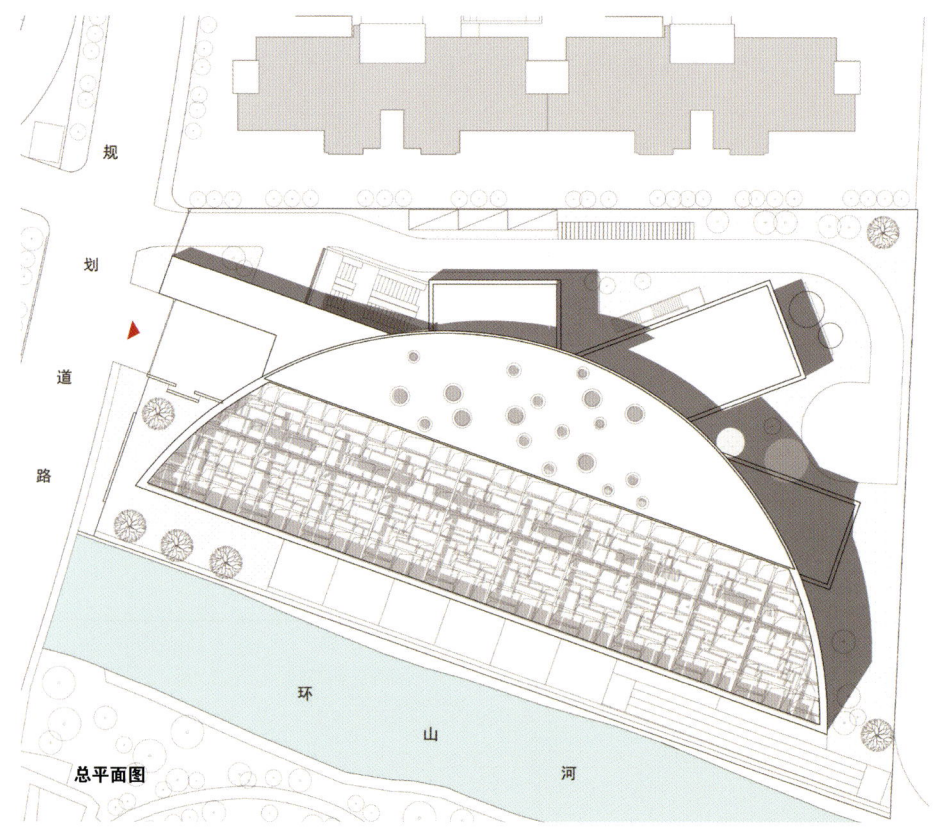

总平面图

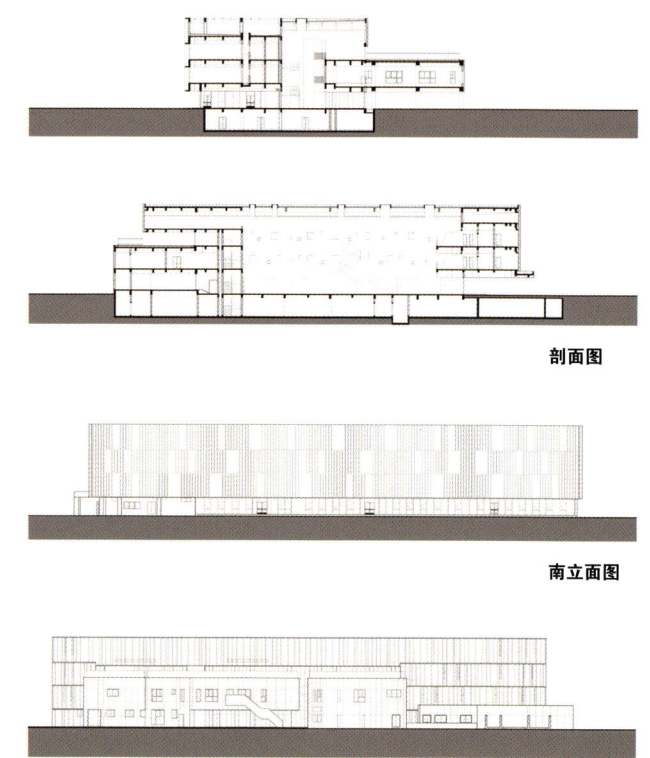

剖面图

南立面图

北立面图

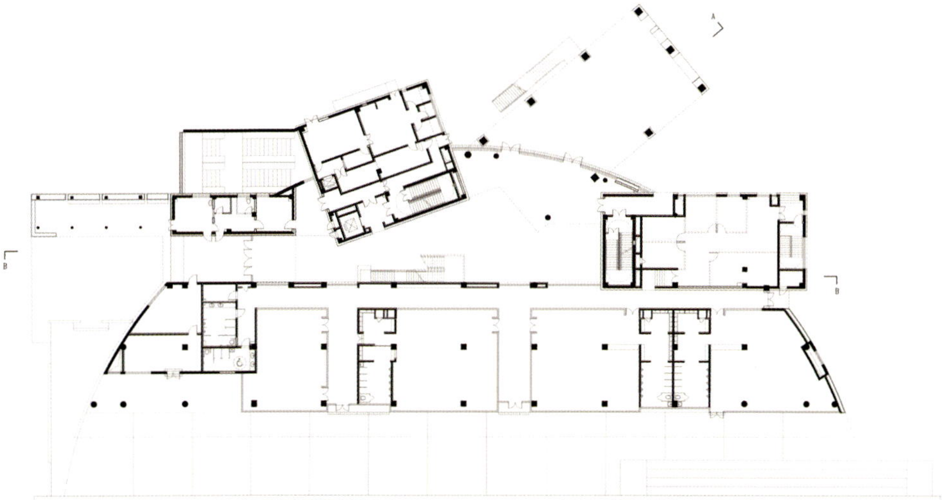

1层平面图

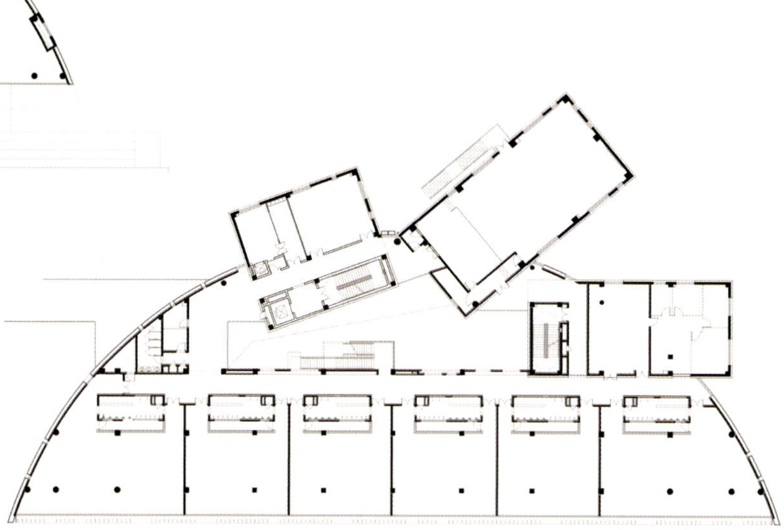

2层平面图

EDUCATION ■ 教育

256 ■ 257

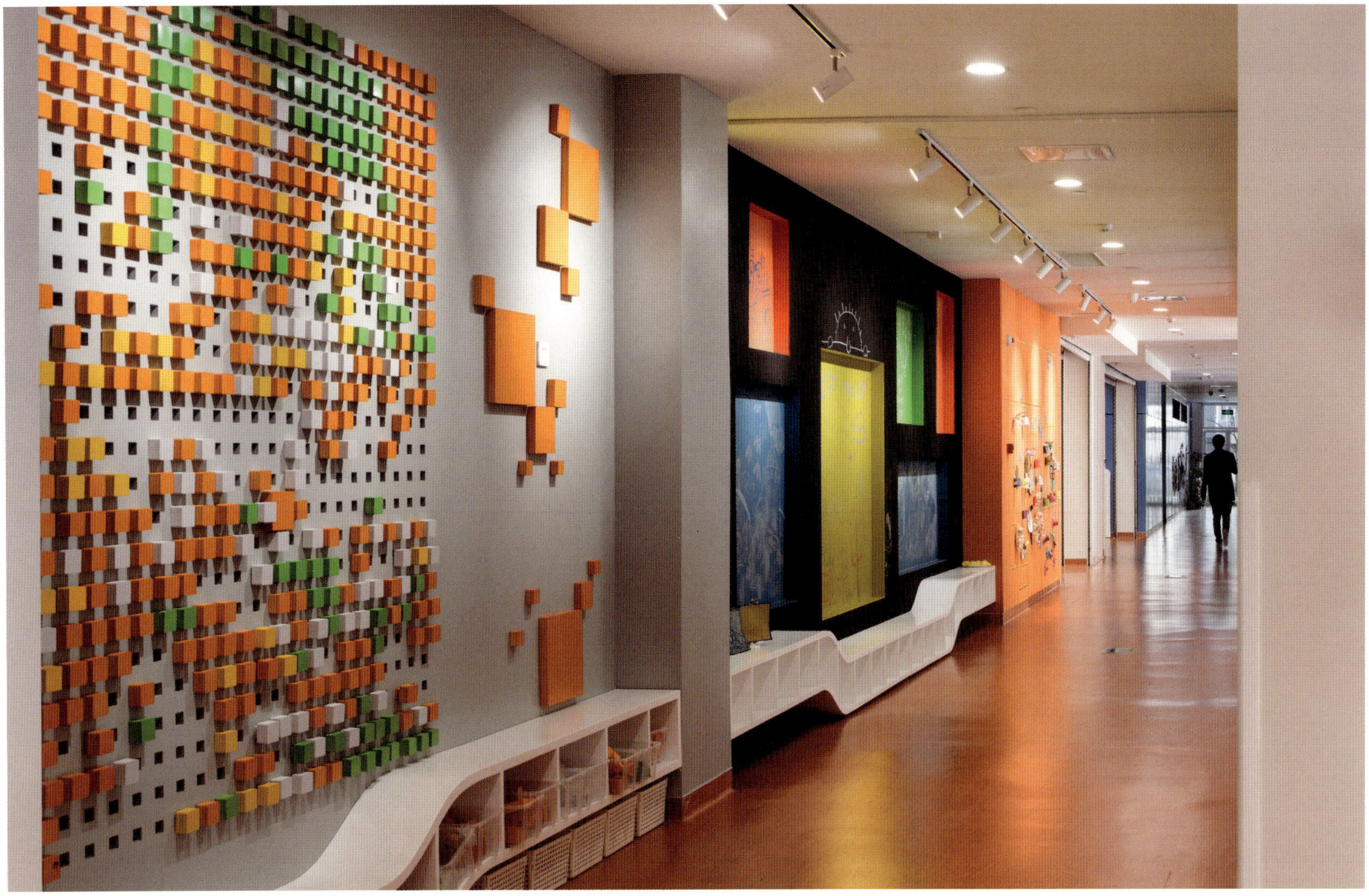

EDUCATION ■ 教育

设计单位
时境建筑
设计团队
卜骁骏、张继元、杜德虎、李振伟
面积
4,200平方米
完成时间
2016年8月

北京，丰台

北京市第十二中学实验幼儿园
No. 12 Kindergarten, Beijing

卜骁骏、张继元 / 主创建筑师　　卜骁骏 / 摄影

　　北京第十二中学是北京最为优秀的中学之一，在学校的发展历程中一直没有幼儿教育这一版块。随着学校往更大范围、更优质的教育水准的发展，该地区对直属幼儿园的呼声就更大。幼儿园的定位从一开始就是优质的，所以对于该教育建筑的形态有着很高的期待。建筑师希望这个建筑不仅仅反映出业主对于优质高端的定位，还应该反映出幼儿教育建筑独有的气质，甚至能够为周边城市带来清新活跃的气息。

　　这是一个改造项目。原建筑的选址位于一片扩张过程的初期城市之中，周边都是普通的住宅，这类城市空间的普遍面貌是缺少文化特色和人性的配套设施。建筑师试图通过这个项目的特殊面貌为这个地段带来一个让人停驻的城市节点。整个建筑深入的研究了原有建筑的体型，采取了干净整洁的体块，以三种纯色为主色调，匹配幼儿观察世界单纯与简化的心理模式。

　　建筑转化成幼儿喜爱的尺度关系是改造的第一步，结合原建筑的立面开窗法，通过大面积色块和突出原立面1米的手法，形成堆砌的方块的形体，从而消解了对原建筑的楼层和门、窗的辨识关系，令人联想到一组积木的堆叠；同时这种非建筑的形象从心理上拉近了与幼儿的关系。

　　对于纯色的使用也是从儿童认知能力出发的。儿童的视力是在6岁之后才逐渐成熟的，在此之前，他们对世界的认知的彩度与成人相比低了一个级别。建筑的立面上大量使用纯色，以激发孩子们对形体与空间的感知与兴趣，从而在他们的幼小记忆中可以扮演更加积极的角色。在室内有三种主要颜色：蓝色为小班幼儿喜爱的安静的颜色；绿色为中班的积极参与的颜色；橙色为大班的活泼与运动的颜色。

　　在北京长期雾霾与阴天的状况下，这座幼儿园的色彩表现力不仅为小朋友创造了值得回忆的空间场景，无疑也为周围的城市环境带来生气与活力。建筑远看仿佛一个巨大的二维彩色拼图粘贴在钢筋森林的城市背景当中，让人有抽离尘世之感。突出墙面的侧面为彩色发光面板，夜色下彩色的灯光使这些均一的色彩变得富于变化，此时该幼儿园变成一个巨大的关于色彩的现代艺术装置。有如大地艺术一般的存在，更加强化了该建筑超现实的感受。

　　我们希望孩子在最为宝贵的成长时期能够被积极有趣的场景所围绕，从而激发他们的视觉和空间感的发展，甚至留下美好回忆。然而普通建筑作为一个成熟的社会经济产物，往往是不会依照孩子的认知心理状态来设计，本建筑便是建筑师试图与儿童纯净质朴世界的对话的产物，同时其独有的清新童趣的形象背后的雄心正是业主对教育机构预设的物质体现。

鸟瞰图

EDUCATION ■ 教育

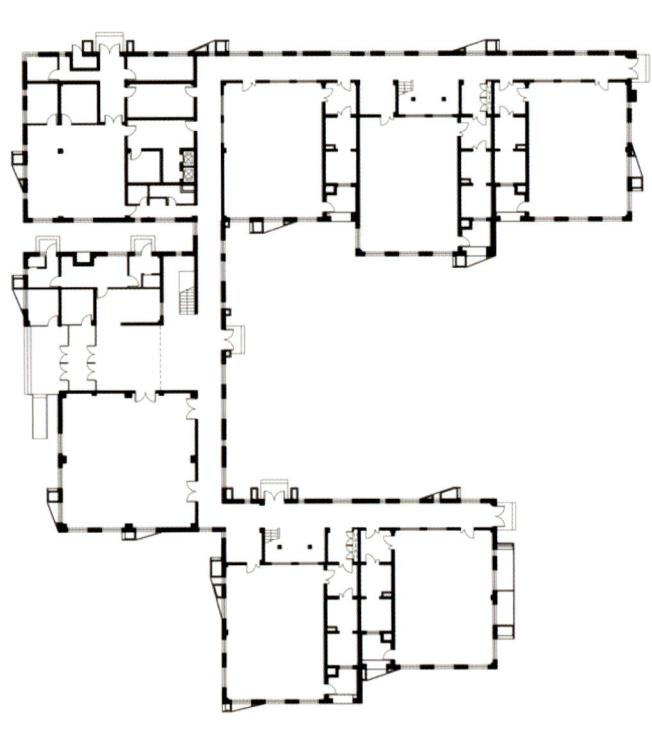

1层平面图

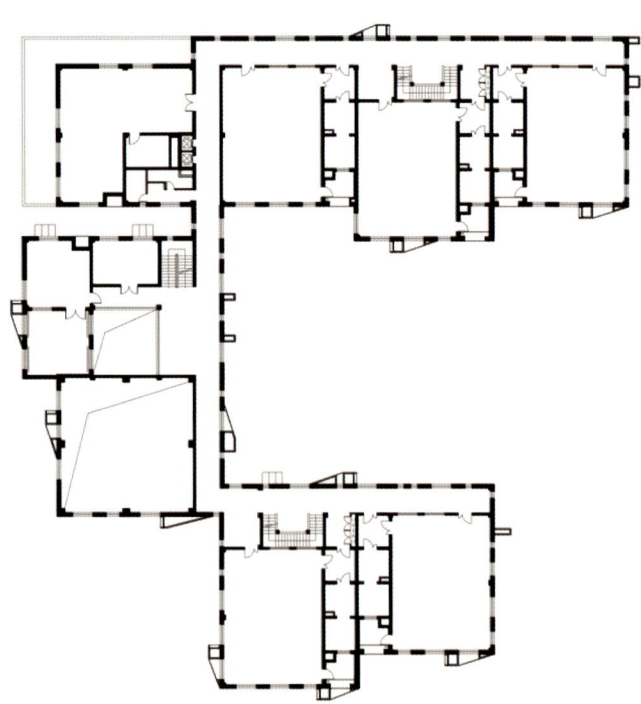

2层平面图

EDUCATION 教育

设计单位
OBRA建筑事务所
中方建筑设计单位／结构工程
中国建筑设计院有限公司
承建方
北京城建十建设工程有限公司
景观设计
OBRA建筑事务所
竣工时间
2017年7月
占地面积
7,100平方米
建筑面积
5,500平方米
主要材料
钢筋混凝土、钢材
获奖
2014年美国建筑师协会纽约分会设计奖
2014年金寿根奖

中国，北京

三河幼儿园
SanHe Kindergarten

帕布罗·卡斯特罗，珍妮弗·李／主创建筑师　珍妮弗·李／摄影

三河幼儿园位于北京郊区，建筑面积约5,500平方米，能容纳540名儿童。旁边是中国建筑师设计的一个大型住宅开发项目，涵盖200多万平方米。

建筑布局紧紧围绕数字"三"展开，因为面向的使用者群体是儿童，这样的设计会让人感觉更熟悉亲切，容易记住。具体表现在：建筑由三个部分组成；每个部分里面是三间教室；三部分全都是三个楼层；建筑内部共有三部楼梯……以"三"为主题，体现了我们熟悉的很多认知方式，比如：左、中、右；是、非、可能；空间、时间、对象，等等。这也暗和中国常见的"父、母、孩子"这种一家三口的组合方式，毕竟独生子女政策才刚刚结束。

建筑采用钢筋混凝土结构，外面覆以砖材，材料取自当地。外立面上有大量开窗。整个建筑结构呈现出一个三面构成的弧形，坐北朝南，前方是操场，操场周围栽种当地树木（臭椿）和灌木（北京车轮棠）。操场十分宽敞，北侧是幼儿园小楼，南侧是郁郁葱葱的植物，这片空地是整个建筑布局的核心和灵魂。建筑外立面上的开窗形式十分规则、简约，所有窗子都是一样的尺寸，整齐划一，形成一种严谨的背景，在这个背景之上，再加上一系列灵活布置的平台，作为户外学习空间，设置楼梯，教室与操场直接相连，整体形成一种乱中有序而又不简单枯燥的空间韵律。

教室的设计模仿纽约艺术家居住的阁楼形式，天花举架高4米，卫生间和储藏间上方设置夹层，作为儿童午后小憩的空间。设计师考虑到中国幼儿园的活动规则——家具摆设一天内要搬动两次：中午要撤掉桌子，摆上小床，让孩子们午睡，其余时间要摆好桌子。增加夹层的设计能够让老师省去搬动桌椅的时间，每年可以增加20%的教学时间。幼儿园大门设在西侧，顶部有一个巨大的圆锥形遮棚。早上，孩子往往在门口与家长难分难舍，不愿意进去，而入口坡道的设计则有助于帮家长快些让孩子走进教室。建筑结构看上去好像是很多小房子拼接而成，有效缩小了建筑在视觉上的体量感，不像公共建筑，更像民用建筑。这样的设计是因为对儿童来说，第一次面对大体量的公共建筑可能对他们的心理造成创伤性的冲击。

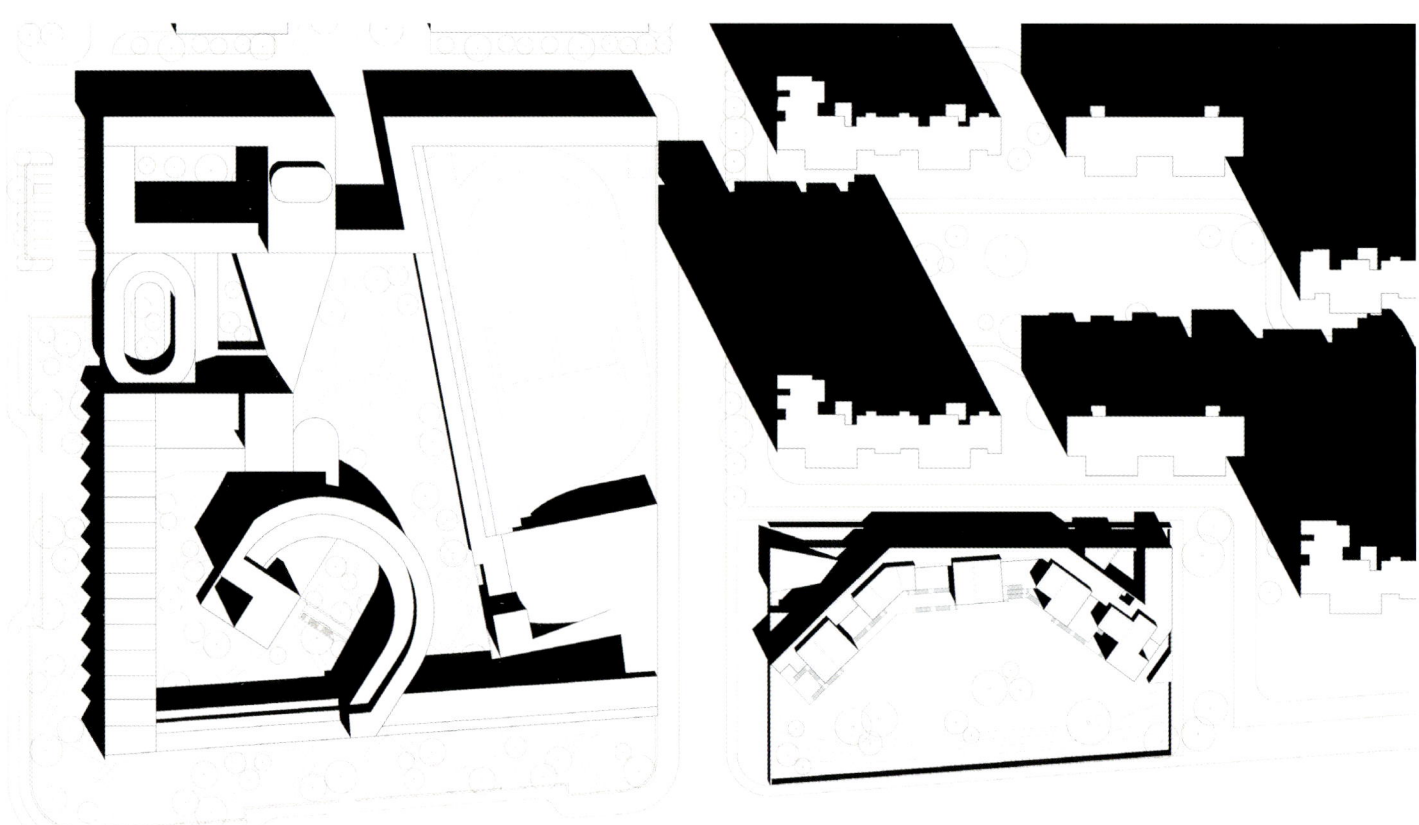

总平面图

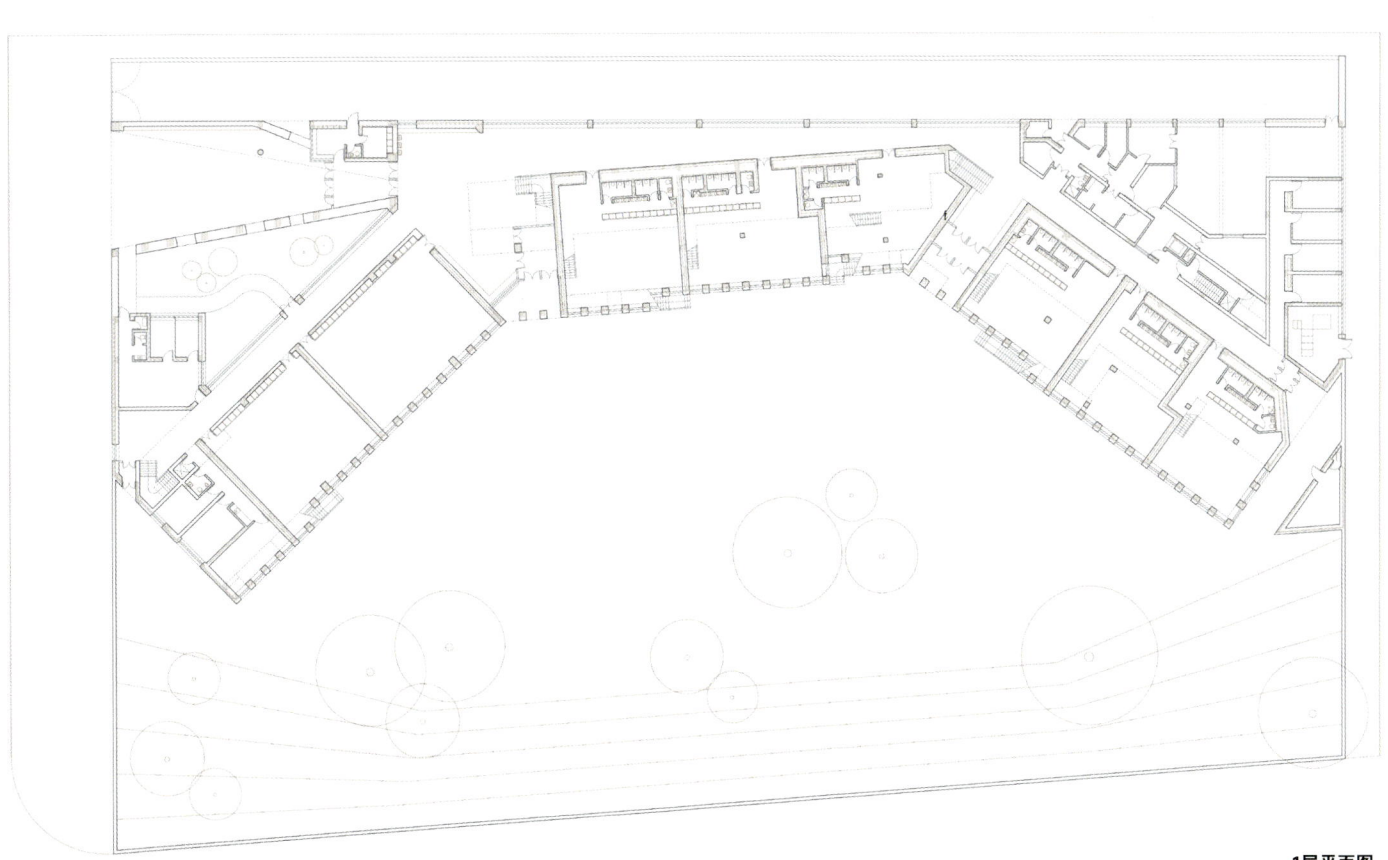

1层平面图

EDUCATION ■ 教育

设计单位
华南理工大学建筑设计研究院
竣工时间
2014年11月
占地面积
35,000平方米
建筑面积
6.95万平方米
主要材料
石材、釉面砖、铝合金玻璃门窗
获奖
教育部2017年度优秀工程勘察设计奖
（住宅与住宅小区）一等奖

广东，广州

南湖山庄
South Lake Mountain Villa

倪阳、林毅、张敏婷、田珂、邓心宇、徐杰星／主创建筑师　战长恒、陈小铁／摄影

项目位于广州市白云区同和路东侧,此地块背山面水,东面靠山,可以看到美丽的山景,西面、南面视野比较开阔,可以望到波光粼粼的南湖及广州市区,地块垂直高差达118米,拥有得天独厚的自然景观。项目由高层住宅和低层住宅及小区配建的公共配套设施组成。是一个生态、低密度的花园式山地住宅项目。

设计理念

规划总平面建筑布局结合山地特征,采用台地开发模式,因地制宜进行布置,形成顺应地势的小聚落组团空间和层层跌落的山地景观。场地西侧为广州市著名的风景区南湖。项目采用了逐层抬高的布置方式,多数低层住宅都有较好的视线通廊,高层布置在半山之巅不仅不会遮挡别墅,更为高层住户提供了更加独特的景观体验,强化了景观优势。高层住宅将台地的概念引上空中,在空中植入平台,并用层层90度错位,形成6米高的空中院落。客厅结合平台设计在楼宇尽端转角处,为住户提供270度的无敌景观。在顶层更提供三层的复式空中别墅。不仅仅是低层住宅的半开敞天井院落,高层住宅的环绕形的大平台和空中院落,而且在高层住宅下部的半开敞阳光车库中,设计最大限度的让住户能有机会接触自然。

技术创新

a. 低层住宅户型设计采用半围合的布局,形成半开敞的天井庭院。根据地形不同,分别设计为前高后低、前后相平与抬高基座的不同的户型来应对。在造型上以错动的平台和木色遮阳板作为主要造型元素,通过移动百叶,形成可变的外立面肌理,为现代造型的住宅增添细部。

b. 高层住宅户型设计了半岛式的起居空间和环绕式的大阳台,为住户提供270度的无敌景观。造型上利用横板的元素强调建筑层的感觉,并不断左右错落,既丰富活泼了立面,又可以形成两层通高的空间,使视野变得比较开阔。特别值得一提的是在顶部设计的多套复式户型,利用平台出挑为住户设计了空中私家泳池,提供十分独特的生活体验。

c. 在D区高层住宅区,结合地形,横跨山崖设置了半山会所,住户可通过塔式电梯从山脚直达高层的入户平台花园,并在层层叠落的平台上设置不同的功能用房,满足住户的文娱活动和社区交往,顶层设置屋顶无边泳池,一览南湖美景。

d. 在高层住宅的底部,结合山地地形设计了一面开敞的阳光车库。车库采用斜坡式停车,减少施工土方的开挖同时,提高了停车效率。在外围护上没有采用传统的墙体封闭,而是采用预制清水混凝土板遮阳,形成富有韵律,可以呼吸的外立面。

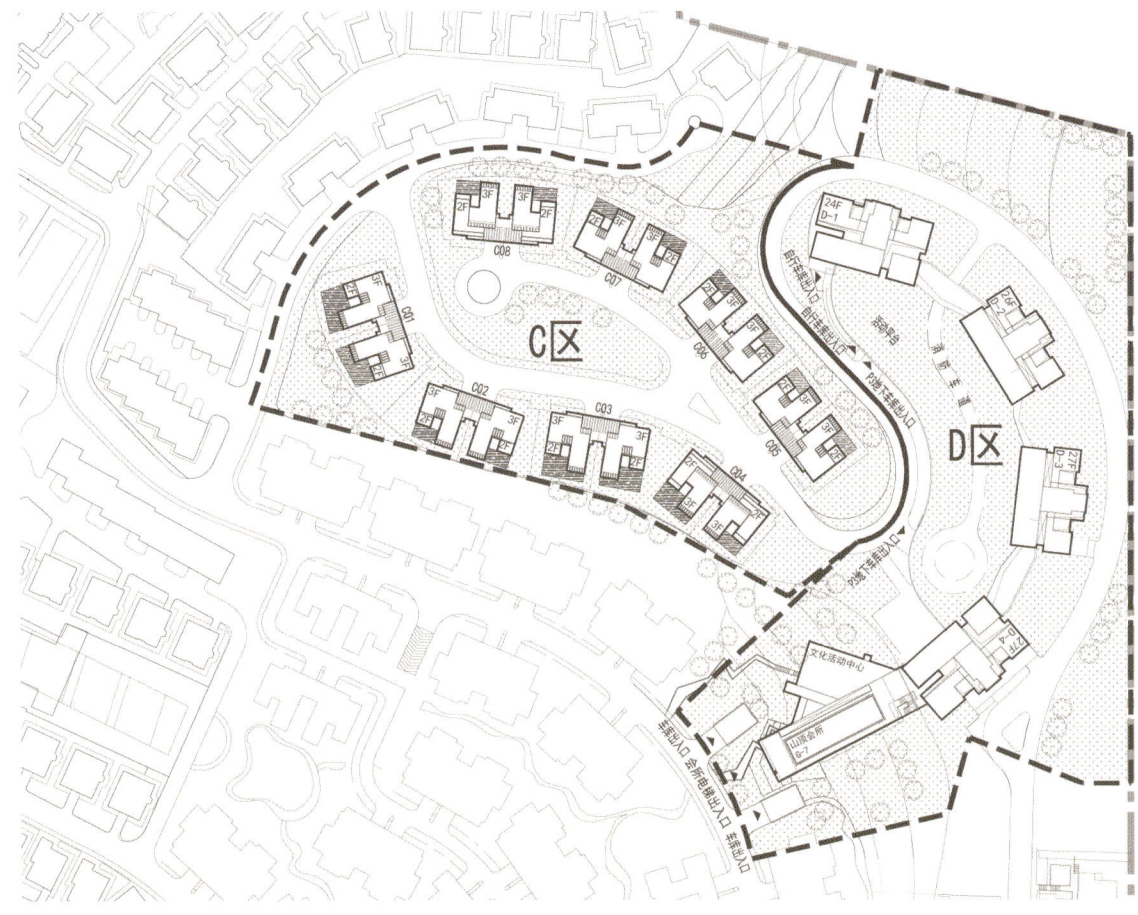

总平面图

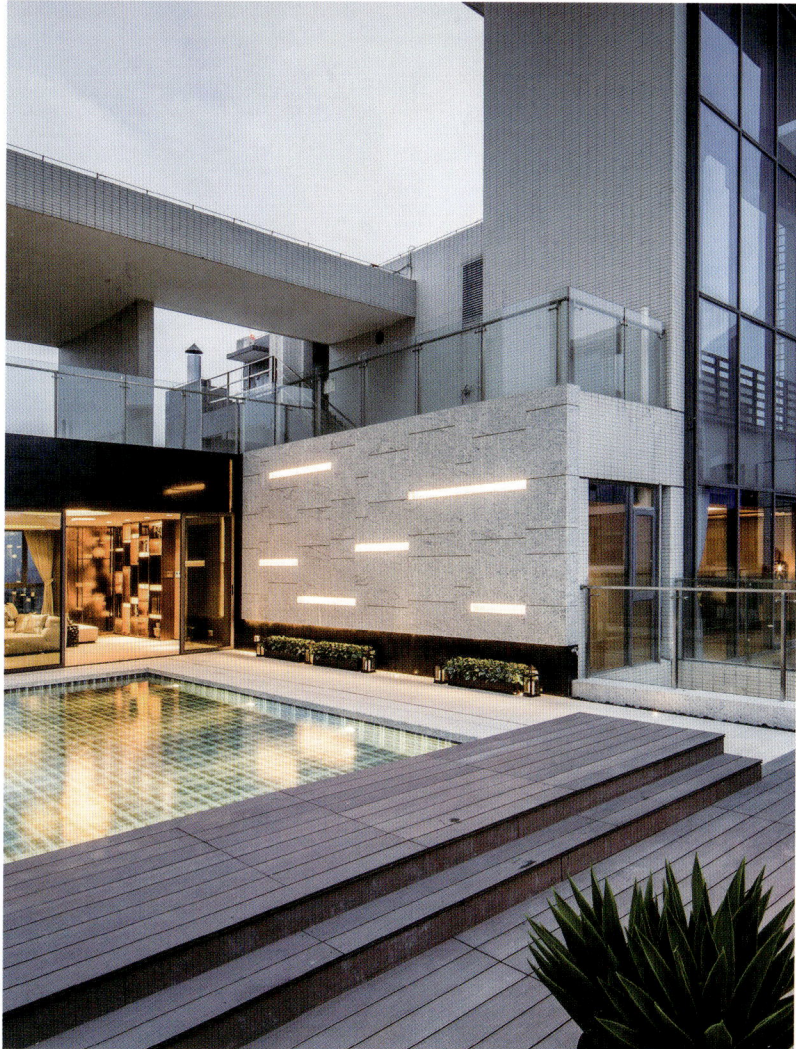

HOUSING ■住宅

四川，成都

麓湖黑珍珠
Luxelakes Black Pearl

纳伦德拉·帕特／主创建筑师　帕特国际／摄影

帕特国际（Patel Architecture Inc.）与生物学家和生态科学家合作，打造了麓湖黑珍珠独一无二的设计。麓湖有自我清洁功能的水下植被和鱼类等各种水生生物，将有助于当地生态系统的建立。设计不使用化学成分和机械系统。别墅设计概念的灵感来自风水理论的五大元素——金、木、水、火、土。

建筑规划的目标是尽可能打开视野，呈现一个同时展示独特性、统一性和多样性的设计。精心设计的建筑特色和造型确保了和谐的街道景观。这个项目的目标是让人感觉像是住在一个建筑雕塑里，同时保证这个名为"黑珍珠"的社区的辨识度。

走近别墅，雕塑般的造型、天然的材料、柔和的色彩和曲线形的墙壁吸引着你，轻轻地把你从庭院带到入口。不同尺寸和形状的墙壁，呈现出各种阴影和纹理，引导你进入这个有机的、不断移动的设计的核心。天然石材墙面，衬托着简洁典雅的造型，阴影进一步凸显了造型与体量。随着屋顶线条的高度和清晰度的变化，伴随着入口水景宁静的潺潺水声，你会逐渐沉浸在别墅的环境中。

进入前门，空间体验会更加戏剧化。墙壁从外面延伸到室内，穿过透明的玻璃屏障，再到另一端的迷人的水景。悬空的拱形天花板以及隐藏于其中的支撑结构强化了空间的戏剧性体验，营造出一种飘浮的假象，突出了室内和室外统一的视觉体验。这些别墅的设计灵感来自于贝壳。《达·芬奇密码》里的数学公式和鹦鹉螺圆锥形的形状，是别墅设计的灵感之源。

设计单位
帕特国际（Patel Architecture Inc.）
建筑面积
2万平方米

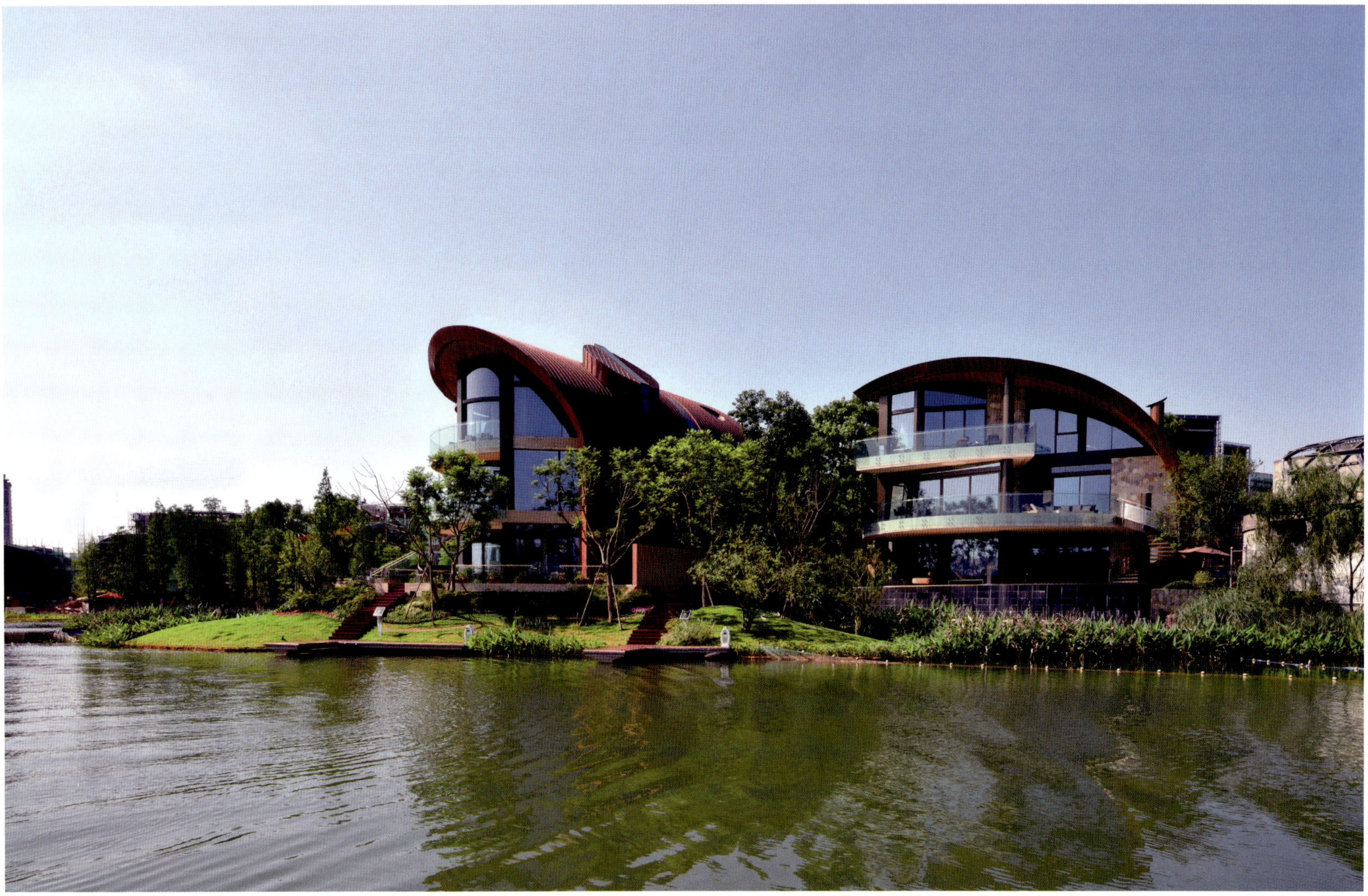

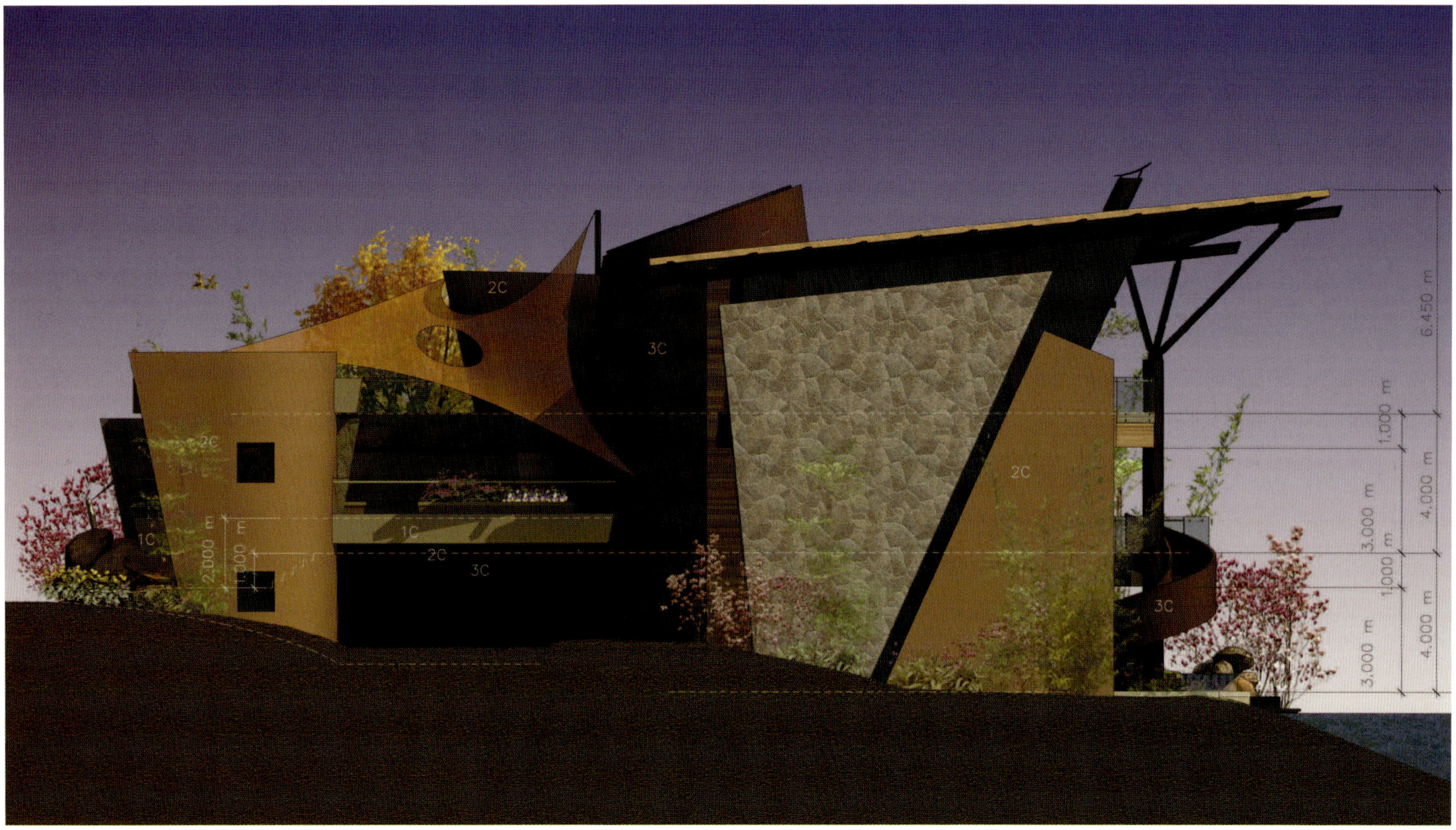
2C
3C
2C
2C
1C
1C
2C
3C
3C
6.450 m
1.000 m
4.000 m
3.000 m
1.000 m
4.000 m
3.000 m

HOUSING ■ 住宅

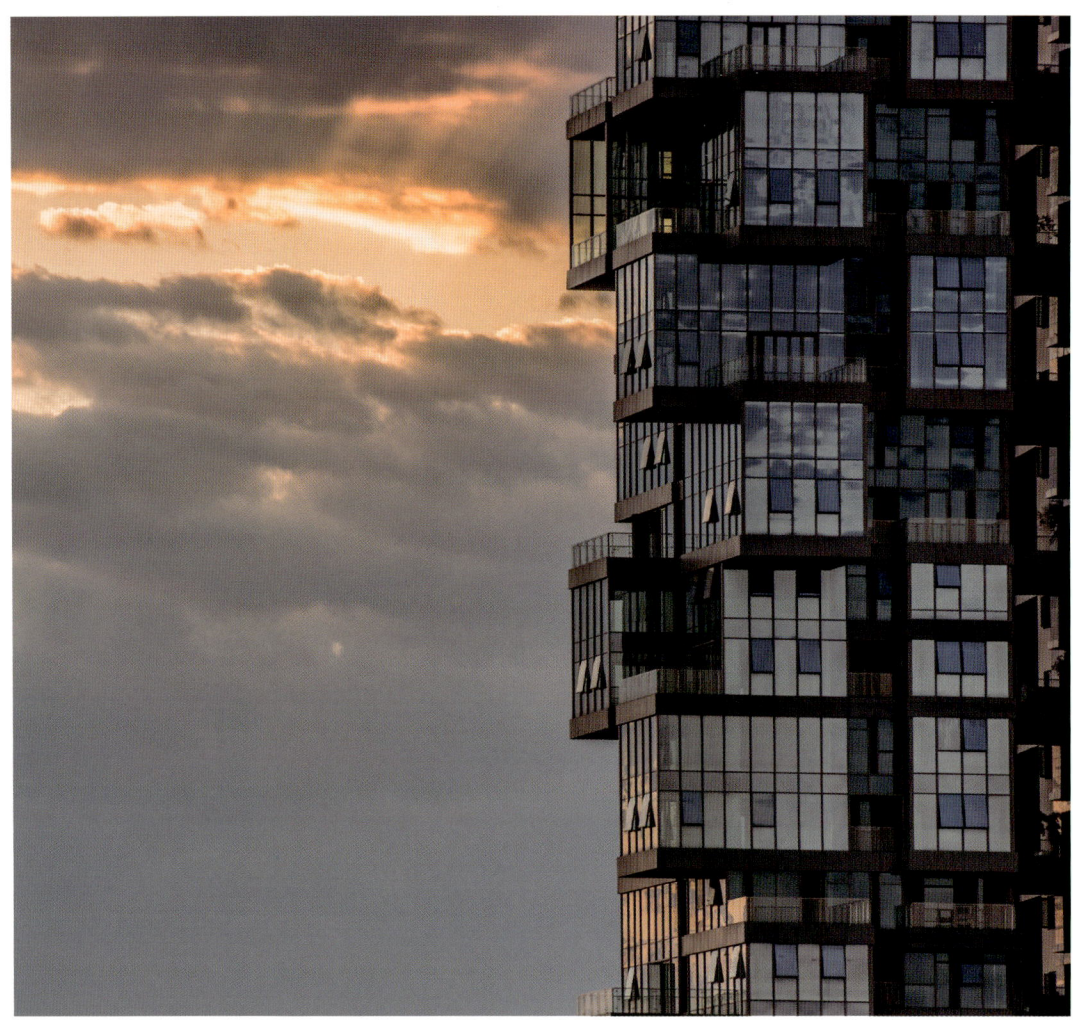

设计单位
五杰建筑
委托方
成都万华房地产开发有限公司
竣工时间
在建
占地面积
4.5万平方米
建筑面积
6.8万平方米

四川，成都

麓湖水晶天空之城
Luxelakes Crystal Laputa

蒂姆·马吉尔、迈克·斯威舒克 / 主创建筑师　五杰建筑 / 摄影

　　麓湖水晶天空之城是一个高端住宅开发项目，位于成都城外的一座人工湖旁边，提供了现代的奢华生活环境。项目包含三座引人注目的高楼和一个中层建筑，中层建筑下方是停车场，周围是私人船只码头。一条修剪整齐的绿带在两座高楼之间伸展，将住宅楼连接到行人通道和下面的主要林荫大道。其他公共设施包括茶室/社区空间，悬于码头之上。

　　为避免出现高楼大厦那种千篇一律的外观和感觉，五杰建筑(5+ Design)打造了独特的退台式设计，每层出现三个退台空间，一直延伸到天际。每个小单元包含自己的空中花园和独立的会客室。其中几个楼层设有游泳池，为这个高档住宅楼增加了一大亮点。立面的外观尽管感觉很随意，其实是由一系列相互咬合的单元旋转角度组成的。错列分布的阳台进一步将各套住房分开，同时带来一览无余的滨湖景观。混凝土建筑包裹在光滑的玻璃和金属中，温暖的石材和木材覆盖了中层建筑的底部以及茶室周围的悬臂架子，质感上呼应了周围的自然景观。

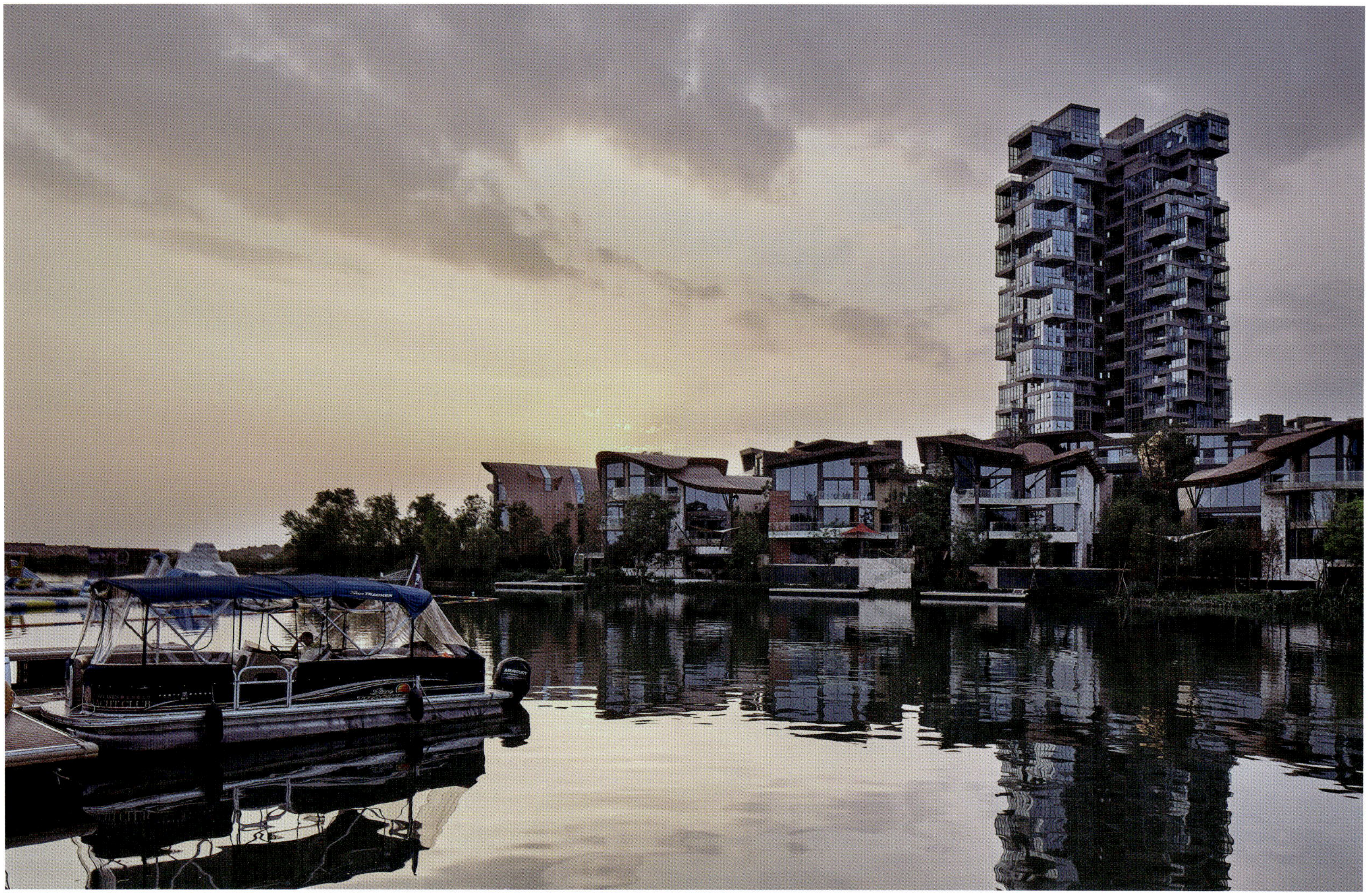

INFINITY POOL
LIVING
BALCONY
DINING
DEN
BALCONY
KITCHEN
TERRACE
CLOSET
M.B.
B.R.
B.R.
LOBBY
CASITA
CASITA
TERRACE
BALCONY
DEN
DEN
LIVING
BALCONY
FOYER
GALLERY
KITCHEN
DINING
B.R.
TERRACE
KITCHEN
B.R.
DINING
B.R.
BALCONY
LIVING
M.B.
BALCONY

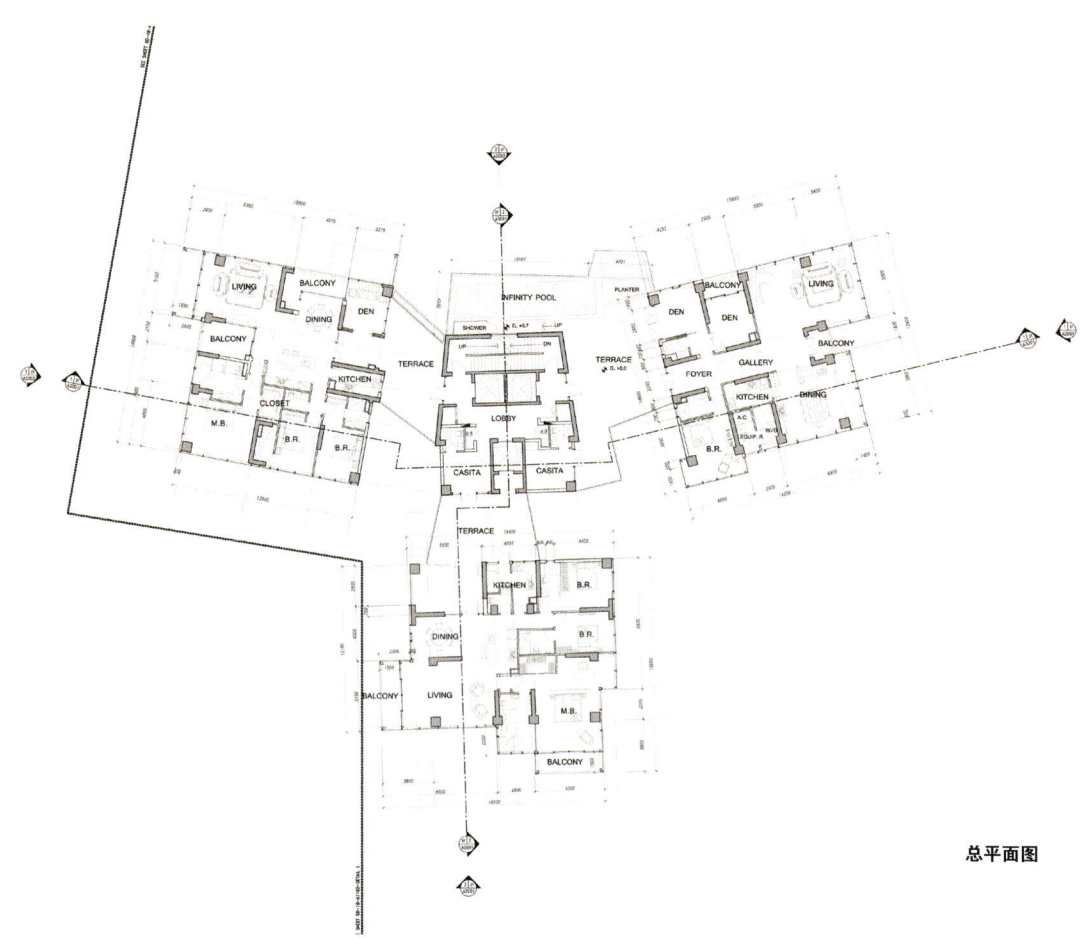

总平面图

剖面图

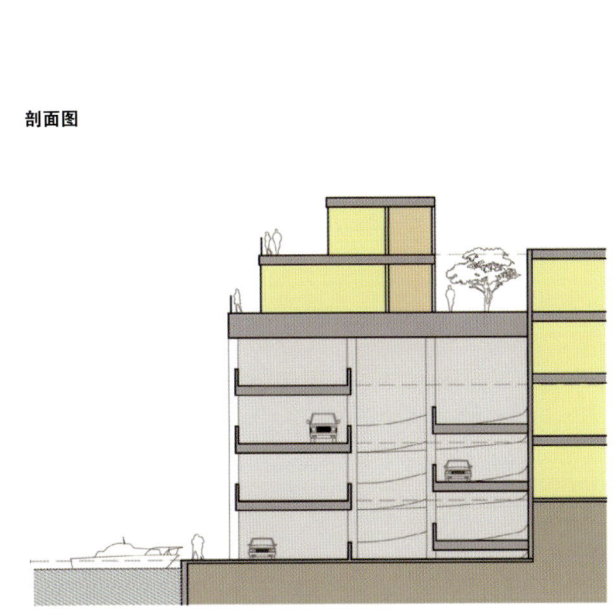
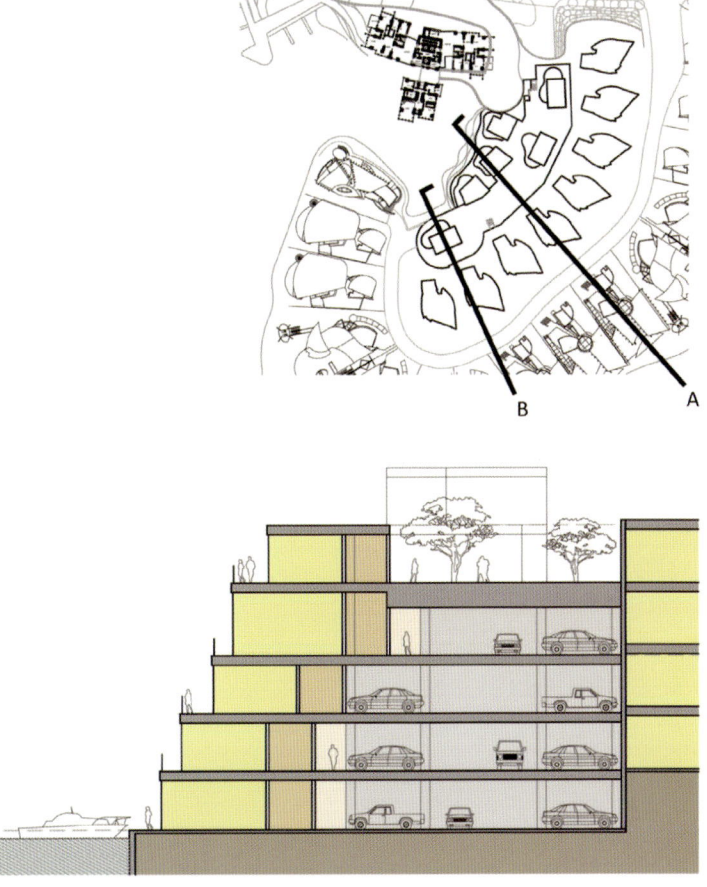

HOUSING ■ 住宅

设计单位
江苏省建筑设计研究院有限公司
设计团队
建筑：周红雷、章景云、颜军、
蔡蕾、顾苒
结构：张猛、王金兵
给排水：于蓓文、刘燕
电气：董伟、单莉
暖通：刘文青、周文
景观设计
刘青、吴小宁、汤勤、黄芳
占地面积
2.14万平方米
建筑面积
22.15万平方米
主要材料
石材、铝板
获奖
2017年度全国优秀工程勘察设计一等奖
2016年度江苏省第十七届
优秀工程设计一等奖
绿色建筑三星设计标识

江苏，南京

骋望骊都华庭
Lido Garden Apartments of Chengwang

周红雷、章景云、张怡、黄帆、罗怀利／主创建筑师　高峰／摄影

地理位置及主要功能

基地位于南京市江宁区大学城，东临规划路，西侧为弘景大道，北侧为待开发用地，南面是规划学十二路。

主要功能

小区主要建设内容为小高层住宅以及物业管理用房、幼儿园、菜场、会所等公建配套用房。总建筑面积为221,544平方米，其中地上建筑面积156,310平方米，地下建筑面积65,234平方米，建筑高度为34.10米。

设计理念／灵感

小区设计遵循生态化、智能化及高效化，总图排布突破传统住宅设计阵列排布的单调感，同时保证土地利用的高效性。住宅规划为基地原有朝向结合正南北向，同时融入中心景观绿带布置，将基地内原有水体抽象出一条下沉的中心生态景观绿带。将城市化的住宅排布与生态中心景观相结合，形成全新的时尚、生态居住区。会所位于小区主入口，是社区的中心，也是连接建筑空间与生态景观环境的起点。在项目中是画龙点睛之笔。平面设计含蓄地抽取了中国传统民居的形式。圆形天井的设置，为会所室内提供了良好的自然光源，同时将屋面的水收集聚入下沉庭院，映射出了四水归堂的传统意蕴。

设计要素

1. 景观概念。根据建筑的总体规划概念，将景观的设计分为中心生态景观和生活休闲景观，两种风格相互渗透。中心生态景观的概念延续了园区起点的"泉眼"--会所建筑，将水的主题继续发展，利用水花水纹跳跃流动的形态抽象出生态景观部分的肌理变化。生活休闲的景观更趋于城市化元素，更理性与实用，与中心自然生态区形成一定对比，并与湿地中的步行栈道自然衔接形成整体。

2. 住宅设计。从规划的层面提高住宅整体趣味性，丰富的中央景观空间，与有趣的入户方式结合，连续曲线的中心景观提高了区内各住户景观的均好性；人车分流的两套入户方式，提高品质，挑空的二层门厅，丰富了居住空间的层次，采光的地下车库有利于节能。住宅平面力求简洁方正而不失趣味。户内空间在满足功能的前提下保持空间的生动与灵活。住宅内外错动的阳台和房间构成建筑立面变化的肌理，形成简洁现代的"公建式"立面。住宅主要外墙材质为石材和棕色铝板。

设计难点及解决方式

项目设计于2010年，前瞻性地采用地源热泵、辐射空调等绿色设计理念，该建筑竣工使用以来，在可再生能源及绿色建筑运营上已取得很好的经济效益。已获得国家绿色三星建筑设计标志。

骋望骊都

总平面图

地下1层平面图

1层平面图

HOUSING ■ 住宅

设计单位
萧力仁建筑师事务所
竣工时间
2016年
建筑面积
1,618平方米

台湾,台北

禾硕荣星集合住宅
Residential Tower at Rongxing Park

萧力仁 / 主创建筑师　亮点摄影工作室 / 摄影

基地环境

基地位于台北市荣星花园旁的角地上,拥有广阔宜人的森林绿地视野,同时也面对极为喧闹的传统市集。荣星花园早已成为台北人生活的一部分,每逢清晨,各式的晨运活动伴随着天光,揭开了当日序幕。

小区课题

面对杂乱的市场与喧闹的商业行为,概念上提出了"秩序与非秩序"的对视意涵,借由对比,重新宣示市场的起始点,也区分了住宅与小区,居住与商业的空间使用意义。

外观造型

住宅的基本形态是"将平面划分成4个格子"。其中的空隙让自然光线与气流从周遭渗入室内空间,使自然成为生活的一部分,鼓励人们与大地对话。

整洁利落的方形量体,作为小区的精神中心又希望区隔两者的复杂心情。

楼高3.6米,面宽8米,则暗示着空间有多种可能性,可满足小坪数都会住宅的弹性需求。

私密性

居住空间介于街道、中央小房间和阳台之间,以直接或间接的方式面对花园。格子的开启方向同时象征居住空间与市场的区隔,开启了与自然的联结,也模糊了室内与户外的界限,让公共与私密区分,让生活与空间更有层次。

物理环境

居住的格子,让气流自然穿越。南北向的阳台与水平向的雨遮与格栅,让光线适度的筛选与阻隔。位于地下室的主要公共设施,有漫射天光进入空间,营造宜人的光线和气流。

结语

格子作为空间的容器,格子的堆栈作为小区的象征与基本的原型,从平面组织到立体的构架,形塑朴素的内涵,静静等待一个自然而丰富的生活发生的可能性。让建筑与公园市集对话,与天地运行相呼应,成为一种时尚的居住态度。

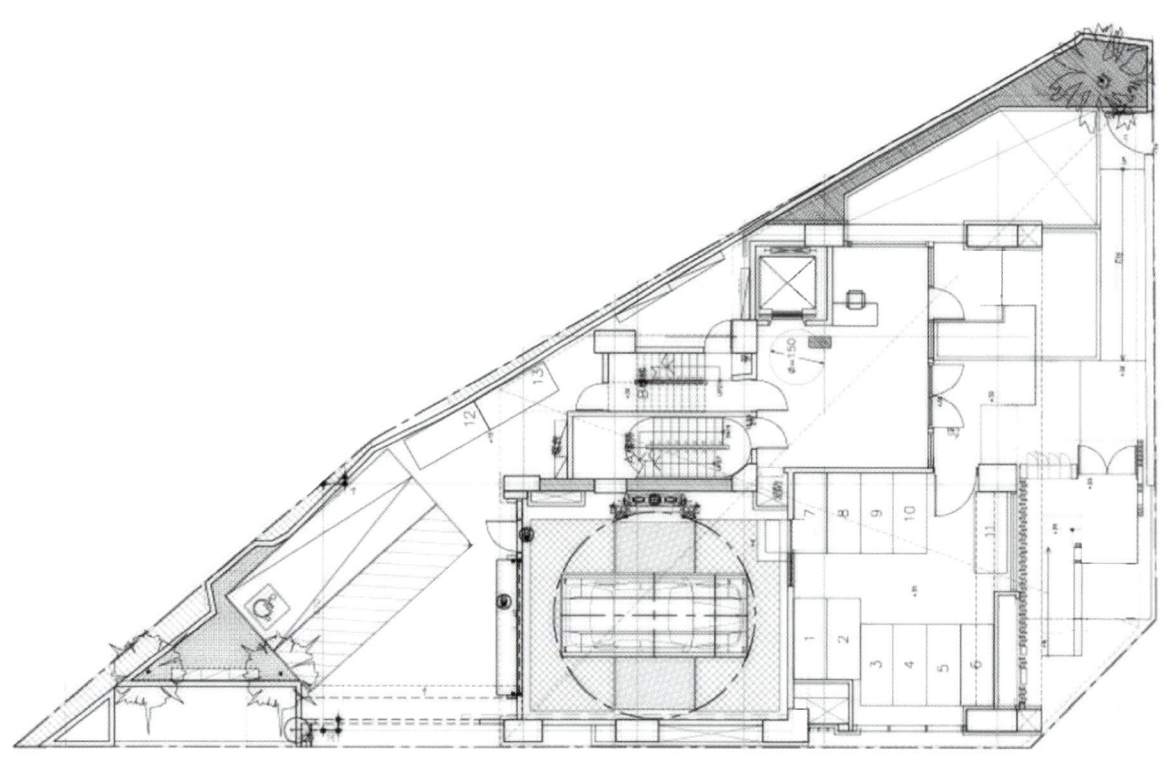

1层平面图

HOUSING ■ 住宅

设计单位
officePROJECT 普罗建筑工作室
设计团队
张昊、赵建伟、谢东方、崔岚
业主
许宏泉
设计周期
2016年4月—2016年6月
建造周期
2016年6月—2016年11月

北京，怀柔

北京留云草堂
Hall within the Cloud

常可、李汶翰 / 主创建筑师　孙海霆 / 摄影

　　许宏泉老师是位画家，也是个既会书法，又会写书，又擅长文学评论的文人。这个怀柔桥附近的厂房将改造成他的工作室，也是他未来的家：留云草堂。

　　基地也是典型的条状坡屋顶砖砌厂房，之前作为工厂办公楼使用。厂房高度约6米，屋顶为三角形钢桁架结构，整体保存状况良好。对于我们来说，项目的特别之处在于，许老师不是一个"传统"的画家，因为他不仅仅画画，他的文名甚至会盖过画名。但他骨子里又是个传统文人，默默坚守着中国传统文化里的文人气质和精神世界的生活。我们发现他在功能的需求上，点明了需要一个油画室，还需要一个国画室。两个分开的不同氛围和场景的画室。我们在这份独特的任务要求中，找到了我们的切入点：透视，这个典型的东西方绘画最大的不同点之处。

　　顺着这个透视的线索，我们设计了一种嵌套式的生活场景，提出了一个艺术家的心理空间图示。在这个图示中，我们将人最基本的睡眠、饮食等生理需要放在中心位置，中间一层为会客、展示等社交需要，最外面一层为画家最重要内心的艺术追求与需求。如果将这个心理空间关系直接投射到建筑空间的布局上，我们可以创造出一个嵌套递进的空间结构。通过房间角部的出口，人们从一个房间进入另一个房间，通过每个角部的开口，形成一条贯穿建筑的视觉通廊。因为这种嵌套式的平面布局，每一层的空间都包裹着另一层，到达一层空间需要穿越另一层空间，它们当中发生的事情都被另一层影响和观看，也同时彻底消灭了走廊的概念。

　　这种空间不免让我们联想到传统水墨画中的场景，如宋朝画家周文矩的《重屏会棋图》，四个男性围成一圈下棋或观弈，在他们后方有一扇屏风，屏风中又画着一个人在一扇屏风前的榻上被几人服侍。而这一扇屏风上的透视角度使人看起来就和前方会棋的几人处在一个空间内，使人难以分辨屏风到底是一幅画还是空间的一个门框。有趣的是，这幅《重屏会棋图》最初也是裱在一扇屏风上面。这样就形成了画中之画，框中之框的三层嵌套关系，无法分清哪个是真实空间，哪个是再现的想象空间，形成了"重屏"的效果。我们的这种空间布局也是意欲再现这种"重屏"之境。

　　由于厂房的周围被大量林地包围，许老师希望能把卧室和书房搬到二层，这样就能欣赏到窗外美景。于是我们原本希望在厂房内部解决改造的希望就被打破了。在这个改变之下，我们希望在加高的部分植入新的秩序来回应新的需求，我们采取了变坡的处理方式。一方面是因为高起的二层没必要再采用坡屋顶，这样会让高度过高，显得突兀。同时无法让加建部分和原有厂房历史形成某种区分和对话关系。透视的主题也由这个外在的形式暗示扩展到了二层。另一方面，我们也觉得通过变坡的方式是对传统意境的一种转译，我们想象着在雨中，雨水落在由缓及陡的屋顶上，自由落水的洒向院子。借由着这个坡屋顶，搭建出一个水与重力表演的舞台。这个坡顶，一开始我们打算做成一个纯粹的双曲

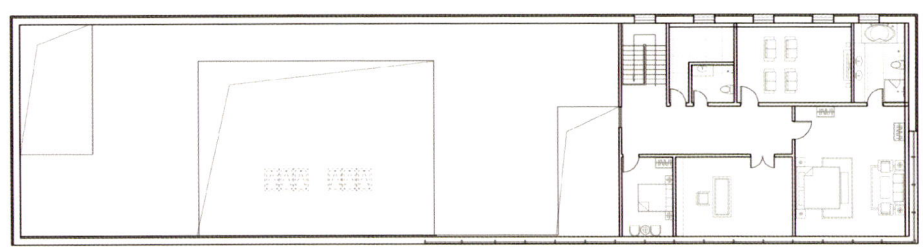

2层平面图

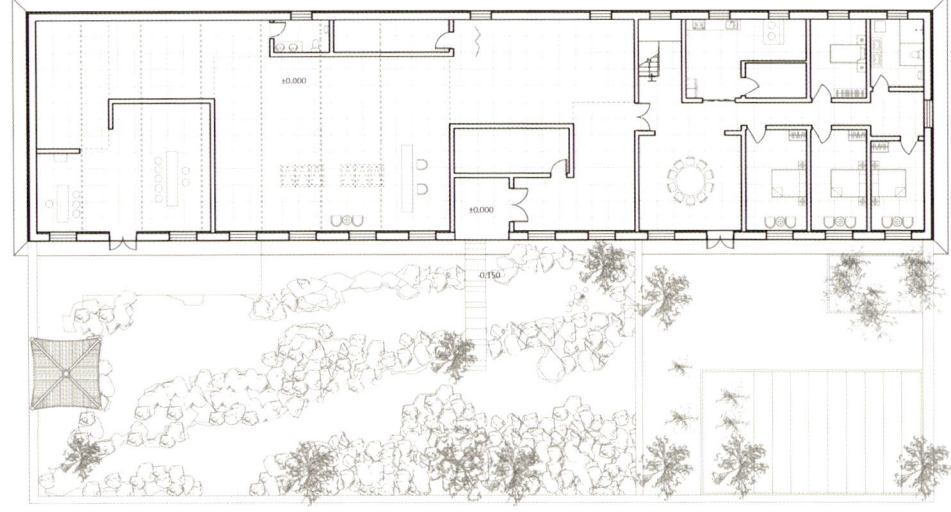

1层平面图

面,但是限于厂家工艺和造价的限制,最终我们选择了分段折面的屋顶形式,期间为了保证工艺还做了一次一比一的构造试验,最终完成了这次有意义的从理想到现实的建构"翻译"。

最后,我们在"透视化的平面布局"和"变坡屋顶"之外,就没再做更多设计上的大动作了,屋外的园林,屋内的大量陈设,墙上的画作等都是按许老师自己的意愿进行的布置。这种大胆的设计上的取舍幸运地完成了一次很好的设计师和甲方意愿的和谐融合。我们的设计就像是搭好了一个戏台,又或者说就像是传统水墨画的"留白"手法,让中国传统文化元素在这里充分的展示。许老师带着他的学生和朋友们在设计的整个过程中都深度参与,在工作室建成以后,还要陆续的办昆曲《游园惊梦》等艺术活动。就在刚刚竣工完的一次试唱过程中,我们就领略到了昆曲的歌声在整个高敞的工作室空间里回荡的震撼场面。

走进刚刚完成的工作室里,我们都能想象出接下来冬夜的雪中看湖;明年的夏日暖阳下,许老师和朋友们在茶室品茶听琴;在大画室摇椅上摇曳,蛐蛐鸣叫的一系列动人场景了。

HOUSING ■ 住宅

陕西，安康

姚家宅
Yao Villa

李子奇、陈曦 / 主创建筑师　谭啸 / 摄影

设计单位
意匠建筑
团队建筑师
郝佳、魏强、张栩嘉、刘宁宁
材料
混凝土、砖、玻璃
时间
2015年10月 – 2017年4月

意匠建筑设计的姚家宅位于陕南安康的青山环抱之间，景色瑰丽，环境怡人。项目规模约1,000平方米，它不仅作为主人自住生活之用，也是招呼各方友人之所。建筑体块方正有序，在每层插入空中露台作为观景花园平台，与周边景色遥相呼应。

首层是主人会客之所，主要布置入口玄关、主人的会客厅、收藏展厅和视听室；二层作为客人休息之所，布局客人卧室、餐厅和健身房；三层是主人生活起居的主要处所，设有书房、茶室、琴房和大露台；顶层是主人的卧室和家庭活动厅。建筑外立面的竖向窗洞在严格的模数下布局，展现鲜明的构图感。白色的建筑立面，就如同青翠山林间的一颗珍珠。

姚家宅的室内设计关注两个方面：留白和空间。与商品住宅所展示的样板间截然不同，姚家宅是主人每日生活的场所，因此室内设计中考虑到诸多留白，以满足主人自己的诗情画意。同时室内设计中将更多的注意力集中在了空间的趣味和表现上，试图将建筑设计的空间构想也能完整全面的体现在室内空间中，使得建筑内外景色之间融会贯通。

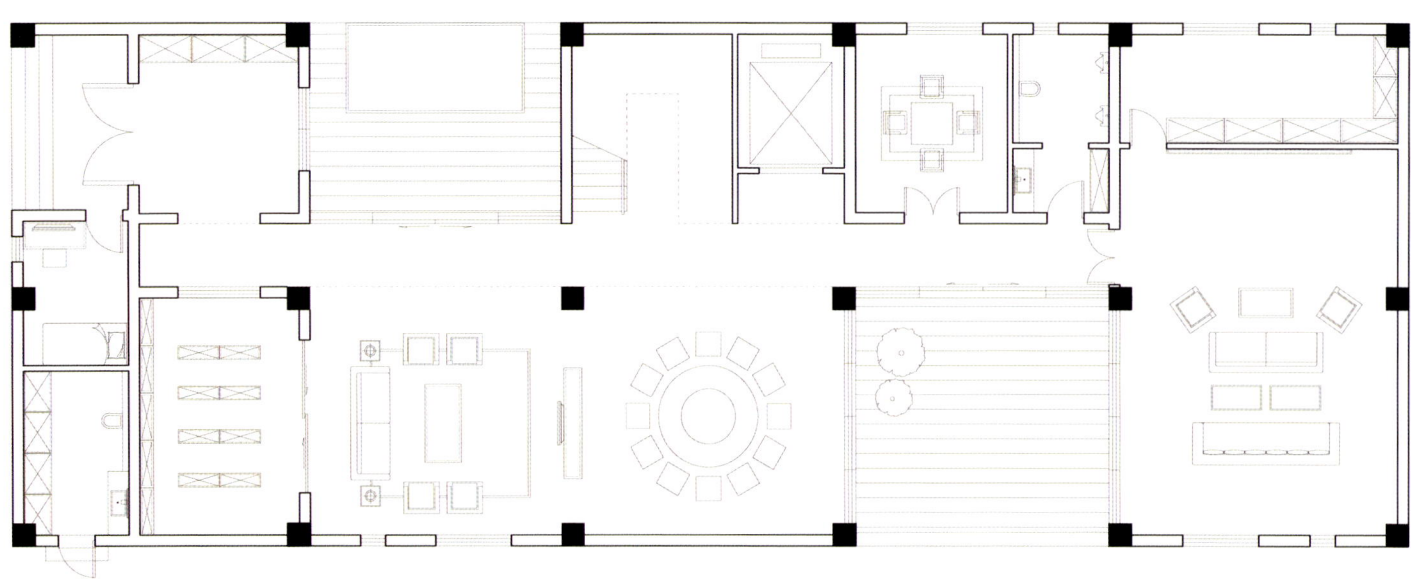

1层平面图

HOUSING ■ 住宅

海南，三亚

管宅
Residence Guan

赵睿 / 主创建筑师　张恒、伍启雕 / 摄影

设计单位
纬图设计有限公司
设计团队
李龙君、刘方圆、叶增辉、刘军、黄志彬、张鹤权、罗琼、伍启雕、陈丹然、吴东林、吴再熙、李胜娟、吕斌、梁茹倩、康为泽、杨之毅、张智彬、詹焕杰、高晓玲、罗晓丽
艺术创作
朝鲁门、伍启雕
物料师
何静韵
文案记录
张爱玲
项目面积
7,300平方米
主要材料
山东白锈石、俄罗斯松木、质感漆
建成时间
2016年4月

　　在这个项目里，希望处处都是景色、画面、光线、意境及实用的生活细节，所以很贪心的把这些要求都考虑到了设计中。

　　项目位于三亚海棠湾，是个度假型的住宅及小型私人会所酒店，共有12个房间，包括餐饮区、公共区和娱乐区等功能。最初接到项目时，还是一个未完成的建筑物，因此主要任务就是对其进行建筑和结构的改造，以及从室内到室外完成细节工程，交付使用。

　　三亚当地气候炎热，太阳毒辣，由于建筑地处海边，海风特别大，海水盐分高，腐蚀性强，所以材料的选择对于整个工程的质量非常重要，最终选用了山东白锈石、原木、质感漆三种耐久性比较高的装饰材料。

　　改造时，加建了大面积的平台，一是为了遮挡太阳，二是横线条的平台体块，很容易与环境融合在一起，让人与自然产生更好的情绪互动。活动区上巨大的屋面平台可以举行烧烤、酒会或婚礼等大型活动，大大地增强了场地的使用性，也可以跟室内的庭院小道形成强烈的节奏感。室内部分尽量裸露的结构形式，有助于显示空间的高度，在这基础上延伸它，形成更清晰的韵律感。

　　每个角落里，设置了雕塑、绘画、装置、灯具甚至稻草房、溪流等不同的配饰，体现了院落包容丰富、热情奔放的情感文化，同时，体块构成把所有的内容糅合在一起，又让喧闹中有了主线，有了宁静，给度假的人以心灵的休憩。

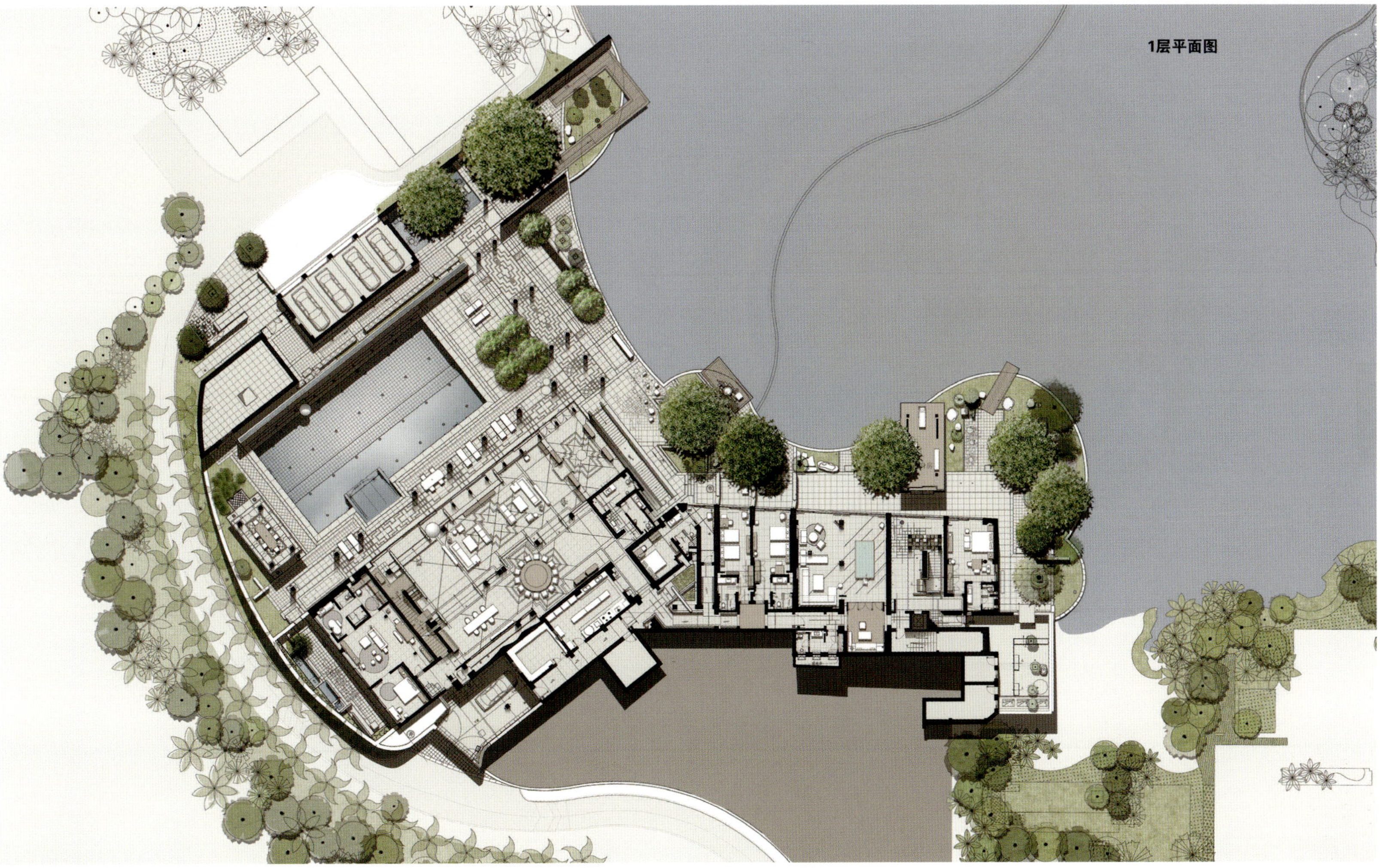

1层平面图

HOUSING ■ 住宅

浙江，杭州

南宋御街老宅院设计改造
The Old House in the Imperial Street in Southern Song Dynasty

沈墨 / 主创建筑师　叶松 / 摄影

设计单位
ATDESIGN|杭州时上建筑空间设计事务所
设计内容
室内设计，建筑改造，庭院改造
设计团队
宋丹丽，李嘉丽
项目规模
室内30平方米，院子70平方米
项目施工
郑强
竣工时间
2017年7月

　　这是浙江卫视公益改造项目《全能宅急变》的收官之作。杭州南宋御街，困在暴雨中的百年老宅，93岁裱画师不愿意离开的家，新匠人致敬老匠心，重绘依山傍水的新桃源。

　　现场的情况非常复杂，需要面对破败的建筑，很多已经不能使用，还要面对山体建筑的自然生态系统，尤其是水系统，怎么把这个雨水和山上下来的水不对人和建筑产生隐患还要利用起来，是一个需要认真思考的问题，还要面对室内空间各种功能的满足，比如没有生活上下水和排污系统，没有洗手间居住起来是非常不方便的，比如隔热、通风，还有居住者的爱好等。还有一个很重要的是，在这个空间，我们怎么做到人、建筑、自然的融合统一，怎么去对话，包括老爷爷的匠心精神怎么通过空间来表达我们的敬意和传承的意义。

　　希望这些，都通过设计的表达，融入一幅画里。南宋四大画家的"一角半边"的构图写意，让画面充满意境的留白，让人的生活，自然的风雨，建筑的光影都是画的内容，大自然已经很丰富了，不需要太多装饰，最终，一幅白底的画面就出现了。精心设计打造一幅"画"，送给老爷爷，希望他生活在诗情画意的生活画里，惬意安康的颐养天年。作为新匠人向老匠人致敬，画里画外，百年礼赞。

　　一个月的限期改造，有限的预算，三伏天的天气，设计团队和施工团队想办法面对和解决，是一个挑战。经过大家的努力，最终完工。

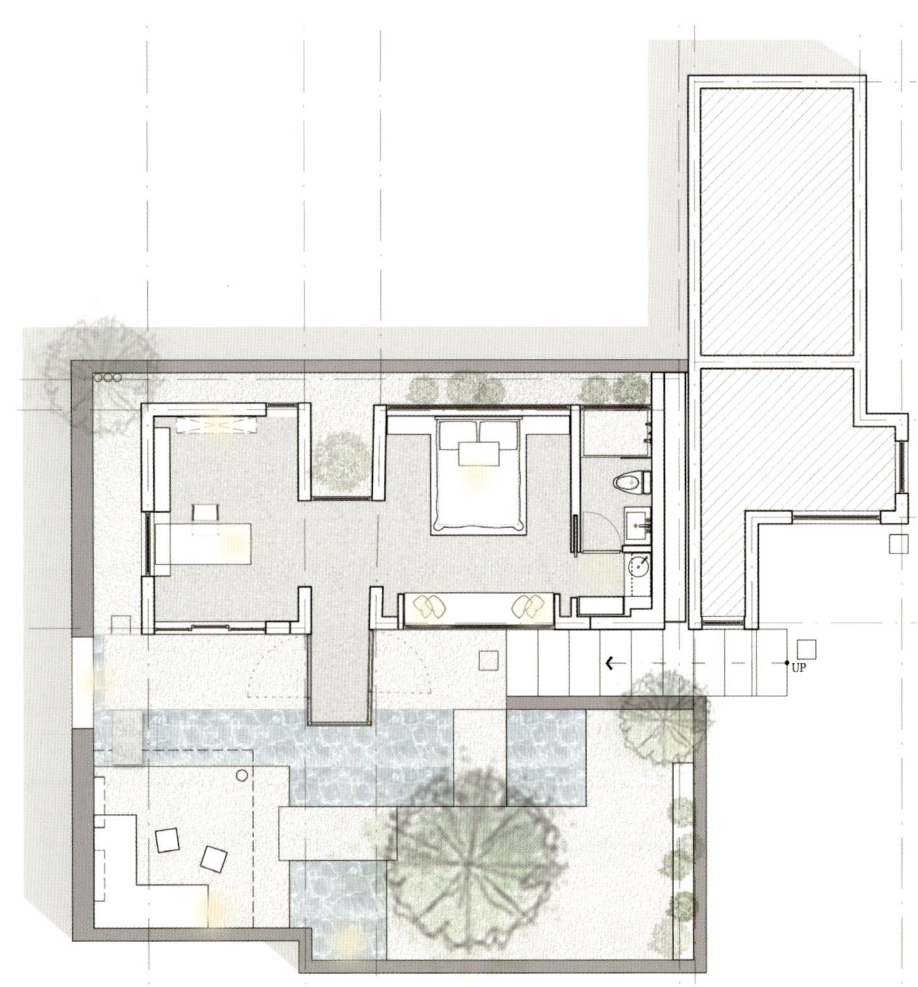

1层平面图

效果图

HOUSING ■ 住宅

HOUSING ■ 住宅

HOUSING ■ 住宅

北京，香山

香山默玉格格府私宅
MoYu Princess' Villa in Beijing

崔树 / 主创建筑师　王厅、王瑾 / 摄影

人们都说"春华秋实"，然而在香山上，展示给我们的不仅仅只有山的意境，还有她那一片红云望不到边的华丽。马先生家里世代住在这被枫叶环绕的香山上，找到我们时，他想要的是可以重温儿时回忆的环境。当时我唯一想的就是帮他完成这个梦想，让在这里成长起来的马先生，重温儿时的记忆，也能让他的父母回到这个房子里来住。然而这套住宅在网上搜也很有意思，被标价为1.4亿元的建筑，好多人报道并加趣说它是文物古建，实际上它是一个20世纪90年代初才建的仿古建筑，但历经时代的变迁，也渐渐变得陈旧。

马先生是一个80后商人，我当时思考的就是能不能在这个院子里找到他儿时的一个年代性，然后这个年代性可能就是他对儿时童年的一个回忆和对当下的一个审美的品读。每一个建筑都记载着时代变迁的故事，同时折射着一座城市追求前进的步伐。在这套住宅中以中式文化底蕴为依托，从北京古城及香山美景中寻觅颜色、艺术、布局、材质为元素，通过东方禅意美学的组合，将喧嚣张扬的皇城元素重组，并融入现代养生、自然的概念，呈现出纯净意象之美。保留了原始建筑中的粗粝和精致、文饰和质朴，延伸现代文明的元素，使之融合运用，每一个设计独到的房间都搭载着对古建筑再生的巧思。大面积的落地窗将室外美景直接以画的形式来装点整个室内，让那些寻着隐秘处而去的都市人，则总能在这一日两日的闲适中找到被城市稀释的自由情怀。

"一轮素月入，万千秋意存"，踏在松树遮阴的小路上，再次来到改造后的这套住宅中。看到的是马先生与马老太太在院落中叙事，孩童在院落随意奔跑，阳光映射在竹子上形成的光影，让这里自然而然地形成一幅画卷，记录着这一刻的美好。

设计本身不是我们的追求，完美、极致、合适、精准，才是我们的目标。源其宗，承其脉，取其形，立其意。让建筑重新为我们记录着追求美好生活的那些脚步，随着时代变迁不断演绎一段段精彩故事。

设计时间
2015年
竣工时间
2015年
面积
1,200平方米

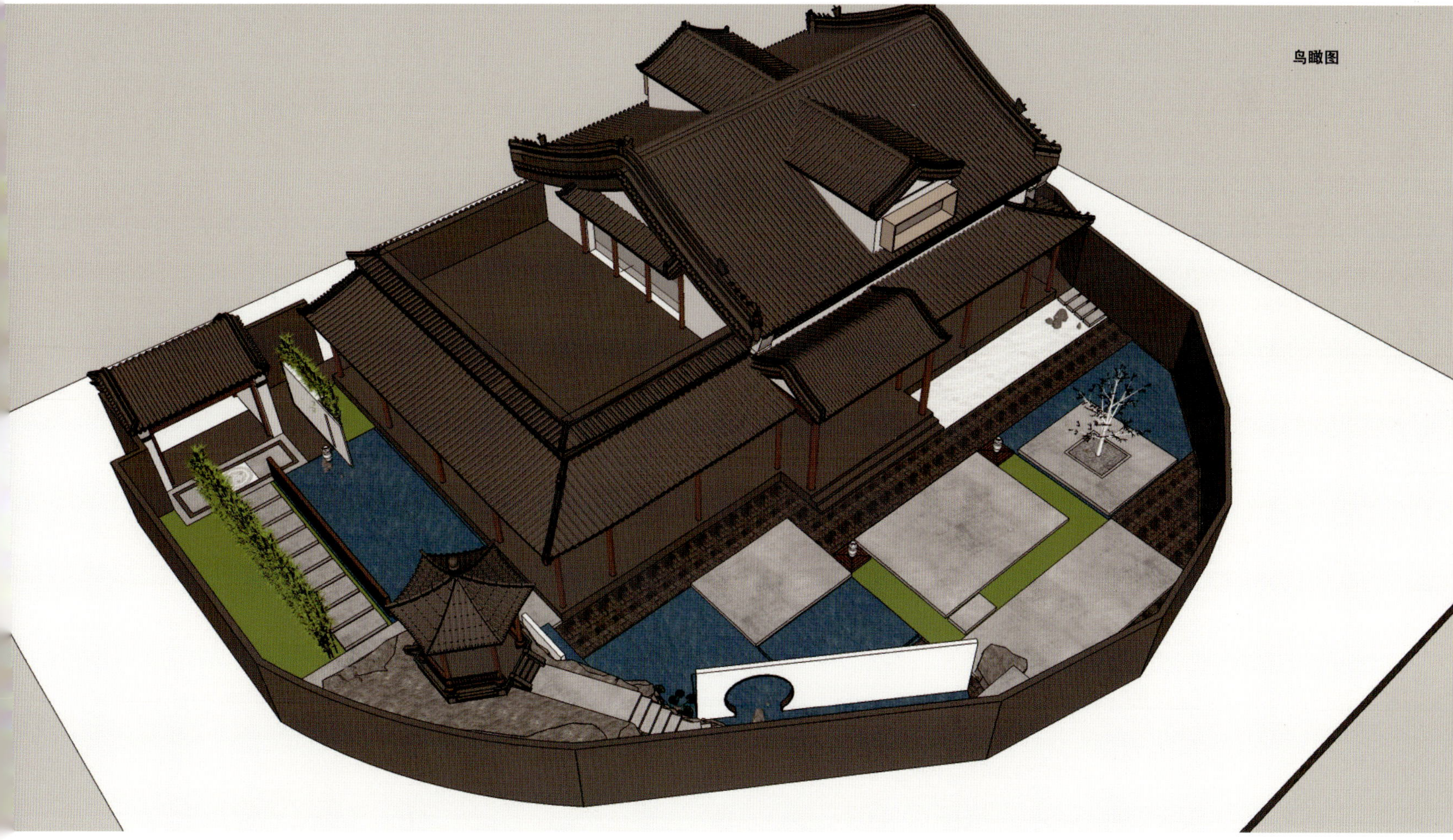

鸟瞰图

HOUSING ■ 住宅

HOUSING ■ 住宅

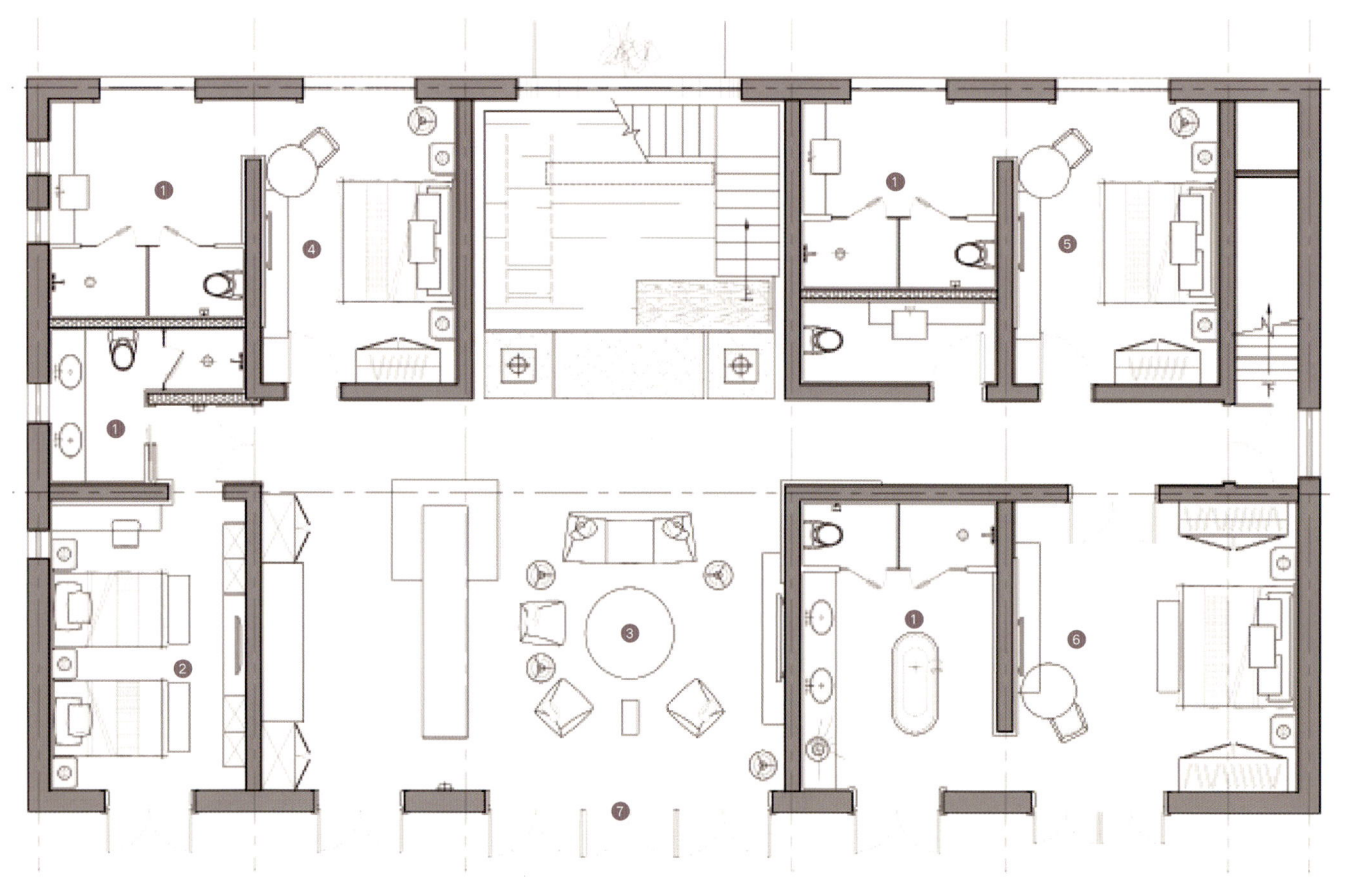

1层平面图

HOUSING ■ 住宅

主　　编：程泰宁
执行主编：赵　敏　王大鹏
编委（排名不分先后）：

丁　建	丁建民	丁洁民	卜骁骏	丁鹏华	万浮尘	马清运	王文胜	王幼芬	王　昊
王建海	王　泉	王涌臣	王惟泽	王惟新	王　影	甘　彤	卢俊廷	皮　慧	史　巍
任力之	刘　云	刘尔东	朱宁涛	刘兆丰	阮　昊	朱　建	刘明骏	刘　涛	刘家琨
刘　谞	许铭阳	朱　锫	何小欣	陈文彬	张少森	邰方晴	吴立东	张　冰	汪孝安
李汶翰	陈　杰	李　泷	肖　诚	杨　明	陈诗颖	李保峰	何炽立	陆轶辰	余彦睿
张继元	李秩宇	张海洋	宋晔皓	陈晓峰	宋晓鹏	李啸冰	张　斌	何　崴	汪裕成
何　晶	张景尧	张　雷	张鹏举	李颖悟	杨　韬	沈　墨	何镜堂	孟凡浩	范久江
金　礼	周红雷	郁　枫	周勇刚	林秋辉	周　蔚	林　毅	尚　懿	金　鑫	施旭东
钟华颖	俞　挺	柯俊成	赵　倩	祝晓峰	赵涤峰	费　跃	赵　睿	郭卫宏	倪　阳
高　岩	徐昌顺	徐柏松	袁　烽	徐铭亮	徐甜甜	夏雯霖	郭　馨	常　可	黄印武
曹宇英	崔光海	崔　树	宿晨鹏	章景云	梁耀昌	揭小凤	韩文强	董　明	曾凯仪
彭　勃	蒋晓飞	程艳春	曾　群	詹　远	窦　志	翟文婷	蔡善毅	潘友才	魏　鹏

图书在版编目（CIP）数据

中国建筑设计年鉴 . 2017：全2册 / 程泰宁主编 . —沈阳：辽宁科学技术出版社，2018.3
　ISBN 978-7-5591-0526-4

Ⅰ. ①中… Ⅱ. ①程… Ⅲ. ①建筑设计－中国－2017－年鉴 Ⅳ.
① TU206-54

中国版本图书馆 CIP 数据核字 (2017) 第 303528 号

出版发行：辽宁科学技术出版社
　　　　　（地址：沈阳市和平区十一纬路 25 号　邮编：110003）
印 刷 者：鹤山雅图仕印刷有限公司
经 销 者：各地新华书店
幅面尺寸：240mm×305mm
印　　张：80.5
插　　页：8
字　　数：800 千字
出版时间：2018 年 3 月第 1 版
印刷时间：2018 年 3 月第 1 次印刷
责任编辑：杜丙旭　刘翰林
封面设计：周　洁
版式设计：周　洁
责任校对：周　文

书　　号：ISBN 978-7-5591-0526-4
定　　价：658.00 元（全 2 册）

联系电话：024-23280070
邮购热线：024-23284502
http://www.lnkj.com.cn